W. I. WARSCHAWSKI

KOLLEKTIVES VERHALTEN VON AUTOMATEN

ELEKTRONISCHES RECHNEN UND REGELN

Herausgegeben von

Prof. Dr. HANS FRÜHAUF · Prof. Dr. WILHELM KÄMMERER
Prof. Dr. KURT SCHRÖDER · Prof. Dr. HELMUT THIELE
Prof. Dr. HORST VÖLZ

Sonderband 24

von

W. I. WARSCHAWSKI

AKADEMIE-VERLAG · BERLIN
1978

W. I. WARSCHAWSKI

KOLLEKTIVES VERHALTEN VON AUTOMATEN

In deutscher Sprache herausgegeben
von
Dipl.-Math. Gerhard Paulin, Berlin

Mit 87 Abbildungen

AKADEMIE-VERLAG · BERLIN
1978

В. И. Варшавский
Коллективное поведение автоматов,
Издательство Наука, Москва, 1973

Deutsche Übersetzung:
Dipl.-Math. Hans Kühne, Berlin

Erschienen im Akademie-Verlag, 108 Berlin, Leipziger Str. 3–4

Lizenznummer: 202 · 100/539/78
Gesamtherstellung: VEB Druckhaus „Maxim Gorki", 74 Altenburg
Bestellnummer: 762 111 1 (6256) · LSV 1075
Printed in GDR
EVP 48,–

VORWORT ZUR ORIGINALAUSGABE

Im Jahre 1964 haben M. L. ZETLIN und ich zum erstenmal die Idee der Herausgabe dieses Buches beraten. Im Winter 1964/65 schrieben wir einen Übersichtsvortrag „Kollektive von Automaten und Verhaltensmodelle“ für die III. Allunionskonferenz zu Fragen der automatischen Steuerung und im Winter 1965/66 den Vortrag „Automata and models of collective behaviour“ für den III. IFAC-Kongreß in London. Beide Vorträge betrachteten wir als ersten Inhaltsentwurf des Buches. Auf der Grundlage der beiden Vorträge wurden zwei weitere Übersichtsvorträge gehalten, und zwar von M. L. ZETLIN in Prag und vom Autor dieses Buches in Edinburgh. Im Sommer 1966 wollten wir mit der Vorbereitungsarbeit für das Buch beginnen, jedoch machte der tragische Tod M. L. ZETLINS diese Pläne zunichte.

Im Jahre 1969 wurde postum ein Sammelband von Arbeiten M. L. ZETLINS mit dem Titel „Untersuchungen zur Automatentheorie und der Modellierung biologischer Systeme“ herausgegeben. Im Sammelband wurde unter die bis 1966 angeführten Arbeiten über das kollektive Verhalten von Automaten ein Schlußstrich gezogen, und im Anhang wurde ein kurzer Überblick über eine Reihe späterer Resultate gegeben. Der Sammelband umfaßte den ursprünglichen von uns 1964 beratenen Plan des Buches. Jedoch schon zum Erscheinungszeitpunkt des Buches von M. L. ZETLIN hatte man eine Reihe neuer Ergebnisse erhalten, die in einigen Fällen wesentliche Bedeutung für die Thematik hatten.

Eine Vielzahl von Diskussionen überzeugte den Autor davon, daß die Idee der Herausgabe des Buches aktuell blieb. Um die Geschlossenheit der Darstellung zu bewahren, wurde im Buch die Darlegung einiger Fragen des Sammelbandes von M. L. ZETLIN wiederholt. Außerdem wurden Ergebnisse einer Reihe von Zeitschriftenartikeln verwendet, deren Autoren in der Regel Teilnehmer des jährlichen Seminars des Kybernetiklaboratoriums der Leningrader Abteilung des zentralen mathematisch-ökonomischen Instituts der AdW der UdSSR sind. In den Anmerkungen zum Buch sind die Autoren der dargelegten Ergebnisse angeführt, was natürlich nicht die Übertragung der Verantwortung für die Qualität des Buches auf die erwähnten Personen bedeutet.

Die Auswahl des Materials für das Buch wurde durch folgende Überlegungen bestimmt: erstens durch das eigene wissenschaftliche Interesse des Autors und das wissenschaftliche Interesse derjenigen Personen, mit denen der Autor langjährige wissenschaftliche Kontakte unterhält; zweitens durch das Streben danach, ein häufig äußerst verschiedenartiges Material, das nur durch den einheitlichen methodologischen Zugang verknüpft war, einheitlich und zusammenhängend darzustellen; drittens durch den Wunsch, einen genügend großen Kreis inhaltsreicher Fragestellungen zu erfassen, um die Möglichkeit zu demonstrieren, in der Sprache des kollektiven Verhaltens von Automaten über komplizierte Objekte verschiedenartiger Natur zu sprechen.

Ein Teil des Buchmaterials erscheint im Kleindruck. Ein Leser, der sich im wesentlichen nur für die inhaltliche Seite einer Frage interessiert, kann diese Stellen ohne Schaden für das Verständnis übergehen.

Der Autor drückt seine aufrichtige Dankbarkeit all jenen aus, die ihm freundlicherweise die Verwendung ihrer Resultate in diesem Buch ermöglicht haben und bittet alle Personen, deren interessante Resultate auf dem Gebiet der Untersuchung von Modellen des Verhaltens von Automaten in zufälligen Medien und von Modellen des kollektiven Verhaltens in diesem Buche nicht erwähnt werden, um aufrichtige Entschuldigung. Aber leider kann man das nicht umfassen, was unumfaßbar ist.

Die ständigen Kontakte mit M. M. Bongard, W. A. Borowikow, E. M. Brawerman, W. S. Gurfinkel, S. M. Meerkow, L. I. Rosonoer, I. I. Pjatezki-Schapiro und die Diskussion sowohl eigener wissenschaftlicher Ergebnisse des Autors als auch dieses Buches brachten einen sehr großen Nutzen. Der Autor zweifelt daran, daß er die Arbeit ohne die ständige Hilfe von W. B. Marachowski, W. A. Pestschanski und L. Ja. Rosenbljum und deren unermüdlichem Bemühen, Fehler im Manuskript festzustellen, zu Ende geführt hätte. Der Autor bedauert es, wenn diese sich fast in ein sportliches Spiel verwandelte Beschäftigung der Fehlersuche nicht zu Ende geführt wurde. Seine besondere Dankbarkeit drückt der Autor dem Redakteur des Buches, D. A. Pospelow aus, der viel Arbeit aufgewendet hat, um das Buch gut lesbar zu machen.

Leningrad, Januar 1972 Autor

VORWORT DES HERAUSGEBERS

Die reale Welt zu erkennen, erfolgt im allgemeinen auf dem Wege, abstrakte Modelle für Objekte oder Erscheinungen zu schaffen, diese Modelle zu untersuchen und zu verbessern und aus der Erforschung der Modelle Schlüsse auf das modellierte Objekt zu ziehen. Die stürmische Entwicklung technischer Wissenschaften hat in den letzten Jahrzehnten zu realen, großen Systemen geführt, deren Verhalten zu beschreiben zwar für die Praxis ungemein wichtig ist, aber wegen der zufälligen Einflüsse und der zwischen den Systemteilen existierenden Wechselbeziehungen große Schwierigkeiten bereitet.

Es gehört deshalb seit langem zu den reizvollen Arbeiten, mit den durch die Mathematik zur Verfügung gestellten Methoden und mit ihrem Formalismus Systeme oder Systemteile zu beschreiben. Entsprechende Arbeiten sind Teil mathematischer, praxisorientierter Forschung, wenn auch häufig die Restriktionen, die bei der Modellierung heute noch erforderlich sind, diese Praxisbezogenheit verschütten. Da dergleichen Forschungsarbeiten aber weltweit betrieben werden, ist es zu begrüßen, daß der Akademie-Verlag in sein Veröffentlichungsprogramm eine neuere, sowjetische Arbeit aufgenommen hat.

Ich möchte für das Lesen des deutschsprachigen Manuskriptes, für zahlreiche Diskussionen, für Hinweise und Vorschläge für die Endfassung Herrn Prof. Dr. Helmut Thiele, Humboldt-Universität zu Berlin, herzlich danken. Ferner geht mein Dank an den Autor für den Kontakt während der Übersetzung und der Vorbereitung der Herausgabe.

Berlin, Dezember 1977 Gerhard Paulin

INHALTSVERZEICHNIS

EINLEITUNG

Die Entwicklung der Technik und das Kompliziertwerden der organisatorischen und sozialen Struktur der Gesellschaft machen die Untersuchung komplizierter Systeme erforderlich. Solche Systeme werden häufig als „große Systeme" bezeichnet. Ohne terminologische Wortgefechte über die Definition eines „großen Systems" zu führen (solche Definitionen gibt es in der entsprechenden Literatur im Überfluß), ist es uns dennoch möglich, eine Reihe von Systemen anzugeben, von denen man allgemein überzeugt ist, daß sie „große" Systeme sind. Zweifellos findet man derartige Beispiele leicht in der Ökonomie — große Betriebe, Industriezweige, internationaler Handel u. ä. Diese Reihe von Beispielen kann auch auf dem Gebiet der Technik fortgeführt werden — Systeme der PWO, große Kommunikationsnetze usw. Dazu sei bemerkt, daß das gegenwärtige internationale Telefonnetz, das automatische Verbindungen zwischen beliebigen Teilnehmern aus verschiedenen Ländern ermöglicht und das den Teilnehmern eine beträchtliche Anzahl *automatischer* Dienstleistungen bietet, mindestens $10^8 - 10^9$ Schaltpunkte enthält. Das erwähnte System wurde niemals als einheitliches Ganzes projektiert, sondern entstand als Ergebnis der *Evolution* der Nachrichtentechnik. Darin liegen auch die Stärken und Schwächen eines solchen Systems. Schwächen deshalb, weil möglicherweise ein von einheitlichen Positionen aus projektiertes Nachrichtensystem effektiver arbeiten würde. Die Stärken bestehen darin, daß das System trotz der riesigen Anzahl von Elementen und der Kompliziertheit eine völlig ausreichende Nachrichtenverbindung gewährleistet. In der Tat kann man annehmen, daß in einem solchen System stündlich 10^4 Elemente defekt werden. Das dies anscheinend so ist, vermutet jeder, der versucht, eine Störungsstelle anzurufen. Die Funktionsfähigkeit des Systems wird hier durch eine starke Dezentralisierung der Steuerung und eine hohe Autonomie der Bestandteile — Telefonzentralen, Ämter u. ä. — gewährleistet.

Die ausgeprägtesten Beispiele von äußerst komplizierten Systemen finden wir in der Biologie. Ungeachtet der offenbaren Unterschiede hinsichtlich der zu lösenden Aufgaben, der zu verwendenden Komponenten usw. haben derartige Systeme bezüglich der Steuerung eine Reihe gemeinsamer Eigenschaften. Das Erkennen von allgemeinen Gesetzmäßigkeiten, die beim Funktionieren hochkomplizierter Systeme auftreten, ist eine der dringendsten Aufgaben der modernen Wissenschaft. Technik, Ökonomie, Biologie und Soziologie — das ist eine bei weitem nicht vollständige Aufzählung von Wissenschaften, für deren Weiterentwicklung die Klärung der beim Funktionieren hochkomplizierter Systeme auftretenden Hauptgesetzmäßigkeiten unbedingt erforderlich ist.

Worin bestehen nun die charakteristischen Merkmale der von uns zu beobachtenden hochkomplizierten Systeme? Uns scheint es, daß eines der wichtigsten Merkmale die große Verhaltensautonomie der Systembestandteile, der Untersysteme, ist. Diese Tatsache wird sehr gut in den verschiedenen hierarchischen Ebenen einer biologischen

Organisation deutlich. Die mehrzelligen Organismen bestehen aus einzelnen Zellen, die sich bei entsprechenden Bedingungen ernähren, fortbewegen und teilen können, d. h., sie können außerhalb des Organismus normal funktionieren. Diese Fähigkeit der Zellen kann man selbst bei hochorganisierten Tieren an den Gewebekulturen erkennen. Zu einem Ganzen, dem Organismus, vereint, besitzen sie insgesamt ein einheitliches zweckmäßiges Verhalten, das auf die Aufrechterhaltung der inneren Struktur nicht nur jeder einzelnen Zelle, sondern auch ihrer Gesamtheit als einheitliches Ganzes gerichtet ist.

In solchen Superorganismen, wie z. B. einem Ameisenhaufen, die ein einheitliches Versorgungs- und Koordinationssystem besitzen, ist die Verhaltensautonomie der Komponenten — der einzelnen Insekten — noch höher. Trotzdem zeigt das System als Ganzes ein einheitliches zweckmäßiges Verhalten und ist so stabil, daß die Evolution die Ameisen im Verlaufe von Millionen Jahren praktisch kaum berührt hat.

Die Reihe ähnlicher biologischer Beispiele kann man fortführen. Wir erwähnen, daß die Idee einer solchen Organisation eine glänzende Weiterentwicklung im Roman „Der Unbesiegbare" des polnischen Schriftstellers Stanislaw Lem erfahren hat.

Wenn wir uns ökonomischen und Produktionssystemen zuwenden, so können wir auch hier leicht einen hohen Grad von Verhaltensautonomie der Untersysteme feststellen. In diesem Falle muß man berücksichtigen, daß bei der Leitung einer Gesamtheit von ökonomischen Systemen oder Produktionssystemen die höherstehende Leitungsebene faktisch nicht die Untersysteme selbst leitet, sondern die an der Spitze dieser Untersysteme stehenden Menschen, welche zweifellos ihre eigenen lokalen Interessen und Ziele haben. Die Identifizierung dieser Interessen und Ziele mit den Interessen und Zielen des Gesamtsystems hängt wesentlich von den Methoden der Leitungsorganisation im System ab.

Die Fragen der Verhaltensautonomie sind eng verbunden mit einer weiteren Frage, nämlich der Dezentralisierung der Steuerung im System. Fragen der Dezentralisierung und Zentralisierung sind eine der tiefgehendsten und wichtigsten Fragen der Steuerungsorganisation in komplizierten Systemen. Allem Anschein nach ruft die Tatsache keinen Zweifel hervor, daß bei Vorhandensein von absolut zuverlässigen Steuerungs- und rechentechnischen Mitteln, von zuverlässigen Nachrichtenkanälen mit einer ausreichenden Durchlaßfähigkeit und einer ausreichenden Leistungsfähigkeit von Steuerungs- und rechentechnischen Mitteln eine äußerst zentralisierte Steuerung sicherlich jeder anderen vorzuziehen ist. Das folgt schon aus solchen Überlegungen, daß bei Erfülltsein der oben angeführten Bedingungen in der zentralen Rechen- oder Steuerungsvorrichtung Algorithmen des lokalen Verhaltens realisiert werden können, d. h., es können alle Aufgaben, die ein dezentralisiertes Verhalten sicherstellen, zentralisiert gelöst werden. Außerdem eröffnet die Zentralisierung eine Reihe zusätzlicher Möglichkeiten. Selbst für sich betrachtet ist eine zentralisierte Lösung lokaler Aufgaben vorteilhaft, weil beispielsweise die Ausführung einer arithmetischen Operation um so billiger wird, je größer die Rechenanlage oder das System ist. Allerdings zeichnen sich hierbei schon eine Reihe von unangenehmen Kleinigkeiten ab. In äußerst zentralisierten Systemen wächst der Umfang der Bedienungs- und Dispatchersysteme schneller als die Zahl der zu bedienenden Aufgabenquellen, und es ist zur Zeit nicht bekannt, wie groß diese Umfänge in äußerst komplizierten Systemen sind. Aber selbst wenn man bei der Einschätzung der Effektivität zentralisierter hochkomplizierter Systeme Optimist bleibt, so muß man sich doch von einem Teil dieses Optimismus bei der Betrachtung von Fragen der Zuverlässigkeit von Steuerungs- und rechentechnischen Mitteln und auch bei Fragen der Zuverlässigkeit und Durchlaßfähigkeit von Nachrichtenkanälen trennen. Wir haben hier die Begriffe Zuverlässigkeit und Lebensfähigkeit zu unterscheiden. Die Konzeption der Zuverlässigkeit ist in ihrer klassischen Fragestellung offenbar nicht für hochkomplizierte Systeme anwendbar, weil alle bekannten Maßnahmen zur Erhöhung der Zuverlässigkeit nur die Ausfallwahrscheinlichkeit senken, wobei selbst eine Senkung der Ausfallwahrscheinlichkeit eines Elementes um zwei Ordnungen im Vergleich zum heute erreichten Stand nichts Prinzipielles für hochkomplizierte Systeme ändert.

Für Systeme aber, die solchen extremen äußeren Einwirkungen, wie beispielsweise Explosionen und Stößen, ausgesetzt sind, ist die klassische Zuverlässigkeitskonzeption überhaupt nicht anwendbar. In den erwähnten Fällen ist es sinnvoll, über die Lebensfähigkeit des Systems zu sprechen, d. h. über die Fähigkeit des Systems, seine Funktionen oder einen Teil dieser Funktionen selbst bei ernsthaften Beschädigungen der Einzelteile auszuführen, wobei es möglich ist, daß dies auch langsamer oder weniger genau geschieht.

Im Zusammenhang damit ist es interessant, Worte aus einem Vortrag zu zitieren, der am 25. Februar 1965 von M. L. Zetlin auf einer Sitzung einer Sektion der Moskauer physiologischen Gesellschaft gehalten wurde: „In der Technik und in der Physiologie kann man die Zuverlässigkeit verschieden auffassen. Genauer gesagt habe ich folgende unangenehme Eigenschaft aller unserer technischen Erzeugnisse im Sinn: ihre ungleichmäßige Zuverlässigkeit. Ich denke dabei an folgende paradoxe Sache: Ein Hemd wird weggeworfen, wenn der Kragen abgetragen ist, obwohl die restlichen Teile des Hemdes völlig unbeschädigt sind. Beliebige Maschinen, selbst große und schwere, werden ausrangiert, sobald sie sich geringfügig abnutzen. Dabei kann es sein, daß buchstäblich nur einige Gramm Metall fehlen. Wenn beispielsweise ein Maschinengestell wacklig wurde, dann ist dies durch nichts mehr zu ersetzen. Kluge Leute, die zur Zeit meiner Eltern Hemden herstellten, verkauften diese mit Ersatzkragen. Sie wurden mit Hilfe von Kragenknöpfen an den Hemden befestigt und waren austauschbar. Nebenbei bemerkt, auch bei allen technischen Erzeugnissen werden die Arbeitsteile, soweit dies möglich ist, so hergestellt, daß sie austauschbar sind. Es wäre natürlich viel angenehmer, wenn sich ein Hemd nicht so verhielte, sondern daß es einfach durch das Tragen und das Kragenwaschen kürzer würde. In der Regel ist das Hemd lang genug, und man könnte es sicherlich zehnmal so lange tragen wie dies heute der Fall ist. Das betrifft nebenbei bemerkt in gleichem Maße auch das Schuhwerk: Schuhe werden weggeworfen, wenn sie meist noch völlig neu sind. Es wäre weitaus angenehmer, wenn eine derartige Kompensation im Laufe der Zeit vor sich gehen würde."[1])

Aus dem Gesagten muß klar geworden sein, was wir unter dem Begriff Lebensfähigkeit verstehen. Man erkennt leicht, wie gering die Lebensfähigkeit zentralisierter Systeme ist. Der Ausfall der Zentraleinheit beraubt das System vollständig seiner Steuerungsmittel und der Ausfall von Nachrichtenkanälen bringt ein Untersystem in eine katastrophale Lage. Ein natürlicher Weg im Kampf um die Lebensfähigkeit ist die Aufteilung der Steuerungsfunktionen innerhalb des Systems. Darüber sprach schon 1949 J. v. Neumann in seinen an der Illinois-Universität gehaltenen Vorlesungen „Theorie und Organisation komplizierter Automaten":

---

[1]) M. L. Zetlin, Untersuchungen zur Automatentheorie und der Modellierung biologischer Systeme, Verlag Nauka, Moskau 1969 (russ.).

„Die Tatsache, daß sich die natürlichen Organismen sehr verschieden gegenüber Fehlern verhalten und sich völlig anders führen, wenn der Fehler auftritt, ist wahrscheinlich mit anderen Eigenschaften der natürlichen Organismen verbunden, die unseren Automaten völlig fehlen. Die Fähigkeit der natürlichen Organismen, selbst bei einer großen Anzahl von Defekten zu überleben (wozu künstliche Automaten überhaupt nicht fähig sind), ist wahrscheinlich mit einer hohen Anpassungsfähigkeit, mit der Fähigkeit des Automaten, sich selbst zu beobachten und zu reorganisieren, verbunden. Das setzt aber allem Anschein nach eine bedeutende Autonomie seiner Teile voraus. Im Nervensystem des Menschen ist eine solche Autonomie stark ausgeprägt. Die Autonomie der Teile führt zu einem Effekt, den man im menschlichen Nervensystem beobachten kann und der in künstlichen Automaten fehlt. Wenn die Teile autonom und reorganisationsfähig sind, wenn es einige Organe gibt, von denen jedes Organ im Falle der Notwendigkeit in der Lage ist, die Steuerung auszuführen, dann können sich zwischen den Teilen antagonistische Wechselbeziehungen entwickeln, und die Teile werden im weiteren Verlaufe nicht mehr „freundschaftliche Beziehungen pflegen“ und zusammenarbeiten. Es ist sehr wahrscheinlich, daß all diese Erscheinungen miteinander verbunden sind.“[1])

Die Dezentralisierung eines Steuerungssystems erscheint also, wenigstens vom Standpunkt der Lebensfähigkeit des Systems aus, in einer Reihe von Fällen als zweckmäßig.

Eine zweite Ursache, die eine Dezentralisierung nützlich und in einer Reihe von Fällen auch notwendig macht, ist mit den begrenzten Möglichkeiten der Nachrichtenkanäle verbunden. Man kann sich leicht eine Situation vorstellen, bei der Verzögerungen im Nachrichtenkanal eine wesentliche und nicht zu beseitigende Eigenschaft des Kanals sind. In einem solchen Falle kann sich die Steuerung durch eine Zentraleinheit überhaupt als unmöglich erweisen. So ist es offenbar unmöglich, von der Erde aus die weiche Landung einer kosmischen Apparatur auf dem Mars zu steuern. Andererseits ist die Dezentralisierung eine Sache, die im allgemeinen auch nicht ungefährlich ist.

Eine völlige Dezentralisierung der Steuerung gestattet es nicht, operativ Informationen über Veränderungen in den Zielen des Gesamtsystems an die Untersysteme zu übermitteln. Und selbst die naive Meinung darüber, daß bei „gutem“ Funktionieren aller Untersysteme auch das Gesamtsystem „gut“ funktioniert, ist nur in dem Falle möglich, wenn die Untersysteme absolut unabhängig sind. Wir betrachten ein einfaches Beispiel.[2])

Es mögen 100 Arbeiter zur Verfügung stehen, die ihren Arbeitsplatz in einem der beiden Betriebe A oder B wählen können. Der Lohn eines jeden Arbeiters ist der Erzeugnismenge proportional, die in jedem Betrieb pro Arbeiter hergestellt wird. Dabei wächst in jedem Betrieb mit der Anzahl der im Betrieb tätigen Arbeiter auch der Produktionsausstoß. Allerdings wird der auf einen Arbeiter entfallende Teil des Produktionsausstoßes kleiner, d. h., der Lohn eines Arbeiters sinkt. Wir wollen voraussetzen, daß die Arbeiter ihren Arbeitsplatz frei wählen können und daß sie sich dabei nur von der Höhe des Lohnes leiten lassen. Bei den von uns gemachten Voraussetzungen ist das Bemühen eines Arbeiters um eine Erhöhung seines Lohnes dem Bemühen um eine Erhöhung der von ihm hergestellten Erzeugnisse, d. h. der Erhöhung der Arbeitsproduktivität, äquivalent.

---

[1]) J. v. Neumann, Theorie sich selbst reproduzierender Automaten, Verlag Mir, Moskau 1971 (russ.).

[2]) Das mit diesem Beispiel verknüpfte Modell wird ausführlich im § 2.4 behandelt.

Zur Illustration setzen wir den Produktionsausstoß im Betrieb A gleich $Y_A = 9X_A - 0{,}05X_A^2$ und im Betrieb B gleich $Y_B = 4X_B - 0{,}05X_B^2$.

X_A und X_B bezeichnen dabei die in den Betrieben A und B beschäftigten Arbeiter. Man erkennt leicht, daß der Lohn pro Arbeiter im Betrieb A immer größer ist als im Betrieb B, und bei einem dezentralisierten Verhalten der Arbeiter werden sich diese alle im Betrieb A konzentrieren. Dabei wird der Betrieb A $Y_A = 400$ Erzeugniseinheiten herstellen, und der Lohn eines Arbeiters wird gleich $C_A = 4$ sein.

Interessiert uns jedoch der Gesamtausstoß der Betriebe A und B, so müssen die Arbeiter folgendermaßen auf die Betriebe aufgeteilt werden: $X_A = 75$, $X_B = 25$. Dabei werden insgesamt 462,5 Erzeugniseinheiten hergestellt ($Y_A = 393{,}75$; $Y_B = 68{,}75$). Der Lohn im Betrieb A ist gleich $C_A = 5{,}25$ und im Betrieb B gleich $C_B = 2{,}75$. Die Anwendung einer unmittelbaren Steuerung, d. h. anzuweisen, daß 25 Arbeiter im Betrieb B arbeiten, ruft deren verständlichen Widerstand hervor, weil in diesem Falle der Steuerungseinfluß den lokalen Interessen des Untersystems (in unserem Beispiel der Arbeiter) widerspricht.

Einerseits führt also ein dezentralisiertes Verhalten einer Gruppe von nach maximaler Arbeitsproduktivität strebenden Arbeitern dazu, daß die mittlere Arbeitsproduktivität von 4 Einh./Arbeiter den Maximalwert von 4,625 Einh./Arb. nicht erreicht. Um diesen optimalen Wert zu erreichen, muß man 1/4 aller Arbeiter „zwingen", mit einer wesentlich geringeren Arbeitsproduktivität von 2,75 Einh./Arb. zu arbeiten. Andererseits folgt daraus, daß bei einer solchen Entlohnung die zentralisierte Steuerung auf den offenen Widerstand der Ausführenden trifft.

Es ist leicht zu erkennen, daß die als Beispiel angeführte Situation sehr unnatürlich ist und daß es eine große Anzahl von Möglichkeiten gibt, den hier auftretenden Schwierigkeiten auszuweichen. Allerdings ist eine solche Situation charakteristisch für Steuerungsaufgaben in großen Systemen, in denen jedes Untersystem auf Grund verschiedener Ursachen seine eigenen ausgeprägten lokalen Interessen hat, und jede zentralisierte Steuerung funktioniert vor dem Hintergrund eines gemeinsamen Verhaltens von Untersystemen, das in diesem oder jenem Maße offen auf die Erreichung seiner lokalen Ziele gerichtet ist.

Faßt man das Gesagte zusammen, so kann man folgern, daß es unmöglich ist, der rein zentralisierten oder der rein dezentralisierten Steuerung den Vorzug zu geben. Offenbar ist es notwendig, die Anwendungsgrenzen der dezentralisierten Steuerung zu finden, bei denen alle Vorzüge der dezentralisierten Steuerung voll genutzt werden können und danach nach Möglichkeiten zu suchen, eine zentrale Steuerung einzuführen, die die vor dem System stehenden globalen Ziele unter Berücksichtigung des gemeinsamen Verhaltens der Untersysteme verwirklicht. Zur Lösung der gestellten Aufgabe sind verschiedene Wege möglich. Einmal kann man real existierende komplizierte Systeme untersuchen und versuchen, die Prinzipien der Organisation der Steuerung in solchen Systemen zu klären. Die Biologie liefert uns eine Vielzahl von Beispielen für einen derartigen Zugang. Hier sind besonders die Arbeiten der Schule des korrespondierenden Mitglieds der AdW der UdSSR I. M. Gelfand zu erwähnen.[1]) Arbeiten dieser Art finden wir auch in der Ökonomie und in der Soziologie.

---

[1]) Die Ergebnisse der Untersuchungen biologischer Systeme, die von diesem wissenschaftlichen Kollektiv durchgeführt wurden, bestimmten fast vollständig die Richtung der in diesem Buche betrachteten Modelluntersuchungen.

Bei der Konstruktion von komplizierten technischen Systemen regelt der Ausführende die Gesamtsteuerung und die Kooperation der Untersysteme, wobei er sich in der Regel von heuristischen Überlegungen leiten läßt. Versuche zur Verallgemeinerung der angesammelten reichen Erfahrungen führten zur Herausbildung der modernen Systemtechnik.

Die Methoden der Operationsforschung ermöglichen es, wesentliche Gesetzmäßigkeiten der Steuerung in Organisationssystemen zu verstehen. Die angeführten Zugänge haben es mit realen Systemen zu tun und eröffnen zweifellos große Möglichkeiten zur Formierung einer Theorie der Steuerung in komplizierten Systemen. Andererseits erlauben es die realen Systeme nicht, das Auftreten der Hauptgesetzmäßigkeiten in ihrer reinen Gestalt zu beobachten, da diese ständig dem Einfluß von vielfältigen Faktoren unterworfen sind, die mit dem Funktionieren des Systems selbst zusammenhängen. Das Bemühen zur Schaffung formaler Modelle, die eine Betrachtung der Steuerprozesse in komplizierten Systemen erlauben, führte zur Herausbildung der mathematischen (allgemeinen) Systemtheorie. In ihrem heutigen Zustand widmet die mathematische Systemtheorie ihr Hauptaugenmerk der Ausarbeitung eines formalen Apparates, und zwar in der Regel im Rahmen der Theorie dynamischer Systeme und der Ergodentheorie. Infolgedessen kommt die inhaltliche Interpretation der zu untersuchenden Objekte zu kurz. Gleichzeitig sind wir, wie sich ein Teilnehmer des internationalen Symposiums in Suchanowo (Moskauer Gebiet, 1969) bildhaft ausdrückte, auf dem Gebiet des künstlichen Intellekts und der Theorie komplizierter Systeme „noch nicht von den Bäumen geklettert", und es ist gerade in der Periode der Herausbildung einer Theorie sehr wichtig, eine deutliche inhaltliche Interpretation der zu lösenden Aufgaben beizubehalten. Dabei entsteht natürlich die reale Gefahr, daß wir anstelle einer vollwertigen Theorie eine Kollektion von mehr oder weniger interessanten gelösten Aufgaben erhalten. Davor sollte man sich jedoch nicht fürchten, weil dabei zwei sehr wichtige und durchaus nicht überflüssige Nebenprodukte entstehen. Einmal die *Erfahrung* bei der Lösung von Aufgaben und zum anderen die *Sprache*, in der man bequem über diese Aufgaben sprechen kann. Aber gerade Erfahrung und Sprache bilden jenes Fundament, auf dem man eine wirkliche Theorie aufbauen kann. Dabei kann es sich erweisen (muß aber nicht), daß die in der mathematischen Systemtheorie verwendete Sprache der Differentialgleichungen nicht die Sprache ist, in der man über große Systeme sprechen muß.

Zur Untersuchung der Hauptgesetzmäßigkeiten der Organisation der Steuerung in komplizierten Systemen ist es natürlich, eine gewisse Folge von Modellen zu schaffen, an denen man versucht, Erfahrungen zu sammeln und eine Sprache auszuarbeiten, die für „Gespräche über komplizierte Systeme" geeignet ist. Man kann hoffen, daß es damit möglich wird, Voraussetzungen zur Formierung einer vollwertigen Theorie zu schaffen.

Dieser Zugang ist methodologisch nicht neu, und er wird in der Wissenschaft häufig angewandt. Im Zusammenhang damit ist es angebracht, folgende Worte I. M. GELFANDS anzuführen: „Betrachtet man beispielsweise die Quantenmechanik, so kann man bei deren Herausbildung zwei Etappen angeben. Die erste Etappe, als NIELS BOHR die Philosophie der Quantenmechanik schuf. Formeln gab es noch keine, und wenn es sie gab, so waren sie nicht solche, die man benötigte. Die zweite Etappe, stürmisches Aufblühen, Umwandlung in ein exaktes Gebiet der Physik mit einer großen Anzahl exakter Formeln. Aber diese Etappe ist dennoch die zweite und nur nach der ersten Etappe möglich".[1]) Das im Text Zitierte endet mit den Worten: „In der Biologie aber ist noch nicht die erste Etappe eingetreten". Mit voller Berechtigung kann man das Wort *Biologie* auch durch die Wörter *Theorie der komplizierten Systeme* ersetzen.

In dem der Aufmerksamkeit des Lesers empfohlenen Buch wird eine Anzahl von Verhaltensmodellen beschrieben, die es, wie uns scheint, einerseits gestatten, eine Reihe interessanter Charakteristiken des gemeinsamen Verhaltens von Systemen von Objekten mit echt ausgeprägten lokalen Interessen zu erhalten und andererseits es gestatten, ein System von Vorstellungen zu errichten und eine Sprache vorzuschlagen, in der man bequem über komplizierte Systeme sprechen kann.[2])

Als elementare Objekte, deren gemeinsames (kollektives) Verhalten wir untersuchen werden, verwendet man endliche Automaten. Erstmalig wurde die Idee darüber, daß endliche Automaten äußerst geeignete Objekte zur Schaffung von Modellen komplizierter, unter anderem auch biologischer, Systeme sind, wahrscheinlich von J. von Neumann ausgesprochen.[3]) Die Arbeitsrichtung jedoch, die mit der Schaffung von Modellen des kollektiven Verhaltens verbunden ist, wurde von M. L. Zetlin formuliert und entwickelt.

Im Jahre 1960 begann M. L. Zetlin Fragen des Verhaltens von Automaten in zufälligen Medien zu studieren und schlug die Konstruktion eines Automaten mit linearer Taktik vor, der in diesen Medien eine asymptotisch optimale Folge bildet. Die Aufgabenstellung über das Verhalten von Automaten in zufälligen Medien war durch folgende Ursachen bedingt. M. L. Zetlin nahm an, daß man ein kompliziertes Verhalten „atomisieren" kann, d. h., man kann bei der Untersuchung des komplizierten Verhaltens einen elementaren Verhaltensakt herauskristallisieren und eine elementare Verhaltensaufgabe formulieren. Wenn man dann einen Mechanismus (endlichen Automaten) konstruiert, der eine Elementaraufgabe gut löst, d. h., der ein zweckmäßiges Verhalten in einer Elementarsituation zeigt, so kann man das komplizierte Verhalten eines komplizierten Objekts als Resultat des gemeinsamen Verhaltens einer großen Anzahl elementarer Objekte betrachten, von denen jedes eine Elementaraufgabe löst.

Als elementare Verhaltensaufgabe stellte M. L. Zetlin die Frage nach dem Verhalten eines Automaten im zufälligen Medium. Die Auswahl einer solchen Aufgabe als Elementaraufgabe ist nicht zufällig. In der Tat, die oben angeführte Aufgabenstellung kann folgendermaßen ad absurdum geführt werden: ein beliebiges kompliziertes Verhalten, das auf einem endlichen Speichervolumen basiert, kann als ein durch die Realisierung eines Algorithmus mit endlichem Speicher, d. h. durch einen endlichen Automaten erzeugtes Verhalten dargestellt werden; die Aufgabe über die „Atomisierung" des Verhaltens wird dann automatisch auf die Aufgabe der Dekomposition des Ausgangsautomaten oder auf die Aufgabe der Konstruktion eines komplizierten Automaten aus elementaren (Basisautomaten), d. h. auf die klassische Syntheseaufgabe von end-

---

[1]) Einleitung zum zweiten Teil des Buches von M. L. Zetlin „Untersuchungen zur Automatentheorie und Modellierung biologischer Systeme", Verlag Nauka, Moskau 1969 (russ.).

[2]) Wenn wir hier von Sprache sprechen, so verstehen wir darunter nicht ein gewisses formal logisches System. Es geht vielmehr um die Möglichkeit, über das Funktionieren komplizierter Systeme in *Termini* des kollektiven Verhaltens von Automaten zu sprechen.

[3]) Vergleiche dazu auch die Einleitung des Redakteurs (A. Burks) im Buch J. v. Neumanns „Theorie sich selbst reproduzierender Automaten" (Verlag Mir, Moskau 1971 (russ.)). Wie A. Burks behauptet, interpretierte J. v. Neumann in seiner Konzeption, im Gegensatz zu N. Wiener, die Kybernetik überhaupt nur als Automatentheorie.

lichen Automaten, zurückgeführt.[1]) Um den inhaltsreichen Aspekt der Aufgabenstellung beizubehalten, wurde als Elementaraufgabe ein formales Analogon zur Aufgabe über ein T-förmiges Labyrinth gewählt, in dem unter der unermüdlichen Aufmerksamkeit von Zoologen, Physiologen und Psychiatern der ganzen Welt fast alle Lebewesen angefangen von Planarien bis zum Menschen gekrochen, gelaufen oder geschwommen sind.[2])

Die nächste und gleichzeitig grundlegende Frage, die dabei erwuchs, war folgende: Wie kompliziert dürfen die Verhaltensformen sein, damit sie durch eine Gesamtheit von Objekten realisiert werden können, die die elementare Verhaltensaufgabe lösen, und welcher Art sind die Hauptgesetzmäßigkeiten eines solchen gemeinsamen (kollektiven) Verhaltens. Gerade diese Frage war von Beginn an die Hauptfrage und sie bedingte die Aufgabenstellung über das Verhalten von Automaten in zufälligen Medien als eine auf die Bereitstellung von „Baumaterial" für Modelle gerichtete Zwischenetappe.[3])

Im Jahre 1961 erschienen die ersten Arbeiten M. L. Zetlins, die dem Verhalten von Automaten in zufälligen Medien gewidmet waren, und der Personenkreis, der sich mit derartigen Fragen beschäftigte und in dieser Thematik mit M. L. Zetlin zusammenarbeitete, begann sich zu vergrößern. In diesen Jahren begannen W. J. Krylow, I. P. Woronzowa, W. A. Borowikow, W. I. Brysgalow, I. I. Pjatezki-Schapiro, W. I. Krinski, W. A. Ponomarjow und etwas später W. L. Stefanjuk, A. W. Butrimenko, S. L. Ginsburg, M. W. Meleschina und A. M. Gerscht sich mit Automatenmodellen zu beschäftigen. Von Beginn an zeigten für dieses Gebiet I. M. Gelfand, L. I. Rosonoer, M. M. Bongard und E. M. Brawerman reges Interesse.

Im Januar 1963 wurde in Komorowo bei Leningrad das erste erweiterte Seminar der Kybernetikgruppe des Rechenzentrums der Leningrader Abteilung des mathematischen Instituts der AdW der UdSSR[4]) durchgeführt, an dem alle Personen teilnahmen, die gemeinsam mit M. L. Zetlin über Automatenmodellen des Verhaltens arbeiteten. Das gesamte schöpferische Leben M. L. Zetlins war mit der Biologie verknüpft, und die Arbeit über Verhaltensmodelle wurde in vielem durch seine biologischen Interessen stimuliert, obwohl schon auf dem ersten Seminar mögliche technische, ökonomische und soziologische Analogien und Modelle beraten wurden. Die Thematik des Seminars

---

[1]) Beispiele dafür, daß eine solche Problemstellung im Rahmen der zu untersuchenden Thematik von Interesse ist, sind in Kapitel 5 angeführt.

[2]) Der Richtigkeit halber muß man erwähnen, daß man einen Menschen nicht durch das Labyrinth kriechen oder laufen ließ. Für ihn wurde das Labyrinth durch eine Menge von Knöpfen ersetzt. Der Autor muß eingestehen, daß ihn im Jahre 1961 M. L. Zetlin im Laboratorium M. A. Aleksejews im Institut für höhere Nerventätigkeit der AdW der UdSSR durch ein Labyrinth „gejagt" hat. Zu Resultaten ähnlicher Experimente und deren Zusammenhang mit Automatenmodellen siehe M. A. Alexejew, M. S. Salkind, W. M. Kuschnarew „Lösung der Auswahlaufgabe durch den Menschen bei zufälliger Unterstützung der Bewegungsreaktionen" im Sammelband „Biologische Aspekte der Kybernetik" (AdW der UdSSR, Moskau 1962 (russ.)).

[3]) Es ist erstaunlich, daß die als Hilfsmittel dienende Aufgabe über das Verhalten eines Automaten im stationären zufälligen Medium auch bis zum heutigen Tag bedeutende Anstrengungen auf sich lenkt. Im Verlaufe der letzten 10 Jahre erschienen in der UdSSR und besonders im Ausland immer wieder Arbeiten, in denen die Konstruktion von Automaten mit zweckmäßigem oder asymptotisch optimalem Verhalten verändert, modifiziert und ergänzt wurden. Dabei wurde von den Modellen des eigentlichen kollektiven Verhaltens nur drei bekannte Konstruktionen verwandt — der Automat M. L. Zetlins (Automat mit linearer Taktik), der Automat W. I. Krinskis (der „gutgläubige" Automat) und der Automat von Robbins.

[4]) Seit 1965 Laboratorium für Kybernetik an der Leningrader Abteilung des Zentralen ökonomisch-mathematischen Instituts der AdW der UdSSR.

ging über die Grenzen von reinen Automatenmodellen des Verhaltens hinaus und schloß die Beratung eines breiten Kreises von Fragen ein, die mit der Organisation des komplizierten Verhaltens verknüpft waren, wie Zeichenerkennung, kontinuierliche Medien, physiologische Modelle usw. Durch die Teilnahme von Physiologen gelang es dem Seminar bei der Behandlung von biologischen Modellen, die häufig in ähnlichen Diskussionen auftretende Vulgarisierung der physiologischen Daten zu vermeiden.

Bis zum Januar 1963 wurde ein großer Schritt in der Entwicklung der Thematik gemacht, und zwar waren die grundlegenden Sätze über Automatenbeispiele formuliert und die einfachsten spieltheoretischen Modelle untersucht worden. Letzteres gestattete es, schon auf dem Seminar über Modelle des gemeinsamen Verhaltens von Automaten zu sprechen und die Hauptarbeitsrichtungen abzustecken. Zur gleichen Zeit schlug W. S. Gurfinkel ein Spiel vor, das später als Grundlage für das Modell des *G*-Spiels diente. Selbiges hat in der Entwicklung von analytischen Methoden zur Untersuchung von Spielen eine wesentliche Rolle gespielt. Von Januar 1963 an wird dieses erweiterte Seminar jährlich durchgeführt. Es führt Personen zusammen, die sich mit Problemen des kollektiven Verhaltens von Automaten befassen und formiert ein unsichtbares Kollektiv, das durch die Gemeinsamkeit der Standpunkte und der Methodologie verbunden ist und das von Jahr zu Jahr größer wird.

Im Sommer 1966 hatte sich die Untersuchung des kollektiven Verhaltens von Automaten zu einer selbständigen wissenschaftlichen Richtung herausgebildet, deren unumstrittener Führer und Inspirator M. L. Zetlin war, der das mit ihm arbeitende Kollektiv mit Problemstellungen konfrontierte und die erhaltenen Ergebnisse einer kompromißlosen Kritik unterzog.

Eine wesentliche Etappe in der Entwicklung der Thematik stellte die Verteidigung der Habilitationsschrift von M. L. Zetlin „Endliche Automaten und Modellierung einfachster Verhaltensformen“ im Jahre 1964 dar.[1]) In dieser Arbeit wurde ein Schlußstrich unter die Arbeiten über die Konstruktion von Automaten, über Matrixspiele und homogene Spiele gezogen.

Die weitere Entwicklung war erstens auf das Studium von Modellen gerichtet, die eine inhaltsreiche praktische Deutung erlaubten, wie Modelle zur Steuerung von Nachrichtennetzen (A. W. Butrimenko, W. G. Lasarew), zur Steuerung von Kommutationsvorrichtungen (W. M. Tschenzow), zur Steuerung eines Systems gemeinsam arbeitender Funkstationen (W. L. Stefanjuk) u. a., und zweitens auf die Entwicklung eines mathematischen Apparates, der es erlaubt, analytische Abschätzungen des Verhaltens anzugeben (W. A. Wolkonski, A. A. Miljutin, B. G. Pittel, W. I. Krinski, W. A. Ponomarjow, W. A. Borowikow u. a.). Im Ergebnis der durchgeführten Arbeiten wurde nicht nur die Möglichkeit offensichtlich, das Verhalten von komplizierten Systemen in der Sprache des kollektiven Verhaltens zu beschreiben, sondern auch die Möglichkeit, die Ideen und Methoden des kollektiven Verhaltens für die Organisation der Steuerung in realen Systemen zu verwenden.

Die auf Grund des plötzlichen Todes von M. L. Zetlin im Mai 1966 entstandene Krise wurde auf dem fünften alljährlichen Seminar 1967 überwunden. Auf dem sechsten Seminar wurden erstmals ökonomische Modelle und Fragen der Organisation des kollektiven Verhaltens in ökonomischen Systemen breit erörtert.

---

[1]) Veröffentlicht in „Erfolge der mathematischen Wissenschaften“ Bd. 18, Nr. 4 (112), 1963 (russ.).

In diesen Jahren wurde der Kreis der Personen, die sich mit Fragen des kollektiven Verhaltens beschäftigen, wesentlich größer, und es bildete sich eine Reihe von Gruppen heraus, wie zum Beispiel die Gruppen von L. I. Rosonoer (IPU), S. W. Fomin und W. G. Laserew (Institut für Probleme der Informationsübertragung), W. G. Sargowitsch (Rechenzentrum der AdW der UdSSR), D. A. Pospelow (Moskauer Ökonomisches Institut, danach Rechenzentrum der AdW der UdSSR), G. N. Zerzwadse (Staatliche Universität Tbilissi) und eine Reihe anderer. Zur selben Zeit begann man auch im Ausland, speziell in den USA, sich mit Modellen des Verhaltens von Automaten zu beschäftigen, jedoch gingen diese Arbeiten bis jetzt noch nicht über die einfachsten Verhaltensmodelle — Modelle des Verhaltens eines Automaten im zufälligen Medium — hinaus (Chandrasekhar, Fu, Shen u. a.).

Die Untersuchung von Modellen des kollektiven Verhaltens von Automaten hat sich gegenwärtig zu einer selbständigen wissenschaftlichen Richtung herausgebildet. Es werden regelmäßig Symposien und Schulen über diese Thematik durchgeführt, auf Allunionskonferenzen arbeiten Sektionen zu Fragen des kollektiven Verhaltens von Automaten. An der Sektion für technische Kybernetik des Wissenschaftlichen Rates zum Problem „Kybernetik" beim Präsidium der AdW der UdSSR wurde eine Unterkommission für die Theorie des kollektiven Verhaltens von Automaten und für spieltheoretische Methoden der Steuerung gebildet. Die betrachtete Richtung hat sich in der UdSSR herausgebildet und wurde von sojwetischen Gelehrten entwickelt. Erst in den letzten Jahren begannen Arbeiten über diese Thematik im Ausland zu erscheinen.

Man muß erwähnen, daß es auch andere Richtungen gibt, die sich in diesem oder jenem Maße mit Fragen der Untersuchung von Modellen des kollektiven Verhaltens in komplizierten Systemen beschäftigen. Beispielsweise sind das vielfältige Modelle des Warenaustausches, Modelle der Gruppenauswahl usw. Allem Anschein nach ist eine Annäherung aller dieser Zugänge zu beobachten. Es kann sein, daß diese auf der Basis der existierenden Tendenz zur Schaffung „quasithermodynamischer" Modelle komplizierter Systeme beruht. Andererseits haben die Modelle des kollektiven Verhaltens von Automaten ihre eigene Spezifik, und gerade die Tendenz zur Annäherung der verschiedenen Zugänge bei der Untersuchung von Modellen des kollektiven Verhaltens macht es erforderlich, eine gewisse Bilanz in der Entwicklung von Modellen des kollektiven Verhaltens von Automaten zu ziehen.

KAPITEL I

Verhalten von Automaten in zufälligen Medien

§ 1.1. Problemstellung

Objekte unserer Untersuchung sind endliche Automaten, d. h. Objekte mit einer endlichen Anzahl von inneren Zuständen φ_i ($i = 1, 2, \ldots, n$), einer endlichen Anzahl von Eingabesignalen S_l ($l = 1, 2, \ldots, g$) und einer endlichen Anzahl von Ausgabesignalen f_m ($m = 1, 2, \ldots, k$). Es wird vorausgesetzt, daß die Automaten in diskreten Zeitskalen funktionieren, d. h., die Zeit t nimmt nur die ganzzahligen Werte 1, 2, 3, ... an. Der Automat wird durch die kanonischen Gleichungen

$$\varphi(t+1) = \Phi[\varphi(t), S(t+1)], \qquad (1.1.1\text{a})$$

$$f(t) = F[\varphi(t)] \qquad (1.1.1\text{b})$$

gegeben. Die Gleichung (1.1.1a) beschreibt den Wechsel der inneren Zustände des Automaten unter dem Einwirken der Eingabesignale $S(t)$ und die Gleichung (1.1.1b) die Abhängigkeit des Ausgangssignals vom inneren Zustand des Automaten.

Die Überführungsfunktion des Automaten (1.1.1a) kann auf verschiedene Art angegeben werden. Für uns ist es bequem, die Funktion $\Phi[\varphi(t), S(t+1)]$ durch ein System von Matrizen zu beschreiben. Jedem Wert der S_l Eingabevariablen entspricht eine Zustandsmatrix $\|\alpha_{ij}(S_l)\|$ ($i, j = 1, 2, \ldots, n$), die den Wechsel der Automatenzustände unter dem Einwirken des Eingabesignals S_l festlegt.

Für einen determinierten Automaten sind die Matrizen $\|\alpha_{ij}(S_l)\|$ einfache Matrizen, d. h., jede ihrer Zeilen enthält genau ein Element, das gleich Eins ist, während alle anderen Elemente der Zeile Null sind. Ist dabei $\varphi(t) = \varphi_i$, $S(t+1) = S_l$ und $\alpha_{ij}(S_l) = 1$, so gilt $\varphi(t+1) = \varphi_j$.

Als stochastischen Automaten bezeichnen wir einen Automaten mit stochastischen Zustandsmatrizen $\|\alpha_{ij}(S_l)\|$ $\left(0 \leqq \alpha_{ij}(S_l) \leqq 1, \sum_j \alpha_{ij}(S_l) = 1\right)$. Das Element $\alpha_{ij}(S_l)$ der Zustandsmatrix gibt die Wahrscheinlichkeit des Übergangs des Automaten vom Zustand φ_i in den Zustand φ_j unter dem Einwirken des Eingabesignals S_l an.

Wie man leicht sieht, entspricht jeder Zustandsmatrix eines determinierten Automaten ein gerichteter Zustandsgraph, dessen Knoten den Zuständen des Automaten und dessen Bögen den Elementen α_{ij} entsprechen, wobei der Knoten i mit dem Knoten j nur dann verbunden ist, wenn $\alpha_{ij} = 1$ ist.

Im Fall stochastischer Automaten kann man einen Automaten durch eine Anzahl von Zustandsgraphen beschreiben, in denen jedem Bogen die entsprechende Übergangswahrscheinlichkeit zugeordnet wird.

Wir wollen das Verhalten eines Automaten in einem äußeren Medium E betrachten. Das bedeutet, daß die Ausgabesignale des Automaten A (Abb. 1.1) als Eingabesignale einer Einrichtung E dienen, die ihrerseits Eingabesignale für den Automaten A erzeugt. Das äußere Medium kann man im allgemeinen ebenfalls als einen Automaten betrachten (determiniert oder stochastisch), dessen Verhalten von seinem inneren Zustand, von äußeren Eingabesignalen und möglicherweise von der Zeit abhängt.

Die Ausgabesignale $f(t)$ des Automaten A werden wir im weiteren als *Aktionen* und die Eingabesignale als *Reaktionen des Mediums* bezeichnen. Wir wollen voraussetzen, daß die vom Automaten A aufnehmbaren Reaktionen des Mediums in zwei Klassen

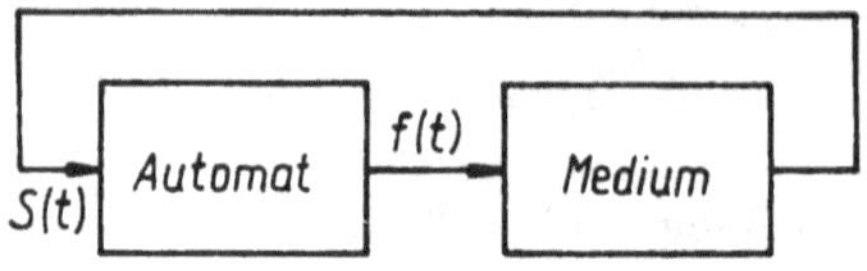

Abb. 1.1

zerfallen: die Klasse der günstigen Reaktionen $S(t) = +1$ (*Gewinn*) und die Klasse der ungünstigen Reaktionen $S(t) = -1$ (*Verlust, Strafe*). Innerhalb einer jeden dieser Klassen sind die Reaktionen des Mediums für den Automaten nicht unterscheidbar. Die Menge der Eingabesignale enthält also nur 2 Elemente: $+1$ und -1.

Die Wirkungsweise des Automaten im äußeren Medium wird durch die Wechselwirkung des Automaten mit dem Medium bestimmt. Wir betrachten zunächst die einfachste Aufgabe über das Verhalten eines Automaten in einem *stationären zufälligen Medium.*

Wir sagen, der Automat A wirkt in einem stationären zufälligen Medium $C = C(a_1, \ldots, a_k)$, falls die Aktion des Automaten und der Wert seiner Eingabevariablen folgendermaßen verknüpft sind: Die vom Automaten zum Zeitpunkt t durchgeführte Aktion f_m $(m = 1, 2, \ldots, k)$ bewirkt zum Zeitpunkt $(t + 1)$ mit der Wahrscheinlichkeit $p_m = \frac{1 - a_m}{2}$ den Wert $S = -1$ (Verlust) und mit der Wahrscheinlichkeit $q_m = \frac{1 + a_m}{2}$ den Wert $S = +1$ (Gewinn). Hierin bedeutet $q_m - p_m = a_m$ $(|a_m| \leqq 1)$ den Erwartungswert des Gewinns bei der Aktion f_m.

Möge sich zum Zeitpunkt t der Automat im Zustand φ_i befinden, dem die Aktion f_m entspricht, dann ist die Wahrscheinlichkeit des Übergangs aus dem Zustand φ_i in den Zustand φ_j gleich

$$p_{ij} = p_m \alpha_{ij}(S = -1) + q_m \alpha_{ij}(S = +1). \tag{1.1.2}$$

Wir bemerken, daß

$$\sum_j p_{ij} = \sum_j p_m \alpha_{ij}(-1) + \sum_j q_m \alpha_{ij}(+1) = p_m + q_m = 1 \tag{1.1.3}$$

gilt und die Matrix $\|p_{ij}\|$ deshalb stochastisch ist. Das Verhalten des Systems „Automat — stationäres zufälliges Medium“ wird also durch eine diskrete MARKOWsche Kette beschrieben. In dem Falle, daß der Aufbau des Automaten (die Anzahl der Matrizen $\|\alpha_{ij}(+1)\|$ und $\|\alpha_{ij}(-1)\|$) so ist, daß die Kette ergodisch ist, existieren die Finalwahrscheinlichkeiten der Zustände, die nicht vom Anfangszustand abhängen.

Wir bezeichnen mit r_i die Finalwahrscheinlichkeit des Zustandes φ_i des Automaten im Medium C und mit σ_m $(m = 1, 2, \ldots, k)$ die Finalwahrscheinlichkeit der Aktion f_m, d. h. die Summe der Finalwahrscheinlichkeiten derjenigen Zustände, in denen der Automat die Aktion f_m durchführt. Dann wird der Erwartungswert $M(A, C)$ des Gewinns bei einem Takt des Automaten A im Medium C durch die Formel

$$M(A, C) = \sum_{m=1}^{k} \sigma_m a_m{}^{1)} \tag{1.1.4}$$

angegeben. Offenbar gilt

$$\min_m a_m \leqq M(A, C) \leqq \max_m a_m . \tag{1.1.5}$$

Wählt der Automat seine Aktionen unabhängig von den Reaktionen des Mediums und gleichwahrscheinlich, so ist der Erwartungswert seines Gewinns gleich

$$M_0 = \frac{1}{k} \sum_{m=1}^{k} a_m . \tag{1.1.6}$$

Der Automat A *verhält sich zweckmäßig* im Medium C, falls

$$M(A, C) > M_0 \tag{1.1.7}$$

ist. Im allgemeinen ist die Aufgabe der Konstruktion eines sich im gegebenen Medium C zweckmäßig verhaltenden Automaten trivial, weil als Lösung der Aufgabe ein Automat mit nur einem inneren Zustand dient, bei dem er gerade die Aktion ausführt, der im gegebenen Medium der maximale mittlere Gewinn zukommt. Ein solcher Automat „verhält sich a priori zweckmäßig", d. h., die Zweckmäßigkeit seines Verhaltens basiert auf der a priori Kenntnis der Parameter des zufälligen Mediums. Deshalb werden uns für stationäre zufällige Medien Automaten interessieren, die sich nicht „a priori zweckmäßig verhalten". Wenn wir davon sprechen, daß sich ein Automat im Medium C zweckmäßig verhält, so verstehen wir darunter, daß er sich in jedem der $k!$ stationären zufälligen Medien zweckmäßig verhält, die man aus dem Medium $C(a_1, \ldots, a_k)$ durch alle möglichen Permutationen der Parameter a_m erhält. Das bedeutet, daß die Funktion $M(A, C)$ eine symmetrische Funktion ihrer a_m Parameter ist. Automaten, die eine derartige Funktion $M(A, C)$ sichern, wollen wir als Automaten ohne „a priori zweckmäßiges Verhalten" oder als symmetrische Automaten bezeichnen.

Wir betrachten ein Beispiel eines symmetrischen Automaten, der sich in einem stationären zufälligem Medium zweckmäßig verhält. Der Automat habe k Zustände φ_i $(i = 1, 2, \ldots, k)$ und k Aktionen $f_i = F(\varphi_i)$. Bei einem Gewinn behält der Automat seinen Zustand (Aktion) bei, während er bei einem Verlust den Zustand mit der Wahrscheinlichkeit γ_i wechselt und mit der Wahrscheinlichkeit $(1 - \gamma_i)$ beibehält. Wir werden 2 Modifikationen eines solchen Automaten betrachten:

a) Im Falle eines Wechsels des Zustandes φ_i geht der Automat in den Zustand $\varphi_{(i+1)}$ für $i = 1, 2, \ldots, k - 1$ und in den Zustand φ_1 für $i = k$ über.

b) Im Falle eines Wechsels des Zustandes φ_i wird der neue Zustand zufällig gewählt, wobei die Auswahlwahrscheinlichkeit für alle Zustände nicht von φ_i abhängt und gleich $1/k$ ist.

Die entsprechenden Zustandsgraphen sind in den Abbildungen 1.2 und 1.3 angeführt. Unter Berücksichtigung von (1.1.2) hat die Matrix der Übergangswahrschein-

[1]) Anm. d. Hsg.: Wir behalten die Bezeichnung M für den Erwartungswert bei.

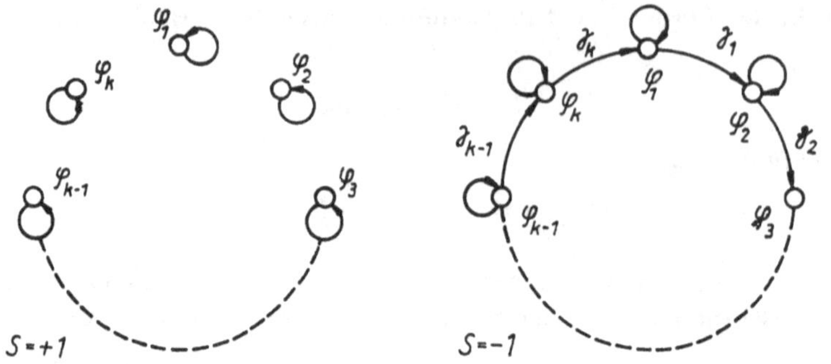

Abb. 1.2

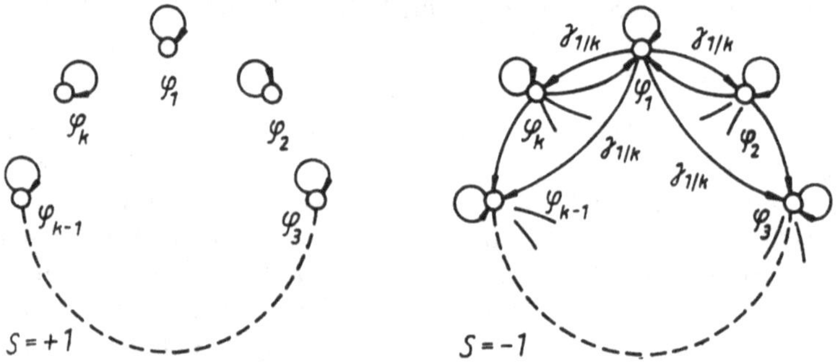

Abb. 1.3

lichkeiten für den Fall a) die Gestalt:

$$\left\| \begin{matrix} 1-\gamma_1 p_1 & \gamma_1 p_1 & 0 & 0\ldots 0 & 0 \\ 0 & 1-\gamma_2 p_2 & \gamma_2 p_2 & 0\ldots 0 & 0 \\ \cdots & \cdots & \cdots & \cdots & \cdots \\ \gamma_k p_k & 0 & 0 & 0\ldots 0 & 1-\gamma_k p_k \end{matrix} \right\| \tag{1.1.8}$$

und für den Fall b) die Gestalt:

$$\left\| \begin{matrix} 1-\dfrac{k-1}{k}\gamma_1 p_1 & \dfrac{\gamma_1 p_1}{k} & \dfrac{\gamma_1 p_1}{k} & \ldots & \dfrac{\gamma_1 p_1}{k} \\ \dfrac{\gamma_2 p_2}{k} & 1-\dfrac{k-1}{k}\gamma_2 p_2 & \dfrac{\gamma_2 p_2}{k} & \ldots & \dfrac{\gamma_2 p_2}{k} \\ \cdots & \cdots & \cdots & \cdots & \cdots \\ \dfrac{\gamma_k p_k}{k} & \dfrac{\gamma_k p_k}{k} & \dfrac{\gamma_k p_k}{k} & \ldots & 1-\dfrac{k-1}{k}\gamma_k p_k \end{matrix} \right\| \tag{1.1.9}$$

Die Finalwahrscheinlichkeiten der Zustände bestimmt man für die Matrix (1.1.8) aus dem Gleichungssystem:

$$\left.\begin{aligned} r_1 &= r_1(1-\gamma_1 p_1) + r_k\gamma_k p_k \\ &\cdots\cdots\cdots\cdots \\ r_i &= r_i(1-\gamma_i p_i) + r_{i-1}\gamma_{i-1}p_{i-1} \end{aligned}\right\} \tag{1.1.10}$$

Aus (1.1.10) findet man

$$r_1\gamma_1 p_1 = r_k\gamma_k p_k, \quad r_i\gamma_i p_i = r_{i-1}\gamma_{i-1}p_{i-1} \quad (i \neq 1),$$

und die Normierungsbedingung $\sum_{i=1}^{k} r_i = 1$ ergibt

$$r_i = \frac{\dfrac{1}{\gamma_i p_i}}{\sum\limits_{j=1}^{k} \dfrac{1}{\gamma_j p_j}}. \tag{1.1.11}$$

Die Gleichungen für die Finalwahrscheinlichkeiten der Zustände für die Matrix (1.1.9) haben die Gestalt

$$r_i = r_i\left(1 - \frac{k-1}{k}\gamma_i p_i\right) + \sum_{j\neq i} r_j \frac{\gamma_j p_j}{k}. \tag{1.1.12}$$

Aus diesem Gleichungssystem findet man

$$r_i\gamma_i p_i = \frac{1}{k}\sum_{j=1}^{k} r_j\gamma_j p_j$$

und aus der Normierungsbedingung ergibt sich (1.1.11).

Für das zu betrachtende Beispiel eines symmetrischen Automaten ist $r_i = \sigma_i$. Bezeichnet man beide Modifikationen des Automaten mit T_k, so gilt

$$M(T_k, C) = \frac{\sum\limits_{i=1}^{k} \dfrac{a_i}{\gamma_i p_i}}{\sum\limits_{i=1}^{k} \dfrac{1}{\gamma_i p_i}}. \tag{1.1.13}$$

Ausgehend von der Symmetrieforderung setzen wir $\gamma_i = \gamma \neq 0$ für alle $i = 1, 2, \ldots, k$. Dann gilt

$$M(T_k, C) = \frac{\sum\limits_{i=1}^{k} \dfrac{a_i}{1-a_i}}{\sum\limits_{i=1}^{k} \dfrac{1}{1-a_i}} = 1 - \frac{k}{\sum\limits_{i} \dfrac{1}{1-a_i}}. \tag{1.1.14}$$

Wir bemerken, daß

$$M(T_k, C) - M_0 = 1 - \frac{k}{\sum_i \frac{1}{1 - a_i}} - \frac{\sum_i a_i}{k}$$

$$= \frac{\sum_i (1 - a_i)}{k} - \frac{k}{\sum_i \frac{1}{1 - a_i}} \geqq 0 \qquad (1.1.15)$$

ist. Folglich verhält sich der Automat T_k für beliebige $\gamma \neq 0$ im stationären zufälligen Medium zweckmäßig. (Die Gleichheit wird in (1.1.15) für $a_i = a$ für alle $i = 1, 2, \ldots, k$ angenommen.)[1])

Wir bemerken, daß im Ausdruck (1.1.13) nur die Parameter γ_i von der Konstruktion des Automaten abhängen. Wir versuchen nun den Erwartungswert des Gewinns und damit auch die Zweckmäßigkeit des Verhaltens des Automaten durch geeignete Auswahl seiner Konstruktion bei Beibehaltung der Symmetrieeigenschaften zu vergrößern. Dazu lassen wir zu, daß $\gamma_i = \gamma(p_i)$ ist, d. h., daß γ_i von p_i abhängt. Ein derartiger Effekt kann erzielt werden, wenn man den Automaten als Komposition zweier Automaten auffaßt: des Automaten T_k und des Speicherautomaten B (Abb. 1.4).

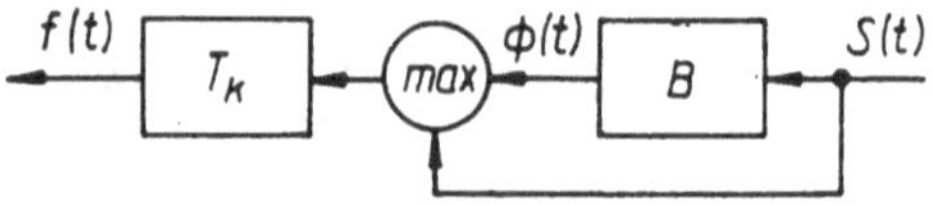

Abb. 1.4

Die Ausgangsvariable $\psi(t)$ des Automaten B nimmt zwei Werte, und zwar $+1$ und -1 an. Der Automat T_k ändert seinen Zustand dann und nur dann, wenn $s(t) = -1$ und $\psi(t) = -1$ ist. Ist der Automat B so beschaffen, daß $\psi = -1$ nur in genau einem Zustand ist, beispielsweise nur im Zustand φ_1, und in allen anderen Zuständen $\psi(\varphi_i) = +1$ $(i = 2, 3, \ldots, n)$ ist, so ist leicht zu sehen, daß die Wahrscheinlichkeit dafür, daß unter der Bedingung, daß der Automat T_k die Aktion f_m durchführt und der Automat B sich im Zustand φ_1 befindet, $P[\varphi(t) = \varphi_1 \mid f(t) = f_m]$, die Finalwahrscheinlichkeit des Zustandes φ_1 in der Markowschen Kette mit der stochastischen Matrix

$$\|p_{ij}\| = p_m \|\alpha_{ij}(-1)\| + q_m \|\alpha_{ij}(+1)\| \qquad (1.1.16)$$

---

[1]) Die Richtigkeit von (1.1.15) folgt aus der Tatsache, daß das arithmetische Mittel nichtnegativer Zahlen nicht kleiner als das harmonische Mittel ist. In der Tat gilt für $x_i \geqq 0$

$$\sum_{i=1}^{k} x_i \sum_{j=1}^{k} \frac{1}{x_j} = \sum_{i,j}^{k} \frac{x_i}{x_j} \geqq k^2,$$

weil

$$\frac{x_i}{x_j} + \frac{x_j}{x_i} = \frac{x_i^2 + x_j^2}{x_i x_j} \geqq 2$$

und deshalb

$$\frac{1}{k} \sum_{i=1}^{k} x_i \geqq \left(\frac{1}{k} \sum_{i=1}^{k} \frac{1}{x_i} \right)^{-1}$$

ist.

ist, wobei $\|\alpha(S)\|$ die Zustandsmatrix des Automaten B bedeutet.[1]) Sei $\gamma_m = \gamma(p_m) = P[\varphi(t) = \varphi_1 \mid f(t) = f_m]$. Dann gilt

$$M(A, C) = \frac{\sum_{m=1}^{k} \frac{a_m}{\gamma(p_m)\,p_m}}{\sum_{m=1}^{k} \frac{1}{\gamma(p_m)\,p_m}} = 1 - \frac{\sum_{m=1}^{k} \frac{1}{\gamma(p_m)}}{\sum_{m=1}^{k} \frac{1}{\gamma(p_m)\,(1-a_m)}}. \tag{1.1.17}$$

Man kann zeigen, daß die Aufgabe, die Zweckmäßigkeit des Verhaltens des Automaten T_k zu erhöhen, auf die Aufgabe der Bestimmung einer Konstruktion des Automaten B zurückgeführt werden kann, für den

$$\frac{d\gamma(p_m)}{dp_m} > 0$$ [2])

ist. Im folgenden Paragraphen werden wir eine Reihe von Beispielen für die Konstruktion von Automaten vom Typ der Abb. 1.4 angeben, die ein optimales Verhalten in stationären zufälligen Medien garantieren.

§ 1.2. Asymptotisch-optimale Folgen von symmetrischen Automaten

Im vorigen Paragraphen wurde das Problem des Verhaltens eines Automaten in einem stationären zufälligen Medium gestellt und eine allgemeine Konstruktion eines symmetrischen Automaten angegeben (s. Abb. 1.4). Im folgenden betrachten wir eine Reihe konkreter Konstruktionen von Automaten. Offenbar kann der Erwartungswert des Gewinns eines Automaten A im Medium C, also $M(A, C)$, nicht größer als $\max_m a_m$ (1.1.5) sein. Uns werden solche Konstruktionen von Automaten interessieren, für die sich $M(A, C)$ an $M_{\max} = \max_m a_m$ annähert.

Eine Folge von Automaten $A_1, A_2, \ldots, A_n$ heißt asymptotisch-optimal, falls

$$\lim_{n\to\infty} M(A_n, C) = M_{\max} \tag{1.2.1}$$

gilt. Ein Automat, der zu einer asymptotisch-optimalen Folge gehört, wird bei genügend großem n fast immer die Aktion durchführen, bei der die Gewinnwahrscheinlichkeit maximal ist. Im weiteren verwenden wir als Nummer des Automaten in der Folge die Anzahl der Zustände des Speicherautomaten B (s. Abb. 1.4), die wir als *Speicherkapazität des Automaten* bezeichnen.

Wir betrachten die Konstruktion von Automaten B, in denen der Automat n Zustände φ_i $(i = 1, 2, \ldots, n)$ und zwei Ausgabesignale $\psi(\varphi_i)$ besitzt, wobei $\psi(\varphi_1) = -1$ und

---

[1]) Dabei wird natürlich vorausgesetzt, daß die Matrizen $\|\alpha_{ij}(S)\|$ so sind, daß die Kette ergodisch ist.

[2]) In der Tat ist für zwei Aktionen f_1 und f_2 und $p_1 > p_2$ für die Zweckmäßigkeit des Verhaltens $\gamma(p_1) > \gamma(p_2)$ notwendig. Andererseits erkennt man aus (1.1.17), daß [60] $\lim_{n\to\infty} M(A, C) = \max(a_1, a_2, \ldots, a_k) = a_r$ nur gilt, wenn $\lim_{n\to\infty} \frac{\gamma(p_j)}{\gamma(p_r)} = \infty$ $(j \neq r)$ und offenbar $\lim_{n\to\infty} \gamma(p_r, n) = 0$ ist, d. h. für die asymptotische Optimalität ist außerdem $\frac{\partial\gamma(p_m, n)}{\partial n} < 0$ notwendig (siehe § 1.2).

$\psi(\varphi_i) = +1$ $(i = 2, 3, \ldots, n)$ ist. Wie wir oben schon erwähnten, kann $P[\varphi(t) = \varphi_1 \mid f(t) = f_m] = \gamma(p_m)$ als Finalwahrscheinlichkeit von φ_1 unter der Bedingung berechnet werden, daß die Verlustwahrscheinlichkeit nicht von der Aktion abhängt, die der Automat ausführt, und gleich p_m ist. Die letzte Behauptung folgt offenbar aus der Betrachtung des Funktionierens des Automaten nur zu den Zeitpunkten, bei denen $f(t) = f_m$ ist, und der Tatsache, daß sich der Automat B zum Zeitpunkt des Aktionswechsels immer in ein und demselben inneren Zustand φ_1 befindet. Wir nennen $\gamma(p_m)$ die stationäre Wahrscheinlichkeit des Aktionswechsels. Wenden wir uns nun Konstruktionen von konkreten Automaten zu, die asymptotisch-optimale Folgen bilden.

1. Automat mit linearer Taktik $L_{n,k}$. Der Automat mit linearer Taktik $L_{n,k}$ hat k Zustände des Automaten T_k (k Aktionen f_m) und n Zustände φ_i des Speicherautomaten B_{L_n}. Die Funktion des Wechsels der Zustände des Automaten B_{L_n} hat die Gestalt

$$\varphi(t+1) = \max\left[1, \min\bigl(n, \varphi(t) + S(t)\bigr)\right]. \tag{1.2.2}$$

Der Funktion (1.2.2) entspricht der in Abb. 1.5 dargestellte Zustandsüberführungsgraph.

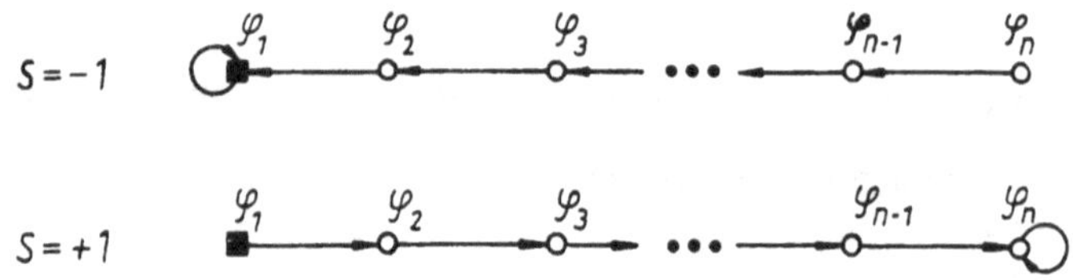

Abb. 1.5

Sei $r_i^m = P[\varphi(t) = \varphi_i \mid f(t) = f_m]$. Wie schon erwähnt wurde, können wir r_i^m unter der Voraussetzung berechnen, daß die Verlustwahrscheinlichkeit nicht von $f(t)$ abhängt und gleich p_m ist. Dann ergibt sich unmittelbar aus der Gestalt des Graphen in Abb. 1.5 das Gleichungssystem für die Finalwahrscheinlichkeiten:

$$\left.\begin{aligned} r_1^m &= r_1^m p_m + r_2^m p_m, \\ &\cdots\cdots\cdots \\ r_i^m &= r_{i-1}^m q_m + r_{i+1}^m p_m, \\ &\cdots\cdots\cdots \\ r_n^m &= r_{n-1}^m q_m + r_n^m q_m. \end{aligned}\right\} \tag{1.2.3}$$

Sukzessive Elimination der Variablen in (1.2.3) liefert

$$r_i^m = r_1^m \lambda_m^{i-1}, \quad \lambda_m = \frac{q_m}{p_m} = \frac{1 + a_m}{1 - a_m}, \tag{1.2.4}$$

woraus wir unter Verwendung der Normierungsbedingung $\sum_{i=1}^{n} r_i^m = 1$

$$r_1^m \sum_{l=0}^{n-1} \lambda_m^l = 1$$

und schließlich

$$r_1^m = \gamma(p_m) = \frac{1 - \lambda_m}{1 - \lambda_m{}^n} \tag{1.2.5}$$

finden. Weiter folgt aus (1.2.5) und (1.1.17)[1])

$$M(L_{n,k}, C) = \frac{\sum_{i=1}^{k} (1 - \lambda_i{}^r)}{\sum_{m=1}^{k} \frac{(1 - \lambda_m{}^n)}{a_m}} \tag{1.2.6}$$

und aus (1.2.6)

$$\lim_{n\to\infty} M(L_{n,k}, C) = \begin{cases} \max_m a_m, \text{ falls } \max_m a_m \geqq 0\ ^{2)}, \\ \left[\frac{1}{k} \sum_{m=1}^{k} a_m{}^{-1}\right]^{-1}, \text{ falls } \max_m a_m < 0. \end{cases}$$

In stationären zufälligen Medien, in denen eine Aktion existiert, die einen nichtnegativen Erwartungswert des Gewinns garantiert, bilden also die Automaten mit linearer Taktik $L_{n,k}$ eine asymptotisch-optimale Folge. Ist die Bedingung $\max_m a_m \geqq 0$ nicht erfüllt, so strebt $M(L_{n,k}, C)$ bei wachsender Speicherkapazität gegen das harmonische Mittel der Zahlen a_m. Da aber das arithmetische Mittel nichtnegativer Zahlen nicht kleiner als deren harmonisches Mittel ist, bleibt auch bei $\max_m a_m < 0$ die Zweckmäßigkeit des Verhaltens des Automaten mit linearer Taktik erhalten.

2. **Der Automat von W. I. Krinski $D_{n,k}$ (der „gutgläubige" Automat).** Der Automat $D_{n,k}$ besitzt ebenso wie der Automat mit linearer Taktik k Zustände des Automaten T_k und n Zustände φ_i des Speicherautomaten B_{Dn}. Die Vorschrift für den Wechsel der Zustände des Automaten B_{Dn} ist folgende:

$$\varphi(t + 1) = \max [1, nS(t + 1), \varphi(t) - 1]. \tag{1.2.7}$$

Der dieser Vorschrift entsprechende Zustandsüberführungsgraph ist in Abb. 1.6 angeführt.

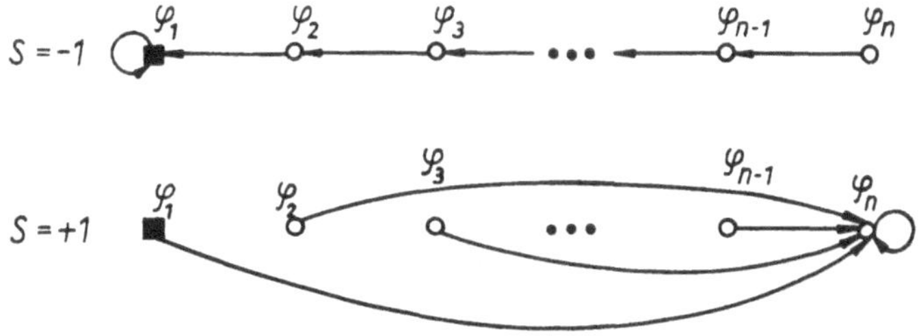

Abb. 1.6

[1]) Wenn man $(1 - \lambda_m) p_m = p_m - q_m = -a_m$ berücksichtigt.

[2]) Die Bedingung $\max_m a_m > 0$ ist der Bedingung $\max_m \lambda_m > 1$ äquivalent. Im Fall $\max_m a_m = 0$ und $\max_m \lambda_m = 1$ gilt

$$\lim_{n\to\infty} M(L_{n,k}, C) = \sum_{m=1}^{k} \frac{a_m}{p_m} \sum_{i=0}^{n-1} \lambda_m{}^i \left(\sum_{m=1}^{k} \frac{1}{p_m} \sum_{i=0}^{n-1} \lambda_m{}^i \right)^{-1} = 0.$$

Unmittelbar aus Abb. 1.6 kann man das Gleichungssystem zur Bestimmung der $r_i{}^m$ ablesen:

$$\left.\begin{aligned} r_1{}^m &= r_1{}^m p_m + r_2{}^m p_m, \\ &\cdots\cdots\cdots \\ r_i{}^m &= r_{i+1}^m p_m, \\ &\cdots\cdots \\ r_n{}^m &= q_m. \end{aligned}\right\} \tag{1.2.8}$$

Durch Einsetzen erhalten wir

$$r_i{}^m = q_m p_m{}^{n-i} \quad (i = 2, 3, \ldots, n), \quad r_1{}^m = \gamma(p_m) = p_m{}^{n-1}. \tag{1.2.9}$$

Aus (1.2.9) und (1.1.17) folgt

$$M(D_{n,k}, C) = \frac{\sum\limits_{m=1}^{k} \frac{a_m}{p_m{}^n}}{\sum\limits_{m=1}^{z} \frac{1}{p_m{}^n}} = \frac{\sum\limits_{m=1}^{k} \frac{a_m}{(1-a_m)^n}}{\sum\limits_{m=1}^{k} \frac{1}{(1-a_m)^n}}. \tag{1.2.10}$$

Wie man leicht sieht, ist

$$\lim_{n\to\infty} M(D_{n,k}, C) = \max_m a_m. \tag{1.2.11}$$

Die Automaten $D_{n,k}$ bilden deshalb in beliebigen stationären zufälligen Medien eine asymptotisch-optimale Folge.

3. Der Automat von Robbins $R_{n,k}$. Der Automat $R_{n,k}$ ähnelt in vielerlei Hinsicht dem Automaten $D_{n,k}$. Der Unterschied besteht darin, daß beim Aktionswechsel der Automat B_{R_n} aus dem Zustand φ_1 in den Zustand φ_n übergeht. Die Vorschrift für den Wechsel der Zustände des Automaten B_{R_n} ist:

$$\varphi(t+1) = \max\left[n\big(2 - \varphi_i(t)\big), nS(t+1), \varphi(t) - 1\right]. \tag{1.2.12}$$

Der dieser Vorschrift entsprechende Zustandsüberführungsgraph ist in Abb. 1.7 angegeben. Dieser Graph gestattet es, das Gleichungssystem zur Bestimmung der $r_i{}^m$ aufzuschreiben:

$$\left.\begin{aligned} r_1{}^m &= r_2{}^m p_m, \\ &\cdots\cdots \\ r_i{}^m &= r_{i+1}^m p_m, \\ &\cdots\cdots\cdots \\ r_n{}^m &= q_m + r_1{}^m p_m. \end{aligned}\right\} \tag{1.2.13}$$

Aus (1.2.13) und der Normierungsbedingung finden wir

$$r_1{}^m = \gamma(p_m) = \frac{p_m^{n-1}(p_m - 1)}{p_m{}^n - 1}. \tag{1.2.14}$$

Aus (1.2.14) und (1.2.17) folgt

$$M(R_{n,k}, C) = \frac{\sum_{m=1}^{k} \frac{\alpha_m (p_m^n - 1)}{p_m^n(p_m - 1)}}{\sum_{m=1}^{k} \frac{p_m^n - 1}{p_m^n(p_m - 1)}}. \tag{1.2.15}$$

Es gilt also ebenso wie für den Automaten $D_{n,k}$

$$\lim_{n\to\infty} M(R_{n,k}, C) = \max_m \alpha_m. \tag{1.2.16}$$

Die Automaten von Robbins bilden also in allen stationären zufälligen Medien eine asymptotisch-optimale Folge.

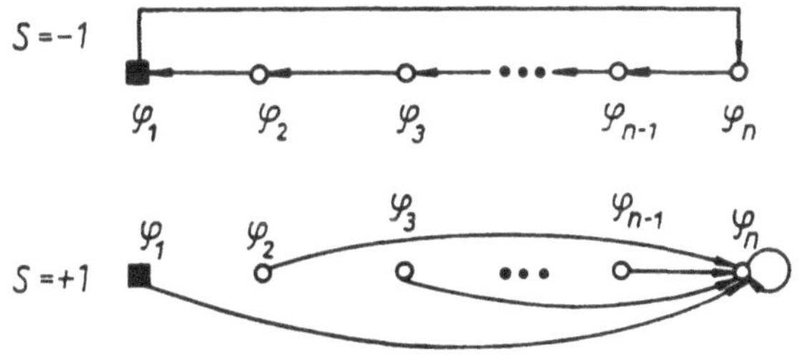

Abb. 1.7

4. Der Automat von W. J. Krylow $K_{n,k}$. Der Automat $K_{n,k}$ ändert bei Gewinn seine Zustände ebenso wie der Automat mit linearer Taktik. Bei Verlust vergrößert oder verringert der Automat mit gleicher Wahrscheinlichkeit die Nummer seines inneren Zustandes. In den Zuständen φ_1 und φ_n verhält sich der Automat folgendermaßen: Der Zustand φ_1 wird bei Gewinn beibehalten, der Zustand φ_n wird bei Verlust mit der Wahrscheinlichkeit 1/2 beibehalten, ferner geht er mit der Wahrscheinlichkeit 1/2 in den Zustand φ_{n-1} [1]) über. Der Zustandsüberführungsgraph des Automaten B_{K_n} ist in Abb. 1.8. angeführt; daraus folgt das Gleichungssystem zur Bestimmung der r_i^m:

$$\left.\begin{aligned}
r_1^m &= r_1^m p_m + \frac{1}{2} r_2^m p_m,\\
r_2^m &= r_1^m q_m + \frac{1}{2} r_3^m p_m,\\
&\dots\dots\dots\dots\\
r_i^m &= r_{i-1}^m \left(q_m + \frac{1}{2} p_m\right) + \frac{1}{2} r_{i+1}^m p_m,\\
&\dots\dots\dots\dots\dots\dots\\
r_n^m &= r_{n-1}^m \left(q_m + \frac{1}{2} p_m\right) + r_n^m \left(q_m + \frac{1}{2} p_m\right).
\end{aligned}\right\} \tag{1.2.17}$$

[1]) Im Vergleich zur Originalkonstruktion haben wir das Verhalten des Automaten im Zustand φ_1 ein wenig verändert, um die Formel (1.1.17) anwenden zu können.

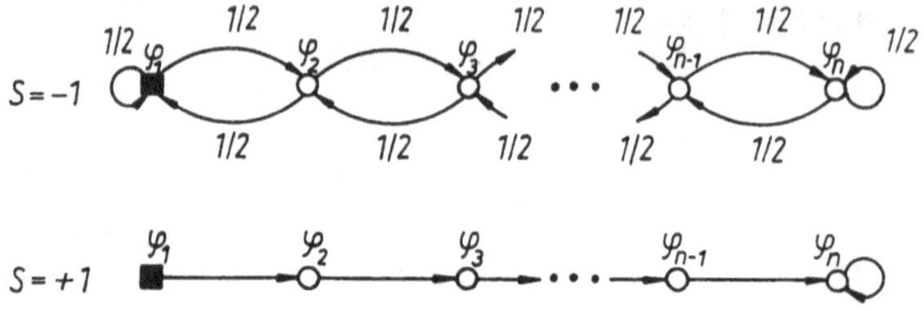

Abb. 1.8

Aus dem System (1.2.17) finden wir zunächst

$$r_i^m = r_1^m \frac{2q_m}{p_m} \left(\frac{q_m + 1}{p_m} \right)^{i-2} \tag{1.2.18}$$

und aus der Normierungsbedingung $\sum_{i=1}^{n} r_i^m = 1$ schließlich

$$r_1^m = \gamma(p_m) = \left(\frac{p_m}{q_m + 1} \right)^{n-1}. \tag{1.2.19}$$

Aus (1.2.19) und (1.2.17) folgt

$$M(K_{n,k}, C) = \frac{\sum_{m=1}^{k} \frac{a_m (q_m + 1)^{n-1}}{p_m^n}}{\sum_{m=1}^{k} \frac{(q_m + 1)^{n-1}}{p_m^n}} \text{ [1]}. \tag{1.2.20}$$

Wie man leicht sieht, gilt

$$\lim_{n \to \infty} M(K_{n,k}, C) = \max_m a_m \tag{1.2.21}$$

und damit bilden die Automaten $K_{n,k}$ eine asymptotisch-optimale Folge in allen stationären zufälligen Medien.

Aus der asymptotischen Analyse von $M(A, C)$ folgt für die zu betrachtenden Konstruktionen von Automaten, daß Automaten vom Typ der Abb. 1.4 bezüglich n eine asymptotisch-optimale Folge bilden, wenn

$$\frac{d\gamma(p_m)}{dp_m} > 0 \quad \text{und} \quad \frac{\partial \gamma(p_m, n)}{\partial n} < 0 \tag{1.2.22}$$

gilt.

Außer dem Automaten mit linearer Taktik genügen alle oben betrachteten Konstruktionen der Bedingung (1.2.22). Für den Automaten mit linearer Taktik ist $\frac{\partial \gamma(p_m, n)}{\partial n} < 0$ für $p_m \leqq 1/2$. Deshalb bilden derartige Automaten eine asymptotisch-optimale Folge nur in solchen Medien, in denen $p_m \leqq 1/2$ ist.

---

[1]) Wir bemerken nochmals, daß das Abweichen der Formel (1.2.20) von der von W. J. Krylow erhaltenen durch die Veränderung des Verhaltens des Automaten im Zustand φ_1 bedingt ist.

Wir bemerken, daß für die oben betrachteten Konstruktionen von asymptotisch-optimalen Automaten neben (1.2.22) auch die Bedingung

$$\lim_{n\to\infty} \gamma(p_m, n) = 0 \tag{1.2.23}$$

erfüllt ist.

Als *Tiefe* $d(\varphi_i)$ *des Zustandes* φ_i [1]) bezeichnen wir die kleinste Länge einer Folge von Eingabesignalen, die bei dem sich im Zustand φ_i befindlichen Automaten zu einem Aktionswechsel führt.

Als *Tiefe des Automaten* $d(A)$ bezeichnen wir die größte Tiefe der Zustände seines Speicherautomaten

$$d(A) = \max_i d(\varphi_i).$$

Alle oben betrachteten Automaten besitzen eine Tiefe, die gleich n ist. Dafür, daß eine Folge von Automaten $A_1, A_2, \ldots, A_n$ asymptotisch-optimal ist, ist, wie unmittelbar aus (1.2.23) folgt,

$$d_n \equiv d(A)_n \to \infty \quad \text{für} \quad n \to \infty \tag{1.2.24}$$

notwendig. Automatenfolgen, die der Bedingung (1.2.24) genügen, werden wir als *tief* bezeichnen.

Wir betrachten einige Eigenschaften tiefer Automaten. Dabei benutzen wir folgende Bezeichnungen:

$\varphi^n(t)$ — Zustand des Automaten A_n zum Zeitpunkt t; $\tau^n = \min\{t : t > 0, f(t) \neq f(0)\}$ — Zeitpunkt des ersten Aktionswechsels des Automaten;

$p\varphi^n(\cdot)$ — Wahrscheinlichkeiten der Ereignisse, die durch das Verhalten des Automaten A_n auf der Halbachse $t > 0$ unter der Bedingung bestimmt werden, daß sich zum Zeitpunkt $t = 0$ der Automat im Zustand φ befand.

Wir setzen voraus, daß die Automaten A_n im stationären Medium C folgende Eigenschaften besitzen:

Eigenschaft 1. Es existieren Mengen E^n von Zuständen des Automaten und solche Folgen $\varepsilon_n \to 0$ $(n \to \infty)$ und σ_n, daß

$$\text{a)} \max_{\varphi\in E^n} p_\varphi{}^n\{\tau^n \leqq \sigma_n\} < \varepsilon_n, \tag{1.2.25}$$

$$\text{b)} \max_{\varphi} p_\varphi{}^n\{\varphi^n(t) \in E^n\} < \varepsilon_n, \quad \text{für} \quad t \geqq \sigma_n \tag{1.2.26}$$

gilt. Mit anderen Worten, es existieren für genügend große n eine Menge E von Automatenzuständen und ein $\sigma > 0$ so, daß a) ein Aktionswechsel des Automaten in der Zeit σ wenig wahrscheinlich ist, wenn der Ausgangszustand zur Menge E gehört und b) sich das System zu einem beliebigen Zeitpunkt nach Ablauf der Zeit σ mit großer Wahrscheinlichkeit in einem Zustand aus der Menge E befindet, unabhängig davon, in welchem Zustand das System zu Beginn war. Die Zustände der Menge E nennen wir *tiefe* Zustände.

Diese Eigenschaft kann man als Tätigkeit bzw. als Tendenz interpretieren, nicht oft das Verhalten zu ändern.

Für die oben betrachteten Automaten kann man als Menge E^n

$$E^n = \{\varphi_i : i > zn\}, \qquad 0 < z < 1 \tag{1.2.27}$$

wählen. Mit anderen Worten, E^n ist eine Menge von Zuständen, für die $d(\varphi) > zn$ ist, d. h., es sind solche Zustände, daß der Automat seine Aktion nicht früher als nach zn Takten ändern kann, wenn er sich zu Beginn in einem von ihnen befand. Die Aussagen a) und b) haben dann für einen Automaten

---

[1]) Es handelt sich hier um die Zustände des Speicherautomaten B.

mit linearer Taktik Gültigkeit, wenn

$$\frac{\sigma_n}{n} \to \infty, \quad \sigma_n = O\left[\left(\frac{q}{p}\right)^{zn}\right], \quad \varepsilon_n = O\left[\left(\frac{p}{q}\right)^{(1-z)n}\right],$$

und für den Automaten von KRINSKI, wenn

$$\sigma_n \to \infty, \quad \sigma_n = O\left[\left(\frac{1}{p}\right)^{zn}\right], \quad \varepsilon_n = O[p^{(1-z)n}]$$

gilt. Dabei ist $p = \min_m p_m$, $q = 1 - p$.

Aus der Eigenschaft 1 folgt, daß sich der Automat den größten Teil der Zeit in tiefen Zuständen befindet und selten seine Aktionen ändert. Dabei „vergessen" die Automaten einfachen Aufbaus sehr schnell, welche Zustände der gegebenen Aktion sie durchlaufen, so daß die Irrfahrt durch die verschiedenen Zustände bis zum Aktionswechsel ergodisch ist und an einen stationären Prozeß erinnert. Dieses „Vergessen" oder die Ergodizität drücken wir in Eigenschaft 2 aus.

Wir bezeichnen mit E_f die der Aktion f entsprechende Untermenge von Zuständen aus E.

Eigenschaft 2. Für das stationäre Medium C existiert auf E_f eine Wahrscheinlichkeitsverteilung $\overline{P}_f(\psi)$ derart, daß

$$\max_{\varphi \in E_f} \sum_{\Psi \in E_f{}^n} |P_\varphi \{\varphi(\sigma_n) = \psi\} - \overline{P}_f(\psi)| < \varepsilon_n \tag{1.2.28}$$

ist.

Die Verteilung $\overline{P}_f$ ist jene „stationäre" Wahrscheinlichkeitsverteilung auf den der Aktion f entsprechenden tiefen Zuständen, die sich bei einer langen Irrfahrt des Automaten ohne Aktionswechsel einstellt. Aus der Gegenüberstellung der Eigenschaften 1 und 2 geht hervor, daß die Einstellung eines „stationären" Regimes bedeutend schneller eintritt als ein Aktionswechsel.

Da sich die „stationäre" Verteilung P_f sehr schnell im Vergleich zur Zeit bis zum Aktionswechsel einstellt, ist es natürlich, neue Wahrscheinlichkeiten von Ereignissen zu betrachten, die sich aus den Übergangswahrscheinlichkeiten $\overline{P}_\varphi(\cdot)$ durch Mittelung bezüglich φ mit den Wahrscheinlichkeiten $\overline{P}_f$ ergeben.

Wir führen die Bezeichnung

$$\overline{P}_f(\cdot) = \sum_\varphi \overline{P}_f(\varphi)\, P_\varphi(\cdot)$$

ein. Analog sei

$$\overline{M}_f(\cdot) = \sum_\varphi \overline{P}_f(\varphi)\, M_\varphi(\cdot),$$

wenn $M_\varphi(\cdot)$ den Erwartungswert einer gewissen Zufallsgröße unter der Bedingung bedeutet, daß sich zum Nullzeitpunkt das System im Zustand φ befindet.

Die Größe

$$m_f = \overline{M}_f(\tau)$$

werden wir als mittlere Zeit bis zum Wechsel der Aktion f bezeichnen.

Die dritte Eigenschaft berührt die Reihenfolge der Aktionsausführung. Für einfache Automaten (nicht im Sinne der algebraischen Theorie abstrakter Automaten — Anm. d. Herausg.) läßt sich beispielsweise leicht folgende Aussage überprüfen. Wir bezeichnen als Menge der Aktionswechselpunkte Ψ_i jene Zustände, in denen sich der Automat zum Zeitpunkt τ des Aktionswechsels befinden kann, wenn $\varphi(0) \in E_i$:

$$\Psi_i = \{\psi : P_\chi\{\varphi(\tau) = \psi\} > 0, \chi \in E_i\}.$$

Sei $\hat{t}^n$ der Zeitpunkt des erstmaligen Erreichens der Menge E^n nach einem Zeitpunkt des Aktionswechsels

$$\hat{t}^n = \min\{t : t > \tau^n, \varphi^n(t) \in E^n\}.$$

Eigenschaft 3. Für ein stationäres Medium C existieren Größen p_{ik}^n derart, daß für $n \to \infty$

$$P_{\psi^n}\{\varphi(\hat{t}^n) \in E_k{}^n\} \frac{1}{p_{ik}^n} \to 1$$

gleichmäßig bezüglich $\psi \in \Psi_i$ gegen 1 konvergiert. Dabei ist Ψ_i die Menge der Aktionswechselpunkte.

Da für einfachste Automaten die Menge Ψ_i genau einen Zustand enthält, kann man für die Größen P_{ik}^n unmittelbar die Wahrscheinlichkeiten $P_\psi{}^n\{\varphi(\hat{\tau}) \in E_k^{ik}\}$, d. h. die Wahrscheinlichkeiten des nächsten Ereignisses wählen: Nach dem Zeitpunkt des Wechsels der Aktion i wird die Menge E_k der tiefen Zustände der Aktion k eher erreicht als die Menge der tiefen Zustände irgendeiner anderen Aktion.

Wir sagen, ein Automat A_n gehört zur Klasse $K_2(C)$, wenn er im stationären zufälligen Medium die Eigenschaften 1 und 2 hat. Hat er alle drei Eigenschaften 1, 2 und 3, dann sagen wir, er gehört zur Klasse $K_3(C)$.

Für Automaten der Klasse $K_2(C)$ haben im stationären Medium C folgende Behauptungen Gültigkeit:

Lemma 1. Es gilt $\sigma_n = 0\,(m_f{}^n)$ $(n \to \infty)$.

Beweis. Aus den Eigenschaften 1 und 2 folgt für beliebiges ganzzahliges L und $\varphi \in E_f$

$$P_\varphi\{\tau < L\sigma_n\} \leqq P_\varphi\{\tau < L\sigma_n, \varphi^n(k\sigma_n) \in E_f, \qquad k = 1, 2, \ldots, L\} \\ + L\varepsilon_n \leqq L \max_{\varphi \in E_f} P_\varphi\{\tau < \sigma_n\} + L\varepsilon_n \leqq 2L\varepsilon_n.$$

Deshalb gilt

$$m_f = \overline{M}_f(\tau) > (1 - 2L\varepsilon_n)\, L\sigma_n, \qquad \lim_{n\to\infty} \frac{m_f}{\sigma_n} \geqq L.$$

Da L beliebig ist, gilt für $n \to \infty$ $\sigma_n = O(m_f)$. Damit ist das Lemma bewiesen.

Der nächste Satz behauptet, daß die Grenzverteilung des Zeitpunktes τ des Aktionswechsels eine Exponentialverteilung ist. Das macht es möglich, den Prozeß $F(t)$ des Aktionswechsels des Automaten durch eine Markowsche Kette (mit kontinuierlicher Zeit) zu approximieren.

Sei

$$\varrho_n = \max\left(\sqrt{\varepsilon_n}, \frac{\sigma_n}{m_f}\right),$$

wobei ε_n den Ungleichungen (1.2.25), (1.2.26) und (1.2.28) genügt und für $n \to \infty$ gegen Null konvergiert. Offenbar gilt $\varrho_n \to 0$ $(n \to \infty)$.

Satz 1. Gehören die Automaten A_n im stationären Medium C zur Klasse $K_2(C)$ und ist $x_n \geqq \varrho_n{}^{1-\delta}$ für ein gewisses $\delta_1 > 0$, so gilt

$$P_\varphi\{\tau > x_n m_f\} \leqq \exp\{-x_n(1 + \alpha_n)\}. \tag{1.2.29}$$

Ist außerdem $\varphi \in E_f$ und $x_n = O(\ln 1/\varepsilon_n)$, so gilt

$$P_\varphi\{\tau > x_n m_j\} = \exp\{-x_n(1 + \alpha_n)\}, \tag{1.2.30}$$

wobei

$$|\alpha_n| \leqq C(\delta)\, \varrho_n{}^{1-\delta}$$

und δ eine beliebige positive Zahl ist und die Konstante $C(\delta)$ nicht von der Wahl der Folge $\{x_n\}$ und dem Anfangszustand φ abhängt.

Folgerung. Gehört der Automat im stationären Medium C zur Klasse $K_2(C)$, so gilt gleichmäßig bezüglich $\varphi \in E_f$

a) $P_\varphi\{\tau > x m_f\} \to e^{-x}$ $\qquad (x \geqq 0, n \to \infty)$;

b) Gilt außerdem $x_n \to 0$ und $x_n \geqq \varrho_n{}^{1-\delta}$ für ein gewisses $\delta > 0$, so ist[1])

$$P_\varphi\{\tau < x_n m_f\} \sim x_n \qquad (n \to \infty). \tag{1.2.31}$$

Der Grundgedanke des Beweises von Satz 1 besteht in Folgendem. Die Strecke $[0, t_n]$ wird in L_n gleiche Paare von Strecken zerlegt. Die erste Strecke des l-ten Paares (wir bezeichnen sie mit δ_l) habe die Länge $2\sigma_n$, die zweite (wir bezeichnen sie mit Δ_l) hat dann die Länge $(t_n/L_n - 2\sigma_n)$. Dabei kann man wegen der Kleinheit von δ_l gegenüber Δ_l nach Eigenschaft 1 die Wahrscheinlichkeit des Aktionswechsels im Verlaufe einer der Strecken δ_l vernachlässigen. Es bleibt also die Wahrscheinlichkeit dafür zu berechnen, daß kein Aktionswechsel in einer der großen Strecken Δ_l eintritt. Entsprechend den Eigenschaften 2 und 3 gelingt es dem Automaten in der Zeit $2\sigma_n$ zwischen zwei be-

---

[1]) $a \sim b$ bedeutet $a/b \to 1$ $(n \to \infty)$.

nachbarten Strecken Δ_{l-1} und Δ_l „zu vergessen", wie er sich in der Strecke Δ_{l-1} entlang der Zustände bewegt hat (wenn kein Aktionswechsel eintrat, so daß das Ereignis „Aktionswechsel auf der Strecke Δ_l" fast nicht vom Ereignis „Aktionswechsel auf vorherigen Strecken Δ_j, $j < l$" abhängt"). Deshalb liegt die Wahrscheinlichkeit dafür, daß in der Zeit t die Aktion nicht gewechselt wird, nahe an der Wahrscheinlichkeit des Nichteintretens des Ereignisses im entsprechenden POISSONschen Ereignisstrom, d. h. hängt exponential von t ab.

Beweis von Satz 1. Wir führen die Bezeichnungen $t_n = x_n m_f$

$$V_l = \max_{\varphi \in \Phi_f} P_\varphi \left\{\tau > l \frac{t_n}{L_n}\right\}, \quad l = 0, 1, 2, \ldots$$

ein, wobei Φ_f die Menge aller Zustände ist, in denen der Automat die Aktion f durchführt und L_n eine wachsende Folge natürlicher Zahlen bedeutet.

Wegen Eigenschaft 1 ist

$$\begin{aligned} V_l &\leqq \max_{\varphi \in \Phi_f} P_\varphi \left\{\varphi(\sigma_n) \bar{\in} E_f, \tau > l \frac{t_n}{L_n}\right\} + \max_{\varphi \in \Phi_f} P_\varphi \left\{\varphi(2\sigma_n) \bar{\in} E_f, \tau > l \frac{t_n}{L_n}\right\} \\ &\quad + \max_{\varphi \in \Phi_f} P_\varphi \left\{\tau > l \frac{t_n}{L_n}, \varphi(\sigma_n) \in E_f, \varphi(2\sigma_n) \in E_f\right\} \\ &\leqq 2\varepsilon_n V_{l-1} + \max_{\psi_1 \in E_f} \sum_{\psi_2 \in E_f} P_{\psi_1}\{\varphi(\sigma_n) = \psi_2\} \, P_{\psi_2} \left\{\tau > l \frac{t_n}{L_n} - 2\sigma_n\right\} \end{aligned}$$

und wegen Eigenschaft 2 ist

$$\begin{aligned} V_l &\leqq 3\varepsilon_n V_{l-1} + \sum_{\psi_2 \in E_f} \bar{P}_f(\psi_2) \, P_{\psi_2} \left\{\tau > l \frac{t_n}{L_n} - 2\sigma_n\right\} \\ &= 3\varepsilon_n V_{l-1} + \sum_{\psi \in E_f} \bar{P}_f(\psi) \, P_\psi \left\{\tau > \frac{t_n}{L_n} - 2\sigma_n\right\} V_{l-1}. \end{aligned}$$

Wenn wir die Beziehung

$$v_n = \bar{P}_f \left\{\tau \leqq \frac{t_n}{L_n} - 2\sigma_n\right\} = \sum_{\psi \in E_f} \bar{P}_f(\psi) \, P_\psi \left\{\tau \leqq \frac{t_n}{L_n} - 2\sigma_n\right\}$$

einführen, dann erhalten wir zunächst

$$V_l \leqq 3\varepsilon_n V_{l-1} + (1 - v_n) \, V_{l-1} = (1 - v_n + 3\varepsilon_n) \, V_{l-1}$$

und da $V_0 = 1$ ist schließlich

$$V_l \leqq (1 - v_n + 3\varepsilon_n)^l, \qquad l = 0, 1, 2, \ldots \tag{1.2.32}$$

Analog kann man zeigen, daß für $\varphi \in E_f$

$$P_\varphi \left\{\tau > l \frac{t_n}{L_n}\right\} > (1 - v_n)^l - 3l\varepsilon_n \tag{1.2.33}$$

Unter Verwendung der Gleichheit

$$M_\varphi(\tau) = \sum_{t=0}^{\infty} P_\varphi\{\tau > t\}$$

und der Monotonie von $P_\varphi\{\tau > t\}$ als Funktion von t erhalten wir

$$M_\varphi(\tau) \leqq \frac{t_n}{L_n} \sum_{l=0}^{\infty} P_\varphi \left\{\tau > l \frac{t_n}{L_n}\right\}, \tag{1.2.34}$$

$$M_\varphi(\tau) \geqq \frac{t_n}{L_n} \sum_{l=1}^{\infty} P_\varphi \left\{\tau > l \frac{t_n}{L_n}\right\}. \tag{1.2.35}$$

Benutzen wir (1.2.33), so finden wir für $z = 1, 2, \ldots$

$$m_f \geqq \min_{\varphi \in E_f} M_\varphi(\tau) \geqq \frac{t_n}{L_n} \sum_{j=1}^{z} [(1 - v_n)^j - 3j\varepsilon_n] = \frac{t_n}{L_n} \left\{ \frac{(1 - v_n)}{v_n} [1 - (1 - v_n)^z] - \frac{3}{2} z(z + 1) \varepsilon_n \right\},$$

oder

$$\frac{L_n}{x_n} v_n \geqq (1 - v_n) [1 - (1 - v_n)^z] - \frac{3}{2} z(z + 1) \varepsilon_n v_n. \tag{1.2.36}$$

Im weiteren bezeichnen wir mit δ_k beliebig klein gewählte positive Zahlen. Wir setzen $\max \left(\sqrt{\varepsilon_n}, \sigma_n/m_f\right) = \varrho_n$ und betrachten zunächst den Fall

$$x_n = \varrho_n^{1-\delta}.$$

Sei[1]) $L_n = [(\ln \varrho_n)^2]$ und $z = [(-\ln \varrho_n)/v_n]$. Aus (1.2.36) folgt dann

$$\frac{x_n}{L_n} (1 - \beta_n) \leqq v_n,$$

wobei

$$\beta_n \leqq O(\varrho_n^{1-\delta_2})$$

ist. Setzt man in (1.2.32) $l = L_n$, dann ist

$$\ln V_{L_n} \leqq L_n \ln (1 - v_n + 3\varepsilon_n) \leqq L_n(-v_n + 3\varepsilon_n) \leqq -x_n(1 + \alpha_n), \tag{1.2.37}$$

mit

$$|\alpha_n| = O(\varrho_n^{1-\delta_3}).$$

Potenzieren von (1.2.37) ergibt die Ungleichung (1.2.29). Wenn wir die offensichtliche Ungleichung

$$\max_{\varphi \in \Phi_f} P_\varphi\{\tau > t + u\} \leqq \max_{\varphi} P_\varphi\{\tau > t\} \max_{\varphi} P_\varphi\{\tau > u\}$$

verwenden, so erhalten wir, daß die Ungleichung (1.2.29) für beliebige Folgen $\{x_n\}$ richtig ist, die der Bedingung

$$x_n \geqq \varrho_n^{1-\delta}$$

genügen.

Aus (1.2.32) und (1.2.34) erhalten wir eine Abschätzung nach oben für die Größe v_n:

$$m_f \leqq \sum_{j=1}^{\infty} (1 - v_n + 3\varepsilon_n)^j \frac{t_n}{L_n} = \frac{t_n}{L_n} \frac{1 - v_n + 3\varepsilon_n}{v_n - 3\varepsilon_n} \leqq \frac{t_n}{L_n} \frac{1}{v_n - 3\varepsilon_n}$$

und

$$v_n \leqq \frac{x_n}{L_n} + 3\varepsilon_n. \tag{1.2.38}$$

Unter Verwendung der Ungleichungen (1.2.33) und (1.2.38) und der Bedingung $x_n = 0(|\ln \varepsilon_n|)$ leiten wir eine Abschätzung nach unten für $P_\varphi\{\tau > x_n m_f\}$ her.

Es gilt

$$\ln [P_\varphi\{\tau > x_n m_f\} + 3L_n\varepsilon_n] \geqq L_n \ln \left(1 - \frac{x_n}{L_n} - 3\varepsilon_n\right)$$
$$\geqq -(x_n + 3\varepsilon_n L_n) \left(1 + O\left(\frac{x_n}{L_n} + 3\varepsilon_n\right)\right).$$

Setzt man $L_n = \left[\frac{1}{\sqrt{\varepsilon_n}}\right]$, so ist

$$P_\varphi\{\tau > x_n m_f\} \geqq \exp\{-x_n(1 + \alpha_n)\} + O\left(\sqrt{\varepsilon_n}\right),$$

woraus die Relation (1.2.30) folgt.

---

[1]) Mit $[x]$ wird der ganze Teil der Zahl x bezeichnet.

Lemma 2. Gehört der Automat im stationären Medium C zur Klasse $K_2(C)$, dann gilt gleichmäßig bezüglich $\varphi \in E_f$

$$M_\varphi(\tau) \sim m_f.$$

Beweis. Es sei

$$\overline{V} = \max_{\varphi \in \Phi_f} M_\varphi(\tau),$$

$$V = \min_{\varphi \in E_f} M_\varphi(\tau).$$

Wegen Eigenschaften 1 und 2 ist dann

$$\begin{aligned} \overline{V} &\leqq \max_{\varphi \in \Phi_f} P_\varphi\{\tau \leqq 2\sigma_n\}\, 2\sigma_n + \max_{\varphi \in \Phi_f} [P_\varphi\{\tau > 2\sigma_n, \varphi(\sigma_n) \bar{\in} E\} + P_\varphi\{\tau > 2\sigma_n, \varphi(2\sigma) \bar{\in} E\}]\,(\overline{V} + 2\sigma) \\ &\quad + \max_{\varphi \in \Phi_f} \sum_{\psi \in E_f} P_\varphi\{\varphi(\sigma_n) = \psi\}\,(M_\psi \tau + 2\sigma) \leqq 2\sigma_n + 3\varepsilon_n(\overline{V} + 2\sigma_n) + \sum_\psi \overline{P}_f(\psi)\, M_\psi \tau + 2\sigma_n \\ &\leqq 8\sigma_n + 3\varepsilon_n \overline{V} + m_f. \end{aligned}$$

Daraus folgt

$$\frac{\overline{V}}{m_f} \leqq \frac{1 + \dfrac{8\sigma_n}{m_f}}{1 - 3\varepsilon_n}, \qquad \lim_{n\to\infty} \left(\frac{\overline{V}}{m_f}\right) \leqq 1.$$

Analog erhalten wir

$$\lim_{n\to\infty} \left(\frac{\overline{V}}{m_f}\right) \geqq 1.$$

Damit ist das Lemma bewiesen.

Wir beweisen jetzt für den Automaten mit linearer Taktik und den Automaten von Krinski zu (1.2.29) und (1.2.30) analoge Relationen, ohne die Eigenschaften 1 und 2 zu überprüfen und ohne das Lemma 2 heranzuziehen. Der unten angeführte Beweis gestattet es, für diese Automatentypen schärfere Abschätzungen zu erhalten.[1])

Möge sich zum Zeitpunkt 0 der Automat in einem der Zustände der Aktion 1 befinden. Wir bezeichnen den Zeitpunkt des erstmaligen Erreichens des Zustandes n mit τ_1, den Zeitpunkt des zweiten Erreichens mit τ_2 usw. Mit τ bezeichnen wir den Zeitpunkt des erstmaligen Erreichens des Zustandes 1 der Aktion 2, d. h. den Zeitpunkt des Zustandswechsels. Nun kann eine Abschätzung der Wahrscheinlichkeit $P_\varphi\{\tau > t_n\}$ mit Hilfe der Ungleichungen

$$P_\varphi\{\tau_k > t_n \,|\, \tau > \tau_k\}\, P_\varphi\{\tau > \tau_1\}\, [P_1\{\tau > \tau_1\}]^{k-1} \leqq P_\varphi\{\tau > t_n\},$$

$$P_\varphi\{\tau_L < t_n \,|\, \tau > \tau_L\}\, [1 - P_\varphi\{\tau > \tau_1\}]\, [P_1\{\tau > \tau_1\}]^{L-1} \leqq 1 - P_\varphi\{\tau > t_n\}$$

oder

$$P_\varphi\{\tau > t_n\} \leqq [P_1\{\tau > \tau_1\}]^{L-1} + P_\varphi\{\tau_L > t_n \,|\, \tau > \tau_L\}, \tag{1.2.39}$$

$$P_\varphi\{\tau > t_n\} \geqq [P_1\{\tau > \tau_1\}]^{k-1} - P_\varphi\{\tau < \tau_1\} - P_\varphi\{\tau_k < t_n | \tau > \tau_k\} \tag{1.2.40}$$

angegeben werden.

Wir betrachten zunächst Automaten mit linearer Taktik. Die Größe $P_1\{\tau > \tau_1\}$ kann mit Hilfe bekannter Formeln gefunden werden, die die Aufgabe, einen Spieler zu ruinieren, beschreiben (siehe [146], Kap. XIV, § 2, S. 289):

$$P_1\{\tau < \tau_1\} = \frac{q - p}{\left(\dfrac{q}{p}\right)^n - 1}.$$

Dabei bedeuten p und q jeweils die Wahrscheinlichkeiten des Gewinns und des Verlusts bei der Aktion 1. Die Wahrscheinlichkeit $P_1\{\tau_k < x \mid \tau > \tau_k\}$ kann man als Komposition von k bedingten Verteilungen der Art $P_1\{\tau_1 < x \mid \tau > \tau_1\}$ betrachten. Man prüft leicht nach, daß $C_n = M_1\{\tau_1 \mid \tau > \tau_1\} \to [q/(q - p)]$ $(n \to \infty)$ ist. Wählt man deshalb $k = k_n$ und $L = L_n$ in der Form $(t_n/C_n) \pm (t_n/C_n)^\alpha$, wobei $\alpha > 1/2$ ist, und benutzt die Grenzwertsätze über große Abweichungen (siehe z. B. [147]), so kann man leicht verifizieren, daß die Ordnung der Wahrscheinlichkeiten $P_1\{\tau_k < t_n \mid \tau > \tau_k\}$ und

[1]) Der Einfachheit halber betrachten wir den Fall $k = 2$.

$P_1\{\tau_L > t_n \mid \tau > t_L\}$ bei einem gewissen $\beta > 0$ $\exp\{-t_n^\beta\}$ nicht übersteigt. Die Voraussetzungen der Grenzwertsätze sind leicht zu überprüfen, wenn man den exponentialen Verteilungscharakter der Größe τ_1 (siehe [146], S. 299) verwendet.

Für $E = E_1 \cup E_2$, $E_1 = \{\varphi:\varphi > zn, f = f_1\}$, $E_2 = \{\varphi:\varphi > zn, f = f_2\}$, wobei $z = \text{const} < 1$ ist, erhalten wir gemäß den Formeln der Aufgabe der Ruinierung eines Spielers ([146], S. 290) für $\varphi \in E_1$

$$P_\varphi\{\tau < \tau_1\} \leqq \frac{(p/q)^{zn} - (p/q)^n}{1 - \left(\frac{p}{q}\right)^n}.$$

Weiter gilt für $\psi \in E_1$

$$P_\varphi\{\tau_1 > C_n \mid \tau > \tau_1\} \to 0 \qquad (C \to \infty)$$

gleichmäßig bezüglich n. Deshalb ist für $n = O(t_n^\alpha)$ die Abschätzung $\exp\{-t_n^\alpha\}$ für $P_\varphi\{\tau_k < t_n$ $\tau > \tau_k\}$ und $P_\varphi\{\tau_L > t_n \mid \tau > \tau_L\}$ für alle $\psi \in E_1$ gültig. Die Ungleichungen (1.2.39) und (1.2.40) kann man also in der Form

$$P_\varphi\{\tau > t_n\} = \left[1 - (q-p)\left(\frac{p}{q}\right)^n\right]^{(t_n/C_n)\,[1+O(1)]} + O\left[\left(\frac{p}{q}\right)^{(1-z)n} + e^{-t_n^\beta}\right]$$

umschreiben. Ist

$$n^{r_1} < t_n < \left(\frac{q}{p}\right)^{r_2 n}, \quad r_1 > \frac{1}{\beta}. \quad r_2 > \max\left(\frac{1}{1-\beta}, \frac{1}{z}\right),$$

so gilt

$$P_\varphi\{\tau > t_n\} = \exp\left\{-t_n\left(\frac{q-p}{q}\right)^2\left(\frac{p}{q}\right)^n(1 + O(1))\right\}.$$

gleichmäßig bezüglich $\varphi \in E_1$.

Außerdem kann man mit Hilfe von Differenzengleichungen leicht beweisen, daß gleichmäßig bezüglich $\varphi \in E_1$

$$M_\varphi(\tau) \sim \frac{q}{(q-p)^2}\left(\frac{q}{p}\right)^n \qquad (n \to \infty) \tag{1.2.41}$$

gilt.

Bedeutend einfacher kann man analoge Relationen für Automaten von Krinski erhalten und zwar gilt für $t \to \infty$

$$P_\varphi\ \{\tau > t_n\} \leqq \exp\left\{-t_n\frac{p^n}{q}(1 + O(1))\right\}.$$

Ist außerdem $t_n < p^{rn}$, wobei $(r > \max(1/(1-\beta), 1/z))$ ist, dann gilt

$$P_\varphi\{\tau > t_n\} \leqq \exp\left\{-t_n\frac{p^n}{q}(1 + O(1))\right\}$$

und

$$M_\varphi(\tau) \sim \frac{q}{p^n} \qquad (n \to \infty) \tag{1.2.42}$$

gleichmäßig bezüglich $\varphi \in E_1$.

Mit elementaren Methoden kann man beweisen, daß die Behauptung von Satz 1 für lineare Automaten und für Automaten von Krinski unter den Voraussetzungen

$$\sigma_n = O\left[\left(\frac{q}{p}\right)^{zn}\right], \qquad n = O(\sigma_n), \qquad \varepsilon_n = O\left[\left(\frac{p}{q}\right)^{(1-z)n}\right]$$

für lineare Automaten und

$$\sigma_n = O\left[\left(\frac{1}{p}\right)^{zn}\right], \qquad \sigma_n \to \infty, \qquad \varepsilon_n = O[p^{(1-z)n}] \qquad (0 < z < 1)$$

für Automaten von Krinski richtig ist.

Wir betrachten einen Wahrscheinlichkeitsautomaten $\tilde{A}$, dessen Aktionen und Zustände Aktionen des Automaten A sind, mit den Übergangswahrscheinlichkeiten p_{fg} (p_{fg} ist die Wahrscheinlichkeit dafür, daß der Automat A aus den Punkten des Wechsels der Aktion ψ_f in die tiefen Zustände der

Aktion g übergeht) und ein stationäres Medium $\tilde{C}$ mit der Verlustwahrscheinlichkeit $1/m_f$ für die Aktion f. Der Prozeß $\varphi(t)$ der Zustandsänderung des Automaten A im Medium C ist eine MARKOWsche Kette. Wir wollen sie als ergodisch voraussetzen. Dann kann man über Finalwahrscheinlichkeiten (stationäre Wahrscheinlichkeiten) von Zuständen sprechen. Wir bezeichnen mit $\sigma(f)$ die Summe der Finalwahrscheinlichkeiten der der Aktion f entsprechenden Zustände und mit $\tilde{\sigma}(f)$ die Finalwahrscheinlichkeit der Aktion f für den Automaten $\tilde{A}$ im Medium $\tilde{C}$.

Satz 2. Gehört der Automat im Medium C zur Klasse $K_3(C)$ und ist für alle f und g bei einem gewissen $\delta > 0$

$$\varrho_n^{1-\delta} = O\left(\frac{p_{fg}}{m_f}\right) \qquad \left(n \to \infty, \varrho_n = \max\left(\sqrt{\varepsilon_n}, \frac{\sigma_n}{m_f}\right)\right),$$

so gilt für alle f

$$\sigma(f) \sim \tilde{\sigma}(f) \qquad (n \to \infty).$$

Man prüft leicht nach, daß der Prozeß $\tilde{f}(t)$ der Aktionsveränderung des Automaten $\tilde{A}$ im Medium $\tilde{C}$ eine MARKOWsche Kette mit den Übergangswahrscheinlichkeiten P_{fg}

$$P_{fg} = \frac{p_{fg}}{m_f}, \quad f \neq g, \quad P_{gg} = 1 - \frac{1 - p_{gg}}{m_g}.$$

darstellt. Die Übergangswahrscheinlichkeiten P_{fg} für die MARKOWsche Kette hängen sowohl von den Wahrscheinlichkeiten (p_{fg}) des Übergangs des Automaten $\tilde{A}$ zu einer anderen Aktion als auch von den Verlustwahrscheinlichkeiten $1/m_f$ im Medium $\tilde{C}$ ab. Hieraus folgt, daß die Größen $x_f = \tilde{\sigma}(f)/m_f$ dem Gleichungssystem

$$\sum_f x_f p_{fg} = x_g \tag{1.2.43}$$

genügen.

Für Automaten mit linearer Taktik und Automaten von KRINSKI überprüft man leicht, daß für $n \to \infty$ die Größen p_{fg} gegen gewisse von Null und Eins verschiedene Konstanten konvergieren (wenn die Verlustwahrscheinlichkeiten im Medium C von Null und Eins verschieden sind). Hieraus folgt, daß eine Lösung des Systems (1.2.43) existiert, die den Relationen

$$x_f \to x_f^0 \qquad (n \to \infty)$$

genügt. x_f^0 bedeuten dabei positive Konstanten. Deshalb gilt

$$\frac{\tilde{\sigma}(f)}{\tilde{\sigma}(g)} \sim \frac{x_f^0 m_f}{x_g^0 m_g} \quad \text{und} \quad \sigma(f) \sim x_f^0 \frac{m_f}{\sum_g m_g x_g^0} \qquad (n \to \infty),$$

d. h., das Verhältnis der Finalwahrscheinlichkeiten ist dem Verhältnis der mittleren Zeiten bis zum Aktionswechsel proportional.

Der Satz 2 führt die Analyse der Zweckmäßigkeit des Verhaltens des Automaten auf die relativ einfache Aufgabe der Berechnung der Größen m_f zurück.

Wir deuten den Beweisweg von Satz 2 an. Wir wählen eine Folge $\{t_n\}$, die den Bedingungen

$$t_n > m_f \varrho_n^{1-\delta}, \quad t_n = O(m_f) \qquad (n \to \infty)$$

für alle f bei einem gewissen $\delta > 0$ genügt. Wir bezeichnen mit τ_1 den ersten Zeitpunkt des Erreichens der Menge E nach t_n, mit τ_2 den ersten Zeitpunkt des Erreichens der Menge E nach $\tau_1 + t_n$ usw.; τ_n ist der Zeitpunkt des erstmaligen Erreichens von E nach $\tau_{n-1} + t_n$.

$\varphi(t)$ bezeichne den Zustand des Automaten zum Zeitpunkt t. Es ist leicht zu überprüfen, daß die Folge $\varphi(\tau_1), \varphi(\tau_2), \ldots$ auf der Menge E eine MARKOWsche Kette ist. Wenn man Satz 1 und die Voraussetzungen von Satz 2 benutzt, kann man beweisen, daß die Finalwahrscheinlichkeiten $\tilde{\sigma}(f)$ der Mengen E_f für diese Kette dem Gleichungssystem

$$\frac{\hat{\sigma}(f)}{m_f} = \hat{x}_f, \quad \sum_f \hat{x}_f p_{fg} \left(1 + O(1)\right) = \hat{x}_g \tag{1.2.44}$$

genügen. Aus der Gegenüberstellung der Systeme (1.2.43) und (1.2.44) geht

$$\hat{\sigma}(f) \sim \hat{\sigma}(f) \qquad (n \to \infty)$$

hervor. Andererseits kann man leicht zeigen, daß die in den Zuständen der Aktion f verbrachten mittleren Zeitanteile für die Ketten $\varphi(t)$ $(t = 1, 2, \ldots)$ und $\varphi(\tau_k)$ $(k = 1, 2, \ldots)$ für $n \to \infty$ äquivalent sind, d. h., es ist

$$\tilde{\sigma}(f) \sim \sigma(f) \qquad (n \to \infty)\,.$$

Von wesentlichem Interesse bei der Untersuchung des Verhaltens von asymptotisch-optimalen Folgen von Automaten in stationären zufälligen Medien ist die Konvergenzgeschwindigkeit von $M(A, C)$ gegen einen stationären Wert. Ist $\mathfrak{M}$ die Matrix des Markowschen Prozesses, so gilt

$$\mathfrak{M}^t = P_0 + \sum_{i=1}^{n-1} \lambda_i{}^t P_i\,.$$

Dabei ist $P_0 = \lim\limits_{t\to\infty} \mathfrak{M}^t$, $P_i = P_i(\mathfrak{M})$ sind Differentialmatrizen[1]) und λ_i sind die Eigenwerte der Matrix $\mathfrak{M}$ $(\lambda_0 = 1)$. Folglich wird die Konvergenzgeschwindigkeit gegen die Finalverteilung durch die Eigenwerte der Markowschen Kette bestimmt, die das Verhalten des Systems „stationäres zufälliges Medium — Automat“ beschreibt.

Wir betrachten das Spektrum der Matrix des Markowschen Prozesses für den Automaten $L_{n,2}$. Die charakteristische Gleichung des Automaten mit linearer Taktik $L_{n,2}$ im stationären Medium $C(p_1, p_2)$ kann man auf die Gestalt

$$(\lambda - 1)\left\{\sqrt{p_1q_1}\,\frac{T_n\left(\lambda/2\sqrt{p_1q_1}\right)}{U_{n-1}\left(\lambda/2\sqrt{p_1q_1}\right)} + \sqrt{p_2q_2}\,\frac{T_n\left(\lambda/2\sqrt{p_2q_2}\right)}{U_{n-1}\left(\lambda/2\sqrt{p_2q_2}\right)} - (1 - p_1 - p_2)\right\} = 0 \qquad (1.2.45)$$

bringen. Dabei bedeuten $T_k(z)$ und $U_k(z)$ entsprechend die Tschebyschew-Polynome I. und II. Art

$$T_k(z) = \cos k \arccos z\,, \quad U_k(z) = \frac{\sin (k+1) \arccos z}{\sqrt{1 - z^2}} \qquad (1.2.46)$$

und $p_1 = 1 - q_1$, $p_2 = 1 - q_2$ die Verlustwahrscheinlichkeiten für die erste und zweite Aktion des Automaten.

Aus (1.2.45) erhalten wir sofort den ersten Eigenwert $\lambda = 1$, der dem Eigenvektor der Finalwahrscheinlichkeiten der Zustände entspricht. Man hat also zur Bestimmung der restlichen $2n - 1$ Eigenwerte λ die Gleichung

$$\sqrt{p_1q_1}\,\frac{T_n\left(\lambda/2\sqrt{p_1q_1}\right)}{U_{n-1}\left(\tau/2\sqrt{p_1q_1}\right)} + \sqrt{p_2q_2}\,\frac{T_n\left(\tau/2\sqrt{p_2q_2}\right)}{U_{n-1}\left(\tau/2\sqrt{p_2q_2}\right)} = 1 - p_1 - p_2 \qquad (1.2.47)$$

zu untersuchen.

Bevor wir zur Aufgabe der Lokalisierung der Wurzeln von Gleichung (1.2.47) übergehen, bemerken wir, daß alle Wurzeln dieser Gleichung reell sind, da die das Funktionieren des Automaten $L_{n,2}$ im zufälligen Medium $C(p_1, p_2)$ beschreibende Matrix der Übergangswahrscheinlichkeiten eine Jakobische Matrix ist. Folglich genügt es in Gleichung (1.2.47), nur reelle λ aus dem Intervall $-1 \leqq \lambda \leqq 1$ zu betrachten.

Die linke Seite von (1.2.47) ist die Summe zweier gebrochen rationaler Funktionen. Zur Untersuchung jeder dieser Funktionen betrachten wir

$$F(\lambda/\alpha) = \frac{T_n(\lambda/\alpha)}{U_{n-1}(\lambda/\alpha)}\,. \qquad (1.2.48)$$

Dabei ist $\alpha = 2\sqrt{pq}$.

---

[1]) Eine Matrix heißt Differentialmatrix, wenn die Summe der Elemente jeder ihrer Zeilen gleich Null ist.

Die Summe im Ausdruck für $\mathfrak{M}$ kann im allgemeinen in Abhängigkeit von den Eigenwerten auch Glieder der Gestalt $t\lambda_i{}^tP_i$, $t^2\lambda_i{}^tP_i$ usw. enthalten. Der angeführte Ausdruck gilt für den Fall, daß die Wurzeln der Gleichung $|\mathfrak{M} - \lambda E| = 0$ einfach sind.

Berücksichtigt man die Eigenschaften der TSCHEBYSCHEW-Polynome $T_k(z)$, $U_k(z)$, deren Wurzeln reell und verschieden sind, einander abwechseln und im Intervall $(-1, +1)$ liegen, stellt man leicht fest, daß $F(\lambda/\alpha)$ eine ungerade Funktion ist und im Intervall $(-\alpha, \alpha)$ n Intervalle monotonen Wachsens hat (Abb. 1.9). Dabei werden $n-2$ Monotonieintervalle durch Paare (μ_s, μ_{s+1}) $(s = 1,2, \ldots, n-2)$ von Nullstellen des Polynoms $U_{n-1}(\lambda/a)$,

$$\mu_k = \alpha \cos \frac{k\pi}{n} \quad (k = 1, 2, \ldots, n-1) \tag{1.2.49}$$

bestimmt.

Am linken Ende jedes dieser Intervalle hat die Funktion $F(\lambda/\alpha)$ den Wert $-\infty$ und am rechten Ende den Wert $+\infty$. Im Intervall $(-\alpha, \alpha \cos [(n-1)\pi/n])$ wächst die Funktion $F(\lambda/\alpha)$ von $-1/n$ bis ∞ und im Intervall $(\alpha \cos (\pi/n), \alpha)$ von $-\infty$ bis $1/n$. Außerhalb des Intervalls $[-\alpha, \alpha]$ wächst $F(\lambda/\alpha)$ monoton.

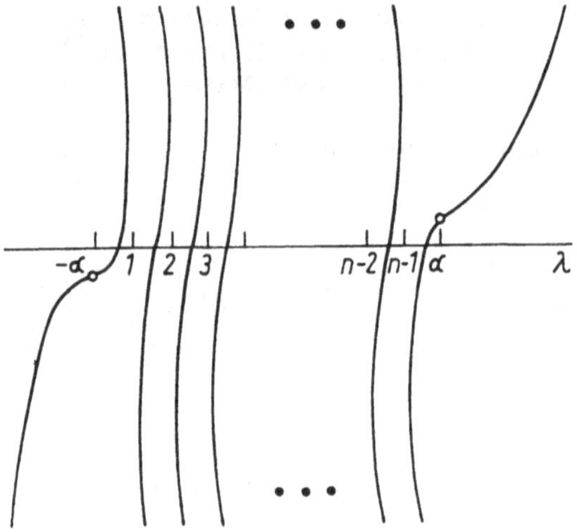

Abb. 1.9

Wir stellen die linke Seite von Gleichung (1.2.47) in der Gestalt

$$\Phi(\lambda) = \sqrt{p_1 q_1}\, F\left(\frac{\lambda}{2\sqrt{p_1 q_1}}\right) + \sqrt{p_2 q_2}\, F\left(\frac{\lambda}{2\sqrt{p_2 q_2}}\right) \tag{1.2.50}$$

dar und benutzen die festgestellten Eigenschaften der Funktion $F(\lambda/\alpha)$. Die Funktion $\Phi(\lambda)$ hat auf der Strecke $\left(-\max\left(2\sqrt{p_1 q_1}, 2\sqrt{p_2 q_2}\right), \max\left(2\sqrt{p_1 q_1}, 2\sqrt{p_2 q_2}\right)\right)$ $2n-1$ Intervalle, in denen sie monoton wächst und nimmt an den Enden dieser Strecke Werte an, deren Betrag gleich

$$\gamma^* = \sqrt{\max(p_1 q_1, p_2 q_2) - \min(p_1 q_1, p_2 q_2)} + \frac{1}{n} \tag{1.2.51}$$

ist.

Außerhalb dieser Strecke wächst $\Phi(\lambda)$ für alle $|\lambda| > \max\left(2\sqrt{p_1 q_1}, 2\sqrt{p_2 q_2}\right)$ monoton. In den $2n-1$ Monotonieintervallen durchläuft die Funktion $\Phi(\lambda)$ in den durch die Nullstellen der Polynome $U_{n-1}\left(\lambda/2\sqrt{p_1 q_1}\right.$ und $U_{n-1}\left(\lambda/2\sqrt{p_2 q_2}\right)$ bestimmten $2n-3$ Intervallen alle Werte von $-\infty$ bis ∞ und in den beiden (Rand)Intervallen die Werte von $-\gamma^*$ bis ∞ und von $-\infty$ bis γ^* (Abb. 1.10).

Auf die Nullstellenverteilung von Gleichung (1.2.47) hat das Verhältnis der Parameter p_1 und p_2 des zufälligen Mediums $C(p_1, p_2)$ wesentlichen Einfluß. Im weiteren betrachten wir deshalb getrennt zwei Fälle:

1) $p_1 < 1/2, \quad p_2 < 1/2$; 2) $p_1 < 1/2, \quad p_2 > 1/2$.

Der Fall $p_1 > 1/2$, $p_2 < 1/2$ wird durch Ersetzen des Index 1 durch 2 und 2 durch 1 auf den Fall 2 zurückgeführt. Den Fall $p_1 > 1/2$, $p_2 > 1/2$ kann man leicht durch die Substitution $p_1 \leftrightarrows q_1$, $p_2 \leftrightarrows q_2$, $\lambda \to -\lambda$ in Gleichung (1.2.47) auf den Fall 1 zurückführen. Da eines der Polynome $T_n(z)$ und $U_{n-1}(z)$ gerade ist, ist in der Tat die Gleichung (1.2.47) invariant gegenüber der Substitution $p_1 \leftrightarrows q_1$, $p_2 \leftrightarrows q_2$, $\lambda \to -\lambda$.

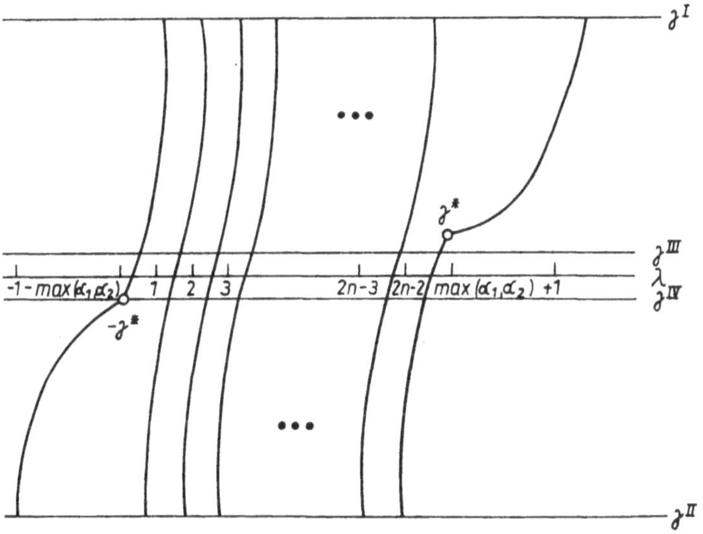

Abb. 1.10

Fall 1. Die rechte Seite der Gleichung (1.2.47) $\gamma = 1 - p_1 - p_2$ ist positiv. Dabei erweist sich $\gamma > \gamma^*$, und die Gerade γ verläuft oberhalb des Punktes γ^* (γ/ in Abb. 1.10). Da aber die Funktion $\Phi(\lambda)$ auf dem Intervall $\left[-\max\left(2\sqrt{p_1q_1}, 2\sqrt{p_2q_2}\right), \max\left(2\sqrt{p_1q_1}, 2\sqrt{p_2q_2}\right)\right]$ $(2n-2)$mal alle Werte von 0 bis $+\infty$ annimmt, so folgt daraus, daß $2n-2$ Wurzeln der Gleichung (1.2.47) im Intervall $|\lambda| < \max\left(2\sqrt{p_1q_1}, 2\sqrt{p_2q_2}\right)$ liegen. Man stellt leicht fest, daß $\Phi(1) > \gamma$ ist und $\Phi(1) \to \gamma$ für $n \to \infty$. Deshalb liegt die verbliebene Wurzel $\gamma_n{}^*$ von Gleichung (1.2.47) in der Umgebung des Punktes $\lambda = 1$. Ist aber $p_1 > 1/2$, $p_2 > 1/2$, so ist $\gamma < \gamma^*$ (γ^{II} in Abb. 1.10) und die verbliebene $(2n-1)$-te Wurzel $\lambda_n{}^*$ liegt in der Umgebung des Punktes $\lambda = -1$.

Fall 2. Sei zunächst $\gamma = 1 - p_1 - p_2 > 0$. Wenn wir den Wert γ^* der Funktion $\Phi(\lambda)$ nach Formel (1.2.51) berechnen, so überzeugen wir uns davon, daß $\gamma^* > |\gamma|$ ist. Das bedeutet, daß die Gerade γ für $\gamma > 0$ unterhalb des Punktes $+\gamma^*$ (γ^{III} in Abb. 1.10) und für $\gamma < 0$ unterhalb des Punktes $-\gamma^*$ γ^{IV} in Abb. 1.10) verläuft.

Um im Falle 1 die Wurzel $\lambda_n{}^*$ von Gleichung (1.2.47) zu berechnen, führen wir die Variablen $\omega_1(\lambda)$ und $\omega_2(\lambda)$ folgendermaßen ein:

$$\begin{aligned} \operatorname{ch}\omega_1 &= \frac{\lambda}{\min\left(2\sqrt{p_1q_1}, 2\sqrt{p_2q_2}\right)}, \\ \operatorname{ch}\omega_2 &= \frac{\lambda}{\max\left(2\sqrt{p_1q_1}, 2\sqrt{p_2q_2}\right)}. \end{aligned} \tag{1.2.52}$$

Dann nimmt die Gleichung (1.2.47) die Gestalt

$$\min\left(2\sqrt{p_1q_1}, 2\sqrt{p_2q_2}\right) \operatorname{sh}\omega_1 \operatorname{cth} n\omega_1 + \max\left(2\sqrt{p_1q_1}, 2\sqrt{p_2q_2}\right) \operatorname{sh}\omega_2 \cdot \operatorname{cth} n\omega_2 = 1 - p_1 - p_2 \quad (1.2.53$$

an.

Setzt man

$$\lambda_n{}^* = 1 - \varepsilon_n, \tag{1.2.54}$$

berücksichtigt $\operatorname{cth} n\omega \approx 1 + 2e^{-2n\omega}$ und führt die Bezeichnungen

$$\operatorname{ch} \bar{\omega}_1 = \frac{1}{\min\left(2\sqrt{p_1 q_1},\, 2\sqrt{p_2 q_2}\right)}, \quad \operatorname{ch} \bar{\omega}_2 = \frac{1}{\max\left(2\sqrt{p_1 q_1},\, 2\sqrt{p_2 q_2}\right)} \tag{1.2.55}$$

ein, so erhält man unter Berücksichtigung von (1.2.53) zur Bestimmung von ε_n die Gleichung

$$\begin{aligned} &2\left\{\min\left(\sqrt{p_1 q_1}, \sqrt{p_2 q_2}\right) \operatorname{sh} \bar{\omega}_1 e^{-2n\bar{\omega}_1} + \max\left(\sqrt{p_1 q_1}, \sqrt{p_2 q_2}\right) \cdot \operatorname{sh} \bar{\omega}_2 e^{-2n\bar{\omega}_2}\right\} \\ &= \frac{1}{2}\left(\frac{\operatorname{ch} \bar{\omega}_1}{\operatorname{sh} \bar{\omega}_1} + \frac{\operatorname{ch} \bar{\omega}_2}{\operatorname{sh} \bar{\omega}_2}\right) \varepsilon_n . \end{aligned} \tag{1.2.56}$$

Verwendet man weiter (1.2.55), so erhält man für ε_n einen endgültigen Ausdruck in der Form

$$\varepsilon_n \approx \frac{(q_1 - p_1)(q_2 - p_2)}{1 - p_1 - p_2} \left\{(q_1 - p_1)\left(\frac{p_1}{q_1}\right)^n + (q_2 - p_2)\left(\frac{p_2}{q_2}\right)^n\right\}. \tag{1.2.57}$$

Die Wurzel λ_n^* wird mit Hilfe von (1.2.54) und (1.2.57) berechnet.

Die charakteristische Gleichung des Automaten $D_{n,2}$ im stationären zufälligen Medium $C(p_1, p_2)$ hat folgende Gestalt:

$$(1 - \lambda)\,\lambda^{n-1}\left[q_1 \frac{\lambda^n - p_1{}^n}{\lambda - p_1} + q_2 \frac{\lambda^n - p_2{}^n}{\lambda - p_2} - (1 + \lambda)\,\lambda^{n-1}\right] = 0 . \tag{1.2.58}$$

Aus (1.2.58) folgt, daß neben $\lambda = 1$ $\lambda = 0$ $(n - 1)$-fache Wurzel ist. Die restlichen n Wurzeln genügen der Gleichung

$$q_1 \frac{\lambda^n - p_1{}^n}{1 - p_1} + q_2 \frac{\lambda^n - p_2{}^n}{\lambda - p_2} = (1 + \lambda)\,\lambda^{n-1}. \tag{1.2.59}$$

Führt man die neue Variable

$$z = \frac{\lambda}{\max(p_1, p_2)} \tag{1.2.60}$$

ein, so kann man (1.2.59) in der Form

$$z^{n-1}(z^2 - \gamma)\,[1 - \max(p_1, p_2)\, z] - \min(q_1, q_2)(z - \gamma) - \max(q_1, q_2)(z - 1)\,\gamma^n = 0 \tag{1.2.61}$$

schreiben, wobei

$$\gamma = \frac{\min(p_1, p_2)}{\max(p_1, p_2)}$$

ist.

Die Gleichung (1.2.61) hat bezüglich der Variablen z den Grad $n + 2$ und enthält zwei weitere Wurzeln: $z_1 = 1$, $z_2 = \gamma$.

Um die Wurzeln von (1.2.61) zu lokalisieren, benutzen wir den Satz von ROUCHE, der besagt: Sind die Funktionen $f(z)$ und $g(z)$ im endlichen Gebiet D mit dem JORDAN-Rand Γ regulär und gilt auf dem Rand $|f(z)| > |g(z)|$, so haben die Funktionen $f(z)$ und $F(z) = f(z) + g(z)$ innerhalb von D die gleiche Anzahl von Nullstellen.

Wir setzen

$$\begin{aligned} f(z) &= z^{n-1}(z^2 - \gamma)\,[1 - \max(p_1, p_2)\, z], \\ g(z) &= -[\min(q_1, q_2)(z - \gamma) + \max(q_1, q_2)(z - 1)\,\gamma^n]. \end{aligned} \tag{1.2.62}$$

Dann gilt für genügend große n auf dem Rand $|z| = 1 + \delta$, wobei $0 < \delta < \dfrac{\min(q_1, q_2)}{\max(p_1, p_2)}$ ist, die Ungleichung $|f(z)| > |g(z)|$.

Nach dem Satz von ROUCHE haben die Funktionen $f(z)$ und $F(z) = f(z) + g(z)$ innerhalb des Kreises $|z| = 1 + \gamma$ die gleiche Anzahl von Nullstellen. Die Anzahl der Nullstellen von $f(z)$ innerhalb des Kreises $|z| = 1 + \delta$ ist $n + 1$ (die $(n - 1)$-fache Nullstelle Null und die Nullstellen $z = \pm\gamma^{1/2}$). Die Gleichung (1.2.61) hat also innerhalb des Kreises $|z| = 1 + \delta$ $n + 1$ Nullstellen, von denen zwei ohne Bedeutung sind. Kehrt man zur Variablen λ zurück, so erhalten wir, daß für $n - 1$ Wurzeln der Gleichung (1.2.59) die Abschätzung

$$|\lambda| < (1 + \delta) \max (p_1, p_2) \tag{1.2.63}$$

gilt.

Der Satz von ROUCHE ermöglicht es uns auch, eine untere Schranke für die Wurzeln von Gleichung (1.2.59) zu erhalten. Setzen wir in Gleichung (1.2.61)

$$\left.\begin{aligned} f(z) &= \min (q_1, q_2) (z - \gamma) + \max (q_1, q_2) (z - 1) \gamma^n, \\ g(z) &= -z^{n-1}(z^2 - \gamma) [1 - \max (p_1, p_2) z], \end{aligned}\right\} \tag{1.2.64}$$

so erhalten wir, daß für genügend großes n auf dem Rand $|z| = 1 - \delta$ die Ungleichung $|f(z)| > |g(z)|$ gilt und die Funktionen $f(z)$ und $F(z) = f(z) + g(z)$ innerhalb des Kreises $|z| = 1 - \delta$ die gleiche Anzahl von Nullstellen haben. Wie man aus (1.2.64) ersieht, hat die Funktion $f(z)$ innerhalb des Kreises $|z| = 1 - \delta$ eine Nullstelle. Das bedeutet, daß alle Nullstellen von (1.2.61) außerhalb des Kreises $|z| = 1 - \delta$ liegen. Rückkehr zur Variablen λ ergibt, daß für alle Nullstellen der Gleichung (1.2.59) die Abschätzung

$$|\lambda| > (1 - \delta) \max (p_1, p_2) \tag{1.2.65}$$

gilt.

Nach (1.2.63) und (1.2.65) liegen also $n - 1$ Wurzeln der Gleichung (1.2.59) im Kreisring

$$(1 - \delta) \max (p_1, p_2) < |\lambda| < (1 + \delta) \max (p_1, p_2). \tag{1.2.66}$$

Um die restliche Nullstelle λ_n^* zu bestimmen, betrachten wir die Gleichung (1.2.59) im Kreisring $(1 + \delta) \max (p_1, p_2) \leqq |\lambda| < 1$. Unter Verwendung von (1.2.60) und Gleichung (1.2.61) kann man leicht zeigen, daß für genügend große n die reelle Nullstelle

$$\lambda_n^* = 1 - \mu \max (p_1^n, p_2^n) \tag{1.2.67}$$

existiert. Dabei ist

$$\mu \approx \frac{\min (q_1, q_2)}{1 + \max (p_1, p_2)}.$$

Sowohl für den Automaten mit linearer Taktik $L_{n,2}$ und den Automaten von KRINSKI $D_{n,2}$ existiert also ein Eigenwert, der mit wachsendem n exponentiell gegen 1 konvergiert. Die gesamte asymptotische Analyse des Verhaltens von Automaten wurde in diesem Paragraphen unter der Voraussetzung durchgeführt, daß die entsprechenden MARKOWschen Ketten ergodisch sind. Für endliche Werte von n liegt Ergodizität zweifellos vor. Die oben erhaltenen Abschätzungen für die Eigenwerte erlauben es aber, für $n \to \infty$ an der Ergodizität der entsprechenden Ketten zu zweifeln, d. h. an der Unabhängigkeit der Finalverteilung vom Anfangszustand. Die Frage über die Einzigkeit der stationären Wahrscheinlichkeitsverteilung der Zustände für $n \to \infty$ bleibt offen.

Zum Abschluß des Paragraphen betrachten wir noch zwei Automatenkonstruktionen.

5. Der Automat $V_{n,l,k}$ von W. A. Ponomarjow (Automat mit vergleichender Taktik). Der Automat $V_{n,l,k}$ hat k Zustände des Automaten T_k (s. Abb. 1.4) und n Zustände des Speicherautomaten $B_{V_{n,l}}$. Der Automat $B_{V_{n,l}}$ hat l Zustände, in denen das Ausgangssignal gleich $-1 \psi(\varphi_i) = -1$ $(1 \leqq i \leqq l)$ und $\psi(\varphi_i) = +1$ $(l < i \leqq n)$ ist. Die Überführungsfunktion des Automaten $B_{V_{n,l}}$ ist in Abb. 1.11 dargestellt. Der Automat $V_{n,l,k}$ ist asymptotisch optimal in allen stationären zufälligen Medien. Der Erwartungswert des Gewinns für $V_{n,1,2}$ wird durch die Formel

$$M(V_{n,l,2}C) = a_1 \frac{\sigma_1}{\sigma_1 + \sigma_2} + a_2 \frac{\sigma_2}{\sigma_1 + \sigma_2} \tag{1.2.68}$$

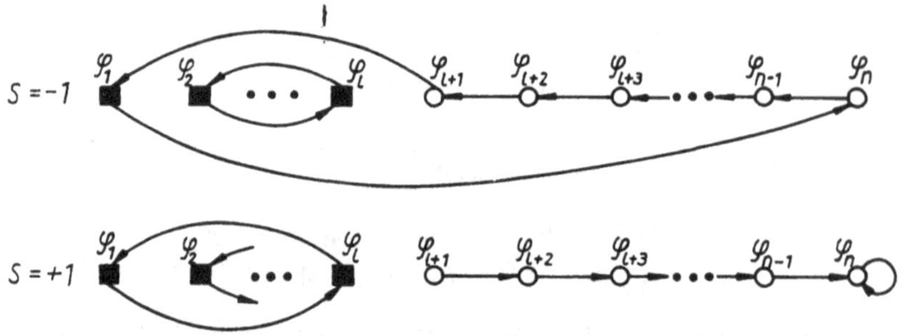

Abb. 1.11

angegeben. Dabei bedeuten

$$\sigma_1 = \frac{q_2}{q_1} \frac{\lambda^{n-l} - 1}{\lambda - 1} + \frac{p_2}{p_1} \sum_{i=1}^{l} \frac{\lambda_1^i - 1}{\lambda_1 - 1},$$

$$\sigma_2 = \frac{\lambda^{n-l} - 1}{\lambda - 1} + \lambda^{n-l} \sum_{i=1}^{l} \frac{\lambda_2^i - 1}{\lambda_2 - 1}$$

und

$$\lambda_1 = \frac{q_1}{p_1}, \qquad \lambda_2 = \frac{q_2}{p_2}, \qquad \lambda = \frac{\lambda_2}{\lambda_1}.$$

Ist $1 > \lambda_1 > \lambda_2$ (für beide Aktionen „bestraft" das Medium sehr stark), so konvergiert σ_2/σ_1 verhältnismäßig langsam, nämlich ungefähr wie $1/l$ gegen Null. Ist aber $\lambda_1 > \lambda_2 > 1$, so konvergiert σ_2/σ_1 schnell gegen Null, und zwar ungefähr wie $1/\lambda_1{}^l$.

6. ε-Automaten. Die äußeren Medien, in denen ein ε-Automat funktioniert, unterscheiden sich von den in § 1.1 definierten stationären zufälligen Medien $C(a_1, a_2, \ldots, a_k)$. ε-Automaten können als Eingabesignal eine beliebige Zahl a_m annehmen. Wir sagen, daß ein ε-Automat in einem determinierten stationären Medium $D(a_1, a_2, \ldots, a_k)$ funktioniert, wenn die vom Automaten zum Zeitpunkt t ausgeführte Aktion f_m zum Zeitpunkt $t + 1$ einen Gewinn der Größe a_m nach sich zieht.[1])

Ein ε-Automat kann k Aktionen $f_1, f_2, \ldots, f_k$ ausführen und sich in zwei aufeinanderfolgenden Zeitpunkten die Aktionen $f(t - 1)$ und $f(t)$ sowie die ihnen entsprechenden Gewinne $a(t - 1)$ und $a(t)$ merken. Die Anzahl der inneren Zustände eines ε-Automaten ist also gleich $k^2\alpha$, wobei α die Zahl der vom ε-Automaten unterscheidbaren Werte des Eingabesignals ist (Genauigkeit der Gewinnbestimmung). Der ε-Automat wählt mit der Wahrscheinlichkeit $(1 - \varepsilon)$ $(0 < \varepsilon < 1)$ als $f(t + 1)$ jene der Aktionen $f(t - 1)$ und $f(t)$ aus, deren Gewinn größer ist und mit der Wahrscheinlichkeit ε/k eine beliebige von den Aktionen $f_1, f_2, \ldots, f_k$.

Man kann leicht zeigen, daß das Funktionieren eines ε-Automaten in einem determinierten stationären Medium durch eine ergodische MARKOWsche Kette beschrieben wird und infolgedessen Finalwahrscheinlichkeiten der Zustände des Automaten existieren, die nicht von seinem Anfangszustand abhängen. Zur Vereinfachung der folgenden Ausführungen setzen wir $a_1 > a_2 > \cdots > a_k$ voraus. Mit σ_m bezeichnen wir die Finalwahrscheinlichkeit für die Wahl der m-ten Aktion $(m = 1, 2, \ldots, k)$ durch den Automaten im Medium D und mit φ_{ij} die Finalwahrscheinlichkeit des Zustandes (ij)

---

[1]) Im Falle $a_m < 0$ spricht man zweckmäßigerweise von Verlust.

des Wechsels der i-ten Aktion zum Zeitpunkt t zur j-ten Aktion zum Zeitpunkt $t + 1$.

Das Gleichungssystem für die φ_{ij} hat die Gestalt:

$$\left.\begin{aligned} &\text{für } j < i \quad \varphi_{ij} = \frac{\varepsilon}{k} \sum_{l=1}^{k} \varphi_{li} + (1 - \varepsilon)\, \varphi_{ji}, \\ &\text{für } j = i \quad \varphi_{ij} = \frac{\varepsilon}{k} \sum_{l=1}^{k} \varphi_{li} + (1 - \varepsilon) \sum_{l=i}^{k} \varphi_{li}, \\ &\text{für } j > i \quad \varphi_{ij} = \frac{\varepsilon}{k} \sum_{l=1}^{k} \varphi_{li}, \\ &\sum_{i,j=1}^{k} \varphi_{ij} = 1. \end{aligned}\right\} \tag{1.2.69}$$

Für die σ_m erhalten wir die Rekursionsbeziehung

$$\sigma_m = \frac{1 - (1 - \varepsilon) \sum_{l=1}^{m-1} \sigma_l}{m + \varepsilon(k - m)}, \quad m = 2, 3, \ldots, k, \tag{1.2.70}$$

$$\sigma_1 = \frac{1}{1 - \varepsilon + k\varepsilon}.$$

Offenbar ist bei $\varepsilon = 1$, d. h. im Falle einer zufälligen Aktionsauswahl, $\sigma_m = 1/k$. Bei von 1 verschiedenem ε und bei ε, das kleiner als $1/k$ ist und gegen 0 konvergiert, gilt $\sigma_1 \to 1$.

Gilt $a_1 = a_2 > a_3 > \cdots > a_k$, $\sigma_1 = \sigma_2 = \dfrac{1}{2 - 2\varepsilon + k\varepsilon}$ und $\varepsilon \to 0$, so ist $\sigma_1 = \sigma_2 = 1/2$ usw.

Folglich wählt bei genügend kleinem ε der ε-Automat mit einer beliebig nahe an 1 liegenden Wahrscheinlichkeit im determinierten stationären Medium D eine optimale Aktion, d. h., er verhält sich zweckmäßig.

Wir ändern die Konstruktion des ε-Automaten folgendermaßen ab: Der Automat (ε, n) merkt sich die Aktionsfolge und die ihr entsprechenden Gewinne in $(n + 1)$ Zeitpunkten, dann ist für $a_1 > a_2 > \cdots > a_k$

$$\sigma_1 = \frac{1 - \varepsilon \dfrac{k - 1}{k}}{1 + (k - 1)(1 - \varepsilon) \left(\varepsilon \dfrac{k - 1}{k}\right)^n}.$$

Mit wachsendem n vergrößert sich die Zweckmäßigkeit des Verhaltens des Automaten. Für $n = 1$ erhalten wir den ε-Automaten.

Für den Fall eines determinierten Mediums erscheint der ε-Automat nicht als genügend begründet, jedoch wird das Ziel der Einführung der Konstruktion des ε-Automaten verständlich, wenn man nicht fixierte Gewinne a_m betrachtet, sondern voraussetzt, daß für jede Aktion f_m eine Wahrscheinlichkeitsdichte für den Gewinn $P_m(a)$ existiert.

§ 1.3. Verhalten kontinuierlicher Automaten in stationären zufälligen Medien

Die im § 1.2 betrachteten Konstruktionen von endlichen Automaten arbeiten mit diskreter Zeit. Die Untersuchung des Verhaltens von Automaten in zufälligen Medien bei kontinuierlicher Zeit erfordert eine Abkehr vom klassischen Modell des endlichen Automaten. Dabei existieren mindestens zwei Wege. Einer von diesen ist die Anwendung des Modells eines asynchronen endlichen Automaten [67, 122], und der andere ist die Anwendung des Modells eines kontinuierlichen Automaten, d. h. eines Automaten mit einer kontinuierlichen Menge von Zuständen. Wie wir oben sahen, muß in den Problemen über das Verhalten von Automaten mit linearer Taktik in zufälligen Medien der

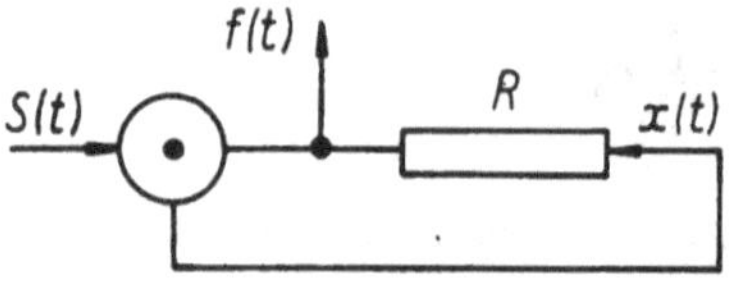

Abb. 1.12

Speicher des Automaten eine Zahl aus dem Intervall von 1 bis n fixieren; durch das Einwirken des Eingabesignals wird diese Zahl um 1 vergrößert oder verringert (mit Ausnahme der Randzustände). Es ist verständlich, daß bei den Untersuchungen über das Verhalten eines Automaten im zufälligen Medium die Zustandsnummern nur mit geringer Genauigkeit bestimmt werden können. Von diesem Gesichtspunkt ausgehend kann man als Zustandsnummer eine Zahl aus einem stetigen Intervall verwenden. Ein solcher Zugang gestattet es, neben der Möglichkeit des Übergangs zu kontinuierlicher Zeit die „Black-box-Realisierung" des Automaten zu vereinfachen. Wir betrachten die Möglichkeit der Verallgemeinerung des Automaten mit linearer Taktik $L_{n,2}$ auf den Fall von kontinuierlicher Zeit und einer kontinuierlichen Menge von Zuständen.

Wir wollen uns den Automaten $L_{n,2}$ in der in Abb. 1.12 dargestellten Form vorstellen. In dieser Abbildung ist $S(t) = \{+1, -1\}$ das Eingabesignal, $f(t) = \{+1, -1\}$ das Ausgabesignal, $x(t) = S(t) \cdot f(t)$[1]) und R ein Automat, der die Äquivalenz der gesamten Konstruktion mit dem Automaten mit linearer Taktik $L_{n,2}$ sichert. Es ist leicht zu sehen, daß der Zustandsüberführungsgraph des Automaten R die in Abb. 1.13 dargestellte Form hat und daß

$$\varphi(t + 1) = \max\left[-n, \min\left[n - 1, \varphi(t) + x(t)\right]\right] \tag{1.3.1}$$

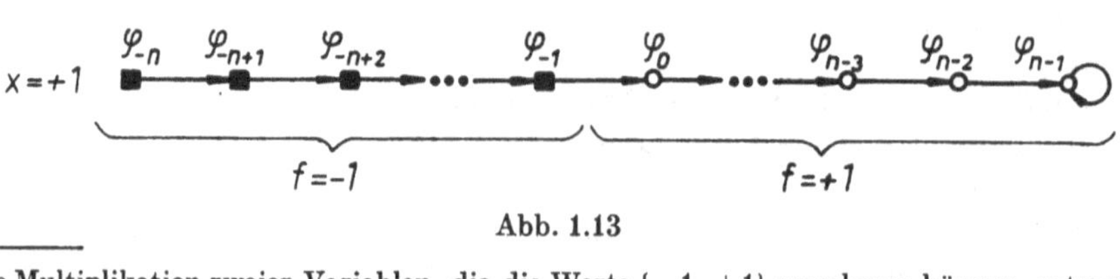

Abb. 1.13

[1]) Die Multiplikation zweier Variablen, die die Werte $\{-1, +1\}$ annehmen können, entspricht der Äquivalenzbildung in der BOOLEschen Algebra.

gilt. Der Automat R kann in Form eines akkumulierenden Summators der Eingabesignale mit Beschränkung der Summationsgrenzen realisiert werden. Offenbar kann man einen solchen Summator in Form eines Integrators mit Sättigung realisieren, d. h. mit einer Beschränkung der Integrationsgrenzen, wenn dabei die Integrationskonstante so beschaffen ist, daß

$$\int_t^{t+1} x(t)\, dt = v$$

gilt und das Ausgabesignal φ des Integrators nach oben und nach unten beschränkt ist, $-nv \leqq \varphi \leqq (n-1)\, v$. Dabei hat man zu berücksichtigen, daß am Ausgang des Integrators ein Schwellenelement zu stehen hat:

$$f(t) = \operatorname{sgn}(\varphi) = \begin{cases} +1, & \text{falls } \varphi \geqq 0, \\ -1, & \text{falls } \varphi < 0. \end{cases}$$

Das kontinuierliche Analogon des Automaten mit linearer Taktik ($L_{n,2}$) kann also in der in Abb. 1.14 dargestellten Form konstruiert werden.

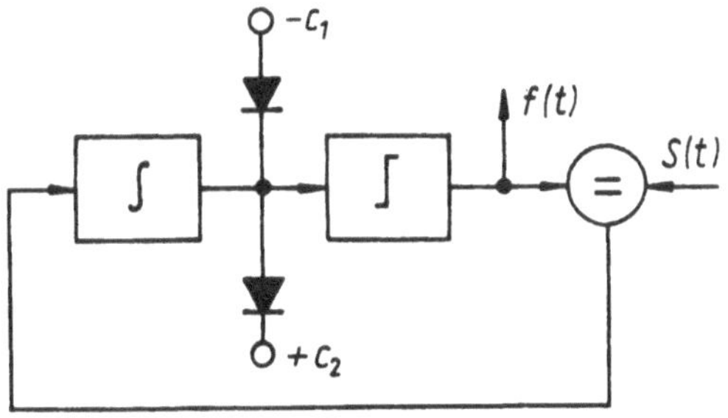

Abb. 1.14

Es ist offensichtlich, daß, wenn sich das Eingabesignal $S(t)$ nur zu fixierten diskreten Zeitpunkten ändert, die Konstruktion des Automaten in Abb. 1.14 vollständig dem Automaten mit linearer Taktik äquivalent ist und man alle im vorigen Paragraphen für die Automaten $L_{n,2}$ erhaltenen Resultate auf diese Konstruktion ausdehnen kann.

Die Kontinuierlichkeit der Arbeit des Integrators macht in Medien mit kontinuierlicher Zeit die Menge der Automatenzustände kontinuierlich. Dabei wird die zeitliche Veränderung unter dem Einwirken des Eingabesignals durch eine Differentialgleichung erster Ordnung beschrieben.

Unten wird überall vorausgesetzt, daß die Zustände $\varphi(t)$ eines kontinuierlichen Automaten H alle Werte aus einem bestimmten abgeschlossenen Intervall $[-C_1, C_2]$ annehmen können, wobei sie sich zeitlich stetig verändern. Wir werden annehmen, daß sich die Zustände $\varphi(t)$ bedeutend langsamer als das Eingabesignal $S(t)$ ändern.

Wir werden die aller einfachsten langsamen Automaten H untersuchen, bei denen die Abhängigkeit der Zustände von der Zeit durch eine Differentialgleichung erster Ordnung angegeben werden kann, die im rechten Teil einen kleinen Parameter ε enthält. Solche Automaten kann man als Markowsche Automaten annehmen und zu ihrer Untersuchung den Apparat der Planck-Fokkerschen Gleichungen heranziehen. Im allgemeinen eignen sich analoge Betrachtungen auch für Automaten, bei denen die Gleichung der zeitlichen Veränderung von $\varphi(t)$ höhere Ableitungen enthält, wobei die Koeffizienten bei diesen Ableitungen klein sind im Verhältnis zum Werte des Parameters ε bei der niedrigsten Ableitung.

Wir definieren jetzt einen kontinuierlichen Automaten H wie folgt:

$$\dot{\varphi}(t) = \varepsilon V\big(\varphi(t), S(t)\big) = \Phi\big(\varphi(t), S(t)\big); \tag{1.3.2}$$

$$f(t) = F\big(\varphi(t)\big) = \operatorname{sgn} \varphi(t) = \begin{cases} -1 & \text{falls } \varphi < 0, \\ 1 & \text{falls } \varphi \geqq 0. \end{cases}$$

Dabei ist $\varphi(t)$ der innere Zustand des Automaten $\varphi(t) \in [-c_1, c_2]$; $f(t)$ das Ausgabesignal; $S(t)$ die Eingabevariable, die die Werte $+1$ und -1 annehmen kann. Die Randbedingungen für die Gleichung (1.3.2) lauten:

$$\dot{\varphi}(t)|_{\varphi=-c1} = \Delta_1\big(S(t)\big), \quad \dot{\varphi}(t)|_{\varphi=c2} = \Delta_2\big(S(t)\big). \tag{1.3.3}$$

Wir sagen, daß der Automat H in einem stationären zufälligen Medium $C(p_1, p_2)$ funktioniere, wenn zum Zeitpunkt t die Aktion $f(t)$ mit der Wahrscheinlichkeit $p(S \mid f)$ den Wert $S(t) = S$ nach sich zieht.

$$p(S = -1 \mid f) = p(\varphi) = \begin{cases} p_1 & \text{falls } \varphi < 0, \\ p_2 & \text{falls } \varphi \geqq 0, \end{cases} \tag{1.3.4}$$

$$p(S = 1 \mid f) = q(\varphi) = 1 - p(\varphi).$$

Wir setzen weiter voraus, daß im Medium $C(p_1, p_2)$

$$S(t) = \frac{1 - \operatorname{sgn} \varphi}{2} \xi_1(t) + \frac{1 + \operatorname{sgn} \varphi}{2} \xi_2,$$
$$\xi_i(t) = \operatorname{sgn} [\eta_i(t) + b_i] \tag{1.3.5}$$

gilt, wobei b_i gewisse Konstanten sind und jeder Prozeß $\eta_i(t)$ ein solches weißes Rauschen [121] bedeutet, daß die Wahrscheinlichkeit des Wertes $\xi_i = 1$ gleich p_i ist.

Die stochastische Gleichung des Verhaltens des Automaten H (1.3.2) im stationären zufälligen Medium $C(p_1, p_2)$ wollen wir auf folgende Art verstehen:

$$\lim_{h \to +0} \left\{ \frac{\varphi(t + h) - \varphi(t)}{h} \,\middle|\, \varphi(t) \right\} = M\{\Phi(\varphi, S) \mid \varphi\}$$
$$= \Phi(\varphi, -1)\, p(\varphi) + \Phi(\varphi, 1)\, q(\varphi) = M(\varphi), \tag{1.3.6}$$

$$\lim_{h \to +0} \left\{ \frac{[\varphi(t + h) - \varphi(t)]^2}{h} \,\middle|\, \varphi(t) \right\} = D\{\Phi(\varphi, S) \mid \varphi\}$$
$$= \Phi^2(\varphi, -1)\, p(\varphi) + \Phi^2(\varphi, 1)\, q(\varphi) - M^2(\varphi) = D(\varphi). \tag{1.3.7}$$

Dabei bedeutet $M\{\cdot\}$ den Erwartungswert und $D\{\cdot\}$ die Varianz.

Weiter unten werden wir nur ergodische Automaten betrachten, bei denen in den entsprechenden Medien für $t \to \infty$ stationäre Zustandswahrscheinlichkeiten existieren. Dann ist der Erwartungswert des Gewinnes im Medium $C(p_1, p_2)$ für den Automaten H

gleich

$$M(H, C) = a_1 \int_{-c_1}^{0} g(\varphi)\, d\varphi + a_2 \int_{0}^{c_2} g(\varphi)\, d\varphi, \tag{1.3.8}$$

wobei $a_i = q_i - p_i$ $(i = 1, 2)$ und $g(\varphi)$ die stationäre Wahrscheinlichkeitsdichte des Prozesses $\varphi(t)$ ist.

Zur Berechnung von $M(H, C)$ bestimmen wir $g(\varphi)$. Wir schreiben zunächst die Gleichung (1.3.2) in folgender Form:

$$\dot{\varphi} = M(\varphi) + \sqrt{D(\varphi)}\, \varrho(\varphi, S). \tag{1.3.9}$$

Dabei ist

$$\varrho(\varphi, S) = \frac{\Phi(\varphi, S) - M(\varphi)}{\sqrt{D(\varphi)}}.$$

Infolge der langsamen Veränderung von $\varphi(t)$ im Vergleich zu $\Phi(\varphi, S)$ entspricht der Gleichung (1.3.9) wie auch der Gleichung von LANGERIN [92, 117] eine verallgemeinerte FOKKER-PLANCKsche Diffusionsgleichung für die Wahrscheinlichkeitsdichte

$$\dot{W}(\varphi, t) = -\frac{\partial}{\partial\varphi}\left\{M(\varphi)\, W(\varphi, t) - \frac{1}{2}\frac{\partial}{\partial\varphi}\left[D(\varphi)\, W(\varphi, t)\right]\right\}. \tag{1.3.10}$$

Außerdem haben wir die Normierungsbedingung

$$\int_{-c_1}^{c_2} W(\varphi, t)\, d\varphi = 1.$$

Zur Bestimmung der Lösung von Gleichung (1.3.10) ist er erforderlich, Anfangs- und Randbedingungen anzugeben [52, 95, 96]. Es ist außerdem zu erwähnen, daß die Koeffizienten in Gleichung (1.3.10) unstetig sein können. Deshalb ist es erforderlich, neben den Anfangsbedingungen und Bedingungen am äußeren Rand auch Bedingungen anzugeben, wie sich die Lösung am inneren Rand verhält, oder man hat eine verallgemeinerte Lösung von Gleichung (1.3.10) zu suchen.

Wir erwähnen ebenfalls, daß beim Vorhandensein von Unstetigkeitsstellen die Koeffizienten und die Lösungen der Gleichung (1.3.10) als verallgemeinerte Funktionen im Sinne von [52] aufgefaßt werden können.

Zur Bestimmung der stationären Lösung haben wir die Gleichung

$$\frac{\partial}{\partial\varphi}\left[\hat{G}g(\varphi)\right] = 0, \tag{1.3.11}$$

wobei $\hat{G}g(\varphi)$ den Wahrscheinlichkeitsstrom in symbolischer Schreibweise bedeutet,

$$\hat{G}g(\varphi) = \left[M(\varphi) - \frac{1}{2}\frac{\partial}{\partial\varphi} D(\varphi)\right] g(\varphi).$$

Wir setzen nun $\hat{G}g(\varphi)$ als stetige Funktion voraus. Diese Voraussetzung führt dazu, daß wir bei der Zusammensetzung der Lösungen die willkürlichen Konstanten gleichsetzen, die den Wahrscheinlichkeitsstrom in den Gebieten darstellen, in denen die Koeffizienten der Gleichung (1.3.10) stetig sind. Folglich genügt die Funktion $g(\varphi)$ der

Gleichung

$$M(\varphi)\,g(\varphi) - \frac{1}{2}\frac{d}{d\varphi}\,[D(\varphi)\,g(\varphi)] = G = \text{const}. \tag{1.3.12}$$

Die Lösung von Gleichung (1.3.12) kann man durch die Funktion

$$g(\varphi) = \frac{c}{D(\varphi)} \exp\left[2\int_{-c_1}^{\varphi} \frac{M(x)}{D(x)}\,dx\right] - \frac{2G}{D(\varphi)}\int_{-c_1}^{\varphi} \exp\left[2\int_{-c_1}^{x}\frac{M(y)}{D(y)}\,dy\right] dx \tag{1.3.13}$$

darstellen, wobei c aus der Normierungsbedingung bestimmt wird. Die Ableitung von $g(\varphi)$ kann im Unstetigkeitspunkt eine $\delta(\cdot)$-artige Singularität haben.

Das Verhalten eines Automaten in einem stationären zufälligen Medium erlaubt also eine Interpretation als verallgemeinerter Diffusionsprozeß, der in einem gewissen, im allgemeinen inhomogenen Medium abläuft. Andererseits entspricht jeder Fokker-Planckschen Gleichung eine Gleichung für die Änderung der Automatenzustände

$$\dot{\varphi} = M(\varphi) + \sqrt{D(\varphi)}\,\xi(t),$$

wobei $\xi(t)$ ein $\delta(\cdot)$-korrelierter Zufallsprozeß mit der Varianz 1 und dem Mittelwert 0 ist.

Wir betrachten nun das kontinuierliche Analogon des Automaten mit linearer Taktik. Es sei $c_1 = c_2 = c$ und

$$\dot{\varphi} = -k(\varphi)\,\text{sgn}\,(\varphi)\,S(t) = M(\varphi) + \sqrt{D(\varphi)}\,\varrho(t). \tag{1.3.14}$$

Dabei ist

$$k(\varphi) > 0, \quad \dot{\varphi}\Big|_{\varrho=\pm c} = -\frac{1+S(t)}{2}\,[k(\varphi)\,\text{sgn}\,(\varphi)]\Big|_{\varphi=\pm c}$$

und

$$\left.\begin{aligned} M(\varphi) &= k(\varphi)\,[q(\varphi) - p(\varphi)] = k(\varphi)\,a(\varphi),\\ D(\varphi) &= 4k^2(\varphi)\,p(\varphi)\,q(\varphi). \end{aligned}\right\} \tag{1.3.15}$$

In diesem Fall erkennt man eine Analogie zwischen der Brownschen Bewegung und dem Lernprozeß des Automaten. Es ist leicht zu sehen, daß für rein chaotische Irrfahrten $\big(a(\varphi) = 0\big)$ der Automat nicht lernfähig ist. Mit dem Anwachsen von $a(\varphi)$ gegenüber $D(\varphi)$ wird die Lernfähigkeit des Automaten größer. Wir bemerken noch, daß für $p_1 + p_2 = 1$ die Koeffizienten in Gleichung (1.3.14) stetig sind.

Für den Automaten H ist es natürlich, $G = 0$ [56, 96] vorauszusetzen. Aus den Relationen (1.3.8), (1.3.13) und (1.3.15) erhält man leicht

$$M(H, C) = \frac{\left[1 - \exp\dfrac{\beta_1(c)\,a_1}{2p_1q_1}\right] + \left[1 - \exp\dfrac{\beta_2(c)\,a_2}{2p_2q_2}\right]}{\dfrac{1}{m_1}\left[1 - \exp\dfrac{\beta_1(c)\,a_1}{2p_1q_1}\right] + \dfrac{1}{m_2}\left[1 - \exp\dfrac{\beta_2(c)\,a_2}{2p_2q_2}\right]}, \tag{1.3.16}$$

mit

$$\beta_1(c) = \int_{-c}^{0} \frac{1}{k(\varphi)}\,d\varphi, \quad \beta_2(c) = \int_{0}^{c} \frac{1}{k(\varphi)}\,d\varphi.$$

Sei $k(\varphi)$ eine solche gerade Funktion von φ, daß $\beta(c) \to \infty$ für $c \to \infty$ gilt, wobei $\beta(c) = \beta_1(c) = \beta_2(c)$ ist. Dann gilt für $c \to \infty$

$$M(H, C) = \begin{cases} \max(a_1, a_2), & \text{falls } \max(a_1, a_1) \geqq 0, \\ \dfrac{2a_1a_2}{a_1 + a_2} & \text{falls } \max(a_1, a_2) < 0, \end{cases} \tag{1.3.17}$$

was mit $M(L_{n,2,}C)$ übereinstimmt.

Die Größe $\beta(c)$, die gleich der Zeit ist, in der sich $\varphi(t)$ von 0 bis $\pm c$ bei $p_i = 0$ verändert, nennt man natürlicherweise Speicherkapazität dieser Aktion. Dabei ist $\beta(c) = c/k$, wenn $k(\varphi) = k = \text{const}$ ist. In dem Falle, wenn $k(\varphi) \to 0$ für $|\varphi| \to c$ gilt, wächst die Funktion $\beta(c)$ schneller als c/k.

Im weiteren bezeichnen wir den betrachteten Automaten H mit $H_{2c/k}$.

Bei der Untersuchung asymptotisch-optimaler Folgen endlicher Automaten (§ 1.2) haben wir am Beispiel des KRINSKI-Automaten gesehen, daß es die Einführung der Asymmetrie der Zustandsüberführungsgeschwindigkeiten bei Verlust und Gewinn gestattete, die asymptotische Optimalität einer Folge von Automaten auf den Fall $a_{\max} < 0$ zu erweitern. Man wird natürlich versuchen, ein analoges Vorgehen auch für kontinuierliche Automaten anzuwenden.

Wir betrachten den kontinuierlichen Automaten $E_{2c/k,\nu}$, bei dem bei einem Verlust die Geschwindigkeit der Zustandsüberführung wie beim Automaten $H_{2c/k}$ in (1.3.14) gleich k ist, während sie beim Gewinn νk ist. Die Differentialgleichung für die Änderung der Automatenzustände von $E_{2c/k,\nu}$ kann man in der Form

$$\dot{\varphi} = \left[\frac{1 + S(t)}{2}\,\nu + \frac{1 - S(t)}{2}\right] k \operatorname{sgn} \varphi = M(\varphi) + \sqrt{D(\varphi)}\,\varrho(t) \tag{1.3.18}$$

aufschreiben. Die Randbedingungen für (1.3.18) sind die gleichen wie bei (1.3.14).

Analog zu (1.3.15) ist

$$M(\varphi) = \frac{k}{2}\,[(1 + a)\,\nu - (1 - a)], \qquad D(\varphi) = \frac{k^2(1 + \nu)^2\,(1 - a^2)}{4}. \tag{1.3.19}$$

Für den Automaten $E_{2c/k,\nu}$ ist es in Analogie zum Automaten $H_{2c/k}$ natürlich, wiederum $G = 0$ vorauszusetzen; dann folgt aus (1.3.8), (1.3.13) und (1.3.19)

$$M(E_{2c/k,\nu}, C_H) = \frac{\dfrac{a_1}{2M_1}\left(1 - \exp\dfrac{2M_1}{D_1}\,c\right) + \dfrac{a_2}{2M_2}\left(1 - \exp\dfrac{2M_2}{D_2}\,c\right)}{\dfrac{1}{2M_1}\left(1 - \exp\dfrac{2M_1}{D_1}\,c\right) + \dfrac{1}{2M_2}\left(1 - \exp\dfrac{2M_2}{D_2}\,c\right)}. \tag{1.3.20}$$

Dabei bedeuten M_1 und M_2 sowie D_1 und D_2 die Erwartungswerte und Varianzen für jede Aktion.

Wir analysieren nun (1.3.20), um Bedingungen für ν zu bestimmen, die die asymptotische Optimalität der Automatenfolge $E_{2c/k,\nu}$ in kontinuierlichen stationären zufälligen Medien für $a_{\max} < 0$ garantieren. Dazu führen wir die Bezeichnungen

$$\frac{2M_1c}{D_1} = 4A_1\,\frac{c}{k}, \quad \frac{2M_2c}{D_2} = 4A_2\,\frac{c}{k} \tag{1.3.21}$$

ein. Ist dann $a_1 > a_2$, so ist notwendigerweise $A_1 > 0$ und $A_1 > A_2$, und ist $a_2 > a_1$, so ist notwendig $A_2 > 0$ und $A_1 < A_2$. Unter Berücksichtigung der Symmetrie von (1.3.20) betrachten wir nur die ersten beiden Bedingungen, d. h. den Fall $a_1 > a_2$. Wenn wir (1.3.19) und (1.3.21) berücksichtigen, erhalten wir

$$\frac{(1+a_1)\nu-(1-a_1)}{(1+\nu)^2(1-a_1^2)} > \frac{(1+a_2)\nu-(1-a_2)}{(1+\nu)^2(1-a_2^2)}, \quad \frac{(1+a_1)\nu-(1-a_1)}{(1+\nu)^2(1-a_1^2)} > 0. \tag{1.3.22}$$

Die erste Ungleichung in (1.3.22) erfordert $\nu > 0$. Diese Forderung ist schwächer als die Forderung $\nu > 1$, die die asymptotische Optimalität für $a_{\max} > 0$ sichert, was aus der zweiten Ungleichung wegen

$$\nu > (1-a_{\max})/(1+a_{\max}) \tag{1.3.23}$$

folgt. Aus (1.3.23) erkennt man, daß bei fixiertem ν der Automat asymptotisch-optimal in all den Medien ist, für die $a_{\max} > (1-\nu)/(1+\nu)$ gilt.

Wir sehen also, daß die Einführung einer Asymmetrie der Überführungsgeschwindigkeiten der Zustände den Bereich der asymptotischen Optimalität vergrößert. Jedoch dafür, daß die Folge der Automaten $E_{2c/k,\nu}$ asymptotisch-optimal in allen kontinuierlichen stationären zufälligen Medien ist, ist $\nu = \infty$ notwendig. Praktisch wird die Forderung einer unendlich großen Änderungsgeschwindigkeit der Zustände bei einer Strafe dadurch erreicht, daß der Integrator (s. Abb. 1.14) jedesmal dann in den Sättigungszustand übergeführt wird, wenn an der Eingabe des Automaten eine Strafe erscheint.

Es ist leicht zu sehen, daß eine solche Konstruktion ein kontinuierliches Analogon des Krinski-Automaten (s. Abb. 1.6) darstellt.

Zur Vereinfachung der analytischen Untersuchungen wurden in diesem Paragraphen nur kontinuierliche Automaten mit zwei Aktionen betrachtet. Die Möglichkeit der Konstruktion kontinuierlicher Analoga für Automaten mit mehreren Aktionen ist darauf begründet, daß die symmetrischen Automaten eine Aufspaltung in einen Aktionsautomaten und in einen Speicherautomaten zulassen. Bei einer solchen Darstellung des kontinuierlichen Automaten dient als Signal für einen Aktionswechsel das Befinden des Integrators des Speicherautomaten auf dem unteren Sättigungsniveau, d. h. das Vorhandensein eines Stroms durch die untere begrenzende Diode, was zu einer überaus einfachen „Black-box"-Realisierung führt. Wir bemerken, daß dabei die Möglichkeit der Konstruktion von Automaten mit einer kontinuierlichen Aktionsmenge entsteht.

Wir betrachten für den einfachsten Fall $C(a, -a)$ eine Abschätzung für die Geschwindigkeit der Lernfähigkeit des Automaten $H_{2c/k}$. Sei zum Anfangszeitpunkt $t = 0$ $\varphi(0) = \varphi_0$, d. h. die Dichte der Anfangsverteilung von φ ist die Deltafunktion $\delta(\varphi - \varphi_0)$. Aus der Fokker-Planckschen Gleichung kann man leicht die Dichte der Übergangswahrscheinlichkeit $W(\varphi(t), t \mid \varphi_0)$ in Form einer Reihe als Lösung der entsprechenden Sturm-Liouvilleschen Randwertaufgabe

$$W(\varphi, t \mid \varphi_0) = \frac{m}{\sigma^2}\,\frac{\exp\left(\dfrac{2m\varphi}{k\sigma^2}\right)}{\operatorname{sh}\left(\dfrac{2m\beta}{k\sigma^2}\right)} + \exp\left[\frac{m}{\sigma^2}(\varphi-\varphi_0) - \frac{m^2}{2\sigma^2}\right]\cdot\frac{1}{a}\sum_{n=1}^{\infty}\frac{\exp\left(-\dfrac{n^2\pi^2 t}{8\beta^2}\right)}{\left[1+\left(\dfrac{2m\beta}{n\sigma^2\pi}\right)^2\right]}$$
$$\times\left\{\left[\cos\left(\frac{n\pi}{2a}(\varphi+a)\right) + \frac{m\beta}{n\pi\sigma^2}\sin\frac{n\pi}{2a}(\varphi+a)\right]\left[\cos\left(\frac{n\pi(\varphi_0+a)}{2a}\right) + \frac{m\beta}{n\pi\sigma^2}\sin\left(\frac{n\pi}{2a}(\varphi_0+a)\right)\right]\right\} \tag{1.3.24}$$

finden. Dabei ist $m = 2p - 1$, $\sigma^2 = 4p(1-p)$, $\beta = c/k$ das Speichervermögen pro Aktion und t die unbegrenzte Zeit. Für $t \to \infty$ gilt

$$W(\varphi, t \mid \varphi_0) \to \frac{m}{\sigma^2} \frac{\exp\left(\frac{2m\varphi}{k\sigma^2}\right)}{\operatorname{sh}\left(\frac{2m\beta}{k\sigma^2}\right)} = g(\varphi), \tag{1.3.25}$$

was natürlich mit der oben erhaltenen stationären Wahrscheinlichkeitsdichte übereinstimmt.

Wir bezeichnen mit $Q_{-1}(t \mid \varphi_0)$ und $Q_1(t \mid \varphi_0)$ die Wahrscheinlichkeiten der Aktionen -1 und $+1$ zum Zeitpunkt t, wenn $\varphi(0) = \mu_0$ ist. Dann gilt

$$\left.\begin{aligned} Q_{-1}(t \mid \varphi_0) &= \frac{1 - \exp\left(-\frac{2m\beta}{k\sigma^2}\right)}{2\operatorname{sh}\left(\frac{2m\beta}{k\sigma^2}\right)} + \Delta Q(t \mid \varphi_0), \\ Q_1(t \mid \varphi_0) &= \frac{\exp\left(\frac{2m\beta}{k\sigma^2}\right) - 1}{2\operatorname{sh}\left(\frac{2m\beta}{k\sigma^2}\right)} - \Delta Q(t \mid \varphi_0), \end{aligned}\right\} \tag{1.3.26}$$

wobei

$$\Delta Q(t \mid \varphi_0) = 2 \exp\left[-\left(\frac{m\varphi_0}{k\sigma^2} + \frac{m^2}{2\sigma^2} t\right)\right] \exp\left[-(2n-1)^2 \sigma^2\pi^2\beta^{-2}t\right]$$
$$\times \sum_{n=1}^{\infty} \frac{\left[\cos \frac{(2n-1)\pi(\varphi_0 + a)}{2a} + \frac{2m\beta}{(2n-1)\pi} \sin \frac{(2n-1)\pi(\varphi_0 + a)}{2a}\right]}{(2n-1)\pi\left[1 + \left(\frac{2m\beta}{(2n-1)\sigma^2\pi}\right)^2\right]}.$$

ist. Die Größe $|\Delta Q(t \mid \varphi_0)|$ ist der absolute Betrag der Abweichung der Wahrscheinlichkeiten $Q_{\pm 1}(t \mid \varphi_0)$ von ihren stationären Werten. Deshalb kann man als Maß für das Lernvermögen des Automaten zum Zeitpunkt t beispielsweise die Größe

$$\Delta(t) = \max_{\varphi_0} |\Delta Q(t \mid \varphi_0)| \tag{1.3.27}$$

auswählen. Die Lernzeit (t_{Le}) bestimmen wir als Nullstelle der Gleichung $\Delta(t_{\mathrm{Le}}) = \varepsilon$, wobei ε die Anforderung an das Lernvermögen des Automaten ist (ε kann festgelegt werden als Anforderung der entsprechenden Kleinheit sowohl der absoluten Abweichung Δ, als auch der relativen, d. h.. es kann $\varepsilon = \varepsilon(p, \beta)$ sein). Es ist nicht schwer, eine grobe Abschätzung für $\Delta(t)$ zu erhalten:

$$\Delta(t) \leqq \frac{13}{6\pi} \exp\left\{\frac{|m|\,\beta}{\sigma^2} - \left(\frac{m}{2\sigma^2} + \frac{\pi^2\sigma^2}{8\beta^2}\right) t\right\}. \tag{1.3.28}$$

(Diese Abschätzung kann man im Falle $\frac{2|m|\,\beta}{\pi\sigma^2} \leqq 1$ leicht verschärfen.) Daraus folgt

$$t_{\mathrm{Le}} \leqq \frac{\frac{|m|\,\beta}{\sigma^2} - \ln \varepsilon \left(\frac{6\pi}{13}\right)}{\frac{m^2}{2\sigma^2} + \frac{\pi^2\sigma^2}{8\beta^2}}. \tag{1.3.29}$$

Im Fall $\varphi(t) \in (-\infty, \infty)$, $k \equiv k(t)$ ist

$$\left.\begin{aligned} W(\varphi, t \mid \varphi_0) &= \frac{\exp\left[-\dfrac{\left(\varphi - \varphi_0 - m \int_0^t k(t')\,dt'\right)^2}{\sigma^2 \int_0^t k^2(t')\,dt'}\right]}{\sigma \sqrt{\pi} \left(\int_0^t k^2(t')\,dt'\right)^{1/2}}, \\ Q_1(t \mid \varphi_0) &= \frac{1}{2}\left[1 - \operatorname{erf}\left(\frac{m \int_0^t k(t')\,dt' + \varphi_0}{\sigma \left(\int_0^t k^2(t')\,dt'\right)^{1/2}}\right)\right], \\ Q_1(t \mid \varphi_0) &= \frac{1}{2}\left[1 + \operatorname{erf}\left(\frac{m \int_0^t k(t')\,dt' + \varphi_0}{\sigma \left(\int_0^t k^2(t')\,dt'\right)^{1/2}}\right)\right], \end{aligned}\right\} \tag{1.3.30}$$

wobei erf $(\cdot)$ das Fehlerintegral bedeutet.

Die Forderung der Lernfähigkeit des Automaten für $m \neq 0$

$$\lim_{t \to \infty} \frac{\int_0^t k(t')\,dt'}{\left(\int_0^t k^2(t')\,dt'\right)^{1/2}} = +\infty, \qquad \lim_{t \to \infty} \frac{\varphi_0}{\int_0^t k(t')\,dt'} = 0$$

wird beispielsweise erfüllt, wenn für $t \to \infty$ gilt: $(0 \leqq \alpha \leqq 1)$.

In diesem Fall ist der Automat asymptotisch optimal (für $t \to \infty$) sogar dann, wenn $k(t) = k = \text{const}$ aber $|\varphi_0| < \infty$ ist.

Die Lernzeit kann man aus der Relation

$$\frac{1}{2} - \frac{1}{2} \operatorname{erf}\left[\frac{|m| \int_0^{t_{\mathrm{Le}}} k(t')\,dt' - |\varphi_0|}{\sigma \left(\int_0^{t_{\mathrm{Le}}} k^2(t')\,dt'\right)^{1/2}}\right] = \varepsilon \tag{1.3.31}$$

abschätzen. Benutzt man die bekannten asymptotischen Ausdrücke von erf (x) für große $|x|$, so ist beispielsweise für $k(t) = k = \text{const}$ und $t_{\mathrm{Le}} \gg \dfrac{|\varphi_0|}{|m|\,k}$

$$t_{\mathrm{Le}} \approx \left[-\ln\left(\frac{\varepsilon \sqrt{\pi}\,|m|}{\sigma}\right)\right]^{1/2} \frac{\sigma}{|m|}, \tag{1.3.32}$$

§ 1.4. Stochastische Automaten mit veränderlicher Struktur

In den vorigen Paragraphen haben wir einige Konstruktionen von Automaten betrachtet, die ein zweckmäßiges oder asymptotisch-optimales Verhalten in stationären zufälligen Medien besaßen. Wie wir gesehen haben, hängt das Maß der Zweckmäßigkeit des Verhaltens des Automaten — der Erwartungswert des Gewinns — von einem konstruktiven Parameter des Automaten ab — der Kapazität seines Speichers oder von der Asymmetrie der Veränderungsgeschwindigkeiten der Zustände. Es erscheint interessant, ein solches Modell zu betrachten, bei dem sich die Struktur und die Parameter des Automaten im Prozeß seines Funktionierens verändern können, um somit eine Vergrößerung der Zweckmäßigkeit des Verhaltens zu sichern. Als ein bequemes derartiges Modell kann das Modell des stochastischen Automaten mit veränderlicher Struktur dienen.

Die Verwendung eines stochastischen Automaten als Modell zur Herausbildung einer zweckmäßigen Struktur im Verhaltensprozeß basiert auf folgenden Überlegungen. Oben (§ 1.1) haben wir vorausgesetzt, daß beim Verhalten von Automaten in zufälligen Medien nur zwei Arten von Eingabesignalen unterschieden werden — Belohnung und Strafe. Folglich wird ein Automat des betrachteten Typs durch zwei Zustandsmatrizen $A(S) = \|\alpha_{ij}(S)\|$ $(i, j = 1, 2, \ldots, n)$ gegeben, die den Übergang der Automatenzustände unter dem Einfluß des entsprechenden Eingabesignals bestimmen. Die Zustandsmatrix ist einfach: Jede ihrer Zeilen enthält bei einem beliebigen Wert S genau ein Element, das gleich Eins ist, während die restlichen Elemente Null sind. Der Automat wird also vollständig von dem Matrizenpaar $\{A(-1), A(+1)\}$ und der Abbildung der Zustandsmenge auf die Menge der Aktionen (Ausgabefunktion) beschrieben. Für eine fixierte Ausgabefunktion und ein fixiertes Medium kann man für jedes Matrizenpaar $\{A(-1), A(+1)\}$ (Automatenstrukturen) ein Maß für die Zweckmäßigkeit des Verhaltens (Nutzenfunktion) festlegen. Dieses Maß definieren wir für diesen Fall wie folgt:

$$M(A, C) = \lim_{T\to\infty} \frac{1}{T} \sum_{t=0}^{T} S(t) = \sum_{m=1}^{k} a_m \sigma_m. \tag{1.4.1}$$

σ_m sind die Finalwahrscheinlichkeiten der Aktionen f_m.

Wir betrachten den $2n^2$-dimensionalen euklidischen Raum, in dem die Werte der Elemente $a_{ij}(-1)$ und $a_{ij}(+1)$ entlang der Achsen abgetragen sind. Dann entspricht jedem Matrizenpaar $A(-1), A(+1)$ ein Punkt eines solchen Raumes. Für endliche Automaten entspricht allen möglichen Konstruktionen die Menge der Ecken des $2n^2$-dimensionalen Einheitshyperkubus, die dem Durchschnitt der Hyperebenen $\sum_j a_{ij}(S) - 1 = 0$ $(j = 1, \ldots, n, S = +1, -1)$ angehören. Auf der Menge dieser Ecken ist die Nutzenfunktion $M(A, C)$ gegeben. Die Nutzenfunktion $M(A, C)$ ist also für diskrete Automaten eine Gitterfunktion, die auf der Menge der den verschiedenen Konstruktionen der Automaten entsprechenden Punkte gegeben ist. Dabei kann der Übergang von einem Punkt zu einem anderen, der einen minimalen Abstand (beispielsweise nach HAMMING) vom Ausgangspunkt hat, zu einem starken Sprung der Nutzenfunktion führen.

Andererseits ist die konvexe Hülle dieser Menge die Menge aller Punkte, die allen Paaren von stochastischen Matrizen $P(S) = \|\pi_{ij}^S\|$ entsprechen. Auf der konvexen Hülle ist die Nutzenfunktion $M(A, C)$ stetig. Die Begriffe Nähe, Zuwachs, Gradient und Minimum behalten deshalb ihre klassische Bedeutung.

Dann kann die Aufgabe des Findens einer für ein gegebenes n optimalen Automatenkonstruktion formal auf die Aufgabe des Bestimmens eines Sattelpunktes der LAGRANGE-Funktion

$$\Phi[P(+1), P(-1)] = M(A, C) - \sum_s \sum_i \lambda_{is} \left(\sum_j \pi_{ij}^s - 1\right)$$

zurückgeführt werden.

Hier wird uns jedoch ein anderer Zugang interessieren. Wir werden die Aufgabe des Auffindens eines stochastischen Automaten mit veränderlicher Struktur, der sich in zufälligen Medien zweckmäßig verhält, als Aufgabe zur Bestimmung von Algorithmen der Änderung der Übergangswahrscheinlichkeiten in $P(+1)$ und $P(-1)$ auffassen, die eine Vergrößerung des Erwartungswertes des Gewinns garantieren.

Die Änderungsalgorithmen der Übergangswahrscheinlichkeiten müssen die Erfüllung der Bedingungen

$$\sum_{j=1}^{k} \pi_{ij}^{s} = 1 \qquad (i = 1, 2, \ldots, n) \tag{1.4.2}$$

garantieren. Bei der Optimierung mit Restriktionen gibt es immer eine Möglichkeit, eine Lösung auf dem Rand zu erhalten. Folglich können wir erwarten, daß sich Methoden zur Veränderung der Übergangswahrscheinlichkeiten finden lassen, die eine Lösung in den Randpunkten, d. h. in der Klasse der endlichen Automaten garantieren.

Die Untersuchung von stochastischen Automaten mit veränderlicher Struktur in zufälligen Medien beginnen wir mit der Untersuchung ihres Verhaltens in stationären zufälligen Medien $C(a_1, a_2, \ldots, a_k)$.

Die Methoden zur Veränderung der Übergangswahrscheinlichkeiten, die wir betrachten werden, basieren auf folgenden Überlegungen. Wenn der Automat aus dem Zustand mit der Nummer i unter dem Einfluß des Eingabesignals S in den Zustand mit der Nummer j überging und danach bestraft wurde, so muß die Wahrscheinlichkeit π_{ij}^{s} verkleinert werden. Dabei müssen entsprechend alle restlichen Übergangswahrscheinlichkeiten in dieser Zeile vergrößert werden, damit die Normierungsbedingung (1.4.2) erhalten bleibt. Wenn aber der Automat nach dem Übergang belohnt wurde, so muß die Wahrscheinlichkeit π_{ij}^{s} vergrößert und entsprechend müssen alle restlichen Wahrscheinlichkeiten dieser Zeile verringert werden.

Im stationären zufälligen Medium sind der mittlere Gewinn für jede Aktion und der mittlere Gewinn des Automaten in jedem Zustand unveränderlich. Folglich sind die Wahrscheinlichkeiten von Gewinn und Verlust für alle Elemente einer Spalte der Matrix $P(S)$ gleich. Da die Wahrscheinlichkeit für Verlust beim Takt t nicht von der Wahrscheinlichkeit des Verlustes beim Takt $t - 1$ abhängt, sind die Wahrscheinlichkeiten für Gewinn und Verlust für alle Elemente entsprechender Spalten der Matrizen $P(-1)$ und $P(+1)$ gleich. Bei der Untersuchung des Verhaltens eines stochastischen Automaten mit veränderlicher Struktur in einem stationären zufälligen Medium genügt es folglich, das Verhalten einer Zeile der Zustandsmatrix zu untersuchen. Mehr noch, analoge Überlegungen führen uns zu der Schlußfolgerung, daß es im Falle eines stationären zufälligen Mediums ausreichend ist, Automaten mit dem Speicher 1 zu betrachten, d. h. Automaten, die einen Zustand pro Aktion haben. Das führt zur einfachsten Variante eines stochastischen Automaten mit veränderlicher Struktur — dem „Zeilenautomaten". Ein Zeilenautomat hat k Aktionen und wird durch k Zahlen $\pi_m \geqq 0$ gegeben. Dabei ist

$$\sum_{m=1}^{k} \pi_m = 1. \tag{1.4.3}$$

Ein Zeilenautomat wählt seine Aktionen unabhängig von dem Wert des Eingabesignals mit den Wahrscheinlichkeiten π_m aus. Die Reaktionen des Mediums wirken nur auf die Veränderung der Wahrscheinlichkeiten π_m der Aktionswahl. Ein Zustand des Zeilenautomaten ist ein Tupel von Wahrscheinlichkeiten $\{\pi_m\}$ der Aktionswahl. In diesem Sinne besitzt ein Zeilenautomat eine unendliche Zustandsmenge, d. h. einen unendlichen Speicher.

Wir werden Methoden zur Veränderung der Auswahlwahrscheinlichkeiten betrachten, bei denen der Begriff der Finalwahrscheinlichkeit des Zeilenautomatenzustandes und folglich auch der stationären Wahrscheinlichkeiten π_m der Aktionsauswahl sinnvoll sind.

Wir wollen folgende Methode der Änderung der Übergangswahrscheinlichkeiten betrachten. Wenn zum Zeitpunkt t der Automat die Aktion f_i ausführte und $S(t+1) = +1$ ist, so sei

$$\pi_i(t+1) = \pi_i(t) + \Delta_+\pi_i(t), \tag{1.4.4a}$$

$$\pi_j(t+1) = \pi_j(t) + \Delta_+{}^1\pi_j(\pi_i(t)), \quad j \neq i. \tag{1.4.4b}$$

Ist aber $S(t+1) = -1$, so sei

$$\pi_i(t+1) = \pi_i(t) - \Delta_-\pi_i(t), \tag{1.4.4c}$$

$$\pi_j(t+1) = \pi_j(t) - \Delta_-{}^1\pi_j(\pi_i(t)), \qquad j \neq i. \tag{1.4.4d}$$

Um die Normierungsbedingung (1.4.3) beizubehalten, ist

$$\Delta_\pm\pi_j + \sum_{i \neq j} \Delta_\pm{}^1\pi_i(\pi_j) = 0 \tag{1.4.5}$$

notwendig. Wir bestimmen $M(\Delta\pi_j)$ — den Erwartungswert des Zuwachses von π_j — während eines Taktes

$$M(\Delta\pi_j) = \pi_j \frac{1+a_j}{2} \Delta_+\pi_j - \pi_j \frac{1-a_j}{2} \Delta_-\pi_j + \sum_{i \neq j} \pi_i \frac{1+a_i}{2} \Delta_+{}^1\pi_j(\pi_i)$$
$$- \sum_{i \neq j} \pi_i \frac{1-a_i}{2} \Delta_-{}^1\pi_j(\pi_j). \tag{1.4.6}$$

Im Falle $a_1 = a_2 = \cdots = a_k = a$ hängt der Erwartungswert des Gewinns nicht vom Zustand eines Zeilenautomaten ab, und folglich ist es natürlich, für diesen Fall $M(\Delta\pi_j) = 0$ zu fordern. Dieser Forderung wird mit

$$\pi_j\Delta_\pm + \sum_{i \neq j} \pi_i\Delta_\pm{}^1\pi_j(\pi_i) = 0 \tag{1.4.7}$$

Genüge getan. Aus (1.4.6) und (1.4.7) erhalten wir dann

$$M(\Delta\pi_j) = \sum_{i=1}^{k} \pi_i \left[\Delta_+{}^1\pi_j(\pi_i) + \Delta_-{}^1\pi_j(\pi_i)\right] \frac{a_i - a_j}{2}. \tag{1.4.8}$$

Dafür, daß sich im stationären zufälligen Medium der zu betrachtende Automat optimal verhält, ist für $a_j = a_{\max} M(\Delta\pi_j) > 0$ und für $a_j = a_{\min} M(\Delta\pi_j) < 0$ notwendig. Aus (1.4.8) erkennt man, daß diese Bedingungen bei

$$\Delta_+{}^1\pi_j(\pi_i) + \Delta_-{}^1\pi_j(\pi_i) < 0 \tag{1.4.9}$$

erfüllt sind. Wir erhielten also drei Bedingungen, denen die Regeln zur Veränderung der Übergangswahrscheinlichkeiten genügen müssen: (1.4.5), (1.4.7) und (1.4.9). Außerdem ist

$$0 \leqq \pi \pm \Delta\pi \leqq 1 \tag{1.4.10}$$

notwendig.

Den oben angegebenen Bedingungen genügen beispielsweise Funktionen der Art

$$\left.\begin{aligned} \Delta_{\pm}\pi_j &= \alpha\pi_j^{\beta} \sum_{i \neq j} \pi_i^{1+\beta}, \\ \Delta_{\pm}{}^1\pi_j(\pi_i) &= -\alpha\pi_j^{1+\beta}\pi_i^{\beta}, \end{aligned}\right\} \tag{1.4.11}$$

wobei $\alpha > 0$ und $\beta > 0$ sind. Die durch (1.4.10) bedingte Beschränkung für α wird weiter unten angeführt.

Einen Zeilenautomaten, bei dem sich die Wahrscheinlichkeiten der Aktionsauswahl gemäß (1.4.4) und (1.4.11) ändern und der k Aktionen hat, werden wir mit Q_k bezeichnen. Der Erwartungswert des Zuwachses der Aktionsauswahlwahrscheinlichkeit während eines Taktes ist für den Zeilenautomaten Q_k durch die Formel

$$M(\Delta\pi_j) = m(\pi_j) = \alpha\pi_j^{1+\beta} \sum_{i=1}^{k} \pi_i^{1+\beta}(a_j - a_i) \tag{1.4.12}$$

gegeben. Wir bestimmen noch den Erwartungswert $b(\pi_j)$ des Quadrates von $\Delta\pi_j$:

$$\begin{aligned} b(\pi_j) &= \alpha^2\pi_j^{1+2\beta} \Big(\sum_{i \neq j} \pi_i^{1+\beta}\Big)^2 q_i + \alpha^2\pi_j^{1+2\beta} \Big(\sum_{i \neq j} \pi_i^{1+\beta}\Big)^2 p_i \\ &\quad + \sum_{i \neq j} \pi_i[\alpha^2\pi_i^{2\beta}\pi_j^{2+2\beta}q_i + \alpha^2\pi_i^{2\beta}\pi_j^{2+2\beta}p_i] \\ &= \alpha^2\pi_j^{1+2\beta} \Big(\sum_{i \neq j} \pi_i^{1+\beta}\Big)^2 + \alpha^2\pi_j^{2+2\beta} \sum_{i \neq j} \pi_i^{1+2\beta} \\ &= \alpha^2\pi_j^{1+2\beta} \Big[\pi_j \sum_{i \neq j} \pi_i^{1+2\beta} + \Big(\sum_{i \neq j} \pi_i^{1+\beta}\Big)^2\Big]. \end{aligned} \tag{1.4.13}$$

Wir betrachten zunächst den Fall $k = 2$. Sei $\pi_1(t) = P\{f(t) = f_1\} = \pi$ und $\pi_2(t) = P\{f(t) = f_2\} = 1 - \pi$. Dann ist

$$\left.\begin{aligned} \Delta_{\pm}\pi &= \alpha\pi^{\beta}(1 - \pi)^{1+\beta}, \\ \Delta_{\pm}{}^1\pi &= -\alpha\pi^{1+\beta}(1 - \pi)^{\beta} \end{aligned}\right\} \tag{1.4.14}$$

und demzufolge

$$\left.\begin{aligned} m(\pi) &= \alpha(a_1 - a_2)\, \pi^{1+\beta}(1 - \pi)^{1+\beta}, \\ b(\pi) &= \alpha^2\pi^{1+2\beta}(1 - \pi)^{1+2\beta}. \end{aligned}\right\} \tag{1.4.15}$$

Wir bestimmen nun zusätzliche Bedingungen, die den Größen α und β auferlegt werden müssen, damit sich der Zeilenautomat Q_2 im Medium $C(a_1, a_2)$ optimal verhält. Dazu betrachten wir einen zufälligen Markowschen Prozeß $\pi(t)$ in kontinuierlicher Zeit, bei dem der Erwartungswert der Veränderungsgröße von $\pi(t)$ und das Quadrat dieser Größe entsprechend gleich $m(\pi)$ und $b(\pi)$ (1.4.15) sind, d. h., es ist

$$\left.\begin{aligned} \lim_{\Delta t \to 0} \frac{M\{\pi(t + \Delta t) - \pi(t)\}}{\Delta t} &= m(\pi), \\ \lim_{\Delta t \to 0} \frac{M\{[\pi(t + \Delta t) - \pi(t)]^2\}}{\Delta t} &= b(\pi). \end{aligned}\right\}$$

Wir bezeichnen mit $F(t, x, y)$ die Verteilungsfunktion des Prozesses $\pi(t)$, d. h. die Wahrscheinlichkeit dafür, daß der Prozeß $\pi(t)$, dessen Wert zu einem bestimmten Zeitpunkt gleich x ist, nach der Zeit t einen Wert annimmt, der kleiner als y ist.

Setzt man voraus, daß die Funktion $F(t, x, y)$ für beliebige t, x, y stetige partielle Ableitungen $\frac{\partial F(t, x, y)}{\partial x}$ und $\frac{\partial^2 F(t, x, y)}{\partial x^2}$ hat, so kann man für $F(t, x, y)$ die KOLMOGOROWsche Gleichung

$$\frac{\partial F(t, x, y)}{\partial t} = \frac{b(x)}{2} \frac{\partial^2 F(t, x, y)}{\partial x^2} + m(x) \frac{\partial F(t, x, y)}{\partial x} \tag{1.4.16}$$

aufschreiben.

Wir bemerken, daß der Prozeß $\pi(t)$ im abgeschlossenen Intervall $[0, 1]$ abläuft und die Bedingung (1.4.10) Absorption an beiden Randpunkten des Intervalls garantiert. Bezeichnet man mit $\Phi_1(x)$ die Wahrscheinlichkeit der endgültigen Absorption von $\pi(t)$ im Punkte $\pi = 1$ unter der Bedingung, daß der Prozeß im Punkt x begann, und mit $\Phi_0(x)$ die Wahrscheinlichkeit der endgültigen Absorption im Punkte $\pi = 0$, so sind bekanntlich [96] $\Phi_1(x)$ und $\Phi_0(x)$ Lösungen der Gleichung

$$\frac{b(x)}{2} \ddot{\Phi}(x) + m(x) \dot{\Phi}(x) = 0 \tag{1.4.17}$$

mit den Randbedingungen

$$\Phi_1(0) = 0, \qquad \Phi_1(1) = 1,$$

$$\Phi_0(0) = 1, \qquad \Phi_0(1) = 0.$$

Dabei hat sowohl die Tatsache der Unerreichbarkeit der Randpunkte als auch das Verschwinden der Koeffizienten $m(x)$, $b(x)$ der Gleichung keine Bedeutung.

Die Lösungen der Gleichung (1.4.17) haben bei den angegebenen Randbedingungen folgende Form:

$$\left.\begin{aligned} \Phi_1(x) &= \frac{\int\limits_0^x \exp\left\{-\int\limits_y^1 \frac{2m(z)}{b(z)}\, dz\right\} dy}{\int\limits_0^1 \exp\left\{-\int\limits_y^1 \frac{2m(z)}{b(z)}\, dz\right\} dy} = \frac{I(x)}{I(1)}, \\ \Phi_0(x) &= \frac{\int\limits_x^1 \exp\left\{-\int\limits_y^1 \frac{2m(z)}{b(z)}\, dz\right\} dy}{\int\limits_0^1 \exp\left\{-\int\limits_y^1 \frac{2m(z)}{b(z)}\, dz\right\} dy} = \frac{I(1) - I(x)}{I(1)}. \end{aligned}\right\} \tag{1.4.18}$$

Die Form der Funktionen $\Phi_1(x)$ und $\Phi_0(x)$ hängt wesentlich von der Größe $I(1)$ ab, und zwar gilt:

für $I(1) < \infty$ ist $\Phi_1(x)$ eine monoton wachsende Funktion und $\Phi_0(x)$ eine monoton fallende Funktion;

ist $I(1) = \infty$ und $a_1 > a_2$, so ist $\Phi_1(x) = 1$, $x \in (0, 1]$;

ist $I(1) = \infty$ und $a_1 < a_2$, so ist $\Phi_0(x) = 1$, $x \in [0, 1)$.

Uns interessieren natürlich solche Funktionen $\Delta\pi$, für die $I(1) = \infty$ ist, da in diesem Fall eine Absorption im erforderlichen Randpunkt eintritt. Gerade solche $\Delta\pi$ definieren einen optimalen Prozeß $\pi(t)$. Unter Berücksichtigung von (1.4.15) erhalten wir

$$I(1) = \int_0^1 \exp\left\{-\frac{2(a_1 - a_2)}{\alpha}\int_y^1 \frac{dz}{z^\beta(1-z)^\beta}\right\} dy.$$

Man kann leicht zeigen, daß

$$\begin{aligned}
&\text{für } \beta < 1 \quad I(1) < \infty,\\
&\text{für } \beta = 1\\
&\text{bei} \quad |a_1 - a_2| < \alpha/2 \qquad I(1) < \infty,\\
&\text{bei} \quad |a_1 - a_2| > \alpha/2 \quad I(1) = \infty,\\
&\text{und für } \beta > 1 \quad I(1) = \infty
\end{aligned}$$

ist. Das bedeutet, daß der zufällige Prozeß $\pi(t)$ für $\beta > 1$ oder für $\beta = 1$ und $|a_1 - a_2| > a/2$ optimal ist.

Um zu klären, inwieweit die für einen kontinuierlichen Prozeß erhaltenen Ergebnisse für eine Abschätzung des Verhaltens eines Automaten bei diskreter Zeit geeignet sind, betrachten wir die Resultate der Modellierung des Automaten Q_2 auf einer EDVA. Bei der Arbeit des Automaten in diskreter Zeit ist die Erfüllung der Bedingung (1.4.10) notwendig, d. h., es muß

$$\left.\begin{aligned}
\pi + \alpha\pi^\beta(1-\pi)^{1+\beta} &\leqq 1,\\
\pi + \alpha\pi^{1+\beta}(1-\pi)^\beta &\leqq 1,\\
\pi - \alpha\pi^\beta(1-\pi)^{1+\beta} &\geqq 0,\\
\pi - \alpha\pi^{1+\beta}(1-\pi)^\beta &\geqq 0
\end{aligned}\right\} \tag{1.4.19}$$

gelten. Aus (1.4.19) und der Bedingung $I(1) = \infty$ folgt

$$\left.\begin{aligned}
\alpha &\leqq \min\{1; 2|a_1 - a_2|\} && \text{für } \beta = 1,\\
\alpha &\leqq \frac{(2\beta)^{2\beta}}{(\beta+1)^{\beta+1}(\beta-1)^{\beta-1}} && \text{für } \beta > 1.
\end{aligned}\right\} \tag{1.4.20}$$

Es wurde das Verhalten der Automaten Q_2 im Medium $C(0{,}6; 0{,}4)$ untersucht. Dabei wurden zwei Serien von Experimenten durchgeführt: die erste für $\beta = 1$ und die zweite für $\beta = 2$. In jeder Serie wurden für verschiedene Werte 500 Experimente mit dem Anfangswert $\pi(0) = 0{,}5$ durchgeführt. Jedes Experiment dauerte 3000 Takte. Die Ergebnisse der Experimente sind in den Tabellen 1.4.1 und 1.4.2 angeführt. In diesen Tabellen ist m_+ die Anzahl der Experimente, bei denen zum Abschluß des Experiments $\pi(T) > 0{,}95$ und m_- die Anzahl der Experimente, bei denen zum Abschluß des Experiments $\pi(T) < 0{,}05$ war. Wir bemerken, daß die Fortführung der Rechnung bei kleinen Werten von α die Automaten mit $\pi > 0{,}05$ zum Wert $\pi(T) = 1$ brachte. Allerdings waren dafür Rechenzeiten erforderlich, die 3000 Takte wesentlich überschritten.

Tabelle 1.4.1

$\beta = 1,\ a < 0{,}4$				
α	0,7	0,5	0,3	0,1
m_+	412	450	491	500
m_-	88	49	8	0

Tabelle 1.4.2

$\beta = 2$		
α	2,0	0,7
m_+	490	493
m_-	1	0

Die Ergebnisse sprechen für eine gute Übereinstimmung der kontinuierlichen Näherung und des diskreten Prozesses.

Wir betrachten nun den Fall $k > 2$. Wir wollen uns die Aktionen des Automaten so durchnumeriert vorstellen, daß die ihnen entsprechenden Erwartungswerte der Gewinne eine nichtwachsende Folge bilden

$$a_1 \geqq a_2 \geqq \cdots \geqq a_k. \tag{1.4.21}$$

Offenbar ist es sinnvoll, nur solche Medien zu betrachten, in denen nicht alle a_j gleich sind. Wir wollen

$$a_1 = a_2 = \cdots = a_r > a_{r+1} \geqq \cdots \geqq a_k \tag{1.4.22}$$

voraussetzen, d. h., a_{r+1} ist der größte Erwartungswert der Gewinne, der vom maximalen verschieden ist.

Führen wir die neue Variable

$$\pi^{(l)} = \sum_{m=1}^{l} \pi_m, \quad l = 1, 2, \ldots, k \tag{1.4.23}$$

ein, dann können wir einen zufälligen Prozeß untersuchen, dessen Werte zu jedem Zeitpunkt t Werte der Wahrscheinlichkeit $P\{l \leqq k, f(t) = f_l\} = \pi^l(t)$ sind. Dazu bestimmen wir Ausdrücke für die Erwartungswerte $M\{\Delta\pi^{(l)}(t)\}$ und $M\{[\Delta\pi^{(l)}(t)]^2\}$

$$\left.\begin{aligned} m_l(\pi) &= \alpha \sum_{i=1}^{l} \pi_i^{1+\beta} \sum_{i=l+1}^{k} (a_1 - a_j)\, \pi_j^{1+\beta}, \\ b_l(\pi) &= \alpha^2 \left[\sum_{i=1}^{l} \pi_i^{1+2\beta} \left(\sum_{j=l+1}^{k} \pi_j^{1+\beta} \right)^2 + \sum_{i=l+1}^{k} \pi_i^{1+2\beta} \left(\sum_{j=1}^{l} \pi_j^{1+\beta} \right)^2 \right]. \end{aligned}\right\} \tag{1.4.24}$$

Wir benutzen die HÖLDERsche Ungleichung

$$\sum |\alpha_i \beta_i| \leqq \Big(\sum_i |\alpha_i|^p\Big)^{1/p} \Big(\sum_i |\beta_i|^q\Big)^{1/q},$$

wobei $p > 0$, $q > 0$ und $\dfrac{1}{p} + \dfrac{1}{q} = 1$ ist.

Wenn wir $\alpha_i = \pi_i$, $\beta_i = 1$, $p = 1 + \beta$ setzen, erhalten wir die Ungleichung

$$\sum_{i=1}^{l} \pi_i^{1+\beta} \geqq \frac{\left(\sum\limits_{i=1}^{l} \pi_i\right)^{1+\beta}}{l^\beta} \tag{1.4.25}$$

und für $\alpha_i = \varrho_i^{1/p} \pi_i$, $\beta_i = \varrho^{-1/p}$, $p = 1 + \beta$ ist

$$\sum_{i=1}^{l} \varrho_i \pi_i^{1+\beta} \geqq \frac{\left(\sum\limits_{i=1}^{l} \pi_i\right)^{1+\beta}}{\left[\sum\limits_{i=1}^{l} \left(\dfrac{1}{\varrho_i}\right)^{1/\beta}\right]^\beta}. \tag{1.4.26}$$

Mit Hilfe der Ungleichungen (1.4.25) und (1.4.26) schätzen wir den Ausdruck für $m_l(\pi)$ nach unten ab:

$$m_l(\pi) \geqq \alpha \frac{\left(\sum\limits_{i=1}^{l} \pi_i\right)^{1+\beta}}{l^\beta} \cdot \frac{\left(\sum\limits_{i=l+1}^{k} \pi_i\right)^{1+\beta}}{\left[\sum\limits_{i=l+1}^{k} \left(\dfrac{1}{a_i - a_1}\right)^{1/\beta}\right]^\beta} = \frac{\alpha (\pi^{(l)})^{1+\beta} (1 - \pi^{(l)})^{1+\beta}}{l^\beta \left[\sum\limits_{i=l+1}^{k} \left(\dfrac{1}{a_i - a_1}\right)^{1/\beta}\right]^\beta}.$$

Mit Hilfe der Ungleichung $\sum\limits_{i=l}^{m} \pi_i^\alpha \leqq \left(\sum\limits_{i=l}^{m} \pi_i\right)^\alpha$, $0 \leqq \pi_i \leqq 1$ und $\alpha \geqq 1$ wird der Ausdruck für $b_l(\pi)$ nach oben abgeschätzt:

$$\begin{aligned} b_l(\pi) &\leqq \alpha^2 \left[\left(\sum_{i=1}^{l} \pi_i\right)^{1+2\beta} \left(\sum_{i=l+1}^{k} \pi_i\right)^{2+2\beta} + \left(\sum_{i=l+1}^{k} \pi_i\right)^{1+2\beta} \cdot \left(\sum_{i=1}^{l} \pi_i\right)^{2+2\beta}\right] \\ &= \alpha^2 [(\pi^{(l)})^{1+2\beta} (1 - \pi^{(l)})^{2+2\beta} + (1 - \pi^{(l)})^{1+2\beta} (\pi^{(l)})^{2+2\beta}] \\ &= \alpha^2 (\pi^{(l)})^{1+2\beta} (1 - \pi^{(l)})^{1+2\beta}. \end{aligned}$$

Die erhaltenen Abschätzungen erlauben es uns, die Untersuchung des Prozesses $\pi^{(l)}(t)$ durch die Untersuchung des Prozesses $\xi(t)$ zu ersetzen, bei dem der Erwartungswert des Zuwachses zu einem beliebigen Zeitpunkt t nicht größer und der Erwartungswert des Quadrates des Zuwachses nicht kleiner als beim Prozeß $\pi^{(l)}(t)$ ist. Diese Erwartungswerte sind gleich

$$\left.\begin{aligned} m(\xi) &= \frac{\alpha \xi^{1+\beta} (1 - \xi)^{1+\beta}}{l^\beta \left[\sum\limits_{i=k+1}^{n} \left(\dfrac{1}{a_i - a_1}\right)^{1/\beta}\right]^\beta}, \\ b(\xi) &= \alpha^2 \xi^{1+2\beta} (1 - \xi)^{1+2\beta}. \end{aligned}\right\} \tag{1.4.27}$$

Es ist klar, daß die Wahrscheinlichkeit der Absorption des Prozesses $\xi(t)$ am Rand $\xi = 1$ nicht größer ist als die Wahrscheinlichkeit der Absorption des Prozesses $\pi^{(l)}(t)$ am Rand $\pi = 1$, da diese Wahrscheinlichkeit [siehe (1.4.18)] sich mit der Vergrößerung von $m(\xi)$ und der Verkleinerung von $b(\xi)$ vergrößert.

Analog dem Fall $k = 2$ kann man Bedingungen finden, bei denen die Wahrscheinlichkeit $\Phi_1(x)$ der Absorption des Prozesses $\xi(t)$ am Rand $\xi = 1$ unter der Bedingung $\xi(0) = x$ gleich Eins ist. Unter Berücksichtigung von (1.4.27) erhalten wir

$$\left.\begin{array}{l} \text{1) entweder } \beta > 1, \\ \text{2) oder } \beta = 1 \text{ und } \alpha \leqq \dfrac{2}{l \sum\limits_{i=l+1}^{n} \dfrac{1}{a_i - a_1}}. \end{array}\right\} \tag{1.4.28}$$

Da der Prozeß $\pi^{(l)}(t)$ am Rand $\pi^{(l)} = 1$ mit einer Wahrscheinlichkeit absorbiert wird, die nicht kleiner ist als die Wahrscheinlichkeit der Adsorption des Prozesses $\xi(t)$ am Rand $\xi = 1$, so ist in dem Falle, daß die Parameter α und β in (1.4.24) den Bedingungen (1.4.28) genügen, die Wahrscheinlichkeit der Absorption des Prozesses $\pi^{(l)}(t)$ am Rand $\pi^{(l)} = 1$ gleich Eins, d. h., die Gesamtwahrscheinlichkeit der Aktionen des Automaten, die dem maximalen Erwartungswert des Gewinns entsprechen, ist gleich Eins. Wenn also die Parameter α und β den Forderungen (1.4.28) genügen, so ist der Erwartungswert des Gewinns für den Automaten Q_k gleich dem maximal möglichen für das gegebene Medium. Man überprüft leicht, daß die Berücksichtigung der Bedingung (1.4.10) auf folgende Optimalitätsbedingungen des Automaten Q_k im stationären zufälligen Medium C führen:

$$\left.\begin{array}{l} \text{1) entweder } \beta > 1,\ \alpha \leqq \dfrac{(2\beta)^{2\beta}}{(\beta+1)^{\beta+1}\,(\beta-1)^{\beta-1}}, \\[2ex] \text{2) oder } \beta = 1,\ \alpha \leqq \min\left\{1;\ \dfrac{2}{l \sum\limits_{i=l+1}^{k} \dfrac{1}{a_i - a_1}}\right\}. \end{array}\right\} \tag{1.4.29}$$

§ 1.5. Verhalten von Automaten in umschaltbaren zufälligen Medien

In den oben betrachteten Beispielen des Verhaltens von Automaten blieben die Parameter a_m im Verlauf beliebig langer Zeitintervalle unverändert. In diesem Sinne ist die Aufgabe über das Verhalten im stationären zufälligen Medium elementar. Von größerem Interesse ist der Fall, daß sich die Parameter des zufälligen Mediums zeitlich verändern, beispielsweise mit Hilfe eines Zufallsmechanismus. Im stationären zufälligen Medium hatte die Zeit des Übergangs in den stationären Zustand keine große Bedeutung. In dem Falle aber, daß sich die Parameter des Mediums zeitlich verändern, beginnt die „Anpassungsfähigkeit" des Automaten, seine Fähigkeit, schnell auf Veränderungen des äußeren Mediums zu reagieren, eine wesentliche Rolle zu spielen. In stationären zufälligen Medien führte eine Vergrößerung der Speicherkapazität zu einer Vergrößerung der Trägheit des Automaten – einer Verkleinerung der Wahrscheinlichkeit des Aktionswechsels – und der Erwartungswert des Gewinns des Automaten wuchs monoton mit dem Wachsen der Speicherkapazität. Es ist offensichtlich, daß im Falle nichtstationärer zufälliger Medien die Abhängigkeit des Erwartungswertes des Gewinns von der Speicherkapazität ihren monotonen Charakter verlieren muß.

In diesem Paragraphen werden wir zufällige Medien betrachten, deren Charakteristika zufällig von der Zeit abhängen. Wir setzen das Medium aus stationären zufälligen Medien bestehend voraus, deren Umschaltung durch eine MARKOWsche Kette verwirklicht wird.

Wir betrachten eine MARKOWsche Kette $K(C_1, C_2, \ldots, C_r, \Delta)$ mit r Zuständen $C_1, C_2, \ldots, C_r$ und der Matrix der Übergangswahrscheinlichkeiten $\Delta = \|\delta_{\alpha\beta}\|$, $\alpha, \beta = 1, 2, \ldots, r$. Der Zustand C_α entspricht dem stationären zufälligen Medium $C_\alpha = C(a_1^\alpha, a_2^\alpha, \ldots, a_k^\alpha)$.

Wir sagen, daß sich der Automat im *umschaltbaren zufälligen Medium* K befindet, wenn er zu jedem Zeitpunkt in einem der stationären zufälligen Medien C_α, $\alpha = 1, 2, \ldots, r$ arbeitet, d. h., wenn die zum Zeitpunkt t vom Automaten ausgeführte Aktion f_m mit der Wahrscheinlichkeit $p_m^\alpha = \frac{1 - a_m^\alpha}{2}$ zum Zeitpunkt $t + 1$ das Eingabesignal $S(t + 1) = -1$ (Verlust) und mit der Wahrscheinlichkeit $q_m^\alpha = 1 - p_m^\alpha$ das Eingabesignal $S(t + 1) = +1$ (Belohnung) nach sich zieht; wenn sich dabei der Automat zum Zeitpunkt t im stationären zufälligen Medium C_α befand, so wird er sich zum Zeitpunkt $t + 1$ mit der Wahrscheinlichkeit $\delta_{\alpha\beta}$ im stationären zufälligen Medium C_β befinden.

Wir bezeichnen mit ψ_i^α, $\alpha = 1, 2, \ldots, r$, $i = 1, 2, \ldots, r_i$ einen solchen Zustand des Systems „Automat — umschaltbares zufälliges Medium", bei dem sich der Automat im Zustand φ_i und das umschaltbare Medium im Zustand C befindet[1]). Dann ist die Wahrscheinlichkeit $\pi_{ij}^{\alpha\beta}$ des Übergangs des Systems vom Zustand ψ_i^α in den Zustand ψ_i^β gleich

$$\pi_{ij}^{\alpha\beta} = [p_{\varphi_i}^\alpha \alpha_{ij}(-1) + q_{\varphi_i}^\alpha \alpha_{ij}(+1)]\, \delta_{\alpha\beta}, \tag{1.5.1}$$

wobei $\|\alpha_{ij}(S)\|$ die Matrix der Zustände des Automaten A und $p_{\varphi_i}^\alpha = \frac{1 - a_{\varphi_i}^\alpha}{2}$, $q_{\varphi_i}^\alpha = 1 - p_{\varphi_i}\alpha$ die Wahrscheinlichkeiten von Verlust und Gewinn im Medium C_α bei der Aktion $f_{\varphi_i} = F(\varphi_i)$ sind. Die Matrix $\Pi = \|\pi_{ij}^{\alpha\beta}\|$, $\alpha, \beta = 1, 2, \ldots, r$, $i, j = 1, 2, \ldots, n$ erzeugt eine MARKOWsche Kette. Ist diese Kette ergodisch, so hängen die Finalwahrscheinlichkeiten r_i^α der Zustände dieser Kette ψ_i^α nicht von ihren Anfangszuständen ab, und der Erwartungswert des Gewinns $M(A, K)$ des Automaten A im Medium K ergibt sich zu

$$M(A, K) = \sum_{m=1}^{k} \sum_{\alpha=1}^{r} \sigma_m^\alpha a_m^\alpha. \tag{1.5.2}$$

Dabei ist $\sigma_m^\alpha = \sum r_{\varphi_i}^\alpha$ die Summe über alle die φ_i, bei denen $F(\varphi_i) = f_m$ ist, d. h., σ_m^α ist die Summe der Wahrscheinlichkeiten jener Zustände, in denen der Automat die Aktion f_m ausführt und sich das Medium im Zustand C_α befindet.

Wir betrachten den einfachsten Fall, bei dem $r = 2$ und

$$\Delta = \begin{Vmatrix} 1 - \delta & \delta \\ \delta & 1 - \delta \end{Vmatrix}, \quad 0 < \delta \leqq \frac{1}{2} \tag{1.5.3}$$

[1]) Im Gegensatz zu § 1.2 betrachten wir hier eine durchgängige Numerierung der Automatenzustände (der Automat ist nicht in Aktionsautomaten und Speicherautomaten zerlegt).

ist, wobei der Parameter δ die mittlere Umschaltfrequenz der Medienzustände ist. In der Tat ist der Erwartungswert $M(T)$ der Anzahl der Takte, in deren Verlauf sich das Medium in einem fixierten Zustand befindet, gleich

$$M(T) = \sum_{j=1}^{\infty} j\delta(1-\delta)^{j-1} = -\delta \frac{\delta}{d\delta} \sum_{j=1}^{\infty} (1-\delta)^j = \frac{1}{\delta}. \tag{1.5.4}$$

Wir setzen der Einfachheit halber $C_1 = C(a, -a)$ und $C_2 = C(-a, a)$ voraus und betrachten das Verhalten des Automaten mit linearer Taktik $L_{n,2}$ in einem solchen umschaltbaren Medium. Die Zustände des Automaten numerieren wir wie folgt: $(\varphi_i, f_1) = \varkappa_i$; $(\varphi_i, f_2) = \varkappa_{n+i}$ $(i = 1, 2, \ldots, n)$. Mit $r_i^{(\alpha)}$ $(i = 1, 2, \ldots, 2n)$ bezeichnen wir die Finalwahrscheinlichkeit des Zustands ψ_i^α des Systems „Automat — umschaltbares zufälliges Medium". Weiter führen wir den Vektor $R_i = \|r_i^{(1)}, r_i^{(2)}\|$ $(i = 1, 2, \ldots, 2n)$ und die beiden Matrizen zweiter Ordnung

$$S = \begin{Vmatrix} (1-\delta)p & \delta q \\ \delta p & (1-\delta)q \end{Vmatrix}, \quad Q = \begin{Vmatrix} (1-\delta)q & \delta p \\ \delta q & (1-\delta)p \end{Vmatrix} \tag{1.5.5}$$

ein und setzen wie schon früher $p = \dfrac{1-a}{2}$, $q = 1 - p = \dfrac{1+a}{2}$, $\lambda = \dfrac{q}{p}$ voraus.

Aus dem Zustandsüberführungsgraphen des Automaten mit linearer Taktik (s. Abb. 1.5) und den Graphen des Aktionswechsels (s. Abb. 1.2) erhalten wir folgendes Gleichungssystem zur Bestimmung der Finalwahrscheinlichkeiten der Zustände des Systems „Automat — umschaltbares Medium".

$$\left.\begin{aligned}
R_1 &= SR_2 + QR_{n+1}, \\
R_2 &= SR_3 + QR_1, \\
&\cdots\cdots\cdots \\
R_i &= SR_{i+1} + QR_{i-1}, \\
&\cdots\cdots\cdots \\
R_n &= QR_n + QR_{n-1}, \\
R_{n+1} &= SR_1 + QR_{n+2}, \\
R_{n+2} &= SR_{n+1} + QR_{n+3}, \\
&\cdots\cdots\cdots \\
R_{n+i} &= SR_{n+i-1} + QR_{n+i+1}, \\
&\cdots\cdots\cdots \\
R_{2n} &= SR_{2n-1} + SR_{2n}.
\end{aligned}\right\} \tag{1.5.6}$$

Die Lösung des Systems suchen wir in der Form $R_k = R_0\mu^{n-k}$, $k = 1, 2, \ldots, n$ und $R_k = R_0\mu^{k-1}$, $k = n+1, n+2, \ldots, 2n$, wobei $R_0 = (r_0^{(1)}, r_0^{(2)})$ ein konstanter Vektor ist. Aus (1.5.6) erhalten wir

$$R_0\mu^{n-k} = SR_0\mu^{n-k-1} + QR_0\mu^{n-k+1}$$

und daraus

$$(\mu^2 Q - \mu E + S)\, R_0 = 0. \tag{1.5.7}$$

Dabei bedeutet E die Einheitsmatrix zweiter Ordnung.

Zur Bestimmung der Eigenwerte haben wir die Gleichungen

$$\mathrm{Det}\,(\mu^2 Q - \mu E + S) = 0$$

und

$$\mu^4 - \mu^3 \frac{1-\delta}{1-2\delta} \frac{1}{1-a^2} + \left[2 \frac{1+a^2}{1-a^2} + \frac{1}{1-2\delta} \frac{4}{1-a^2}\right]$$

$$\times \mu^2 - \mu \frac{1-\delta}{1-2\delta} \frac{4}{1-a^2} + 1 = 0.$$

Es ist leicht zu überprüfen, daß diese Gleichung in der Form

$$(\mu - 1)^2 \left[\mu^2 - 2\mu \left(\frac{1-\delta}{1-2\delta} \frac{2}{1-a^2} - 1\right) + 1\right] = 0 \tag{1.5.8}$$

dargestellt werden kann und folglich $\mu_1 = \mu_2 = 1$ ist, während μ_3 und μ_4 die Wurzeln der entsprechenden quadratischen Gleichung sind.

Die Lösung des Systems (1.5.6) suchen wir endgültig in der Form

$$R_k = AR_k^{(1)} + BR_k^{(2)} + CR_k^{(3)} + DR_k^{(4)}, \tag{1.5.9}$$

wobei $R_k^{(i)} = R_0^{(j)} \mu_j^{n-k}$ $(k = 1, 2, \ldots, n)$ und $R_k^{(j)} = R_0^{(j)} \mu_j^{k-1}$ $(k = n+1, n+2, \ldots, 2n)$ ist und $R_0^{(i)}$ die Eigenvektoren für (1.5.7) sind.

Die Eigenvektoren des Systems (1.5.6) sind

$$\left.\begin{aligned}
R_k^{(1)} &= [1,1],\\
R_k^{(2)} &= \left[(n-k)\frac{2\delta}{1-2\delta}\frac{1}{q} + \left(1 - \frac{p}{q}\right);\right.\\
&\qquad \left.(n-k)\frac{2\delta}{1-2\delta}\frac{1}{q} - \left(1 - \frac{p}{q}\right)\right],\\
R_k^{(3)} &= \left[\mu_3^{n-k}\delta\,(q + p\mu_3^2);\ \mu_3^{n-k}\left(\mu_3 - (1-\delta)\,(p + q\mu_3^2)\right)\right],\\
R_k^{(4)} &= \left[\mu_4^{n-k}\delta\,(q + p\mu_4^2);\ \mu_4^{n-k}\left(\mu_4 - (1-\delta)\,(p + q\mu_4^2)\right)\right],\\
R_{n+k}^{(1)} &= [1,1],\\
R_{n+k}^{(2)} &= \left[(n+k-1)\frac{2\delta}{1-2\delta}\frac{1}{q} + \left(1 - \frac{p}{q}\right);\right.\\
&\qquad \left.(n+k-1)\frac{2\delta}{1-2\delta}\frac{1}{q} - \left(1 - \frac{p}{q}\right)\right],\\
R_{n+k}^{(3)} &= \left[\mu_3^{n+k-1}\delta(q + p\mu_3^2);\ \mu_3^{n+k-1}\left(\mu_3 - (1-\delta)\,(p + q\mu_3^2)\right)\right],\\
R_{n+k}^{(4)} &= \left[\mu_4^{n+k-1}\delta(q + p\mu_4^2);\ \mu_4^{n+k-1}\left(\mu_4 - (1-\delta)\,(p + q\mu_4^2)\right)\right],\\
&k = 1, 2, \ldots, n.
\end{aligned}\right\} \tag{1.5.10}$$

Die Koeffizienten A, B, C und D in (1.5.9) finden wir aus den Gleichungen für R_n und R_{2n} in (1.5.6). Dann ist

$$\left.\begin{aligned} r_k^{(1)} &= d[x^{2n}(x-\lambda)(1-\lambda x) + x^{n+k}(1-\lambda x) \\ &\quad \times (\lambda-1) + x^{n-k+1}(x-\lambda)(\lambda-1) + (x-\lambda)(1-\lambda x)], \\ r_k^{(2)} &= d[x^{2n}(x-\lambda)(1-\lambda x) + x^{n+k}(x-\lambda) \\ &\quad \times (\lambda-1) + x^{n-k+1}(1-\lambda x)(\lambda-1) + (x-\lambda)(1-\lambda x)], \\ k &= 1, 2, \ldots, n, \end{aligned}\right\} \tag{1.5.11}$$

wobei d ein Faktor ist, den man aus der Normierungsbedingung erhält,

$$d = \frac{(1-x)}{2n(x-\lambda)(1-\lambda x)(1-x)(x^{2n}+1) + x(\lambda-1)^2(1+x)(x^{2n}-1)},$$

x eine beliebige der Wurzeln μ_3 und μ_4 sowie $\lambda = \dfrac{p}{q}$ ist. Aus offensichtlichen Überlegungen folgt

$$R_{n+k} = [r_{n+k}^{(1)}, r_{n+k}^{(2)}] = r[_k^{(2)}, r_k^{(1)}]. \tag{1.5.12}$$

Unter Verwendung von (1.5.2) erhalten wir endgültig

$$M(L_{n,2}, K) = \frac{\operatorname{ch} ny}{\dfrac{2n\delta}{a^2(1-\delta)} \operatorname{ch} ny + \operatorname{cth} \dfrac{y}{2} \operatorname{sh} ny} \tag{1.5.13}$$

mit

$$\operatorname{ch} y = \frac{2a^2}{1-a^2} \frac{1-\delta}{1-2\delta} - 1.$$

In Abbildung 1.15 sind die Kurven angeführt, die die Abhängigkeit M von der Speicherkapazität n bei verschiedenen Werten des Parameters δ und bei fixiertem $a = 1/3$ zeigen. In Abb. 1.16 sind ebensolche Kurven für fixiertes $\delta = 0{,}01$ und

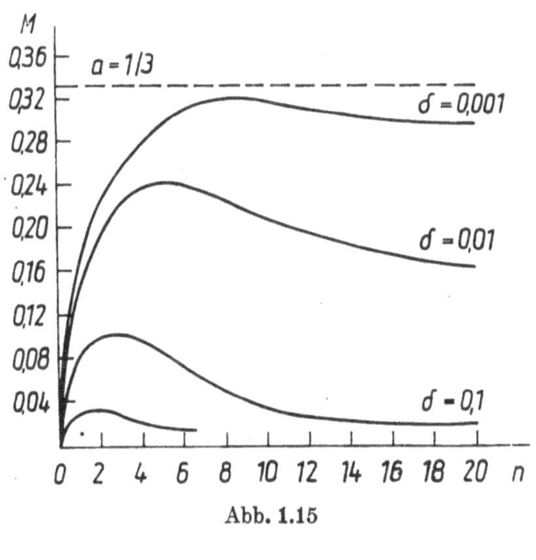

Abb. 1.15

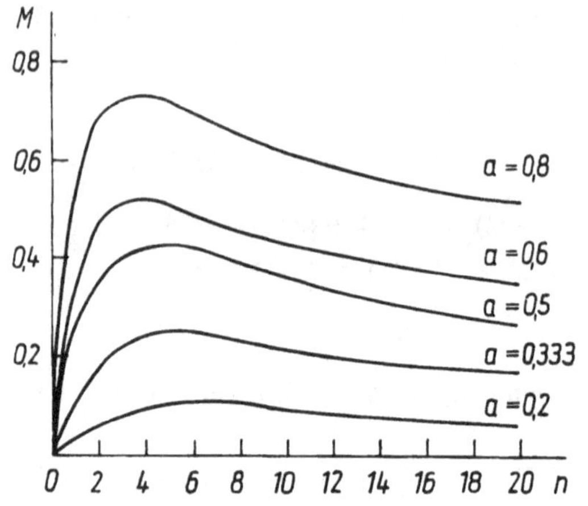

Abb. 1.16

verschiedene Werte von a angeführt. Aus Formel (1.5.13) ist $M(L_{n,2}, K) \geqq 0$, $\lim_{n\to\infty} M(L_{n,2}, K) = 0$ und $\lim_{n\to\infty} M(L_{n,2}, K) = 0\}$ ersichtlich. Folglich erreicht der Erwartungswert des Gewinns sein Maximum m bei einem gewissen endlichen Wert n_0 der Speicherkapazität. Die Verkleinerung von $M(L_{n,2}, K)$ für kleine Werte n ist damit verbunden, daß dabei ungenügend die Information über jenen Medienzustand ausgenutzt wird, in dem sich der Automat befindet; bei einer übermäßigen Vergrößerung der Speicherkapazität tritt eine Mittlung der statistischen Eigenschaften beider Medienzustände ein (dem Automaten gelingt es nicht „umzulernen").

Eine Verringerung der Umschaltfrequenz des Mediums ist einer Vergrößerung der Aktionsgeschwindigkeit des Automaten äquivalent. Deshalb ist es natürlich, daß mit einer Verkleinerung von δ sowohl die Werte von n_0 als auch der maximale Wert von M wachsen: Für $\delta \to 0$ und $n_0 \to \infty$ gilt $m \to \max(a, -a)$. Bei einer Vergrößerung von δ tritt der umgekehrte Prozeß ein. So wird für $\frac{1-2\delta}{\delta(1-\delta)} \leqq \frac{4}{1-a^2}$ das Maximum des Gewinnerwartungswertes bei $n_0 = 1$ erreicht. Die Formel (1.5.13) gestattet es, die Werte n für einen in einem umschaltbaren Medium funktionierenden Automaten auszuwählen.

Tabelle 1.5.1

a ↓ $\delta \to$	0,001	0,010	0,032	0,100	0,320	0,450
0,8	3; 0,792	2; 0,744	2; 0,672	1; 0,512	1; 0,230	1; 0,064
0,6	5; 0,588	3; 0,532	2; 0,466	2; 0,314	1; 0,130	1; 0,036
0,5	6; 0,488	4; 0,424	3; 0,344	2; 0,232	1; 0,090	1; 0,024
0,33	8; 0,306	5; 0,250	3; 0,182	2; 0,110	1; 0,040	1; 0,012
0,2	11; 0,178	6; 0,112	4; 0,074	2; 0,040	1; 0,014	1; 0,004
0,1	15; 0,072	7; 0,034	4; 0,020	2; 0,010	1; 0,004	1; 0,002

Zur Auswahl der optimalen Speicherkapazität des Automaten $L_{n,2}$ kann man Tabelle 1.5.1 benutzen. In ihr sind die Werte n_0 und m für verschiedene Werte von a und δ angegeben. In jedem Kästchen bedeutet die erste Zahl n_0 und die zweite Zahl m.

Wir betrachten nun das Verhalten eines ε-Automaten in umschaltbaren Medien und zeigen, daß ein solches ε_0 existiert, bei dem die Finalwahrscheinlichkeiten der Zustände, in denen optimale Aktionen ausgewählt werden, maximal sind.

Wir setzen voraus, daß das Medium $K = K(C_1, C_2, \Delta)$ aus den beiden stationären Medien $C_1 = C_1(a_1, a_2)$, $C_2 = C_2(a_2, a_1)$ zusammengesetzt ist, deren Umschaltung durch eine MARKOWsche Kette mit den beiden Zuständen C_1 und C_2 und der Matrix der Übergangswahrscheinlichkeiten (1.5.3) realisiert wird. Sei $a_1 > a_2$ (a_1 und a_2 können beliebige positive oder negative Zahlen sein). Das System S (Automat — zusammengesetztes Medium) wird durch die Zustände $E_{ij}^{\alpha\beta}$ ($\alpha, \beta = 1, 2, i, j = 1, 2$) charakterisiert, wobei α und β Medien sind, in denen der ε-Automat in zwei aufeinanderfolgenden Zeitpunkten funktioniert, und i und j sind Aktionen, die vom Automaten in diesen Medien ausgewählt werden. Das Verhalten dieses Systems wird durch eine endliche MARKOWsche Kette beschrieben. Man kann zeigen, daß diese Kette ergodisch ist, und infolgedessen existieren die Finalwahrscheinlichkeiten der Zustände $E_{ij}^{\alpha\beta}$, die wir mit $\varphi_{ij}^{\alpha\beta}$ bezeichnen. Mit $\sigma_j{}^\beta$ bezeichnen wir die Finalwahrscheinlichkeit der Zustände des Systems S, in denen der Automat zum Zeitpunkt $t + 1$ im Medium β die Aktion j auswählt:

$$\sigma_j{}^\beta = \sum_{a,i} \varphi_{ij}^{\alpha\beta}.$$

Für $\sigma_j{}^\beta$ erhalten wir das Gleichungssystem

$$\left.\begin{aligned}
\frac{\delta^2\varepsilon^2}{2} - \frac{\varepsilon^2\delta}{2} - \frac{\varepsilon\delta^2}{2} &= \sigma_1{}^1\left(-\delta - \frac{\varepsilon\delta}{2} - \frac{\varepsilon^2}{2} + \frac{\varepsilon^2\delta}{2}\right) \\
&\quad + \sigma_2{}^1\left(\frac{\varepsilon}{2} - \frac{\varepsilon\delta}{2} - \frac{\varepsilon^2\delta}{2} - \frac{\varepsilon\delta^2}{2} + \frac{\varepsilon^2\delta^2}{2}\right) \\
&\quad + \sigma_1{}^2\left(\delta - \frac{\varepsilon\delta}{2} - \frac{\varepsilon^2\delta}{2} + \frac{\varepsilon^2\delta^2}{2} - \frac{\varepsilon\delta^2}{2}\right), \\
\frac{\varepsilon^2\delta^2}{2} - \frac{\varepsilon^2\delta}{2} - \frac{\varepsilon\delta^2}{2} &= \sigma_2{}^2\left(-\delta - \frac{\varepsilon\delta}{2} - \frac{\varepsilon^2}{2} + \frac{\varepsilon^2\delta}{2}\right) \\
&\quad + \sigma_2{}^1\left(\delta - \frac{\varepsilon\delta}{2} - \frac{\varepsilon^2\delta}{2} + \frac{\varepsilon^2\delta^2}{2} - \frac{\varepsilon\delta^2}{2}\right) \\
&\quad + \sigma_1{}^2\left(\frac{\varepsilon}{2} - \frac{\varepsilon\delta}{2} - \frac{\varepsilon^2\delta}{2} + \frac{\varepsilon^2\delta^2}{2} - \frac{\varepsilon\delta^2}{2}\right), \\
-\frac{\delta\varepsilon}{2} &= \sigma_1{}^1\left(\frac{\varepsilon^2}{2} - \frac{\varepsilon\delta^2}{2} - \varepsilon^2\delta + \frac{\varepsilon^2\delta^2}{2}\right) + \sigma_2{}^1\left(-\delta - \frac{\varepsilon}{2}\right) \\
&\quad + \sigma_2{}^2\left(\delta - \frac{\varepsilon\delta}{2} - \frac{\varepsilon^2\delta}{2} + \frac{\varepsilon^2\delta^2}{2} - \frac{\varepsilon\delta^2}{2}\right), \\
-\frac{\delta\varepsilon}{2} &= \sigma_1{}^1\left(\delta - \frac{\varepsilon\delta}{2} - \frac{\varepsilon^2\delta}{2} + \frac{\varepsilon^2\delta^2}{2} - \frac{\varepsilon\delta^2}{2}\right) \\
&\quad + \sigma_2{}^2\left(\frac{\varepsilon^2}{2} - \frac{\varepsilon\delta^2}{2} - \varepsilon^2\delta + \frac{\varepsilon^2\delta^2}{2}\right) \\
&\quad + \sigma_1{}^2\left(-\delta - \frac{\varepsilon}{2}\right), \qquad \sum_{\beta,j} \sigma_j{}^\beta = 1.
\end{aligned}\right\} \qquad (1.5.14)$$

Aus den ersten vier Gleichungen des Systems (1.5.14) folgt $\sigma_1{}^1 = \sigma_2{}^2$ und $\sigma_2{}^1 = \sigma_1{}^2$. Dann ist

$$\sigma_1{}^1 = \sigma_2{}^2 = \frac{2\delta + \varepsilon - 2\delta\varepsilon}{2[4\delta + \varepsilon + \varepsilon^2 - \varepsilon\delta - 2\varepsilon\delta^2 - 3\varepsilon^2\delta + 2\varepsilon^2\delta^2]}.$$

Für $\varepsilon \to 0$ gilt $\sigma_1{}^1 \to 1/4$ (folglich ist $\sigma_1{}^1 = \sigma_2{}^2 = \sigma_2{}^1 = \sigma_1{}^2 = 1/4$). Für $\varepsilon = 1$ ist $\sigma_1{}^1 = \sigma_2{}^2 = \sigma_2{}^1 = \sigma_1{}^2 = 1/4$. Wir zeigen, daß bei beliebigen ε und δ $\sigma_1{}^1 = \sigma_2{}^2 \geqq 1/4$ gilt: Es ist

$$\sigma_1{}^1 - \frac{1}{4} = \frac{\varepsilon(1-\delta)(1-\varepsilon)(1-2\delta)}{4\,[(2\delta + \varepsilon - 2\delta\varepsilon)(1 - \delta\varepsilon + \varepsilon) + 2\delta - \varepsilon\delta]} \geqq 0$$

wegen

$$\delta \leqq 1/2 \text{ und } 0 < \varepsilon < 1.$$

Es existiert also ein $\varepsilon_0(\delta)$, bei dem $\sigma_1{}^1$ ein Maximum erreicht ($\delta < 1/2$):

$$\varepsilon_0(\delta) = \frac{\sqrt{2\delta}}{1 + \sqrt{2\delta}}, \quad \sigma_1{}^1(\varepsilon_0) = \frac{1 + \sqrt{2\delta}}{2\left[1 + \delta + 3\sqrt{2\delta} - \delta\sqrt{2\delta}\right]}.$$

Offensichtlich wird mit einer Verkleinerung der Umschaltfrequenz δ das entsprechende $\varepsilon_0(\delta)$ kleiner, und die Finalwahrscheinlichkeit der Zustände, in denen eine optimale Aktion des entsprechenden Mediums ausgewählt wird, konvergiert gegen Eins.

Im Falle $f(t) = f(t-1)$ und $a(t) < a(t-1)$ kann man die Konstruktion des ε-Automaten ein wenig abändern, indem man eine „zwangsweise Zufälligkeit" einführt. Mit der Wahrscheinlichkeit ε/k ist $f(t+1) = f(t)$ und mit der Wahrscheinlichkeit $\frac{1 - \varepsilon/k}{k-1}$ wählt der Automat zum Zeitpunkt $t + 1$ eine beliebige der von $f(t)$ verschiedenen Aktionen aus. Für umschaltbare Medien erhalten wir in diesem Fall $\sigma_1{}^1 = \sigma_2{}^2 = \frac{1}{2[1 + \varepsilon + 2\delta - 2\varepsilon\delta]}$ und für $\varepsilon \to 0$ ist $\sigma_1{}^1 = \sigma_2{}^2 = \frac{1}{2\,[1 + 2\delta]}$.

Wir betrachten jetzt das Verhalten von kontinuierlichen Automaten H im umschaltbaren zufälligen Medium K_1. Die Parameter des Mediums K_λ mögen vom diskreten Fellerschen Prozeß $\lambda(t)$ abhängen, der die beiden Werte $+1$ und -1 mit der Übergangswahrscheinlichkeitsdichte

$$\pi\big(\lambda(t+\tau)|\lambda(t)\big) = (1 - \alpha\tau)\,\delta\big(\lambda(t+\tau) - \lambda(t)\big) + \alpha\tau\delta\big(\lambda(t+\tau) + \lambda(t)\big) + O(\tau) \quad (1.5.15)$$

annimmt. t ist dabei der Zeitpunkt des vorherigen Sprungs des Prozesses $\lambda(t)$.

Wir sagen, daß der Automat im umschaltbaren Medium K_λ funktioniert, wenn zum Zeitpunkt t bei $\lambda(t) = +1$ der Automat im stationären Medium $C_+(a_{1+}, a_{2+})$ und bei $\lambda(t) = -1$ im stationären Medium $C_-(a_{1-}, a_{2-})$ funktioniert. Außerdem setzen wir voraus, daß im Medium K_λ

$$S(t) = \frac{1 + \operatorname{sgn}\lambda(t)}{2} S_+(t) + \frac{1 - \operatorname{sgn}\lambda(t)}{2} S_-(t) \quad (1.5.16)$$

ist, wobei $S_+(t)$ und $S_-(t)$ analog zu (1.3.5) für jedes Medium $C_{\operatorname{sgn}\lambda(t)}$ definiert sind. Die Gleichung (1.3.14) im umschaltbaren Medium $K_\lambda = \{C_+(a_{1+}, a_{2+}), C_-(a_{1-}, a_{2-})\}$ fassen wir analog (1.3.6) und (1.3.7) auf:

$$\lim_{h\to+0} M\left\{\frac{\varphi(t+h)-\varphi(t)}{h}\,\middle|\,\varphi(t),\lambda(t)\right\} = M\{\Phi(\varphi,S)\mid\varphi(t),\lambda(t)\} = M_{\operatorname{sgn}\lambda(t)}(\varphi), \quad (1.5.17)$$

$$\lim_{h\to+0} M\left\{\frac{[\varphi(t+h)-\varphi(t)]^2}{h}\,\middle|\,\varphi(t),\lambda(t)\right\} = D\{\Phi(\varphi,S)\mid\varphi(t),\lambda(t)\} = D_{\operatorname{sgn}\lambda(t)}(\varphi). \quad (1.5.18)$$

Im praktisch interessantesten Falle, bei dem sich das Medium genügend langsam verändert, ist es natürlich, die Ergodizität des Systems „Medium—Automat" vorauszusetzen. Wenn wir dann mit $g_+(\varphi)$ und $g_-(\varphi)$ die stationären Wahrscheinlichkeiten dafür bezeichnen, daß sich der Automat im Zustand $\varphi(t)$ und das Medium entsprechend in den Zuständen $+1$ und -1 befinden, so haben wir für den Erwartungswert der Strafe

$$M(H,K_\lambda) = a_{1+}\int_{-c_1}^{0} g_+(\varphi)\,d\varphi + a_{2+}\int_{0}^{c_2} g_+(\varphi)\,d\varphi$$
$$+ a_{1-}\int_{-c_1}^{0} g_-(\varphi)\,d\varphi + a_{2-}\int_{0}^{c_2} g_-(\varphi)\,d\varphi. \quad (1.5.19)$$

Zur Berechnung von $M(H,K_\lambda)$ bestimmen wir $g_+(\varphi)$ und $g_-(\varphi)$. Wählen wir den Zeitabschnitt τ genügend klein, so ist

$$W\big(\varphi(t+\tau),\lambda(t+\tau)\mid\varphi(t),\lambda(t)\big)$$
$$= W\big(\varphi(t+\tau)\mid\varphi(t),\lambda(t)\big)\,\pi\big(\lambda(t+\tau)\mid\lambda(t)\big) + O(\tau). \quad (1.5.20)$$

Unter Verwendung der Gleichung von SMOLUCHOWSKI [92, 117]

$$W\big(\varphi(t+\tau),\lambda(t+\tau)\big) = \int W\big(\varphi(t+\tau),\lambda(t+\tau)\mid\varphi(t),\lambda(t)\big)$$
$$\times W\big(\varphi(t),\lambda(t)\big)\,d\varphi\,d\lambda \quad (1.5.21)$$

sowie von (1.5.17), (1.5.18) und (1.5.20) finden wir

$$\dot W_+(\varphi,t) = -\frac{\partial}{\partial\varphi}\left\{M_+(\varphi)\,W_+(\varphi,t) - \frac{1}{2}\frac{\partial}{\partial\varphi}[D_+(\varphi)\,W_+(\varphi,t)]\right\}$$
$$-\alpha[W_+(\varphi,t)-W_-(\varphi,t)], \quad (1.5.22)$$

$$\dot W_-(\varphi,t) = -\frac{\partial}{\partial\varphi}\left\{M_-(\varphi)\,W_-(\varphi,t) - \frac{1}{2}\frac{\partial}{\partial\varphi}[D_-(\varphi)\,W_-(\varphi,t)]\right\}$$
$$+\alpha[W_+(\varphi,t)-W_-(\varphi,t)]. \quad (1.5.23)$$

$W_+\big(\varphi(t),t\big)$ und $W_-\big(\varphi(t),t\big)$ sind dabei die Dichten der Wahrscheinlichkeiten dafür, daß sich zum Zeitpunkt t der Automat im Zustand φ und das Medium entsprechend in den Zuständen $+1$ und -1 befinden. Für die stationären Wahrscheinlichkeiten $g_+(\varphi)$ und $g_-(\varphi)$ ist aber

$$\int_{-c}^{c} g_+(\varphi)\,d\varphi = \int_{-c}^{c} g_-(\varphi)\,d\varphi = \frac{1}{2}. \quad (1.5.24)$$

Außerdem ist es für Automaten (zum Beispiel H), die im stationären zufälligen Medium C am Rand den Strom $G = 0$ haben, natürlich,

$$\left\{M_{\operatorname{sgn}\lambda}(\varphi)\, g_{\operatorname{sgn}\lambda}(\varphi) - \frac{1}{2}\frac{d}{d\varphi}\left[D_{\operatorname{sgn}\lambda}(\varphi)\, g_{\operatorname{sgn}\lambda}(\varphi)\right]\right\}_{\varphi=\pm c} = 0 \tag{1.5.25}$$

vorauszusetzen.

Die stationären Wahrscheinlichkeiten $g_+(\varphi)$ und $g_-(\varphi)$ genügen den Gleichungen (1.5.22) und (1.5.23), wobei die linken Seiten dieser Gleichungen verschwinden. Für den Fall $a_{1+} = -a_{2+} = -a_{1-} = a_{2-} = a$ und den Automaten $H_{2c/k}$ gilt

$$M_\pm = \pm ka \quad \text{und} \quad D_\pm = k^2(1 - a^2). \tag{1.5.26}$$

Für die stationären Wahrscheinlichkeitsdichten ist dann

$$\left.\begin{aligned} -ka\frac{dg_+}{d\varphi} - \frac{1}{2}k^2(1-a^2)\frac{d^2g_+}{d\varphi^2} &= -\alpha(g_+ - g_-), \\ ka\frac{dg_-}{d\varphi} - \frac{1}{2}k^2(1-a^2)\frac{d^2g_-}{d\varphi^2} &= \alpha(g_+ - g_-). \end{aligned}\right\} \tag{1.5.27}$$

Addiert man beide Gleichungen aus (1.5.27) und berücksichtigt die Randbedingungen für den Strom (1.5.25), so erhält man

$$-a(g_+ - g_-) - \frac{1}{2}k(1 - a^2)\left(\frac{dg_+}{d\varphi} + \frac{dg_-}{d\varphi}\right) = 0. \tag{1.5.28}$$

Wir führen die Bezeichnungen $g_+ = y_1$; $g_- = y_2$; $\frac{dg_+}{d\varphi} = y_3$ ein. Dann ergeben die erste Gleichung aus (1.5.27) und (1.5.28) unter Benutzung der eingeführten Bezeichnungen das Differentialgleichungssystem in Normalform:

$$\left.\begin{aligned} \frac{dy_3}{d\varphi} &= -\frac{2a}{k(1-a^2)}y_3 + \frac{2\alpha}{k(1-a^2)}(y_1 - y_2), \\ \frac{dy_2}{d\varphi} &= -\frac{2a}{k(1-a^2)}(y_1 - y_2) - y_3, \\ \frac{dy_1}{d\varphi} &= y_3. \end{aligned}\right\} \tag{1.5.29}$$

Löst man das System (1.5.29) mit den üblichen Methoden und berücksichtigt (1.5.19), so erhält man für den Erwartungswert des Gewinns

$$M(H_{2c/k}, K_\lambda) = \frac{\gamma(\operatorname{ch} r - 1)}{\operatorname{sh} r + r\left(\frac{\gamma^2}{a^2} - 1\right)\operatorname{ch} r}, \tag{1.5.30}$$

wobei

$$\gamma = [\alpha + (1 - \alpha) a^2]^{1/2},$$

$$r = \frac{c}{k} \frac{2\gamma}{1 - a^2}$$

ist. $M[H_{2c/k}, K_\lambda]$ hat als Funktion von $r(c/k)$ ein Maximum. In der Tat erkennt man leicht, daß $M(H_{2c/k}, K_\lambda) > 0$ und $\lim_{r \to 0} M(H_{2c/k}, K_\lambda) = 0$; $\lim_{r \to \infty} M(H_{2c/k}, K_\lambda) = 0$ ist. Für kleine r wächst die Funktion $M(H_{2c/k}, K_\lambda)$ mit wachsendem r monoton, und folglich gilt für wachsendes c/k

$$M(H_{2c/k}, K_\lambda) \cong \frac{\gamma r}{2}.$$

Andererseits fällt mit wachsendem r für $r \to \infty$ die Funktion $M(H_{2c/k}, K_\lambda)$ monoton:

$$M(H_{2c/k}, K_\lambda) \cong \frac{\gamma}{1 + r\left(\frac{\gamma^2}{a^2} - 1\right)}.$$

Wir bemerken auch, daß im Falle $a \to 0$ $(\gamma \to a)$ für $c/k \to \infty$ $M(H_{2c/k}, K_\lambda) \to \max(a, -a)$ gilt, wie das auch im quasistationären Fall sein muß.

In den Abb. 1.17 und 1.18 ist die Abhängigkeit von $M(H_{2c/k}, K_\lambda)$ von c/k für $a = 0{,}333$ und verschiedene Werte α sowie für $\alpha = 0{,}01$ und verschiedene Werte a graphisch dargestellt. Ein Vergleich der Abbildungen 1.15 und 1.16 mit den entsprechenden Abbil-

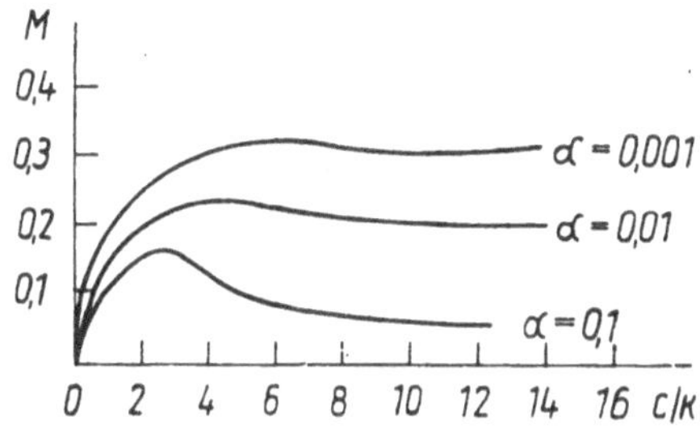

Abb. 1.17

dungen 1.17 und 1.18 zeugt von der funktionalen Äquivalenz der Automaten $H_{2c/k}$ und $L_{n,2}$ in einem umschaltbaren zufälligen Medium.

Die oben betrachteten Beispiele des Verhaltens von Automaten in umschaltbaren zufälligen Medien zeichneten sich dadurch aus, daß man die Parameter des Mediums kennen mußte, um ein optimales Verhalten zu garantieren. Es ist natürlich, solche Konstruktionen von Automaten zu betrachten, die für die Optimalität ihres Verhaltens a priori keine Informationen über die Parameter des umschaltbaren zufälligen Mediums erfordern.

Die einfachste Möglichkeit zur Lösung dieser Aufgabe ist die Verwendung der in Abb. 1.19 angeführten Konstruktion. Diese Konstruktion stellt eine Verknüpfung zweier Automaten mit linearer Taktik dar. Der Automat $L_{r,2}$ arbeitet in einem umschaltbaren zufälligen Medium und hat 2 Aktionen und r innere Zustände pro Aktion. Die Speicherkapazität des Automaten $L_{2,r}$ wird durch das Ausgabesignal $r(t)$ des Automaten $L_{n,k}$ bestimmt, der seinerseits n Zustände pro Aktion und k Aktionen besitzt.

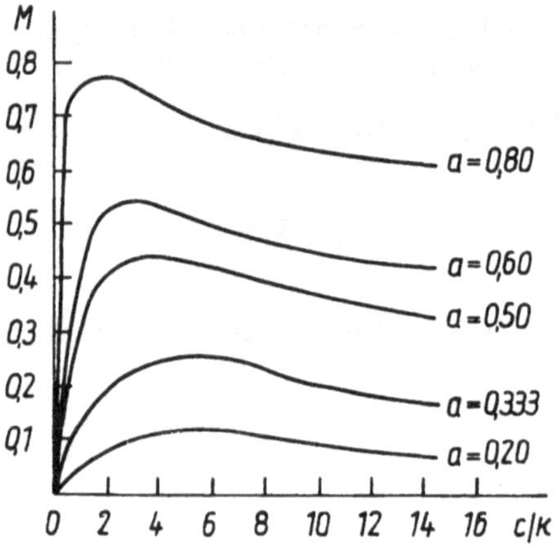

Abb. 1.18

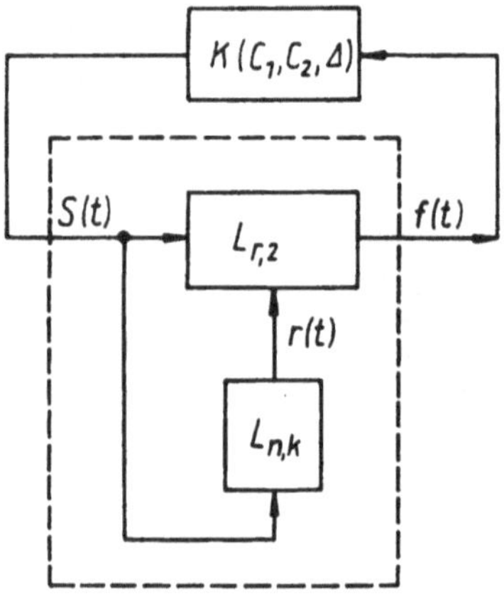

Abb. 1.19

Für genügend große Speicherkapazität des Automaten $L_{n,k}$, d. h. für genügend große Mittlungszeiten ist der Erwartungswert des Gewinns des Automaten $L_{n,k}$ für die Aktion $r(t) = j$ gleich

$$a_j = M(L_{j,2}, K).$$

Für $n \to \infty$ kann man erwarten, daß

$$\lim_{n\to\infty} M(L_{n,k}, K) = \max_j M(L_{j,2}, K)$$

ist, und der Automat $L_{n,k}$ wird eine optimale Speicherkapazität des Automaten $L_{r,2}$ erzeugen, d. h., die Gesamtkonstruktion wird im umschaltbaren zufälligen Medium ein optimales Verhalten besitzen[1]).

Eine analytische Untersuchung des Verhaltens dieser Konstruktion ist überaus umfangreich und mit einer Reihe von Schwierigkeiten verbunden.

Eine experimentelle Untersuchung des Verhaltens der oben beschriebenen Konstruktion auf einer EDVA bestätigt die angeführten Überlegungen, jedoch benötigt der betrachtete Automat sehr viel Zeit zum Übergang in den stationären Zustand, da zum Einpegeln auf den optimalen Wert eine überaus große Speicherkapazität des Automaten $L_{n,k}$ erforderlich ist.

Eine andere Möglichkeit zur Bildung eines für das gegebene umschaltbare Medium optimalen Automaten besteht darin, stochastische Automaten mit veränderlicher Struktur zu verwenden.

Wir beginnen mit einem sehr einfachen Beispiel.

Wir betrachten einen stochastischen Automaten $B_{1,2}$, der zwei Zustände mit den Nummern 0 und 1 und zwei den Zustandsnummern entsprechende Aktionen 0 und 1 besitzt. Der Automat wird durch zwei stochastische Matrizen, die den Wechsel der Automatenzustände bestimmen,

$$\begin{Vmatrix} \pi_{00}^{+1} & \pi_{01}^{+1} \\ \pi_{10}^{+1} & \pi_{11}^{+1} \end{Vmatrix}, \quad \begin{Vmatrix} \pi_{00}^{-1} & \pi_{01}^{-1} \\ \pi_{10}^{-1} & \pi_{11}^{-1} \end{Vmatrix}, \tag{1.5.31}$$

sowie durch folgende Regeln über die Veränderung der Übergangswahrscheinlichkeiten gegeben: Ging der Automat zum Zeitpunkt t aus dem Zustand mit der Nummer j in den Zustand mit der Nummer i unter dem Einfluß des Eingabesignals $S(t)$ über, so ist

$$\left.\begin{aligned} \pi_{ji}^{s(t)}(t+1) &= \pi_{ji}^{s(t)}(t) + \alpha S(t+1)\, \pi_{ji}^{s(t)}(t)\, \pi_{j(1-i)}^{s(t)}(t), \\ \pi_{j(1-i)}^{s(t)}(t+1) &= \pi_{j(1-i)}^{s(t)}(t) - \alpha S(t+1)\, \pi_{ji}^{s(t)}(t)\, \pi_{j(1-i)}^{s(t)}(t), \end{aligned}\right\} \tag{1.5.32}$$

wobei $S(t+1)$ das Eingabesignal (Gewinn oder Verlust) zum Zeitpunkt $t+1$ ist; die restlichen Übergangswahrscheinlichkeiten bleiben zu diesem Zeitpunkt unverändert.

Das Verhalten des Systems „Medium—Automat“ wird durch eine inhomogene MARKOWsche Kette beschrieben. Die Theorie inhomogener Ketten ist noch schwach entwickelt und eine analytische Untersuchung des System „Medium—Automat“ ist mit einer Reihe wesentlicher Schwierigkeiten verbunden. Deshalb geben wir im weiteren bei der Betrachtung des Verhaltens von stochastischen Automaten mit veränderlicher Struktur in umschaltbaren zufälligen Medien eine Reihe allgemeiner inhaltsreicher Überlegungen an, die die Auswahl der Methoden zur Veränderung der Über-

---

[1]) Der Aktionswechsel durch den Automaten $L_{n,k}$ kann zu einer Unbestimmtheit in der Arbeit des Automaten $L_{r,2}$ führen, da sich letzterer in einem Zustand befinden kann, der außerhalb der Speicherkapazität liegt. Um diesem Tatbestand aus dem Wege zu gehen, wollen wir voraussetzen, daß im Falle des Aktionswechsels der Automat $L_{n,k}$ seine Aktion $r(t)$ in die Aktion $r(t) + 1$ oder $r(t) - 1$ mit den Wahrscheinlichkeiten 1/2 ändert. Die Aktionen $r(t) = 1$ und $r(t) = k$ werden entsprechend in die Aktionen 2 und $k - 1$ geändert. Wenn man berücksichtigt daß ein Aktionswechsel nur bei einer Bestrafung eintritt, so erkennt man leicht, daß in diesem Falle keinerlei Mißverständnisse auftreten können.

gangswahrscheinlichkeiten begründen, während das Verhalten der Automaten experimentell untersucht wird, in dem das Verhalten des Systems „Medium—Automat" auf einer EDVA modelliert wird.

Wir bezeichnen mit x_{01} und x_{02} die Wahrscheinlichkeiten dafür, daß sich der Automat im Zustand mit der Nummer 0 und das Medium entsprechend in den Zuständen mit den Nummern 1 und 2 befindet. Analog haben wir für den Zustand des Automaten mit der Nummer 1 die Wahrscheinlichkeiten x_{11} und x_{12}. Da die Zustände des Mediums gleichwahrscheinlich sind, gilt

$$x_{01} + x_{11} = x_{02} + x_{12} = \frac{1}{2}. \tag{1.5.33}$$

Die Erwartungswerte des Zuwachses der Übergangswahrscheinlichkeiten werden durch folgende Formeln ausgedrückt:

$$M(\Delta\pi_{00}^{+1}) = \frac{\alpha a(1 - 2\delta)\,\pi_{00}^{+1}\pi_{01}^{+1}[r_0 + a(x_{01} + x_{02})]}{2}, \tag{1.5.34 a}$$

$$M(\Delta\pi_{00}^{-1}) = \frac{\alpha a(1 - 2\delta)\,\pi_{00}^{-1}\pi_{01}^{-1}[r_0 - a(x_{01} + x_{02})]}{2}, \tag{1.5.34 b}$$

$$M(\Delta\pi_{11}^{+1}) = \frac{\alpha a(1 - 2\delta)\,\pi_{11}^{+1}\pi_{10}^{+1}[r_1 + a(x_{11} + x_{12})]}{2}, \tag{1.5.34 c}$$

$$M(\Delta\pi_{11}^{-1}) = \frac{\alpha a(1 - 2\delta)\,\pi_{11}^{-1}\pi_{10}^{-1}[r_1 - a(x_{11} + x_{12})]}{2}. \tag{1.5.34 d}$$

Dabei ist $r_0 = x_{01} - x_{02}$ und $r_1 = x_{11} - x_{12}$, wobei aus (1.5.33) $r_0 = r_1$ folgt. Verhält sich der Automat zweckmäßig, so ist $r_0 = r_1 > 0$; dann ist

$$\operatorname{sgn} M(\Delta\pi_{00}^{+1}) = \operatorname{sgn} \dot{M}(\Delta\pi_{11}^{+1}) = \operatorname{sgn}(1 - 2\delta). \tag{1.5.35}$$

Berücksichtigt man, daß sich die Varianz des Zuwachses der Übergangswahrscheinlichkeiten bei Annäherung der Übergangswahrscheinlichkeiten an die Grenzwerte 0 und 1 verringert und im Grenzfall verschwindet (ebenso wie die Erwartungswerte dieses Zuwachses), so kann man erwarten, daß die Matrix des Zustandswechsels für den Gewinn gegen die einfache Matrix

$$\begin{Vmatrix} 1 & 0 \\ 0 & 1 \end{Vmatrix} \text{ für } \delta < 1/2, \quad \begin{Vmatrix} 0 & 1 \\ 1 & 0 \end{Vmatrix} \text{ für } \delta > 1/2 \tag{1.5.36}$$

konvergiert. Eine Reihe weniger offensichtlicher Überlegungen erlaubt es zu hoffen, daß die Vorzeichen der Erwartungswerte der Wahrscheinlichkeiten der Zustandsüberführung bei Strafe den Vorzeichen gleichnamiger Elemente der Übergangsmatrix bei Belohnung entgegengesetzt sind. Man kann also erwarten, daß für $\delta < 1/2$ der Automat $B_{1,2}$ gegen den Automaten mit linearer Taktik $L_{1,2}$ konvergiert. Diese Vermutungen werden durch das Experiment bestätigt. In Abb. 1.20 ist die Abhängigkeit des Erwartungswertes der Belohnung des Automaten $B_{1,2}$ von δ im Medium $K\big(C_1(0{,}5; -0{,}5), C_2(-0{,}5; 0{,}5), \Delta\big)$ angeführt. Die punktierte Linie in Abb. 1.20 entspricht dem Erwartungswert des Gewinns $M(L_{1,2}, K)$ in diesem Medium für einen Automaten mit linearer Taktik und dem Speicher Eins. Bis $\delta = 1/2$ stimmen die Erwartungswerte der Belohnungen für beide Automaten praktisch überein. Für $\delta > 1/2$ verliert der Automat mit linearer Taktik seine Zweckmäßigkeit, während der stochastische Automat $B_{1,2}$ in

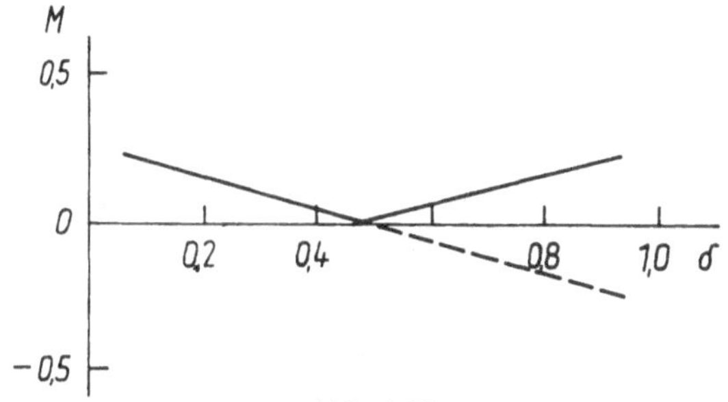

Abb. 1.20

diesem Gebiet mit wachsendem δ das Maß der Zweckmäßigkeit seines Verhaltens vergrößert. Die Funktion $M(B_{1,2}, K)$ ist symmetrisch bezüglich des Punktes $\delta = 1/2$, was sich gut mit (1.5.36) vereinbart. Die Experimente wurden für $\delta \in [0{,}05; 0{,}95]$ durchgeführt. Außerhalb dieses Intervalls hängen die Erzeugung der Übergangsmatrizen und der Erwartungswert des Gewinns vom Parameter α ab. Das hat man auch zu erwarten, da die Zeit zwischen den Umschaltungen wächst und das Verhalten des Automaten sich dem Verhalten im stationären zufälligen Medium nähert.

Wir betrachten jetzt das Verhalten des Automaten $B_{n,2}$, der $2n$ Zustände hat. In der Hälfte der Zustände führt er die Aktion 0 und in der anderen Hälfte die Aktion 1 aus. Die Regeln für die Änderung der Übergangswahrscheinlichkeiten des Automaten $B_{n,2}$ sind eine Erweiterung der Änderungsregeln der Übergangswahrscheinlichkeiten des Automaten $B_{1,2}$.

Wenn der Automat vom Zustand i in den Zustand j durch Eingabe von $S(t)$ übergeführt worden ist, so ist

$$\Delta\pi_{ij}^{S(t)}(t+1) = S(t+1)\,\alpha\pi_{ij}^{S(t)}(t)\,[1 - \pi_{ij}^{S(t)}(t)], \tag{1.5.37a}$$

$$\Delta\pi_{il}^{S(t)}(t+1) = -S(t+1)\,\alpha\pi_{ij}^{S(t)}(t)\,\pi_{il}^{S(t)}(t),\ l \neq j. \tag{1.5.37b}$$

Alle übrigen Übergangswahrscheinlichkeiten behalten dabei ihre Werte bei.

Man kann eine zweite Variante für die Änderung der Übergangswahrscheinlichkeiten vorschlagen, deren Realisierung ein wenig einfacher ist.

Wenn der Automat zum Zeitpunkt t aus dem Zustand i in den Zustand j durch Eingabe von $S(t)$ übergeführt worden ist und nach dem Übergang zum Zeitpunkt $t+1$ bestraft wurde, so wird die Übergangswahrscheinlichkeit $\pi_{ij}^{S(t)}$ mit α $(0 < \alpha < 1)$ multipliziert und die i-te Zeile wird durch Division eines jeden Elementes durch die Zeilensumme der Elemente normiert. Im Falle einer Belohnung zum Zeitpunkt $t+1$ werden alle Elemente der i-ten Zeile außer $\pi_{ij}^{S(t)}$ mit α multipliziert und die Zeile normiert.

Folglich ist

$$\pi_{ij}^{S(t)}(t+1) = \frac{\alpha^{\frac{1-S(t+1)}{2}}\,\pi_{ij}^{S(t)}(t)}{\alpha^{\frac{1+S(t+1)}{2}} + S(t+1)\,(1-\alpha)\,\pi_{ij}^{S(t)}(t)}, \tag{1.5.38}$$

$$\pi_{il}^{S(t)}(t+1) = \frac{\alpha^{\frac{1+S(t+1)}{2}} \pi_{il}^{S(t)}(t)}{\alpha^{\frac{1+S(t+1)}{2}} + S(t+1)(1-\alpha)\,\pi_{ij}^{S(t)}(t)}, \quad l \neq j. \tag{1.5.39}$$

Die beiden angeführten Methoden sind praktisch äquivalent. In den Abbildungen 1.21a–1.21d sind die Ergebnisse der experimentellen Untersuchung des Verhaltens der Automaten $B_{n,2}$ im umschaltbaren zufälligen Medium für $a = 0{,}8$ und $\delta = 0{,}01$ angeführt. In einem solchen Medium ist die optimale Speicherkapazität für den Automaten mit linearer Taktik gleich zwei und der Erwartungswert der Belohnung ist $M(L_{2,2}, K) = 0{,}744$. In Abb. 1.21 sind die Abhängigkeit

$$M(T) = \frac{1}{T} \sum_{t=0}^{T} S(t)$$

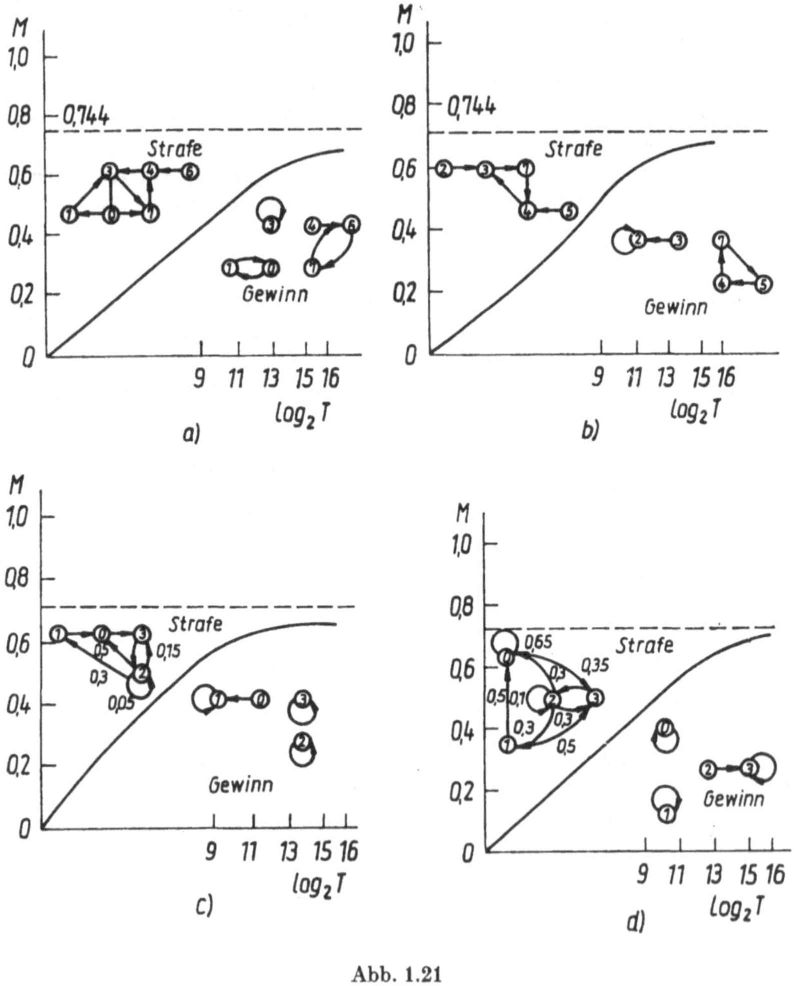

Abb. 1.21

(in den Darstellungen ist die Zeit entlang der T-Achse im logarithmischen Maßstab angegeben) und die den Übergangsmatrizen am Ende des Experiments entsprechenden Zustandsüberführungsgraphen angeführt. Die Abb. 1.21a und b entsprechen den Experimenten mit den Automaten $B_{4,2}$ (in den Zuständen 0—3 wird die Aktion 0 und in den Zuständen 4—7 die Aktion 1 ausgeführt); die Abb. 1.21c und 1.21d entsprechen Experimenten mit dem Automaten $B_{2,2}$ (in den Zuständen 0 und 1 wird die Aktion 0 und in den Zuständen 2 und 3 wird die Aktion 1 ausgeführt).

In Abb. 1.21 sind die 0,95 überschreitenden Übergangswahrscheinlichkeiten durch ausgezogene Pfeile dargestellt. Bei Übergangswahrscheinlichkeiten mit kleineren Werten sind diese an den Pfeilen angegeben. Übergänge, deren Wahrscheinlichkeit kleiner als 0,01 sind, wurden in den Graphen nicht angegeben. Außerdem sind in den Abb. 1.21a und 1.21b solche Zustände nicht angegeben, für die die Wahrscheinlichkeit dafür, daß dieser Zustand erreicht wird, kleiner als 0,01 und die Wahrscheinlichkeit für das Verlassen des Zustandes größer als 0,95 ist. Solche Zustände waren im Experiment 1 die Zustände 2 und 5 und im Experiment 2 die Zustände 0,1 und 6.

Aus den Abb. 1.21a—d erkennt man, daß sich der Erwartungswert des Gewinns (mittlerer Gewinn) für stochastische Automaten mit veränderlicher Struktur monoton dem Erwartungswert des Gewinns für den Automaten mit linearer Taktik und mit einem für das gegebene Medium optimalen Speicher nähert. Es ist zu erwähnen, daß die zur Belohnung gehörenden Übergangsmatrizen sich bedeutend günstiger bilden als die zur Strafe gehörenden Übergangsmatrizen, was mit (1.5.34) gut übereinstimmt.

Als wichtigstes Ergebnis der Experimente erhält man die strukturelle Ähnlichkeit der sich ergebenden Automaten und der Automaten mit linearer Taktik, was zweifellos auf die Natürlichkeit der Konstruktion eines Automaten mit linearer Taktik in Aufgaben über das Verhalten in zufälligen Medien hinweist. Dabei ist zu bemerken, daß die äquivalente Speicherkapazität der sich ergebenden Automaten (die Zahl der aufeinanderfolgenden Strafen, die unbedingt zum Aktionswechsel führt) unabhängig von der Zustandsanzahl des ursprünglichen stochastischen Automaten nahe bei 2, d. h. nahe beim berechneten optimalen Wert der Speicherkapazität des Automaten mit linearer Taktik für dieses Medium liegt. Ein stochastischer Automat vom Typ B im umschaltbaren zufälligen Medium bildet also eine für dieses Medium optimale Speicherkapazität. Aus den Abbildungen 1.15 und 1.16 und der Tabelle 1.5.1 folgt: Wenn als Ausgangsautomat ein stochastischer Automat mit veränderlicher Struktur verwendet wird, der acht Zustände pro Aktion besitzt, so kann ein solcher Automat im gesamten praktisch interessanten Bereich der umschaltbaren zufälligen Medien angewandt werden.

Experimente mit stochastischen Automaten mit veränderlicher Struktur $B_{n,2}$ in umschaltbaren zufälligen Medien für $\delta > 1/2$ führen uns bei beliebigem n zu denselben Ergebnissen wie die Experimente mit den Automaten $B_{1,2}$ (s. Abb. 1.20).

Bei der Untersuchung des Verhaltens von Automaten im einfachsten umschaltbaren Medium sahen wir, daß für $n \to \infty$ der Erwartungswert des Gewinns des Automaten gegen Null konvergiert, d. h. bei einem sehr großen Speicher „mittelt" der Automat beide stationäre zufällige Medien. Eine solche Schlußfolgerung ist allerdings nur dann richtig, wenn $C_1 = C(a, -a)$ und $C_2 = C(-a, a)$ ist.

Wir betrachten nun für $n \to \infty$ das Verhalten des Krinski-Automaten $D_{n,2}$ in einem solchen umschaltbaren zufälligen Medium $K(C_1, C_2, \Delta)$, bei dem $C_1 = C(a_1^{(1)}, a_2^{(1)})$ und $C_2 = C(a_1^{(2)}, a_2^{(1)})$ ist. Wie im Fall des Automaten mit linearer Taktik verwenden wir auch hier die unzerlegte Darstellung des Automaten. Es sei $R_j\{r_j^{(1)}, r_j^{(2)}\}$, wobei $r_j^{(i)}$ die Wahrscheinlichkeit dafür ist, daß sich der Automat im Zustand j und das Medium im Zustand $i (j = 1, 2, \ldots, 2n,\ i = 1, 2)$ befinden. Dann werden auf Grund der Konstruktion des Automaten (s. Abb. 1.6) die Finalwahrscheinlichkeiten der Zustände aus der Lösung des Gleichungssystems

$$\left.\begin{aligned} R_1 &= S_1R_2 + S_2R_{n+1}, \\ R_2 &= S_1R_3, \\ &\cdots\cdots\cdots \\ R_j &= S_1R_{j+1}, \\ &\cdots\cdots\cdots \\ R_n &= Q_1\sum_{i=1}^{n} R_i, \\ R_{n+1} &= S_2R_{n+2} + S_1R_1, \\ R_{n+2} &= S_2R_{n+3}, \\ &\cdots\cdots\cdots \\ R_{n+j} &= S_2R_{n+j+1}, \\ &\cdots\cdots\cdots \\ R_{2n} &= Q_2\sum_{i=1}^{n} R_{n+i}, \\ j &= 2, 3, \ldots, n-1 \end{aligned}\right\} \tag{1.5.40}$$

bestimmt. Dabei ist

$$S_i = \begin{Vmatrix} (1-\delta)\,p_i^{(1)} & \delta p_i^{(2)} \\ \delta p_i^{(1)} & (1-\delta)\,p_i^{(2)} \end{Vmatrix}, \quad Q_i = \begin{Vmatrix} (1-\delta)\,q_i^{(1)} & \delta q_i^{(2)} \\ \delta q_i^{(2)} & (1-\delta)\,q_i^{(2)} \end{Vmatrix},$$

$$p_i^{(1)} = \frac{1-a_i^{(1)}}{2}; \quad p_i^{(2)} = \frac{1-a_i^{(2)}}{2}; \quad q_i^{(1)} = \frac{1+a_i^{(1)}}{2}; \quad q_i^{(2)} = \frac{1+a_i^{(2)}}{2}.$$

Wir bemerken, daß

$$\left.\begin{aligned} R_j &= S_1^{n-j}R_n \qquad (j = 2, 3, \ldots, n), \\ R_{n+j} &= S_2^{n-j}R_{2n} \qquad (j = 2, 3, \ldots, n), \\ R_1 &= [E - S_2S_1]^{-1}\,[S_1^{n-1}R_n + S_2^{n}R_{2n}], \\ R_{n+1} &= [E - S_1S_2]^{-1}\,[S_1^{n}R_n + S_2^{n-1}R_{2n}] \end{aligned}\right\} \tag{1.5.41}$$

ist. R_j werden wir in der Form $R_j = \mu^{n-j}R_n$ und R_{n+j} in der Form

$$R_{n+j} = \nu^{n-j}R_{2n} \qquad (j = 2, 3, \ldots, n)$$

suchen. Aus dem System (1.5.40) haben wir

$$[\mu E - S_1]\,R_n = 0, \qquad [\nu E - S_2]\,R_{2n} = 0. \tag{1.5.42}$$

Aus den Gleichungen Det $(\mu E - S_1) = 0$ und Det $(\nu E - S_2) = 0$ erhalten wir

$$\left.\begin{aligned}
\mu_1 &= \frac{(1-\delta)(p_1^{(1)} + p_1^{(2)}) + \sqrt{(1-\delta)^2 (p_1^{(1)} + p_1^{(2)})^2 - 4(1-2\delta)\, p_1^{(1)} p_1^{(2)}}}{2},\\
\mu_2 &= \frac{(1-\delta)(p_1^{(1)} + p_1^{(2)}) - \sqrt{(1-\delta)^2 (p_1^{(1)} + p_1^{(2)})^2 - 4(1-2\delta)\, p_1^{(1)} p_1^{(2)}}}{2},\\
\nu_1 &= \frac{(1-\delta)(p_2^{(1)} + p_2^{(2)}) + \sqrt{(1-\delta)^2 (p_2^{(1)} + p_2^{(2)})^2 - 4(1-2\delta)\, p_2^{(1)} p_2^{(2)}}}{2},\\
\nu_2 &= \frac{(1-\delta)(p_2^{(1)} + p_2^{(2)}) - \sqrt{(1-\delta)^2 (p_2^{(1)} + p_2^{(2)})^2 - 4(1-2\delta)\, p_2^{(1)} p_2^{(2)}}}{2}.
\end{aligned}\right\} \quad (1.5.43)$$

Weiter haben wir aus (1.5.42) die Eigenvektoren:

$$\left.\begin{aligned}
R_n^{(1)} &= |\delta p_1^{(2)}, \mu_1 - (1-\delta)\, p_1^{(1)}|,\\
R_n^{(2)} &= |\delta p_1^{(2)}, \mu_2 - (1-\delta)\, p_1^{(1)}|,\\
R_{2n}^{(1)} &= |\delta p_2^{(2)}, \nu_1 - (1-\delta)\, p_2^{(1)}|,\\
R_{2n}^{(2)} &= |\delta p_2^{(2)}, \nu_2 - (1-\delta)\, p_2^{(1)}|.
\end{aligned}\right\} \quad (1.5.44)$$

Auf Grund der Tatsache, daß es für jede Gleichung in (1.5.42) ein Paar von Eigenwerten und ein Paar von Eigenvektoren gibt, stellen wir die Lösung des Gleichungssystems in der Form

$$\left.\begin{aligned}
R_j &= \mu_1^{n-j} A_1 R_n^{(1)} + \mu_2^{n-j} A_2 R_n^{(2)},\\
R_{n+j} &= \nu_1^{n-j} B_1 R_{2n}^{(1)} + \nu_2^{n-j} B_2 R_{2n}^{(2)} \qquad (j = 2, 3, \ldots, n)
\end{aligned}\right\} \quad (1.5.45)$$

dar. Die Koeffizienten A_1, A_2, B_1, B_2 bestimmen wir aus den Gleichungen für R_n und R_{2n}:

$$\begin{aligned}
R_n = Q_1 &\left[A_1 R_n^{(1)} \sum_{j=2}^{n} \mu_1^{n-j} + A_2 R_n^{(2)} \sum_{j=2}^{n} \mu_2^{n-j}\right]\\
&+ Q_1[E - S_2 S_1]^{-1} [A_1 R_n^{(1)} \mu_1^{n-1} + A_2 R_n^{(2)} \mu_2^{n-1}]\\
&+ Q_1[E - S_2 S_1]^{-1} [B_1 R_{2n}^{(1)} \nu_1^{n} + B_2 R_{2n}^{(2)} \nu_2^{n}],
\end{aligned} \quad (1.5.46\text{a})$$

$$\begin{aligned}
R_{2n} = Q_2 &\left[B_1 R_{2n}^{(1)} \sum_{j=2}^{n} \nu_1^{n-j} B_2 R_{2n}^{(2)} \sum_{j=2}^{n} \nu_2^{n-j}\right] + Q_2[E - S_1 S_2]^{-1} [A_1 R_n^{(1)} \mu_1^{n} + A_2 R_n^{(2)} \mu_2^{n}]\\
&+ Q_2[E - S_1 S_2]^{-1} [B_1 R_{2n}^{(1)} \nu_1^{n-1} + B_2 R_{2n}^{(2)} \nu_2^{n-1}].
\end{aligned} \quad (1.5.46\text{b})$$

Wir bemerken, daß $Q_i = [\Delta - S_i]$ und

$$Q_1 R_n^{(j)} = \Delta R_n^{(j)} - \mu_j R_n^{(j)},$$

$$Q_2 R_{2n}^{(j)} = \Delta R_{2n}^{(j)} - \nu_j R_{2n}^{(j)}$$

ist. Das System (1.5.46) nimmt dann die Gestalt

$$\begin{aligned}
&[E - \Delta]\left[A_1 \frac{1}{1-\mu_1} R_n^{(1)} + A_2 \frac{1}{1-\mu_2} R_n^{(2)}\right] \\
&+ Q_1\left[A_1 \frac{\mu_1^{n-1}}{1-\mu_1} R_n^{(1)} + A_2 \frac{\mu_2^{n-1}}{1-\mu_2} R_n^{(2)}\right] \\
&- \Psi[A_1\mu_1^{n-1}R_n^{(1)} + A_2\mu_2^{n-1}R_n^{(2)}] \\
&- \Psi[B_1\nu_1^{n}R_{2n}^{(1)} + B_2\nu_2^{n}R_{2n}^{(2)}] = 0,
\end{aligned} \tag{1.5.47a}$$

$$\begin{aligned}
&[E - \Delta]\left[B_1 \frac{1}{1-\nu_1} R_{2n}^{(1)} + B_2 \frac{1}{1-\nu_2} R_{2n}^{(2)}\right] \\
&+ Q_2\left[B_1 \frac{\nu_1^{n-1}}{1-\nu_1} R_{2n}^{(1)} + B_2 \frac{\nu_2^{-1}}{1-\nu_2} R_{2n}^{(2)}\right] \\
&- \Phi[B_1\nu_1^{n-1}R_{2n}^{(1)} + B_2\nu_2^{n-1}R_{2n}^{(2)}] \\
&- \Phi\,[A_1\mu_1^{n}R_n^{(1)} + A_2\mu_2^{n}R_n^{(2)}] = 0
\end{aligned} \tag{1.5.47b}$$

an, wobei

$$\Psi = Q_1[E - S_2S_1]^{-1} = \begin{Vmatrix} \psi_{11} & \psi_{12} \\ \psi_{21} & \psi_{22} \end{Vmatrix},$$

$$\Phi = Q_2[E - S_1S_2]^{-1} = \begin{Vmatrix} \varphi_{11} & \varphi_{12} \\ \varphi_{21} & \varphi_{22} \end{Vmatrix}$$

ist. Wir erhalten also folgendes Gleichungssystem:

$$\left.\begin{aligned}
A_1(\alpha_1 + \varkappa_{11}\mu_1^{n-1}) + A_2(\alpha_2 + \varkappa_{12}\mu_2^{n-1}) - B_1\nu_1^{n}\xi_{11} - B_2\nu_2^{n}\xi_{12} = 0,\\
A_1(\alpha_1 + \varkappa_{21}\mu_1^{n-1}) + A_2(\alpha_2 + \varkappa_{22}\mu_2^{n-1}) - B_1\nu_1^{n}\xi_{21} - B_2\nu_2^{n}\xi_{22} = 0,\\
A_1\mu_1^{n}\eta_{11} + A_2\mu_2^{n}\eta_{12} - B_1(\beta_1 + \sigma_{11}\nu_1^{n-1}) - B_2(\beta_2 + \sigma_{12}\nu_2^{n-1}) = 0,\\
A_1\mu_1^{n}\eta_{21} + A_2\mu_2^{n}\eta_{22} - B_1(\beta_1 + \sigma_{21}\nu_1^{n-1}) - B_2(\beta_2 + \sigma_{22}\nu_2^{n-1}) = 0.
\end{aligned}\right\} \tag{1.5.48}$$

Dabei ist

$$\alpha_i = \frac{\delta[\delta p_1^{(2)} + (1-\delta)\,p_1^{(1)} - \mu_i]}{1-\mu_i},$$

$$\beta_i = \frac{\delta[\delta p_2^{(2)} + (1-\delta)\,p_2^{(1)} - \nu_i]}{1-\nu_i},$$

$$\xi_{ij} = \psi_{j1}\delta p_2^{(2)} + \psi_{j2}[\nu_i - (1-\delta)\,p_2^{(1)}],$$

$$\eta_{ji} = \varphi_{j1}\delta p_1^{(2)} + \varphi_{j2}[\mu_j - (1-\delta)\,p_1^{(1)}],$$

$$\varkappa_{1i} = -\psi_{11}\delta p_1^{(2)} - \psi_{12}[\mu_i - (1-\delta)\,p_1^{(1)}] + \frac{\delta(1-\delta)\,(p_1^{(2)} - p_1^{(2)}) + \mu_i\delta q_1^{(2)}}{(1-\mu_i)},$$

$$\varkappa_{2i} = -\psi_{22}\delta p_1^{(2)} - \psi_{22}[\psi_i - (1-\delta)\,p_1^{(1)}] + \frac{\delta^2 p_1^{(2)}q_1^{(1)} - (1-\delta)^2\,p_1^{(1)}q_1^{(2)} + \mu_i(1-\delta)\,q_1^{(2)}}{(1-\mu_i)},$$

$$\sigma_{1i} = - -\varphi_{11}\delta p_2^{(2)} - \varphi_{12}[\nu_i - (1-\delta)\, p_2^{(2)}] + \frac{\delta(1-\delta)\,(p_2^{(2)} - p_2^{(1)}) + \nu_i \delta q_2^{(2)}}{(1-\nu_i)},$$

$$\sigma_{2i} = -\varphi_{21}\delta p_2^{(2)} - \varphi_{22}[\nu_2 - (1-\delta)\, p_2^{(1)}] + \frac{\delta^2 q_2^{(1)} p_2^{(2)} - (1-\delta)^2 q_2^{(2)} p_2^{(1)} + \nu_i (1-\delta)\, q_2^{(2)}}{(1-\nu_i)}.$$

Die Determinante des Systems (1.5.48) verschwindet wegen der Ergodizität der MARKOWschen Kette (1.5.40). Folglich hat das System nichttriviale Lösungen. Im weiteren werden wir uns für das Verhalten des Automaten $D_{n,2}$ für $n \to \infty$ interessieren. Wir setzen $\mu_1 > \mu_2$ und $\nu_1 > \nu_2$ voraus. Für $\delta > 1/2$ ist dabei $\mu_1 < 1$ und $\nu_1 < 1$. In der Tat, es ist

$$\lim_{\delta\to 0} \mu_1 = \max(p_1^{(1)}, p_1^{(2)}) > \lim_{\delta\to 1/2} \mu_1 = \frac{p_1^{(1)} + p_1^{(2)}}{2},$$

$$\lim_{\delta\to 0} \mu_2 = \min(p_1^{(1)}, p_1^{(2)}) > \lim_{\delta\to 1/2} \mu_2 = 0,$$

$$\lim_{\delta\to 0} \nu_1 = \max(p_2^{(1)}, p_2^{(2)}) > \lim_{\delta\to 1/2} \nu_1 = \frac{p_2^{(1)} + p_2^{(2)}}{2},$$

$$\lim_{\delta\to 0} \nu_2 = \min(p_2^{(1)}, p_2^{(2)}) > \lim_{\delta\to 1/2} \nu_2 = 0,$$

$$\frac{d\mu_1}{d\delta} = -\frac{(p_1^{(1)} + p_1^{(2)})}{2} - \frac{(1-\delta)\,(p_1^{(1)} + p_1^{(2)})^2 - 4\delta p_1^{(1)} p_1^{(2)}}{2\sqrt{(1-\delta)^2\,(p_1^{(1)} + p_1^{(2)})^2 - 4(1-2\delta)\, p_1^{(1)} p_1^{(2)}}},$$

$$(1-\delta)\,(p_1^{(1)} + p_1^{(2)})^2 - 4\delta p_1^{(1)} p_1^{(2)} \underset{\delta<1/2}{>} (1-\delta)\,\big((p_1^{(1)})^2 + (p_1^{(2)})^2\big)$$
$$- 2\,(1-\delta)\, p_1^{(1)} p_1^{(2)} = (1-\delta)\,(p_1^{(1)} - p_1^{(2)})^2 > 0.$$

Folglich ist $\frac{d\mu_1}{d\delta} < 0$ für $\delta < 1/2$. Analog gilt $\frac{d\nu_1}{d\delta} < 0$ für $\delta < 1/2$.

Bei der Berechnung der Koeffizienten A_1, A_2, B_1, B_2 werden wir Glieder höherer Ordnung vernachlässigen. Dann erhalten wir aus (1.5.48)

$$\left.\begin{aligned} A_1 &= c\alpha_2\beta_2\nu_1^n(\xi_{11} - \xi_{12}),\\ A_2 &= -c\alpha_1\beta_2\nu_1^n(\xi_{11} - \xi_{12}),\\ B_1 &= c\alpha_2\beta_2\mu_1^{n-1}(\varkappa_{11} - \varkappa_{21}),\\ B_2 &= -c\alpha_2\beta_1\mu_1^{n-1}(\varkappa_{11} - \varkappa_{21}), \end{aligned}\right\} \tag{1.5.49}$$

wobei c ein Normierungsfaktor ist.

Sei $\sqrt{r_j} = r_j^{(1)} + r_j^{(2)}$ die Wahrscheinlichkeit des Verbleibs im Zustand j und $\sigma_1 = \sum_{j=1}^{n} r_j$ die Wahrscheinlichkeit dafür, daß der Automat die erste Aktion ausführt. Dann gilt

$$\sigma_1 = \frac{\varepsilon_1\nu_1^n}{\varepsilon_1\nu_1^n + \varepsilon_2\mu_1^n} \quad \text{und} \quad \sigma_2 = \frac{\varepsilon_2\mu_1^n}{\varepsilon_1\nu_1^n + \varepsilon_2\mu_1^n}, \tag{1.5.50}$$

wobei ε_1 und ε_2 positive, beschränkte Konstanten sind und

$$\frac{\sigma_1}{\sigma_2} = \frac{\varepsilon_1}{\varepsilon_2}\left[\frac{\max(\nu_1, \nu_2)}{\max(\mu_1, \mu_2)}\right]^n \tag{1.5.51}$$

ist. Aus (1.5.51) ist leicht zu erkennen, daß mit wachsendem n der Automat ausschließlich die Aktion ausführt, für die der maximale Eigenwert (1.5.42) einen kleineren Wert hat. Für kleine δ führt im Fall $\max(\nu_1, \nu_2) \to \max(p_2^1, p_2^{(2)})$ und $\max(\mu_1, \mu_2) \to \max(p_1^{(1)}, p_1^{(2)})$ der Automat fast immer die Aktion aus, bei der die kleinste Belohnung den größten Wert hat.

Das erhaltene Ergebnis ist ein wenig unerwartet. Auf Grund der Tatsache, daß bei einem sehr großen Speicher der Automat beide Medien mittelt, wäre es natürlich zu vermuten, daß der Automat vorwiegend die Aktion auswählt, bei der $\max\limits_i \left[\frac{a_i^{(1)} + a_i^{(2)}}{2}\right]$, und nicht, wie aus (1.5.51) folgt, $\max\limits_i \min(a_i^{(1)}, a_i^{(2)})$[1]) garantiert wird. Für das erhaltene Ergebnis kann man jedoch eine natürliche Erklärung geben. Es liegt daran, daß vom Automaten die Wahrscheinlichkeit des Aktionswechsels im wesentlichen durch die Zeitpunkte des Verbleibens des Mediums in für diese Aktion „schlechten" Zuständen bestimmt wird, und der Automat seine Aktionen so wählt, als arbeitete er im stationären zufälligen Medium $C[\min(a_1^{(1)}, a_1^{(2)}), \min(a_2^{(1)}, a_2^{(2)})]$. Andererseits gilt

$$\lim_{\delta\to 1/2} \mu_1 = \frac{p_1^{(1)} + p_1^{(2)}}{2}, \quad \lim_{\delta\to 1/2} \mu_2 = 0;$$

$$\lim_{\delta\to 1/2} \nu_1 = \frac{p_2^{(1)} + p_2^{(2)}}{2}, \quad \lim \nu_2 = 0,$$

und der Automat ist nicht in der Lage, die stationären zufälligen Medien C_1 und C_2 „zu unterscheiden".

Analoge Berechnungen können auch für den Fall angeführt werden, daß die Matrix der Umschaltungen der stationären zufälligen Medien die Form

$$\Delta = \begin{Vmatrix} 1-\delta_1 & \delta_2 \\ \delta_2 & 1-\delta_2 \end{Vmatrix}$$

hat. Analog zu (1.5.51) ist für diesen Fall

$$\lim_{n\to\infty} \frac{\sigma_1}{\sigma_2} = \left[\frac{\max(\nu_1, \nu_2)}{\max(\mu_1, \mu_2)}\right]^n,$$

wobei

$$\mu_{1,2} = \frac{1}{2}\left\{(1-\delta_1)\,p_1^{(1)} + (1-\delta_2)\,p_1^{(2)} \pm \sqrt{[(1-\delta_1)\,p_1^{(1)} - (1-\delta_2)\,p_1^{(2)}]^2 + 4\delta_1\delta_2 p_1^{(1)} p_1^{(2)}}\right\},$$

$$\nu_{1,2} = \frac{1}{2}\left\{(1-\delta_1)\,p_2^{(1)} + (1-\delta_2)\,p_2^{(2)} \pm \sqrt{[(1-\delta_1)\,p_2^{(1)} - (1-\delta_2)\,p_2^{(2)}]^2 + 4\delta_1\delta_2 p_2^{(1)} p_2^{(2)}}\right\}.$$

ist. Es ist einfach zu zeigen, daß $\max(\mu_1, \mu_2) < \frac{p_1^{(1)} + p_1^{(2)}}{2} < 1$ und

$$\max(\nu_1, \nu_2) < \frac{p_2^{(1)} + p_2^{(2)}}{2} < 1$$

gilt.

---

[1]) Genauer $\min[\max(\nu_1, \nu_2), \max(\mu_1, \mu_2)]$.

KAPITEL II

Automatenspiele

§ 2.1. Spiele von N Automaten

In diesem Kapitel beginnen wir mit der Untersuchung des gemeinsamen Verhaltens von Automaten, von Modellen kollektiver Verhaltensweise. Obwohl die Terminologie der Spieltheorie nicht alle möglichen Arten kollektiver Verhaltensweisen umfaßt, gestattet sie es jedoch, eine Reihe interessanter und inhaltsreicher Modelle anzugeben.

Wir betrachten ein Spiel von N Automaten $A^1, A^2, \ldots, A^N$. Wie früher wollen wir voraussetzen, daß die Eingabevariablen $S^j(t)$ nur zwei Werte $S^j(t) = +1$ und $S^j(t) = -1$ annehmen können, die einem Gewinn bzw. Verlust (von Eins) des Automaten A^j zum Zeitpunkt t entsprechen.

Die Ausgangsvariable $f^j(t)$ jedes Automaten A^j nimmt k_j Werte aus der Menge $\{f_1^j, f_2^j, \ldots, f_{kj}^j\}$ an. Die Werte bezeichnen wir als *reine Strategien* des Automaten A^j oder einfach als Strategien und sagen, daß der Automat A^j zum Zeitpunkt t seine reine Strategie α benutzte, wenn $f^j(t) = f_\alpha^j$ ist. Die inneren Zustände des Automaten $\varphi_j(t)$ und die Zustandsüberführungsmatrix $\|\alpha_{ik}^j(S^j(t))\|$ definieren wir analog dem vorigen Kapitel.

Partie des Spiels, die zum Zeitpunkt t gespielt wird, nennen wir das Tupel $f(t) = \{f^1(t), f^2(t), \ldots, f^N(t)\}$ reiner Strategien, die zum Zeitpunkt t von den Automaten $A^1, A^2, \ldots, A^N$ benutzt werden. Als *Ergebnis* der Partie $f(t)$ bezeichnen wir das Tupel $S(t+1) = \{S^1(t+1), S^2(t+1), \ldots, S^N(t+1)\}$ der Werte der Eingabevariablen (Gewinne oder Verluste von Eins) dieser Automaten zum Zeitpunkt $t+1$.

Wir sagen, daß ein Spiel Γ der Automaten $A^1, A^2, \ldots, A^N$ gegeben ist, wenn für jede Partie $f(t)$ die Wahrscheinlichkeit $p = (f, S)$ ihres Ergebnisses $S(t+1)$ gegeben ist, wobei für alle f

$$\sum_S p(f, S) = 1 \tag{2.1.1}$$

ist.

Das Spiel Γ der Automaten $A^1, A^2, \ldots, A^N$ besteht aus einer Folge von Partien, $f(t)$ $t = 1, 2, \ldots$, deren Ergebnisse $S(t+1)$ durch die Wahrscheinlichkeiten $p(f(t), S(t+1))$ bestimmt sind.

Für jede Partie des Spiels Γ kann man den Erwartungswert des Gewinns des Automaten A^j in der Partie f als

$$a^j(t) = \sum_{\substack{S^1,\ldots,S^{j-1},\\ S^{j+1},\ldots,S^N}} [p(f, S^1, \ldots, S^{j-1}, +1, S^{j+1}, \ldots, S^N) - p(f, S^1, \ldots, S^{j-1}, -1, S^{j+1}, \ldots, S^N)] \tag{2.1.2}$$

bestimmen.

In der Spieltheorie gilt ein Spiel Γ^* als gegeben, wenn angegeben sind

a) die Spieler J^j ($j = 1, 2, \ldots, N$),
b) die Menge der Strategien der Spieler $F^j = \{f_1^j, f_2^j, \ldots, f_{kj}^j\}$ ($j = 1, 2, \ldots, N$),
c) die für jede Situation (Partie) bestimmten Gewinnfunktionen $v^j(f)$.

Man erkennt leicht, daß das Spiel Γ gegenüber der Multiplikation aller Gewinnfunktionen mit einer Konstanten invariant ist.[1])

Wir nennen das Spiel Γ von N Automaten und das N-Personenspiel Γ^* äquivalent, wenn $a^j(f) = kv^j(f)$ ist.[2])

Wir bemerken, daß es nicht möglich ist, bei gegebenem Spiel Γ^* eindeutig ein Spiel Γ von Automaten zu konstruieren. In der Tat wird das Spiel Γ^* nur durch die Werte $(a^j f)$ gegeben. Es ist jedoch im allgemeinen nicht möglich, bei Kenntnis von N Erwartungswerten des Gewinns in der Partie f, die Werte von $2^N - 1$ Wahrscheinlichkeiten ihres Ergebnisses zu rekonstruieren. Das Spiel Γ heißt Spiel mit unabhängigen Ergebnissen, wenn

$$p(f, S) = p(f, S^1, S^2, \ldots, S^N) = \prod_{j=1}^{N} p^j(f, S^j) \tag{2.1.3}$$

ist, wobei

$$0 \leqq p^j(f, -1) \leqq 1, \quad 0 \leqq p^j(f, +1) \leqq 1,$$

$$p^j(f, +1) + p^j(f, -1) = 1 \quad \text{und} \quad a^j(f) = p^j(f, +1) - p^j(f, -1)$$

ist. Ein solches Spiel kann eindeutig nach einem beliebigen Spiel Γ^* konstruiert werden; dabei ist

$$\left.\begin{aligned} a^j(f) &= kv^j(f), \qquad \max |kv^j(f)| \leqq 1, \\ p^j(f, -1) &= p^j(f) = \frac{1 - a^j(f)}{2}, \\ p^j(f, +1) &= q^j(f) = \frac{1 + a^j(f)}{2}. \end{aligned}\right\} \tag{2.1.4.}$$

Wir sagen, daß sich ein am Spiel Γ teilnehmendes System von Automaten $A^1, A^2, \ldots, A^N$ im Zustand $\varkappa(t) = (\varkappa_1, \varkappa_2, \ldots, \varkappa_N)$ befindet, wenn sich zum Zeitpunkt t der Automat A^j im Zustand φ_k, $\varkappa_i = 1, 2, \ldots, m_j$, $j = 1, 2, \ldots, N$ befindet.[3]) Wir beweisen, daß sich ein solches System durch eine endliche MARKOWsche Kette beschreiben läßt. Dazu bestimmen wir die Übergangswahrscheinlichkeiten $p_{\xi_1 \ldots \xi_N}^{\varkappa_1, \ldots, \varkappa_N}$ des Systems aus dem Zustand $\varkappa(t) = (\varkappa_1, \varkappa_2, \ldots, \varkappa_N)$ in den Zustand $\xi(t+1) = (\xi_1, \xi_2, \ldots, \xi_N)$.

Im Zustand $\varkappa(t)$ mögen die Automaten die Partie $f(t) = [F^1(\varphi_{k_1})\, F^2(\varphi^2_{\varkappa_2}), \ldots, F^N(\varphi^N_{\varkappa_N})]$ spielen. Dann sind die Wahrscheinlichkeiten $p_{\xi_1, \ldots, \xi_N}^{\varkappa_1, \ldots, \varkappa_N}$ des Übergangs des Systems aus dem Zustand $\varkappa(t)$ in den Zustand $\xi(t+1)$ durch die Formeln

$$p_{\xi_1, \ldots, \xi_N}^{\varkappa_1, \ldots, \varkappa_N} = \sum_S p(f, S^1, S^2, \ldots, S^N)\, \alpha^1_{\varkappa_1 \xi_1}(S^1) \times \alpha^2_{\varkappa_2 \xi_2}(S^2) \times \cdots \times \alpha^N_{\varkappa_N \xi_N}(S^N), \tag{2.1.5}$$

$$\sum_\xi p_{\xi_1, \ldots, \xi_N}^{\varkappa_1, \ldots, \varkappa_N} = \sum_s p(t, S) \sum_\xi \alpha^1_{\varkappa_1 \xi_1}(S^1) \times \alpha^2_{\varkappa_2 \xi_2}(S^2) \times \cdots \times \alpha^N_{\varkappa_N \xi_N}(S^N)$$

$$= \sum_S p(f, S) \prod_{j=1}^{N} \left(\sum_{\xi_j} \alpha^j_{\varkappa_j \xi_j}(S^j) \right) = 1 \tag{2.1.6}$$

[1]) Die Multiplikation aller Auszahlungsfunktionen mit einer Konstanten ist einer Veränderung des Maßstabes der „Werte" äquivalent.

[2]) Wir bemerken daß $|a^j(f)| \leqq 1$ ist.

[3]) Unter Zustand des Automaten wird hier ein Paar von Zuständen verstanden: der Zustand des Speicherautomaten und der Zustand des Aktionsautomaten. Für symmetrische Automaten ist $m_j = k_j n_j$.

gegeben. Die Richtigkeit von (2.1.6) folgt aus $\sum_{\xi_j} \alpha^j_{\varkappa_j \xi_j}(S^j) = 1$ und $\sum_S p(f, S) = 1$. Dabei gilt

$$0 \leqq p^{\varkappa_1,\ldots,\varkappa_N}_{\xi_1,\ldots,\xi_N} \leqq 1.$$

Die Matrix $\|p^{\varkappa_1,\ldots,\varkappa_N}_{\xi_1,\ldots,\xi_N}\|$ ist also stochastisch.

Ist die so definierte Markowsche Kette ergodisch, dann existieren die Finalwahrscheinlichkeiten der Systemzustände und folglich auch die Erwartungswerte der Gewinne der Automaten, die nicht vom Anfangszustand des Systems abhängen.

Automatenspiele, denen eine ergodische Markowsche Kette entspricht, werden wir ergodisch nennen.

Wir bezeichnen mit $R^{\varkappa_1,\ldots,\varkappa_N}$ die Finalwahrscheinlichkeit dafür, daß sich das am Spiel Γ teilnehmende System von Automaten $A^1, A^2, \ldots, A^N$ im Zustand $\varkappa = (\varkappa_1, \varkappa_2, \ldots, \varkappa_N)$ befindet. In diesem Zustand wird von dem Automaten die Partie $f = [(f^1_{\varkappa_1} = F^1(\varphi^2_{\varkappa_1}), f^2_{\varkappa_2} = F^2(\varphi^2_{\varkappa_2}), \ldots, f^N_{\varkappa_N} = F^N(\varphi^N_{\varkappa_N})]$ gespielt. Der Erwartungswert M^j des Gewinns des Automaten A^j im Spiel ist dann

$$M^j = \sum_{\varkappa} R^{\varkappa_1,\ldots,\varkappa_N} \alpha^j(f^2_{\varkappa_1}, f^2_{\varkappa_2}, \ldots, f^N_{\varkappa_N}). \tag{2.1.7}$$

Die Größe M^j werden wir im weiteren Verlauf *Wert des Spiels Γ* für den Automaten A^j nennen.

Wir erwähnen, daß $a^j(f)$ nur von den von den Automaten zu spielenden Partien abhängt und nicht davon, in welchen Zuständen sich die Speicherautomaten befinden. Sei $f = (f^1_{i_1}, f^2_{i_2}, \ldots, f^N_{i_N})$ und U_f die Menge aller Zustände des Systems spielender Automaten, in denen die Partie f gespielt wird. Dann ist

$$\sigma(f) = \sum_{\varkappa \in U_f} R^{\varkappa_1,\ldots,\varkappa_N} \tag{2.1.8}$$

und

$$M^j = \sum_f \sigma(f)\, a^j(f), \tag{2.1.9}$$

wobei $\sigma(f)$ die Finalwahrscheinlichkeit der Partie f bedeutet.

Wir bemerken, daß der Wert des Spiels für den Automaten A^j im Spiel Γ wesentlich vom Aufbau aller spielenden Automaten, d. h. von der Matrix $\|\alpha^j_{ik}(S)\|$ abhängt.

Die oben definierten Modelle des kollektiven Verhaltens wurden in der Terminologie der Spieltheorie beschrieben. Die Automatenspiele unterscheiden sich jedoch wesentlich von N-Personenspielen im für die Spieltheorie üblichen Sinn. In der Spieltheorie wird gewöhnlich vorausgesetzt, daß die das Spiel bestimmenden Auszahlungsfunktionen allen Spielern im voraus bekannt sind. Diese Information und beliebige Rechenmittel benutzend wählen die Spieler ihre reinen oder (was bedeutend häufiger vorkommt) gemischten Strategien, die sich im Spielverlauf nicht ändern. Dabei setzt jeder Spieler voraus, daß seine Partner bestmöglich spielen.

Bei Automatenspielen verfügen die Spieler (Automaten) nicht a priori über Information über das Spiel und sind gezwungen, für jede Partie ihre Strategien im Verlaufe des Spiels zu wählen. Die am Spiel teilnehmenden Automaten verfügen nur über Informationen über ihren Gewinn oder Verlust in jeder Partie, kennen aber weder die

Auszahlungsfunktionen noch die Anzahl der Spielteilnehmer. Ein Automatenspiel hängt wesentlich nicht nur von den Auszahlungsfunktionen, sondern auch vom Aufbau der am Spiel teilnehmenden Automaten ab.

Die das Spiel bestimmenden Auszahlungsfunktionen und die Konstruktionen der Spielpartner des Automaten, die ihr Verhalten bestimmen, erzeugen ein mehr oder weniger kompliziertes zufälliges Medium, in dem sich der einzelne Automat als Teilnehmer am Spiel zweckmäßig verhalten muß. Dabei ist es natürlich zu fordern, daß die verwendeten Konstruktionen der Automaten im einfachsten Spiel — dem Spiel mit einem Partner, der nur eine reine Strategie hat (Spiel mit der Natur)[1]) — zweckmäßiges Verhalten zeigen. Das Fehlen von a priori-Informationen über das Spiel führt zu der natürlichen Forderung, Automaten ohne a priori-Zweckmäßigkeit, nämlich symmetrische Automaten, zu verwenden.

Zum Abschluß dieses Paragraphen betrachten wir ein sehr einfaches Beispiel für ein Spiel zweier Automaten mit linearer Taktik $L_{1,4}$ und $L_{1,5}$. Der erste Automat hat 4 Aktionen, der zweite 5. Da $n = 1$ ist, ändern die Automaten bei Verlust ihre Aktion und behalten sie bei Gewinn bei. Bei Verlust ändern sich die Aktionen der Automaten zyklisch. Die Wahrscheinlichkeit $p(f, S)$ möge nur die beiden Werte 0 und 1 annehmen. Da die Automaten $L_{1,4}$ und $L_{1,5}$ entsprechend über 4 und 5 Strategien verfügen, ist es bequem, die Auszahlungsfunktionen in Form zweier (4,5)-Matrizen anzugeben:

$$\begin{pmatrix} 1 & 1 & 0 & 0 & 0 \\ 1 & 0 & 1 & 1 & 0 \\ 1 & 1 & 1 & 0 & 0 \\ 1 & 1 & 0 & 0 & 1 \end{pmatrix}, \quad \begin{pmatrix} 0 & 0 & 1 & 1 & 1 \\ 1 & 1 & 1 & 1 & 0 \\ 0 & 0 & 0 & 1 & 1 \\ 1 & 1 & 0 & 0 & 1 \end{pmatrix},$$

Im Schnittpunkt der i-ten Zeile und der j-ten Spalte der ersten (bzw. zweiten) Matrix ist die Wahrscheinlichkeit des Verlusts des ersten (bzw. zweiten) Automaten angeführt. Die Folgen der von den Automaten zu spielenden Partien stellt man bequemerweise in einem rechteckigen Feld dar (Abb. 2.1). Darin entsprechen die Zeilen den Strategien

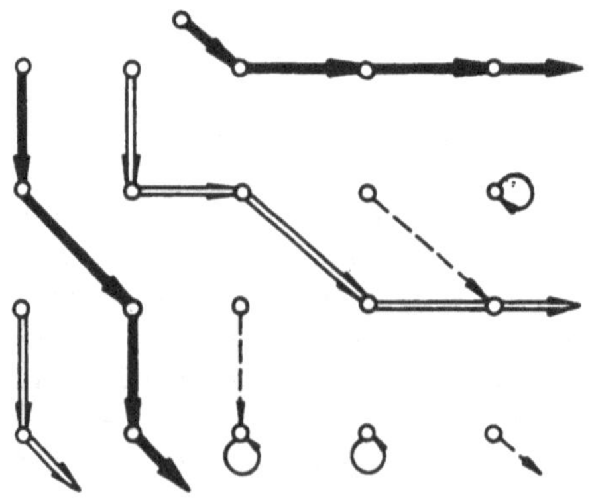

Abb. 2.1

[1]) Das Spiel mit der Natur ist dem Verhalten im stationären zufälligen Medium äquivalent. Analog wird auch das Verhalten des Automaten in einem Spiel bei dem der Partner nur eine gemischte Strategie verwendet, auf das Verhalten in einem stationären zufälligen Medium zurückgeführt.

des ersten Automaten, die Spalten den Strategien des zweiten Automaten und die Punkte den zu spielenden Partien.

Aus Abb. 2.1 erkennt man, daß die Partien (2,5), (4,3) und (4,4) stabil sind, d. h., wenn die Automaten zu diesen Partien kommen, dann spielen sie diese beliebig lange. In der Partie (3,3) verliert der Automat $L_{1,4}$, während der Automat $L_{1,5}$ gewinnt, und die Automaten gehen zur Partie (4,3) über. In allen anderen Fällen wird eine der folgenden zwei zyklischen Partienfolgen realisiert: {(1,1), (2,1), (3,2), (4,2), (1,3), (1,4), (1,5)} oder {(1,2), (2,2), (2,3), (3,4), (3,5), (3,1), (4,1)}.

Das betrachtete Spiel ist nicht ergodisch, aber es illustriert einige charakteristische Züge des Verhaltens von Automaten im Spiel. Wir bemerken, daß das Vorhandensein von Zyklen und stabilen Zuständen charakteristisch ist für beliebige Spiele, in denen $p(f, S)$ die Werte 0 oder 1 annimmt und die Automaten die Auswahl der neuen Strategie determiniert vornehmen. Wird die neue Strategie gleichwahrscheinlich ausgewählt, so treten Zyklen nicht auf.

§ 2.2. Nullsummenspiele zweier Automaten

In der Spieltheorie wird ein Nullsummenspiel wie folgt definiert. Sei in der Partie f des Spiels Γ^* von N Personen $J_1, J_2, \ldots, J_N$ $v_i(f)$ $(i = 1, 2, \ldots, N)$ die Auszahlung an den Spieler J_i am Ende der Partie (muß der Spieler J_i selbst bezahlen, so ist $v_i(f) < 0$). Gilt dabei $\sum_{i=1}^{N} v_i(f) = 0$, so heißt die Partie Nullsummenpartie. Ist eine beliebig mögliche Partie eines gewissen Spiels eine Nullsummenpartie, so heißt ein solches Spiel Nullsummenspiel.

Im Fall zweier Spieler bedeutet ein Nullsummenspiel, daß der Gewinn des ersten Spielers gleich dem Verlust des zweiten Spielers ist, d. h., in jeder Partie des Spiels ist $v_1(f) = -v_2(f)$.

Wir definieren jetzt ein Nullsummenspiel zweier Automaten.

Das Spiel Γ zweier Automaten A^1 und A^2, die entsprechend über k_1 und k_2 Strategien verfügen, heißt Nullsummenspiel, wenn für jede Partie des Spiels $f = (f^1, f^2)$ $a_1(f) = -a_2(f)$ ist ,d. h., in einer beliebigen Partie des Spiels sind die Erwartungswerte der Gewinne der Automaten dem Betrage nach gleich und haben verschiedene Vorzeichen. Sei $a_1(f) = -a_2(f) = a(f)$, $p(f) = \dfrac{1 - a(t)}{2}$, $q(f) = \dfrac{1 + a(f)}{2}$ und $p(f, S^1, S^2)$ die Wahrscheinlichkeit des Ergebnisses (S^1, S^2) der Partie f.

Ein Nullsummenspiel zweier Automaten heißt *Spiel mit unabhängiger Bestrafung*, wenn

$$p(f, -1, -1) = p(f)\, q(f),$$

$$p(f, -1, +1) = p^2(f),$$

$$p(f, +1, -1) = q^2(f),$$

$$p(f, +1, +1) = p(f)\, q(f)$$

ist.

Ein Nullsummenspiel zweier Automaten heißt *Spiel mit abhängiger Bestrafung*, wenn

$$p(f, -1, -1) = p(f, +1, +1) = 0,$$
$$p(f, -1, +1) = p(f),$$
$$p(f, +1, -1) = q(f)$$

gilt.[2])

Sei $a(f) = a(f_\alpha^1, f_\beta^2) = a_{\alpha\beta}$ ($\alpha = 1, 2, \ldots, k_1$; $\beta = 1, 2, \ldots, k_2$). Die Größen $a_{\alpha\beta}$ bilden eine rechteckige Matrix $\|a_{\alpha\beta}\|$, die mit der Matrix des äquivalenten Zweipersonennullsummenspiels übereinstimmt.

Wir bezeichnen mit $V = \min_j \max_i a_{ij}$ und $v = \max_i \min_j a_{ij}$ den oberen und unteren Wert des Spiels Γ. Dabei ist $V \geqq v$.

Ist das Spiel ergodisch, so existieren die Finalwahrscheinlichkeiten der Zustände des Systems spielender Automaten und der Erwartungswert $M(A^1, A^2, \Gamma)$ des Gewinns des ersten Automaten im Spiel Γ hängt nicht von den Anfangszuständen ab. Diese Größe nennen wir Wert des Spiels der Automaten A^1 und A^2 im Spiel Γ.

Wie auch früher bezeichnen wir die Finalwahrscheinlichkeit eines Zustandes des Systems der am Spiel Γ teilnehmenden Automaten mit $R^{\varkappa_1,\varkappa_2}$. Befindet sich das System im Zustand $(\varkappa_1, \varkappa_2)$, so befinden sich die Automaten A^1 und A^2 in den Zuständen $\varphi^1_{\varkappa_1}$ und $\varphi^2_{\varkappa_2}$ und benutzen die Strategien $f^1_{\varkappa_1} = F^1(\varphi^1_{\varkappa_1})$, $f^2_{\varkappa_2} = F^2(\varphi^2_{\varkappa_2})$. Den Wert des Spiels der Automaten A^1 und A^2 im Spiel Γ kann man dann entsprechend (2.1.7) nach der Formel

$$M(A^1, A^2, \Gamma) = \sum_{\varkappa_1,\varkappa_2} R^{\varkappa_1,\varkappa_2} a_{\varkappa_1,\varkappa_2} = \sum_{\alpha,\beta} \sigma(\alpha, \beta)\, a_{\alpha\beta} \tag{2.2.1}$$

berechnen, wobei $\sigma(\alpha, \beta)$ die Finalwahrscheinlichkeit der Partie (α, β) bedeutet.

Das einfachste Beispiel eines Automatenspiels ist das Spiel eines Automaten A gegen einen Spieler J, der die gemischte Strategie $X = (x_1, x_2, \ldots, x_{k_2})$ benutzt! In der Spieltheorie sagt man, ein Spieler benutzt die gemischte Strategie X, wenn er die Strategien $f_1, f_2, \ldots, f_{k_2}$ mit den Wahrscheinlichkeiten $\left(0 \leqq x_i \leqq 1, \sum_{i=1}^{k_2} x_i = 1\right)$ verwendet. Die Wahl der Strategie $f(t)$ in jeder Partie wird unabhängig vom Ergebnis der vorherigen Partie und der früher benutzten Strategie $f(t-1)$ vorgenommen. Dann ist der Erwartungswert des Gewinns des Automaten A bei Verwendung der Strategie f_α gleich

$$a_\alpha = \sum_{\beta=1}^{k_2} a_{\alpha\beta} x_\beta, \qquad \alpha = 1, 2, \ldots, k_1,$$

und das Verhalten des Automaten ist dem Verhalten im stationären zufälligen Medium $C(a_1, a_2, \ldots, a_k)$ äquivalent, wobei für beliebiges X

$$M(A, J, \Gamma) = M(A, C)$$

gilt.

Ist der Automat A Element der asymptotisch-optimalen Folge $A^1, A^2, \ldots, A/ \ldots$, so ist

$$\lim_{n\to\infty} M(A_n, k_1, J, \Gamma) = \max_\alpha \sum_{\beta=1}^{k_2} a_{\alpha\beta} x_\beta . \tag{2.2.2}$$

---

[1]) Man sieht leicht, daß ein Spiel mit unabhängiger Bestrafung ein Spiel mit unabhängigen Ergebnissen (2.1.3) ist, während ein Spiel mit abhängiger Bestrafung kein Spiel mit unabhängigen Ergebnissen ist.

Dabei gilt

$$\lim_{n\to\infty} M\,(A_n, k_1, J, \Gamma) \geqq \max_{\alpha} \min_{X} \sum_{\beta=1}^{k_2} a_{\alpha\beta} x_\beta. \tag{2.2.3}$$

Das Gleichheitszeichen wird bei der optimalen gemischten Strategie des Spielers J angenommen. Folglich erzielt ein zu einer asymptotisch-optimalen Folge gehörender und gegen einen Spieler J spielender Automat bei genügend großer Speicherkapazität einen Gewinn, der nicht kleiner ist als der Wert des Spiels nach VON NEUMANN.

Es sei eine MARKOWsche Kette mit den beiden Zuständen ψ_1 und ψ_2 und der stochastischen Matrix

$$\begin{Vmatrix} 1-\delta_1 & \delta_1 \\ \delta_2 & 1-\delta_2 \end{Vmatrix}$$

gegeben. Dann ist $\mu = \dfrac{\delta_2}{\delta_1+\delta_2}$ die Finalwahrscheinlichkeit des Zustandes ψ_1 und $1-\mu = \dfrac{\delta_1}{\delta_1+\delta_2}$ die Finalwahrscheinlichkeit des Zustandes ψ_2. Die Realisierung dieser MARKOWschen Kette liefert eine Folge zufälliger Ereignisse ψ_1 und ψ_2 mit den Wahrscheinlichkeiten μ und $1-\mu$. Sei $R_{\psi_i\psi_j}$ der Korrelationskoeffizient für die Ereignisse ψ_i und ψ_j. Dann gilt

$$R_{\psi_1\psi_2} = \frac{(p\psi_1\psi_2) - p(\psi_1)\,p(\psi_2)}{\sqrt{\big(p(\psi_1) - p^2(\psi_1)\big)\,\big(p(\psi_2) - p^2(\psi_2)\big)}} = \frac{\delta_1}{1-\mu} - 1 = \delta_1 + \delta_2 - 1$$

$p(\psi_1, \psi_2)$ ist die Wahrscheinlichkeit der Ereignisfolge (ψ_1, ψ_2) und $R_{\psi_2\psi_1} = \dfrac{\delta_2}{\mu} - 1$ $= \delta_1 + \delta_2 - 1 = R_{\psi_1\psi_2} = R$. Möge jetzt im $k_1 \times 2$ Spiel der Spieler J_2 eine optimale gemischte Strategie mit den Wahrscheinlichkeiten μ und $1-\mu$ der reinen Strategien benutzen, aber zur Auswahl seiner reinen Strategien einen Zufallsgenerator benutzen, der den Korrelationskoeffizienten $R_{f_1f_2} = R_{f_2f_1} = R$ hat.[1]) Für den Automaten A_{n,k_1} ist ein Spiel mit einem solchen Partner äquivalent dem Verhalten im umschaltbaren zufälligen Medium $K[C_1(a_{11}, a_{21}, \ldots, a_{k_11}), C_2(a_{12}, a_{22}, \ldots, a_{k_22}), \Delta]$ und der Umschaltmatrix

$$\begin{Vmatrix} 1-(1-\mu)\,(R+1) & (1-\mu)\,(R+1) \\ \mu(R+1) & (1-\mu)\,(R+1) \end{Vmatrix}.$$

Aus dem Gesagten folgt, daß der Automat A_{n,k_1} mit einer Speicherkapazität, die nahe an der für das gegebene umschaltbare zufällige Medium optimalen n_0 liegt, im Spiel einen Gewinn erzielen wird, der den Wert des Spiels übersteigt. Diese Schlußfolgerung trifft auch für beliebige $k_1 \times k_2$ Nullsummenspiele zu.

Wir betrachten jetzt Nullsummenspiele zweier Automaten A^1 und A^2. Wir setzen voraus, daß der Automat A^j aus einem Aktions- und einem Speicherautomaten besteht. Wie in § 1.1 bezeichnen wir mit φ_i^j den Zustand des Speicherautomaten für A^j. Wir betrachten solche Konstruktionen, bei denen der Aktionswechsel nur im Zustand φ_1^j des Speicherautomaten vorgenommen wird.

Die Zeit (Anzahl der Takte) $t_H^{\varphi_i}(a_j)$ bis zum Aktionswechsel des sich im Zustand φ_i

[1]) In letzter Zeit werden häufig zur Schaffung von Zufallsgeneratoren endliche Automaten verwandt, die MARKOWsche Eigenschaften in die zu erzeugenden Folgen einbringen.

befindenden und die Aktion f_j durchführenden Automaten A hängt im stationären zufälligen Medium von a_i ab. Den Erwartungswert der Zufallsgröße $t_A^{\varphi_j}(a_i)$ bezeichnen wir mit $T_A^{\varphi_j}(a_i)$. Außerdem benutzen wir die Bezeichnung $T_A^{\varphi_1}(a_i) = T_a(a_i)$. Man erkennt leicht, daß für beliebige i und j

$$\frac{\sigma_i}{\sigma_j} = \frac{T_A(a_i)}{T_A(a_j)} \tag{2.2.4}$$

ist, wobei σ_i und σ_j die Finalwahrscheinlichkeiten der Strategien f_i und f_j bedeuten. Sei $\gamma_A(a_i)$ die stationäre Wahrscheinlichkeit des Wechsels der Aktion f_i durch den Automaten A im Medium C; dann folgt aus (1.1.11)

$$\frac{T_A(a_i)}{T_A(a_j)} = \frac{\gamma_A(a_j)}{\gamma_A(a_i)} \quad \text{und} \quad T_A(a_i) = \frac{W}{\gamma_A(a_i)}.$$

Wir bestimmen die Konstante W. Offenbar ist für die betrachteten Automaten $T_A(-1) = 1$ und folglich ist

$$T_A(a_i) = \frac{\gamma_A(-1)}{\gamma_A(a_i)}.$$

Wenn wir berücksichtigen, daß für die in § 1.2 betrachteten Automaten $\gamma_A(-1) = 1$ gilt, so finden wir endgültig

$$T_A(a_i) = \frac{1}{\gamma_A(a_i)}. \tag{2.2.5}$$

Eine Folge von Zufallsgrößen nennen wir Folge mit singulärer Verteilung, wenn man in ihr eine solche Teilfolge $\xi_1, \xi_2, \ldots, \xi_n, \ldots$ angeben kann, daß für ein bestimmtes kleines δ_n

$$p\,\{\xi_n < \delta_n \bar{\xi}_n\}_{n\to\infty} \to 1$$

erfüllt ist, wobei $\bar{\xi}_n$ den Erwartungswert der Zufallsgröße ξ_n bedeutet. (Die Wahrscheinlichkeit dafür, daß die Zufallsgröße sehr klein im Vergleich zu ihrem Erwartungswert ist, konvergiert gegen Eins.)[1])

Im weiteren werden wir Automatenfolgen $A_1, A_2, \ldots, A_n$ betrachten, die folgenden Bedingungen genügen.

Bedingung 1. Es gilt $\lim\limits_{n\to\infty} \dfrac{T_{A_n}^{\varphi'(n)}(a_1)}{T_{A_n}^{\varphi''(n)}(a_2)} = \infty$ für beliebige $a_1 > a_2$ gleichmäßig bezüglich $\varphi'(n)$ und $\varphi''(n)$, wobei $\varphi'(n)$ und $\varphi''(n)$ beliebige Zustände des Speicherautomaten A_n sind.

Bedingung 2. Für beliebige $\varphi(n)$ und a ist $t_{A_1}^{\varphi(1)}(a), t_{A_2}^{\varphi(2)}(a), \ldots, t_{A_n}^{\varphi(n)}(a)$ keine Folge mit singulärer Verteilung.

Wir definieren den Wert d eines Paares zweier Automatenfolgen $A_1, A_2, \ldots, A_n$ und $B_1, B_2, \ldots, B_n$, die der Bedingung 1 genügen. Die stationäre Wahrscheinlichkeit des Aktionswechsels $\gamma_{A_n}(a)$ ist eine monoton fallende Funktion von a und $\gamma_{B_n}(-a)$

[1]) Die Folge von ξ_n, die mit der Wahrscheinlichkeit $1 - 1/n$ den Wert 0 und mit der Wahrscheinlichkeit $1/n$ den Wert n^2 annehmen, ist ein Beispiel für eine solche Folge.

ist eine monoton wachsende Funktion von a. Die Zahl $d^{(n)}$ definieren wir durch die Gleichung

$$\gamma_{A_n}(d^{(n)}) = \gamma_{B_n}(-d^{(n)}), \qquad -1 \leqq d^{(n)} \leqq 1.$$

Wir betrachten nur solche Folgen $A_1, A_2, \ldots, A_n$ und $B_1, B_2, \ldots, B_n$, für die der Grenzwert $d = \lim_{n\to\infty} d^{(n)}$ existiert. Die Zahl d nennen wir Automatenwert der Folgen $A_1, A_2, \ldots, A_n, \ldots, B_1, B_2, \ldots, B_n$.

Ist der Automatenwert der Folgen $A_1, A_2, \ldots, A_n, \ldots, B_1, B_2, \ldots, B_n, \ldots$ gleich d, so definieren wir den Automatenwert der Folgen $B_1, B_2, B_n, \ldots, A_1, A_2, \ldots, A_n, \ldots$ als $-d$. Der Automatenwert gleicher Folgen ist Null.

Seien das Spiel Γ mit der Matrix $\|a_{\alpha\beta}\|$ und die Zahl d gegeben. Durch Umnumerierung der Zeilen und Spalten bringen wir die Matrix $\|a_{\alpha\beta}\|$ auf die Gestalt

$$\|a_{\alpha\beta}\| = \begin{Vmatrix} J_d & P_d \\ N_d & O_d \end{Vmatrix}, \tag{2.2.6}$$

Dabei ist O_d eine solche maximale Untermatrix von $\|a_{\alpha\beta}\|$, daß $a_{\alpha\beta} \leqq d$ ist; wenn $a_{\alpha\beta} \in N_d$ und $a_{\alpha\beta} \geqq d$ ist, wenn $a_{\alpha\beta} \in P_d$ und die Untermatrix J_d nicht leer ist. Es kann vorkommen, daß O_d leer ist und J_d mit $\|a_{\alpha\beta}\|$ übereinstimmt. Partien (α, β), für die $a_{\alpha\beta} \in O_d$ gilt, heißen d-unzulässige Partien des Spiels Γ, während die anderen d-zulässig heißen. Seien zum Beispiel die beiden Spiele Γ_1 und Γ_2 mit den Matrizen

$$\Gamma_1 = \begin{Vmatrix} + & - \\ - & + \end{Vmatrix} \quad \text{und} \quad \Gamma_2 = \begin{Vmatrix} b & + \\ - & c \end{Vmatrix},$$

gegeben, wobei die Symbole „+" und „−" beliebige positive und negative Elemente bedeuten. Ist $d = 0$, so sind für das Spiel Γ_1 alle Partien d-zulässig. Für das Spiel Γ_2 ist die Partie (2.2) (mit dem Gewinn c) d-unzulässig.

Satz 3. Die den Bedingungen 1 und 2 genügenden Automatenfolgen $A_1, A_2, \ldots, A_n$ und $B_1, B_2, \ldots, B_n$ mögen das Spiel Γ spielen. Ist dann $v < d < U$, so ist der Höchstgewinn M der Automaten in der Folge $\{A_i\}$ zwischen den beiden zur Zahl d nächstgelegenen Elementen der Matrix des Spiels Γ eingeschlossen, die d-zulässig sind:

$$a^*_{i_1 j_1} \leqq M \leqq a^*_{i_2 j_2} \quad \text{für} \quad v < d < V.$$

Dabei ist

$$a^*_{i_1 j_1} = \max_{a_{ij} \leqq d;\, a_{ij} \bar{\in} O_d} \{a_{ij}\}; \quad a^*_{i_2 j_2} = \min_{a_{ij} \geqq d;\, a_{ij} \bar{\in} O_d} \{a_{ij}\}.$$

Beweis. Wie oben erwähnt wurde, ist im Spiel 1 des Automaten A_n mit dem Automaten B_n der Erwartungswert des Gewinns des Automaten A_n (Wert des Spiels Γ) gleich

$$M_n = M(A_n, B_n, \Gamma) = \sum_{i,j} \sigma_{ij}(n)\, a_{ij}, \tag{2.2.7}$$

wobei $\sigma_{ij}(n)$ die Wahrscheinlichkeit dafür ist, daß die Automaten A_n und B_n die Partie (i, j) spielen. Spielen die Automaten zu den Zeitpunkten $t - 1$ und t verschiedene Partien, so nennen wir t den Zeitpunkt des Partiewechsels. Die Zeitpunkte des Partiewechsels zerlegen die Zeit in Intervalle, wobei in jedem dieser Intervalle eine bestimmte Partie gespielt wird. Jedem Intervall wird also ein Indexpaar (i, j) zugeordnet. Mit $\tau_n(a_{ij}, \Gamma)$ bezeichnen wir die durchschnittliche Länge der Intervalle mit dem Index

(i, j), d. h. die mittlere Dauer einer Partie (i, j). Den Anteil der Intervalle mit dem Index (i, j) an der Gesamtzahl der Intervalle bezeichnen wir mit $\varrho_{ij}(n)$ und nennen ihn Wahrscheinlichkeit für den Übergang zur Partie (i, j). Der Quotient der Summe der Intervallängen, in denen die Partie (i, j) gespielt wird, und der Gesamtlänge aller Intervalle ist $\sigma_{ij}(n)$. Die Wahrscheinlichkeit der Partie (i, j) ist mit ihrer mittleren Dauer wie folgt verknüpft:

$$\sigma_{ij}(n) = \alpha_n \varrho_{ij}(n)\, \tau_n(a_{ij}, \Gamma). \tag{2.2.8}$$

Dabei ist α_n ein Normierungsfaktor, der aus $\sum_{i,j} \sigma_{ij}(n) = 1$ bestimmt wird.

Der Automat A_n möge sich zum Zeitpunkt des Übergangs zur Partie (i, j) im Zustand $\varphi(n)$ und der Automat B_n im Zustand $\psi(n)$ befinden. Den Erwartungswert der Dauer der Partie (i, j) bei derartigen Anfangsbedingungen bezeichnen wir mit $\tau_n{}^{\varphi(n)\psi(n)}(a_{ij})$. Solange die Automaten die Partie (i, j) spielen, kann man annehmen, daß sie in stationären zufälligen Medien arbeiten, wobei der Automat A_n die Aktion i mit dem Gewinnerwartungswert a_{ij} und der Automat B_n die Aktion j mit dem Gewinnerwartungswert $-a_{ij}$ durchführt. Nach Definition des Automatenwertes gilt dann auf Grund von Bedingung 1 für beliebige $\varphi(n)$ und $\psi(n)$

$$\lim_{n\to\infty} \frac{T_{A_n}^{\varphi(n)}(a_{ij})}{T_{B_n}^{\psi(n)}(-a_{ij})} = \begin{cases} \infty & \text{für } a > d \\ & a < d. \end{cases} \tag{2.2.9}$$

Benutzt man die Bedingung 2, so kann man

$$\left.\begin{aligned} \tau_n{}^{\varphi(n)\psi(n)}(a_{ij}) &\sim T_{B_n}^{\psi(n)}(-a_{ij}) \quad \text{für } a_{ij} > d, \\ \tau_n{}^{\varphi(n)\psi(n)}(a_{ij}) &\sim T_{A_n}^{\varphi(n)}(a_{ij}) \quad\quad \text{für } a_{ij} < d \end{aligned}\right\} \tag{2.2.10}$$

herleiten.[1]) Der Sinn von (2.2.10) besteht darin, daß die Dauer der Partie durch das Verhalten desjenigen Automaten bestimmt wird, dem „es schlechter geht". Der Automat, dem „es schlechter geht", wird durch das gegenseitige Verhältnis von Gewinnerwartungswert und Automatenwert herauskristallisiert. Dabei konvergiert für $n \to \infty$ die Wahrscheinlichkeit dafür, daß in der Partie (i, j) derjenige Automat früher die Aktion wechselt, dem „es schlechter geht", nicht unbedingt gegen Eins.

Aus (2.2.10) folgt

$$\lim_{n\to\infty} \frac{\tau_n{}^{\varphi(n)\psi(n)}(a_{i_1j_1})}{\tau_n{}^{\varphi(n)\psi(n)}(a_{i_2j_2})} = \begin{cases} \infty & \text{für } d \leqq a_{i_1j_1} < a_{i_2j_2}, \\ 0 & \text{für } d \geqq a_{i_2j_2} > a_{i_1j_1}. \end{cases} \tag{2.2.11}$$

Entsprechend der Definition vom oberen Wert V und unteren Wert v des Spiels gibt es im Fall $V > d > v$ in jeder Zeile der Matrix $\|a_{ij}\|$ Elemente, die kleiner als d sind und in jeder Spalte Elemente, die größer als d sind. Sei keines der z-zulässigen Elemente $a_{ij} \bar{\in} O_d$ gleich d. Dann kann man für $\varrho_{ij}(n)$ das Gleichungssystem

$$\varrho_{ij}(n) = \sum_{k,l} \varrho_{kl}(n)\, \theta_{kl,ij}(n) \tag{2.2.12}$$

aufschreiben, wobei $\theta_{kl,ij}(n)$ die Wahrscheinlichkeit dafür bedeutet, daß die Automaten die Partie (i, j) spielen, wenn sie bis zum Partiewechsel die Partie (k, l) gespielt haben. Benutzt man die Bedingung der gleichwahrscheinlichen Auswahl der neuen Aktion

---

[1]) Die Notation $x_n \sim y_n$ bedeutet, daß für $n \to \infty$ die Verhältnisse x_n/y_n und y_n/x_n beschränkt sind, d. h. x_n und y_n haben gleiche Wachstumsordnung bezüglich n.

durch den Automaten im Falle des Aktionswechsels und die Bedingung 2, so kann man zeigen, daß ein solches $\alpha > 0$ existiert, da für alle j $\theta_{kl,kj}(n) > \alpha$ gilt, sobald $a_{kl} > d$ ist, und da für alle i $\theta_{kl,il}(n) > \alpha$ gilt, sobald $a_{kl} < d$ ist; d. h., bei $a_{kl} < d$ wechselt hauptsächlich der erste Automat seine Aktion und bei $a_{kl} > d$ der zweite.[1]) Untersucht man das System (2.2.12) für $n \to \infty$, so kann man zeigen, daß $\varrho_{i_1j_1}(n) \sim \varrho_{i_2j_2}(n)$ für beliebige $a_{i_1j_1}, a_{i_2j_2} \in O_d$ und $\varrho_{\alpha\beta}(n) = O(p_{ij}(n))$ gilt. Folglich existiert für ein Spiel Γ, bei dem $V > d > v$ ist und kein $a_{ij} \bar{\in} O_d$ gleich d ist, ein solches $\lambda \neq 0$, daß $\lim\limits_{n\to\infty} \varrho_{ij}(n) > \lambda$ für $a_{ij} \bar{\in} O_d$ ist.

Sei

$$\tau_n(\alpha_{\alpha_0\beta_0}, \Gamma) = \max_{i,j} \tau_n(a_{ij}, \Gamma). \tag{2.2.13}$$

Ist die Matrix $\|a_{ij}\|$ dergestalt, daß das Maximum in (2.2.13) einzig und die Partie (α_0, β_0) d-zulässig ist, dann folgt aus dem oben Dargelegten

$$M = a_{\alpha_0\beta_0}. \tag{2.2.14}$$

In den anderen Fällen ist

$$a^*_{i_1j_1} \leqq M \leqq a^*_{i_2j_2}, \tag{2.2.15}$$

wobei $a^*_{i_1j_1} = \max\limits_{a_{ij}\leqq d;\, a_{ij}\bar{\in} O_d} a_{ij}$; $a^*_{i_2j_2} = \min\limits_{a_{ij}\geqq d;\, a_{ij}\bar{\in} O_d} a_{ij}$ bedeuten. Das war zu beweisen.

Ist wenigstens eines der d-zulässigen Elemente a_{ij} gleich d, so gilt offenbar $M = d$.

Wir betrachten noch eine Bedingung, der spielende Automaten genügen müssen. Der Automat A_n möge in einem gewissen Medium Z_n arbeiten. Wir bezeichnen mit $T^i_{A_n}(Z_n)$ die mittlere Zeit bis zum Aktionswechsel durch den Automaten A_n beim Anfangszustand φ_1 und der Aktion f_i im Medium Z_n. Wir bemerken, daß wie oben $T^i_{A_n}(Z_n)$ nicht von den Gewinnerwartungswerten für von f_i verschiedene Aktionen abhängt.

Wir definieren das Medium Z_n wie folgt. Es mögen k_2 Zufallsgrößen $\xi_1(n), \xi_2(n), \ldots, \xi_{k_2}(n)$ vorgegeben sein und der Gewinnerwartungswert für die Aktion f_i im Medium Z_n kann wie folgt einen der k_2 Werte $a_1^{(i)}, a_2^{(i)}, \ldots, a_{k_2}^{(i)}$ annehmen. Es wird mit gleicher Wahrscheinlichkeit zufällig einer der Werte $a_l^{(i)}$ ausgewählt, der im Verlaufe von $\xi_i(n)$ Takten beibehalten wird. Danach wird eine neue gleichwahrscheinliche Auswahl des Wertes des Gewinnerwartungswertes vorgenommen.

Es ist leicht zu sehen, daß das zufällige Medium Z_n einem zufälligen Medium äquivalent ist, in dem ein am Spiel teilnehmender Automat arbeitet, wenn sein Partner im Falle des Strategiewechsels die neue Strategie gleichwahrscheinlich auswählt.

Wir bezeichnen mit $\overline{\xi_j(n)}$ den Erwartungswert der Größe $\xi_j(n)$. Weiter sei $a_{j_0} = \min (a_1^{(i)}, a_2^{(i)}, \ldots, a_{k_2}^{(i)})$.

Bedingung 3. Ist

$$\frac{\overline{\xi_{j_0}(n)}}{\overline{\xi_j(n)}} \xrightarrow[n\to\infty]{} \infty, \quad j \neq j_0$$

(der Gewinnerwartungswert für die Aktion f_{j_0} ist größtenteils gleich a),

$$\frac{T^i_{A_0}(a^{(i)})}{\overline{\xi_{j_0}(n)}} \xrightarrow[n\to\infty]{} \infty$$

[1]) Die letzte Behauptung ist im gewissen Sinne (2.2.10) analog.

(das Medium Z_n ist für den Automaten A_n schnell umschaltbar) und

$$\frac{\overline{\xi_{j_0}(n)}}{n^2} \xrightarrow[n\to\infty]{} \infty,$$

so soll für den Automaten A_n bei genügend großem n und beliebige $\delta > 0$ die Bedingung

$$T^i_{A_n}(a_{j0}) \leqq T^i_{A_n}(Z_n) \leqq T^i_{A_n}(a_{j_0} + \delta)$$

erfüllt sein.

Mit S bezeichnen wir die Klasse von Automatenfolgen, die den Bedingungen 1, 2 und 3 genügen.

Satz 4. In Nullsummenspielen von zur Klasse S gehörigen Automatenfolgen $A_1, A_2, \ldots, A_n, \ldots, B_1, B_2, \ldots, B_n$ gilt:

$$1)\ M = v \text{ für } d \leqq v, \quad 2)\ M = V \text{ für } d \geqq V.$$

Beweis. Ist $d = v$, so folgt die Behauptung des Satzes aus dem Beweis von Satz 3.

Wir betrachten den Fall $d < v$. Wegen $v = \max\limits_i \min\limits_j a_{ij}$ existieren in der Matrix $\|a_{ij}\|$ Zeilen, deren Elemente alle größer als d sind. Da d aus der Gleichung $\gamma_{A_n}(d) = \gamma_{B_n}(-d)$ bestimmt wird, was $T_{A_n}(d) = T_{B_n}(-d)$ äquivalent ist, gilt offenbar für Zeilen, in denen $a_{\alpha j} > \alpha$ ist,

$$\frac{T_{A_n}(a_{\alpha j})}{T_{B_n}(-a_{\alpha j})} \xrightarrow[n\to\infty]{} \infty.$$

Aus (2.2.12) folgt, daß für alle diese Partien (α, j) $\varrho_{\alpha j_1}(n) \sim \varrho_{\alpha j_2}(n)$ gilt. Berücksichtigen wir noch (2.2.11), so finden wir $\tau_n(a_{\alpha j}, \Gamma) = o[\tau_n(a_{\alpha j(\alpha)}, \Gamma)]$, wobei $a_{\alpha j(\alpha)} = \min\limits_j a_{\alpha j}$ ist. Aus (2.2.8) erhalten wir dann

$$\sigma_{\alpha j}(n) = o[\sigma_{\alpha j(\alpha)}(n)].$$

Wir bezeichnen mit $\sigma_\alpha(n) = \sum\limits_j \sigma_{\alpha j}(n)$ die Wahrscheinlichkeit dafür, daß der Automat im Spiel Γ die Strategie f_α wählt, und schätzen die mittlere Zeit $T^\alpha_{A_n}(\Gamma, B_n)$ ab, in deren Verlauf der Automat A_n im Spiel Γ mit dem Automaten B_n die Aktion f_α ausführt. Gibt es in der Zeile β Elemente $a_{\beta i} < d$, so stellt man leicht fest, daß für beliebiges $\delta > 0$ und genügend große n

$$T^\beta_{A_n}(\Gamma, B_n) < T^\beta_{A_n}(d + \delta) \tag{2.2.16}$$

gilt. Wenn der Automat A_n eine gewisse Aktion f_α ausführt, für die für alle j $a_{\alpha j} > d$ ist, so kann man annehmen, daß er in einem umschaltbaren Medium Z_n arbeitet, das den Beschränkungen der Bedingung 3 genügt. Dabei sind die Zahlen $a_{\alpha 1}, a_{\alpha 2}, \ldots, a_{\alpha k_2}$ die Gewinnerwartungswerte von A_n im Intervall zwischen den Aktionswechseln, während die Zeiten zwischen den Umschaltungen des Mediums die Zeiten zwischen den Aktionswechseln von B_n sind, d. h., es ist $\bar{\xi}_j = T^j_{B_n}(-a_{\alpha j})$. Deshalb ist auf Grund von Bedingung 3 für jedes $\delta > 0$

$$T^\alpha_{A_n}[a_{\alpha j(\alpha)}] \leqq T^\alpha_{A_n}[\Gamma, B_n] \leqq T^\alpha_{A_n}[a_{\alpha j(\alpha)} + \delta]. \tag{2.2.17}$$

Da $A_1, A_2, \ldots, A_n$ Automaten mit gleichwahrscheinlichem Aktionswechsel sind, folgt aus (2.2.16), (2.2.17) und Bedingung 1

$$\frac{\sigma_i(n)}{\sigma_{\alpha_0}(n)} \xrightarrow[n\to\infty]{} 0$$

mit $a_{\alpha_0 j(\alpha_0)} = \max_\alpha a_{\alpha j(\alpha)} = \max_\alpha \min_j a_{\alpha j} = v$, woraus für $d \leqq v$ $M = v$ folgt.

Um den Beweis für den Fall $d \geqq V$ zu führen, genügt es, darauf hinzuweisen, daß sich dabei der Automat B_n in denselben Bedingungen befindet wie der Automat A_n für den Fall $d \leqq V$. In der Tat ist $V_{A_n} = -v_{B_n}$ und $d_{A_nB_n} = -d_{B_nA_n}$. Aus der Bedingung $d_{A_nB_n} \geqq V_{A_n}$ folgt dann $d_{B_nA_n} \leqq v_{B_n}$ und wir erhalten, daß in diesem Falle $M = V$ ist. Damit ist der Satz bewiesen.

Man kann zeigen, daß die in § 1.2 beschriebenen Automaten $L_{n,k}$, $D_{n,k}$, $K_{n,k}$ und $R_{n,k}$ zur Klasse S gehören. Dabei werden wir Automaten betrachten, bei denen der Aktionsautomat die neue Aktion gleichwahrscheinlich auswählt. Solche Automaten bezeichnen wir mit S_n.

Der Automat S_n möge im stationären zufälligen Medium arbeiten und eine Aktion ausführen, für die der Gewinnerwartungswert zum asymptotisch-optimalen Gebiet des Automaten gehört. Die betrachteten Automaten sind dergestalt, daß in diesem Falle der Automat mit größerer Wahrscheinlichkeit aus dem Zustand φ_j in den Zustand φ_{j+1} als in den Zustand φ_{j-1} übergeht. Aus den Eigenschaften 1, 2 und 3 asymptotisch-optimaler Folgen von Automaten (§ 1.2) folgt, daß sich der Automat selbst dann, wenn er sich im Zustand φ_1 befand, mit einer Wahrscheinlichkeit, die größer als eine gewisse Konstante $\varphi_{(n)}^k$ ist, im Zustand φ_n befindet, bevor er die Aktion wechselt. Deshalb genügt es, Bedingung 2 nur für den Zustand φ_n nachzuweisen. Außerdem gilt für Automaten S_n $T_{S_n}^{\varphi_1}(a) \sim T_{S_n}^{\varphi_n}(a)$ Wegen $T_{S_n}^{\varphi_1}(a) \leqq T_{S_n}^{\varphi_i}(a) \leqq T_{S_n}^{\varphi_n}(a)$ ist für beliebige $\varphi_i(n)$ und $\varphi_j(n)$ $T_{S_n}^{\varphi_i}(a) \sim T_{S_n}^{\varphi_j}(a)$ und aus der asymptotischen Optimalität des Automaten folgt die Bedingung 1. Die Gültigkeit der Bedingungen 2 und 3 kann man leicht mit Hilfe von Satz 1 (§ 1.2) überprüfen.

Wir bestimmen die Automatenwerte einiger Paare von Automatenfolgen. Wir erinnern daran, daß für zwei gleiche Folgen $d = 0$ ist. Folglich ist die Bedingung $d = 0$ eine Bedingung für die Äquivalenz zweier Automatenfolgen im Spiel.

1. Der Automat D_{n,k_1} möge mit dem Automaten D_{ln,k_2} spielen. (Der Speicher des ersten Automaten ist l mal größer als der Speicher des zweiten Automaten.) Für den Automaten $D_{n,k}$ ist

$$\gamma D_{n,k}(a) = p_n = \left(\frac{1-a}{2}\right)^n.$$

Der Automatenwert $d_{D_{n,k_1};D_{ln,k_2}}$ wird aus der Gleichung

$$\frac{1-d}{2} = \left(\frac{1+d}{2}\right)^l, \quad -1 < d < +1$$

bestimmt. Berücksichtigt man $\frac{1+d}{2} = q$, so ergibt sich $q^l + q - 1 = 0$, woraus $q > 1/2$ und $d > 0$ für $l > 1$ folgt. Im Spiel Γ bringt also ein kleinerer Speicher (größere Beweglichkeit) dem Automaten Vorteile.

2. Spiel des Automaten D_{n_1,k_1} mit dem Automaten K_{n_2,k_2}. In diesem Falle wird der Automatenwert $d_{D_{n_1,k_1};K_{n_2,k_2}}$ aus der Gleichung

$$\left(\frac{1-d}{2}\right)^{n_1} = \frac{3-d}{2}\left(\frac{1+d}{3-d}\right)^{n_2}$$

bestimmt. Sei $n_1 = n$ und $n_2 = nl$. Wir setzen $d = 0$; dann ist $l_0 = \frac{\ln 2}{\ln 3}$. Für $l > l_0$ ist $d > 0$ und für $l < l_0$ ist $d < 0$.

3. Spiel des Automaten D_{n_1,k_1} mit dem Automaten R_{n_2,k_2}. Für dieses Paar wird der Automatenwert aus der Gleichung

$$\left(\frac{1-d}{2}\right)^{n_1} = \left(\frac{1+d}{2}\right)^{n_2} \frac{1-d}{2\left[1-\left(\frac{1+d}{2}\right)^{n_2}\right]}$$

bestimmt. Für $d = 0$, $n_1 = n$ und $n_2 = nl$ ist $\lim\limits_{n\to\infty} l = 1$, d. h., die Automaten D und R sind praktisch äquivalent.

Wir bemerken, daß in Nullsummenspielen für Automaten mit linearer Taktik Bedingung 1 nicht erfüllt ist, da ein Automat mit linearer Taktik nur in Medien mit nichtnegativem Gewinnerwartungswert asymptotisch optimal ist. Für eine Abschätzung einer Folge von Automaten mit linearer Taktik kann man anstelle eines Nullsummenspiels ein Spiel mit konstanter Summe, und zwar mit der Summe 1, betrachten. Wir nennen ein antagonistisches Spiel von Automaten ein b-Summenspiel, wenn die Gewinnerwartungswerte $a_{\alpha\beta}^{(1)}$ und $a_{\alpha\beta}^{(2)}$ des ersten und zweiten Automaten in der Partie (α, β) der Gleichung $a_{\alpha\beta}^{(1)} + a_{\alpha\beta}^{(2)} = b$ genügen. Es ist natürlich, daß bei den gemachten Beschränkungen der Automateneingabesignale das Spiel nur ein Spiel mit unabhängigen Ergebnissen sein kann. Ist $b = 1$, so liegen die Gewinnerwartungswerte $a_{\alpha\beta}^{(1)}$ und $a_{\alpha\beta}^{(2)}$ im Intervall [0, 1].

Für $b = 1$ lassen sich alle oben erhaltenen Ergebnisse auf Spiele von Automaten mit linearer Taktik ausdehnen.

Der Automatenwert zweier Folgen von Automaten $A_1, A_2, \ldots, A_n, B_1, B_2, \ldots, B_n$ ist in diesem Falle $d_b = \lim\limits_{n\to\infty} d_b$, wobei $d_b^{(n)}$ aus der Gleichung

$$\gamma_{A_n}(d_b^{(n)}) = \gamma_{B_n}(b - d_b^{(n)}) \tag{2.2.18}$$

bestimmt wird. In einem Spiel zweier gleicher Automatenfolgen ist für $b = 1$

$$\gamma_{A_n}(d_1^{(n)}) = \gamma_{A_n}(1 - d_1^{(n)}).$$

Folglich ist $d = 1/2$. Der Automatenwert $d = 1/2$ entspricht in einem 1-Summenspiel gleichem Gewinn beider Automaten.

Wir betrachten das Spiel Γ des Automaten D_{n_1,k_1} mit dem Automaten L_{n_2,k_2} für $b = 1$. Der Automatenwert wird aus der Gleichung

$$\left(\frac{1-d}{2}\right)^{n_1} = \frac{1-d}{\left(\frac{2-d}{d}\right)^{n_2} - 1}$$

bestimmt. Für $d = \frac{1}{2}$ ist $\lim\limits_{n\to\infty} \frac{n_2}{n_1} = \frac{\ln 4}{\ln 3}$

Es ist nicht schwer, auch für andere Paare von Folgen das Verhältnis der Speicherkapazitäten für $d_1 = 1/2$ anzugeben. Für K_{n_1,k_1} und L_{n_2,k_2} ist $\frac{n_2}{n_1} = \frac{\ln 3}{\ln 7}$. Wir bemerken, daß

$$l_{A_n,B_n} = \frac{l_{A_n,C_n}}{l_{B_n,C_n}} \tag{2.2.19}$$

ist, wobei $l_{A_n,B_n} = \lim\limits_{n\to\infty} \frac{n_2}{n_1}$ das Verhältnis der Speicherkapazitäten zweier Automatenfolgen für d bedeutet, das aus der Relation $\gamma_{A_n}(d_b) = \gamma_{A_n}(b - d_b)$ bestimmt wird, d. h. für $d_b = b/2$. Aus (2.2.19) kann man alle Wechselbeziehungen zwischen den Speicherkapazitäten bestimmen.

Aus dem Gesagten sieht man, daß alle betrachteten Automatenkonstruktionen der Bedingung $1/2 < l_0 < 2$ genügen, was die „Gleichwertigkeit" dieser Konstruktionen ausdrückt.

Wir betrachten jetzt ein Nullsummenspiel zweier gleicher Automaten mit linearer Taktik. Zur Vereinfachung der Rechnungen wollen wir voraussetzen, daß es sich um ein Spiel mit abhängiger Bestrafung handelt.

Sei $R_{i,j}^{\alpha\beta}$, $\alpha = 1, 2, \ldots, k_1$, $\beta = 1, 2, \ldots, k_2$, $i, j = 1, 2, \ldots, n$ die Wahrscheinlichkeit dafür, daß sich die Automaten A^1 und A^2 in der Partie (α, β) in den Zuständen φ_i und φ_j befinden. Unter Zuhilfenahme von Abb. 1.5 schreiben wir für einen Automaten mit linearer Taktik das Gleichungssystem zur Bestimmung der $R_{ij}^{\alpha\beta}$ auf:

$$R_{i,j}^{\alpha\beta} = p_{\alpha\beta} R_{i+1,j-1}^{\alpha\beta} + q_{\alpha\beta} R_{i-1,j+1}^{\alpha\beta} \quad i, j = 2, 3, \ldots, n-1, \tag{2.2.20}$$

$$R_{n,j}^{\alpha\beta} = q_{\alpha\beta}(R_{n,j+1}^{\alpha\beta} + R_{n-1,n+1}^{\alpha\beta}), \qquad j = 2, 3, \ldots, n-1 \tag{2.2.21}$$

$$R_{i,n}^{\alpha\beta} = p_{\alpha\beta}(R_{i+1,n}^{\alpha\beta} + R_{i+1,n-1}^{\alpha\beta}), \qquad i = 2, 3, \ldots, n-1, \tag{2.2.22}$$

$$R_{1,j}^{\alpha\beta} = p_{\alpha\beta} R_{2,j-1}^{\alpha\beta} + \frac{1}{k_1} \sum_{\gamma=1}^{k_1} p_{\gamma\beta} R_{1,j-1}^{\gamma\beta}, \; j = 2, 3, \ldots, n-1, \tag{2.2.23}$$

$$R_{i,1}^{\alpha\beta} = q_{\alpha\gamma} R_{i-1,2}^{\alpha\beta} + \frac{1}{k_2} \sum_{\gamma=1}^{k_2} q_{\alpha\gamma} R_{i-1,1}^{\alpha\gamma}, \; i = 2, 3, \ldots, n-1, \tag{2.2.24}$$

$$R_{1,n}^{\alpha\beta} = p_{\alpha\beta}(R_{2,n-1}^{\alpha\beta} + R_{2,n}^{\alpha\beta}) + \frac{1}{k_1} \sum_{\gamma=1}^{k_1} p_{\gamma\beta}(R_{1,n-1}^{\gamma\beta} + R_{1,n}^{\gamma\beta}), \tag{2.2.25}$$

$$R_{n,1}^{\alpha\beta} = q_{\alpha\beta}(R_{n-1,2}^{\alpha\beta} + R_{n,2}^{\alpha\beta}) + \frac{1}{k_2} \sum_{\gamma=1}^{k_2} q_{\alpha\gamma}(R_{n-1,1}^{\alpha\gamma} + R_{n,1}^{\alpha\gamma}), \tag{2.2.26}$$

$$R_{1,1}^{\alpha\beta} = 0 \quad \text{und} \quad R_{n,n}^{\alpha\beta} = 0. \tag{2.2.27}$$

Die Normierungsbedingung ist

$$\sum_{\alpha,\beta,i,j} R_{i,j}^{\alpha\beta} = 1. \tag{2.2.28}$$

Die Gleichungen (2.2.27) folgen aus der Bedingung der Abhängigkeit der Bestrafung. In der Tat kann das System der Automaten A^1, A^2 nur in den Zustand $(\varphi_n{}^1, \varphi_n{}^2)$ im Ergebnis des Ausgangs $S = (+1, +1)$ und in den Zustand $(\varphi_1{}^1, \varphi_1{}^2)$ im Ergebnis des Ausgangs $S = (-1, -1)$ gelangen, was bei abhängiger Bestrafung unmöglich ist. Befindet sich das System im Zustand $(\varphi_i{}^1, \varphi_j{}^2)$, $i, j = 2, 3, \ldots, n-1$ und ist $i + j = \text{const}$, so kann es nur in die Zustände $(\varphi_{i-1}^1, \varphi_{i+1}^2)$ und $(\varphi_{i+1}^1, \varphi_{j-1}^2)$ übergehen, d. h., die Summe der Zustandsindizes bleibt erhalten. Befindet sich das System im Zustand $(\varphi_1{}^1, \varphi_n{}^2)$, so kann es nur in die Zustände $(\varphi_1{}^1, \varphi_n{}^2)$ und $(\varphi_2{}^1, \varphi_{n-1}^2)$[1]) übergehen. Befindet sich also das System im Zustand $(\varphi_i{}^1, \varphi_j{}^2)$ und ist $i + j = n + 1$, so existiert keine Folge von Gewinnen und Verlusten, die es in einen Zustand $(\varphi_{i'}^1, \varphi_{j'}^2)$ mit $i' + j' \neq n + 1$ überführt. Befindet sich dabei das System im Zustand $(\varphi_i{}^1, \varphi_j{}^2)$ $i + j = \text{const}$ und ist der Bestimmtheit halber $i \leqq j$, so geht nach $\max(i, n - j)$ aufeinanderfolgenden Gewinnen des Automaten A^2 das System in den Zustand $(\varphi_1{}^1, \varphi_n{}^1)$ über. Berücksichtigt man, daß die Wahrscheinlichkeit der angegebenen Gewinnfolge ungleich Null ist, so kann man behaupten, daß in der Finalwahrscheinlichkeitsverteilung der Zustände des Systems $R_{i,j}^{\alpha\beta} = 0$ für alle die i und j gilt, für die $i + j \neq n + 1$ ist. Wir führen die Bezeichnungen $R_{i,n+1-i}^{\alpha\beta} = R_i{}^{\alpha\beta}$ ein und schreiben das Gleichungssystem (2.2.20)—(2.2.28) in der Form

$$R_i{}^{\alpha\beta} = p_{\alpha\beta} R_{i+1}^{\alpha\beta} + q_{\alpha\beta} R_{i-1}^{\alpha\beta}, \quad i = 2, 3, \ldots, n - 1, \tag{2.2.29}$$

$$R_1{}^{\alpha\beta} = p_{\alpha\beta} R_2{}^{\alpha\beta} + \frac{1}{k_1} \sum_{\gamma=1}^{k_1} p_{\gamma\beta} R_1{}^{\alpha\beta}, \tag{2.2.30}$$

$$R_n{}^{\alpha\beta} = q_{\alpha\beta} R_{n-1}^{\alpha\beta} + \frac{1}{k_2} \sum_{\gamma=1}^{k_2} q_{\alpha\gamma} R_n{}^{\alpha\gamma} \tag{2.2.31}$$

mit der Normierungsbedingung

$$\sum_{i,\alpha,\beta} R_i{}^{\alpha\beta} = 1. \tag{2.2.32}$$

Die Lösung des Systems (2.2.29)—(2.2.32) suchen wir in der Form

$$R_j{}^{\alpha\beta} = b_{\alpha\beta} + c_{\alpha\beta} \lambda_{\alpha\beta}^{j-1}$$

mit $\lambda_{\alpha\beta} = \frac{q_{\alpha\beta}}{p_{\alpha\beta}}$. Dann erhalten wir aus (2.2.30) und (2.2.31) ein homogenes Gleichungssystem von $2k_1k_2$ Gleichungen und $2k_1k_2$ Unbekannten und der Normierungsbedingung (2.2.32):

$$b_{\alpha\beta} + c_{\alpha\beta} = p_{\alpha\beta} b_{\alpha\beta} + c_{\alpha\beta} p_{\alpha\beta} \lambda_{\alpha\beta} + \frac{1}{k_1} \sum_{\gamma=1}^{k_1} p_{\gamma\beta}(b_{\gamma\beta} + c_{\gamma\beta})$$

und

$$q_{\alpha\beta} b_{\alpha\beta} + p_{\alpha\beta} c_{\alpha\beta} = \xi_\beta, \; \xi_\beta = \frac{1}{k_1} \sum_{\gamma=1}^{k_1} p_{\gamma\beta}(b_{\gamma\beta} + c_{\gamma\beta}). \tag{2.2.33}$$

Analog ist

$$p_{\alpha\beta} b_{\alpha\beta} + q_{\alpha\beta} \lambda_{\alpha\beta}^{n-1} c_{\alpha\beta} = \tau_\alpha, \; \tau_\alpha = \frac{1}{k_2} \sum_{\gamma=1}^{k_2} q_{\alpha\gamma}(b_{\alpha\gamma} + \lambda_{\alpha\gamma}^{n-1} c_{\alpha\gamma}). \tag{2.2.34}$$

Die Auflösung von (2.2.33) und (2.2.34) nach $b_{\alpha\beta}$ und $c_{\alpha\beta}$ ergibt

$$b_{\alpha\beta} = \frac{\xi_\beta \lambda_{\alpha\beta}^n - \tau_\alpha}{p_{\alpha\beta}(\lambda_{\alpha\beta}^{n+1} - 1)}, \tag{2.2.35}$$

$$c_{\alpha\beta} = \frac{\lambda_{\alpha\beta} \tau_\alpha - \xi_\beta}{p_{\alpha\beta}(\lambda_{\alpha\beta}^{n+1} - 1)} \tag{2.2.36}$$

[1]) Analog für $(\varphi_n{}^1\ \varphi_1{}^2)$.

und Summierung über α in (2.2.33) und über β in (2.2.34) liefert

$$\sum_{\gamma=1}^{k_1} a_{\gamma\beta} b_{\gamma\beta} = 0 \text{ und } \sum_{\gamma=1}^{k_2} a_{\alpha\gamma} b_{\alpha\gamma} = 0. \tag{2.2.37}$$

Setzen wir (2.2.35) in (2.2.37) ein, so erhalten wir $k_1 + k_2$ Gleichungen zur Bestimmung von ξ_β und τ_α:

$$\begin{aligned} &\xi_\beta \sum_{\gamma=1}^{k_1} \frac{\lambda_{\gamma\beta} - 1}{\lambda_{\gamma\beta}^{n+1} - 1} \lambda_{\gamma\beta}^n - \sum_{\gamma=1}^{k_1} \frac{\lambda_{\gamma\beta} - 1}{\lambda_{\gamma\beta}^{n+1} - 1} \tau_\gamma = 0, \quad \beta = 1, 2, \ldots, k_2, \\ &\sum_{\delta=1}^{k_2} \frac{\lambda_{\alpha\delta} - 1}{\lambda_{\alpha\delta}^{n+1} - 1} \lambda_{\alpha\delta}^n \xi_\delta - \tau_\alpha \sum_{\delta=1}^{k_2} \frac{\lambda_{\alpha\delta} - 1}{\lambda_{\alpha\delta}^{n+1} - 1} = 0, \ \alpha = 1, 2, \ldots, k_1. \end{aligned} \tag{2.2.38}$$

Wir betrachten das Grenzverhalten der Automaten im Spiel für $n \to \infty$. Sei

$$\mu_{\alpha\beta} = \frac{\lambda_{\alpha\beta} - 1}{\lambda_{\alpha\beta}^{n+1} - 1} \text{ und } \nu_{\alpha\beta} = \frac{\lambda_{\alpha\beta} - 1}{\lambda_{\alpha\beta}^{n+1} - 1} \lambda_{\alpha\beta}^n. \tag{2.2.39}$$

Wir bemerken, daß für $n \to \infty$, $\lambda_{\alpha\beta} > 1$ $(\alpha_{\alpha\beta} > 0)$

$$\mu_{\alpha\beta} \sim \lambda_{\alpha\beta}^{-n} \to 0; \quad \nu_{\alpha\beta} \to 1 - \lambda_{\alpha\beta}^{-1} \tag{2.2.40}$$

und für $n \to \infty$, $\lambda_{\alpha\beta} < 1$ $(a_{\alpha\beta} < 0)$

$$\mu_{\alpha\beta} \to 1 - \lambda_{\alpha\beta}; \quad \nu_{\alpha\beta} \sim \lambda_{\alpha\beta}^n \to 0 \tag{2.2.41}$$

gilt.

Wir betrachten zunächst den Fall, daß es in der Matrix $\|a_{\alpha\beta}\|$ Zeilen gibt, die nur aus positiven Elementen bestehen. Wir wollen voraussetzen, daß die ersten s Zeilen diese Eigenschaft haben, d. h., es sei

$$a_{j\beta} > 0, \quad \lambda_{j\beta} > 1, \quad j = 1, \ 2, \ldots, s, \quad \beta = 1, \ 2, \ldots, k_2. \tag{2.2.42}$$

Mit Hilfe von (2.2.39) eliminieren wir ξ_δ aus (2.2.38) und durch Änderung der Summierungsreihenfolge erhalten wir

$$\tau_\alpha \sum_{\delta=1}^{k_2} \mu_{\alpha\delta} = \sum_{\gamma=1}^{k_1} \tau_\gamma \left(\sum_{\delta=1}^{k_2} \frac{\nu_{\alpha\delta}\mu_{\gamma\delta}}{\sum_{\beta=1}^{k_1} \nu_{\beta\delta}} \right) = \sum_{\gamma=1}^{k_2} \tau_\gamma \psi_{\alpha\gamma}. \tag{2.2.43}$$

Berücksichtigt man die Bedingungen (2.2.40)—(2.2.42), so kann man $\sum_{\gamma=1}^{s} \tau_\gamma \psi_{\alpha\gamma} \gg \sum_{\gamma=s+1}^{k_1} \tau_\gamma \psi_{\alpha\gamma}$ behaupten; (2.2.43) läßt sich dann in der Form

$$\tau_\alpha \sum_{\delta=1}^{k_2} \mu_{\alpha\delta} = \sum_{\gamma=1}^{s} \tau_\gamma \psi_\gamma, \quad \alpha = 1, 2, \ldots, s \tag{2.2.44}$$

schreiben. Wir führen die Bezeichnung $\mu_{\alpha\delta_0}(\alpha) = \max\limits_{\delta} \mu_{\alpha\delta}$ ein. Vernachlässigt man Summanden höherer Ordnung, so erhält man

$$\tau_\alpha u_{\alpha\delta_0}(\alpha) = \sum_{\gamma=1}^{s} \frac{\tau_j \mu_{\gamma\delta_0}(\gamma) \, \nu_{\alpha\delta_0}}{\sum_{\beta=1}^{k_1} \nu_{\beta\delta_0}}. \tag{2.2.45}$$

Sei jetzt $\mu_{\alpha_0\delta_0} = \min_\alpha \mu_{\alpha\delta_0}(\alpha)$. Es ist leicht zu sehen, daß der Koeffizient bei τ_{α_0} eine höhere Ordnung hat als die Koeffizienten bei τ_α, $\alpha \neq \alpha_0$. Es gilt also $\tau_\alpha \to 0$ $(\alpha \neq \alpha_0)$, und folglich findet der Automat A^1 jene Strategie f_{α_0}, bei der $\min_\alpha \max_\delta \mu_{\alpha\delta}$ oder, was äquivalent ist, $\max_\alpha \min_\delta a_{\alpha\delta}$ erreicht wird. Wir erinnern daran, daß diese Aussage unter der Voraussetzung (2.2.42) richtig ist.

Die Berechnungsmethode für den Spielwert $M(L_{n,k_1}, L_{n,k_2}, \Gamma)$ ist nun: Der Automat A^1 fixiert für $n \to \infty$ seine Strategie f_{α_0}. Das bedeutet, daß der Automat A^2 im stationären zufälligen Medium $C(-a_{\alpha_0 1}, -a_{\alpha_0 2}, \ldots, -a_{\alpha_0 k_2})$ arbeitet. Berücksichtigen wir $a_{\alpha_0 j}$, so finden wir aus (1.2.6)

$$M = k_2 \left(\sum_{\beta=1}^{k_2} a_{\alpha_0\beta}^{-1} \right)^{-1}. \tag{2.2.46}$$

Wir erwähnen, daß $M \geqq v$ gilt, jedoch ist beispielsweise im Falle eines Sattelpunktes $(\max_\alpha \min_\beta a_{\alpha\beta} = \min_\beta \max_\alpha a_{\alpha\beta})$ $M \geqq V = v$. Enthält also die Matrix des Spiels Zeilen aus positiven Elementen, so ist M das harmonische Mittel der Elemente derjenigen Zeile, für die das kleinste Element den größten Wert hat, und es ist $M > v$.

Analog kann man zeigen, daß bei Vorhandensein von Spalten aus negativen Elementen M das harmonische Mittel der Elemente derjenigen Spalte ist, für die das kleinste Element den größten Wert hat, und daß $M \leqq V$ ist.

Die Matrix des Spiels möge nun keine Zeilen enthalten, die ein „Nichtverlieren" des ersten Automaten garantieren, und auch keine Spalten enthalten, die analoge Bedingungen für den zweiten Automaten schaffen.

Aus (2.2.29)–(2.2.31) und der Normierungsbedingung (2.2.32) finden wir für den Gewinnerwartungswert des Automaten A^1

$$M(L_{n,k_1}, L_{n,k_2}, \Gamma) = \frac{n \sum\limits_{\alpha,\beta} a_{\alpha\beta} b_{\alpha\beta} + \sum\limits_{\alpha,\beta} \dfrac{\lambda_{\alpha\beta}^n - 1}{\lambda_{\alpha\beta} - 1} c_{\alpha\beta} a_{\alpha\beta}}{n \sum\limits_{\alpha,\beta} b_{\alpha\beta} + \sum\limits_{\alpha,\beta} \dfrac{\lambda_{\alpha\beta}^n - 1}{\lambda_{\alpha\beta} - 1} c_{\alpha\beta}}. \tag{2.2.47}$$

Die erste Summe im Zähler ist wegen (2.2.37) gleich Null. Ist $\lambda_{\alpha\beta} > 1$, so gilt für $n \to \infty$ $c_{\alpha\beta} \to 0$ (siehe (2.2.36)) und

$$\frac{\lambda_{\alpha\beta}^n - 1}{\lambda_{\alpha\beta} - 1} c_{\alpha\beta} \xrightarrow[\substack{n \to \infty \\ \lambda_{\alpha\beta} > 0}]{} \frac{\lambda_{\alpha\beta}\tau_\alpha - \xi_\beta}{\lambda_{\alpha\beta}(\lambda_{\alpha\beta} - 1)}.$$

Die restlichen drei Summen in (2.2.47) sind beschränkt. Da $n \sum\limits_{\alpha,\beta} b_{\alpha\beta}$ mit wachsendem n wächst, ist

$$M = \lim_{n \to \infty} M(n) = 0. \tag{2.2.48}$$

Hat also keiner der Spieler einen deutlichen Vorteil (Fehlen von Zeilen mit positiven Elementen und Spalten mit negativen Elementen in der Matrix $\|a_{\alpha\beta}\|$), so spielen die Automaten „Remis"; dabei ist $V \geqq M \geqq v$ und $M = d$.

Wir betrachten nun Spiele stochastischer Automaten mit veränderlicher Struktur und beginnen mit Spielen von „Zeilenautomaten" Q_k. Wir wenden uns dem einfachen

Fall, einem 2×2-Spiel zu. Es seien die Matrix des Spiels

$$\begin{Vmatrix} a_{11} & a_{12} \\ a_{21} & a_{22} \end{Vmatrix}$$

und die Automaten $Q_2^1 = \{\pi_1, 1 - \pi_1\}$ und $Q_2^2 = \{\pi_2, 1 - \pi_2\}$ gegeben, wobei π_1 und π_2 die Wahrscheinlichkeiten dafür sind, daß der erste bzw. zweite Automat die erste Strategie wählt. Dann gilt unter Berücksichtigung der Änderungsregeln der Wahrscheinlichkeiten π (1.1.14)

$$M(\Delta\pi_1) = \alpha\pi_1^{1+\beta}(1 - \pi_1)^{1+\beta}\,[\pi_2(a_{11} - a_{21}) + (1 - \pi_2)\,(a_{12} - a_{22})], \tag{2.2.49}$$

$$M(\Delta\pi_2) = \alpha\pi_2^{1+\beta}(1 - \pi_2)^{1+\beta}\,[\pi_1(a_{12} - a_{11}) + (1 - \pi_2)\,(a_{22} - a_{21})], \tag{2.2.50}$$

$$M(\Delta\pi_i^2) = \alpha^2\pi_i^{1+2\beta}(1 - \pi_i)^{1+2\beta}. \tag{2.2.51}$$

Die Matrix des Spiels möge einen Sattelpunkt haben, d. h., es sei $\max_i \min_j a_{ij} = \min_j \max_i a_{ij} = a_{kl}$. Der Bestimmtheit halber sei $a_{kl} = a_{11}$; dann ist $a_{kl} = a_{11}$; wenn $a_{12} > a_{11} > a_{21}$. Wir bemerken, daß bei beliebigem fixierten π_2 das Verhalten des Automaten Q_2^1 im Spiel dem Verhalten im stationären zufälligen Medium $C(\bar{a}_1^1, \bar{a}_2^1)$ äquivalent ist, wobei $\bar{a}_1^1 = \pi_2 a_{11} + (1 - \pi_2)\,a_{12}$ und $\bar{a}_2^1 = \pi_2 a_{21} + (1 - \pi_2)\,a_{22}$ gilt. Analog ist bei fixiertem π_1 für den Automaten Q_1^2 $\bar{a}_1^2 = -\pi_1 a_{11} - (1 - \pi_1)\,a_{21}$ und $\bar{a}_2^2 = -\pi_1 a_{12} - (1 - \pi_1)\,a_{22}$. Es sind zwei Fälle möglich:

1) $a_{22} \leqq a_{11} < a_{12}$. Dann ist für beliebiges π_2 $\bar{a}_1^1 > \bar{a}_2^1$ und (2.2.49) und (2.2.51) stimmen mit (1.4.15) überein. Genügen α und β den Bedingungen (1.4.20), so gilt $\pi_1 \to 1$ und der Automat Q_2^2 beginnt im stationären zufälligen Medium $C(a_{11}, a_{12})$ zu arbeiten, in dem $\pi_2 \to 1$ gilt.

2) $a_{22} \geqq a_{11} > a_{21}$. Dann ist für beliebiges π_1 $\bar{a}_1^2 > \bar{a}_2^2$ und (2.2.50) und (2.2.51) stimmen mit (1.4.15) überein. Genügen α und β den Bedingungen (1.4.20), so gilt $\pi_2 \to 1$ und der Automat Q_2^1 beginnt im stationären zufälligen Medium $C(a_{11}, a_{21})$ zu arbeiten, in dem $\pi_1 \to 1$ gilt.

Offenbar hat die Lage des Sattelpunktes keinen Einfluß auf unsere Überlegungen. Hat also die Matrix des Spiels einen Sattelpunkt, so wählen die Automaten Q_2 ihre dem Sattelpunkt entsprechenden reinen Strategien. Die angeführten Überlegungen können auch für $k_1 \times k_2$-Spiele durchgeführt werden.

Die Matrix des Spiels habe jetzt keinen Sattelpunkt. Die Bedingungen für die optimalen gemischten Strategien lauten dann

$$\left.\begin{aligned} \mu_1 a_{11} + (1 - \mu_1)\,a_{21} &= \mu_1 a_{12} + (1 - \mu_1)\,a_{22}, \\ \mu_2 a_{11} + (1 - \mu_2)\,a_{12} &= \mu_2 a_{21} + (1 - \mu_2)\,a_{22}. \end{aligned}\right\} \tag{2.2.52}$$

Ist $\pi_1 = \mu_1$ und $\pi_2 = \mu_2$, so folgt aus (2.2.52) $M(\Delta\pi_1) = M(\Delta\pi_2) = 0$. Die mittlere Trajektorie des Systems in der (π_1, π_2)-Ebene ist in diesem Falle eine sich öffnende Spirale mit dem Brennpunkt (μ_1, μ_2). Der Mittelwert des Gewinns bezogen auf die Trajektorie nähert sich dem Wert des Spiels an. Die Modellierung des Spiels auf einer EDVA führte allerdings zu reinen Strategien. Unserer Ansicht nach erklärt sich das wie folgt. Die Trajektorie der Parameter nähert sich mit dem Öffnen der Spirale immer mehr dem Rand des Definitionsbereiches (0,1) der Parameter. Mit der Annäherung an den Rand wurden aber infolge der begrenzten Stellenzahl der Maschine die Erwartungswerte der Zuwächse Null, was zu einer Beendigung des Prozesses führte.

Wir betrachten nun Nullsummenspiele der Automaten $B_{n,k}$, speziell ein 4×4-Spiel, das durch die Auszahlungsmatrix

$$\begin{vmatrix} 0,6 & -0,2 & -0,4 & 0,6 \\ -0,2 & 0,4 & -0,2 & 0,0 \\ 0,4 & 0,6 & 0,2 & 0,4 \\ 0,2 & 0,2 & -0,2 & -0,8 \end{vmatrix}$$

gegeben ist. Die Matrix des Spiels hat einen Sattelpunkt (f_3^1, f_3^2):

$$\max_i \min_j a_{ij} = \max \min a_{ij} = a_{33} = 0,2.$$

In diesem Spiel ist der Gewinnerwartungswert für Automaten mit linearer Taktik gleich 0,38 (das harmonische Mittel der Elemente der dritten Zeile der Auszahlungsmatrix). Die Modellierung dieses Spiels für zwei Automaten $B_{4,4}$ auf einer EDVA ergab bei 50000 Partien einen mittleren Gewinn von 0,36. Die Ergebnisse dieses und einer Reihe anderer Experimente zeigen, daß stochastische Automaten mit veränderlicher Struktur vom Typ $B_{n,k}$ ungefähr so wie Automaten mit linearer Taktik spielen, wenn die Matrix einen Sattelpunkt hat.

Sei ein 4×4-Spiel durch die Auszahlungsmatrix

$$\begin{vmatrix} 0,6 & -0,2 & 0,4 & 0,2 \\ -0,2 & -0,4 & -0,2 & 0,0 \\ -0,2 & 0,6 & -0,6 & 0,4 \\ 0,2 & 0,2 & -0,2 & -0,8 \end{vmatrix}$$

gegeben. Diese Matrix hat keinen Sattelpunkt. Bei den optimalen gemischten Strategien (2/3, 0, 1/3, 0) und (0, 5/9, 4/9, 0) des ersten und des zweiten Automaten ist der Wert des Spiels gleich 0,066.

Im Experiment wurde das Verhalten zweier stochastischer Automaten mit veränderlicher Struktur vom Typ $B_{n,4}$ für verschiedene Werte von n und des Lernparameters α in diesem Spiel untersucht. In Abb. 2.2 ist die Abhängigkeit der mittleren Gewinnanzahl pro Schritt (pro Partie) von der Zeit bei drei typischen Experimenten angeführt. Die Zeit ist dabei im logarithmischen Maßstab angegeben. Zu Beginn des Experiments waren alle Übergänge in den stochastischen Matrizen der Automaten gleichwahrscheinlich. Die Parameter und Ergebnisse bei Beendigung des Experiments sind

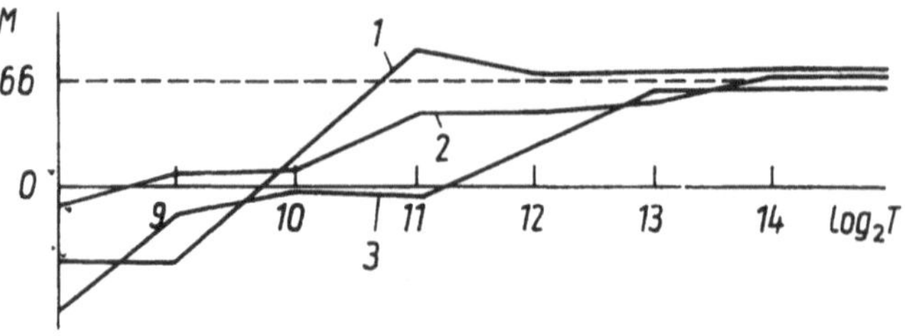

Abb. 2.2

in Tabelle 2.2.1 angegeben. Man erkennt aus dieser Tabelle, daß bei Fehlen eines Sattelpunktes im Spiel zweier stochastischer Automaten mit veränderlicher Struktur $B_{n,k}$ und gleicher Zustandsanzahl sowie gleichem Lernparameter α beide Automaten einen mittleren Gewinn erzielen, der praktisch dem Wert des Spiels gleich ist.

Tabelle 2.2.1

Anzahl der Zustände pro Aktion		α	mittlerer Gewinn des Automaten	Kurven in Abb. 2.2
Automat 1	Automat 2			
2	2	0,90	0,07	1
1	1	0,90	0,066	2
1	1	0,95	0,062	3

Abbildung 2.3 und Tabelle 2.2.2 enthalten die Ergebnisse der Experimente für den Fall, daß das Spiel mit der obigen Matrix von zwei sich voneinander unterscheidenden Automaten vom Typ $B_{n,4}$ gespielt wurde. Aus Abb. 2.3 und Tabelle 2.2.2 folgt, daß

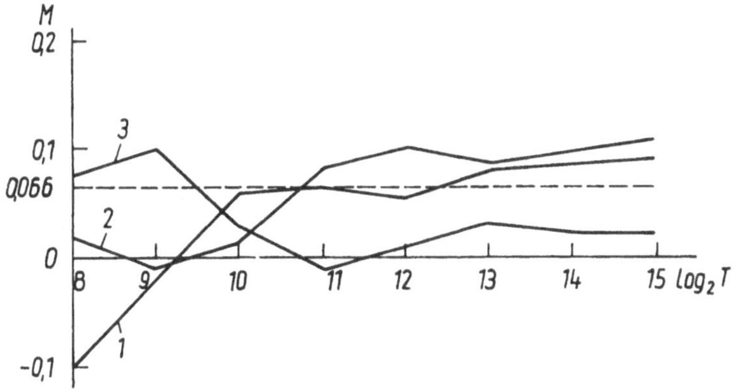

Abb. 2.3

eine Verkleinerung des Lernkoeffizienten α, ebenso wie eine Verkleinerung der Zustandsanzahl, dem spielenden Automaten Vorteile verschafft.

Die folgende Serie von Experimenten wurde für Spiele der Automaten $B_{1,4}$ und $L_{n,4}$ durchgeführt. Die Ergebnisse einiger Experimente, bei denen ebenfalls die obige Auszahlungsmatrix verwandt wurde, sind in Abb. 2.4 und Tabelle 2.2.3 angegeben.

Tabelle 2.2.2

Anzahl der Zustände pro Aktion		α_1	α_2	mittlerer Gewinn des Automaten	Nr. der Kurve
Automat 1	Automat 2				
1	1	0,8	0,95	0,09	1
2	2	0,8	0,95	0,11	2
3	1	0,9	0,90	0,02	3

Tabelle 2.2.3

Anzahl der Zustände pro Aktion			mittlerer Gewinn	Nr. der Kurve
Automat $B_{1,4}$	Automat $L_{4n,4}$	α	$B_{1,4}$	
1	1	0,95	0,216	1
1	8	0,90	0,210	2
1	64	0,90	0,204	3

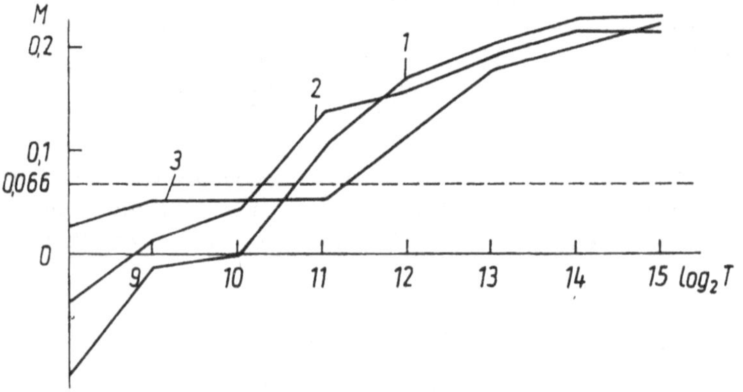

Abb. 2.4

Aus Abb. 2.4 und Tabelle 2.2.3 erkennt man, daß die stochastischen Automaten mit veränderlicher Struktur die Automaten mit linearer Taktik unabhängig von der Speicherkapazität der letzteren „besiegen", indem sie einen mittleren Gewinn erzielen, der den Wert des Spiels wesentlich übersteigt.

§ 2.3. Homogene Automatenspiele

Für uns sind Spiele mehrerer Automaten von größtem Interesse. Bei der Untersuchung des Verhaltens von Kollektiven, die aus einer großen Anzahl von Spielern (Automaten) bestehen, ist es natürlich, Klassen von Spielen zu betrachten, in denen die Auszahlungsfunktionen von einer geringen Parameteranzahl abhängen.

Ein Beispiel für derartige Spiele sind Spiele mit beschränkter Koalitionsbildung. In Spielen mit beschränkter Koalitionsbildung wird die Auszahlungsfunktion jedes Spielers durch die Strategiewahl einer kleinen Spielerzahl — seiner „Spielnachbarn" — bestimmt. Das Kreisspiel ist ein typisches Beispiel für ein solches Spiel. Bei einem Kreisspiel hängt die Auszahlungsfunktion des Spielers J^j $(j = 0, 1, \ldots, N-1)$ von seiner Strategie und von den Strategien seines linken und rechten Nachbarn $V^j(f_\alpha^{(j-1)\mathrm{mod}N}, f_\beta^{(j)}, f_\gamma^{(j+1)\mathrm{mod}N})$ oder nur eines Nachbarn (beispielsweise des linken) $V^j(f_\alpha^{(j-1)\mathrm{mod}N}, f_\beta^{(j)})$ ab. Die Definition des Kreisspiels wird auf natürliche Weise auf Spiele in der Ebene, auf einem Torus usw. ausgedehnt. Wir erwähnen, daß ein Spiel mit beschränkter Koalitionsbildung durch ein beliebiges Differenzenschema gegeben werden kann. Die Koalitionsbildung im Spiel gibt man bequem in Gestalt eines Koalitionsgraphen an. Dazu wird jedem

Spieler J^j ein Knoten j zugeordnet. Hängt die Auszahlungsfunktion $V^j(f)$ von der Strategie des Spielers J^i ab, so wird vom Knoten i zum Knoten j ein Pfeil gezeichnet. In Abb. 2.5 sind drei Beispiele von Koalitionsgraphen für Kreisspiele angeführt.

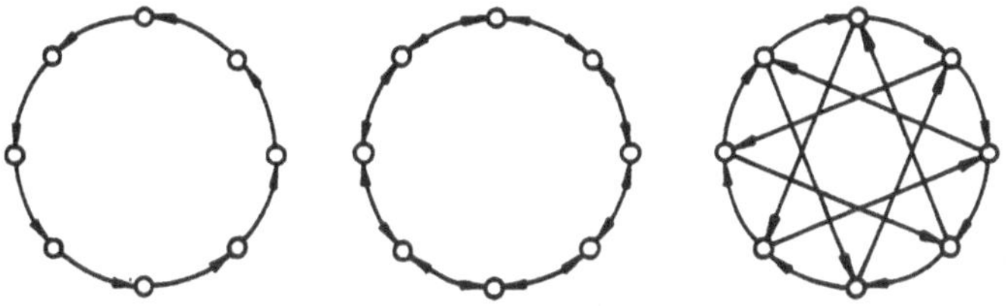

Abb. 2.5

In den angeführten Beispielen von Spielen mit beschränkter Koalitionsbildung ist die Unabhängigkeit der Angabe der Spielregeln von der Anzahl der am Spiel teilnehmenden Partner charakteristisch. Diese Eigenschaft der Spiele mit beschränkter Koalitionsbildung ist charakteristisch für die Klasse der *homogenen* Spiele — der Spiele, in denen die Spielteilnehmer gleichberechtigt sind.

Ein homogenes Spiel ist durch Angabe von nur einer Auszahlungsfunktion gegeben, was wesentlich seine Beschreibung vereinfacht.

Wir betrachten das Spiel Γ^* mit den N Personen $J^0, J^1, \ldots, J^{N-1}$. Jeder Spieler möge über k_j reine Strategien $f_1{}^j, f_2{}^j, \ldots, f_{kj}^j$ $(j = 0, 1, \ldots, N-1)$ verfügen. Als Partie des Spiels Γ^* werden wir wie früher ein Tupel $f = (f_{i_0}^0, f_{i_1}^1, \ldots, f_{i_{N-1}}^{N-1})$ reiner Strategien f_{ij}^i bezeichnen, die von den Spielern J^j benutzt werden. Auf der Menge der Partien sind N Funktionen $V^j(f)^{N-1}$ gegeben.

Man sagt, daß eine Abbildung g des Spiels Γ^* auf sich selbst gegeben ist, wenn:

1) eine eineindeutige Abbildung g der Menge der Spieler auf sich selbst $gJ^j = J^{gj}$ und
2) eine eineindeutige Abbildung der Strategienmenge des Spielers J^j auf die Strategienmenge des Spielers J^{gj} $gf_{i_j}^i = f_{(gi\ _{gj}}^{gj}$ gegeben sind.

Die Abbildung g definiert eine Abbildung der Partienmenge $\{f\}$ des Spiels Γ^* auf sich. Die Partie $f = (f_{i_0}^0, f_{i_1}^1, \ldots, f_{i_{N-1}}^{N-1})$ wird durch g in die Partie $gf = (f_{l_0}^0, f_{l_1}^1, \ldots, f_{l_{N-1}}^{N-1})$ abgebildet. Dabei ist $l = gi$ und $gj = s$, $s = 0, 1, \ldots, N-1$.

Die Abbildung g heißt Automorphismus des Spiels Γ^*, wenn sie die Auszahlungsfunktionen erhält, d. h., wenn für jede Partie f des Spiels Γ^*

$$V^j(f) = V^{gj}(gf) \tag{2.3.1}$$

gilt. Die Menge der Automorphismen des Spiels Γ^* bildet eine Gruppe G_{Γ^*}. Ein Spiel heißt homogen, wenn die Gruppe der Automorphismen G_{Γ^*} auf der Menge der Spieler transitiv ist, d. h., wenn sich zu jedem Spielerpaar J^i und J^j ein solcher Automorphismus angeben läßt, daß $gJ_i = J^j$ ist. Offenbar sind in einem homogenen Spiel die Strategienmengen aller Teilnehmer paarweise isomorph. Die Partienmenge $\{gf\}$ $(g \in G_{\Gamma^*})$ nennen wir die von der Partie f erzeugte invariante Partienmenge. Auf Grund der Homogenität des Spiels (Gleichberechtigung der Spielteilnehmer) sind die mittleren Gewinne aller Spieler auf der invarianten Partienmenge gleich, und zwar sind sie gleich dem arithmetischen Mittel der Gewinne aller Spieler in einer beliebigen Partie der invarianten Partienmenge, d. h., es ist

$$V(f) = \frac{1}{N_{gf}} \sum_{g \in G_{\Gamma^*}} V^j(gf) = \frac{1}{N} \sum_{j=1}^{N} V^j(f), \tag{2.3.2}$$

wobei N_{gf} die Anzahl der Partien in der invarianten Partienmenge $\{gf\}$ ist.

Die Größe $V(f)$ heißt *Wert der Partie* f (Wert der invarianten Menge $\{gf\}$).

In einem homogenen Spiel ist die Auszahlungsfunktion eines beliebigen Spielers eindeutig durch die Auszahlungsfunktion eines der Spieler und die Gruppe der Automorphismen des Spiels G_{Γ^*} bestimmt.

Eine wichtige Klasse von homogenen N-Personenspielen sind die *symmetrischen* Spiele Σ^*. Ein homogenes N-Personenspiel heißt symmetrisch, wenn die Gruppe der Automorphismen G_{Σ^*} mit der symmetrischen Permutationsgruppe ihrer Indizes $0, 1, \ldots, N-1$ übereinstimmt. Kann man in einem symmetrischen N-Personenspiel die Strategien der Spieler so durchnumerieren, daß die l-te Strategie des Spielers J^i in die l-te Strategie des Spielers J^{gi} $(i = 0, 1, \ldots, N-1, g \in G_{\Sigma^*})$ übergeht, so ist die Auszahlungsfunktion des j-ten Spielers gleich

$$V^j(f) = V(f^j_{i_j}, \nu_1, \nu_2, \ldots, \nu_k) = V_{ij}(\nu_1, \nu_2, \ldots, \nu_k), \tag{2.3.3}$$

wobei $\nu_s = N_s/N$ den Anteil der Spieler bedeutet, die in der Partie f die Strategie mit der Nummer s $(s = 1, 2, \ldots, k)$ gewählt haben (N_s ist die Zahl der Spieler, die in der Partie f die Strategie mit der Nummer s gewählt haben). Ein symmetrisches Spiel wird also unabhängig von der Zahl der am Spiel teilnehmenden Partner durch k Auszahlungsfunktionen $V_i(\nu_1, \nu_2, \ldots, \nu_k)$ gegeben.

Wir wenden uns erneut der allgemeinen Definition eines N-Personenspiels Γ^* zu. Den Spielern seien die Auszahlungsfunktionen $V^j(f)$ bekannt, und zwischen den Spielern besteht keine Möglichkeit von Absprachen und Koalitionsbildung. Wir nehmen an, daß auf der Grundlage einer mit Hilfe beliebiger Rechenhilfsmittel durchgeführten Spielanalyse die Spieler das Tupel der reinen Strategien $f_H = (f^0_{i_0}, f^1_{i_1}, \ldots, f^{N-1}_{i_{N-1}})$ wählten. Die Spieler werden keinerlei Grund haben, ihre Strategien zu ändern, wenn sich jeder davon überzeugt, daß sein Gewinn nicht vergrößert werden kann, wenn die anderen Spieler ihre Strategien beibehalten. Es ist natürlich, daß im Falle von Absprachen die gemeinsame gleichzeitige Veränderung der Strategien durch zwei oder mehrere Spieler zu einer Vergrößerung des Gewinns eines jeden dieser Spieler führen könnte, aber wir haben oben vorausgesetzt, daß Absprachen unmöglich sind. Ist das Tupel $f_H = (f^0_{i_0}, f^1_{i_1}, \ldots, f^{N-1}_{i_{N-1}})$ so gewählt, daß die oben angeführten Überlegungen für alle Spieler Gültigkeit haben, so ist das Tupel f_H ausgeglichen. Ist es für den Spieler J^j ungünstig, allein seine Strategie zu ändern, so bedeutet das

$$V^j(f^0, \ldots, f^j_{i_j}, \ldots, f^{N-1}_{i_{N-1}}) \geqq V^j(f^0_{i_0}, \ldots, f_\alpha{}^j, \ldots, f^{N-1}_{i_{N-1}}) \tag{2.3.4}$$

für alle $\alpha \neq i_j$.

Gilt (2.3.4) bei beliebigem j, so heißt die Partie f_H Gleichgewichtspunkt bei reinen Strategien (NASH-Punkt). Im allgemeinen Falle eines N-Personenspiels braucht ein NASH-Punkt in reinen Strategien (NASH-Partie) nicht zu existieren.

Wir sagen, der Spieler J^j benutzt die gemischte Strategie $\mu^j = (\mu_1{}^j, \mu_2{}^j, \ldots, \mu_k{}^j)$, wenn er die reine Strategie $f_i{}^j$ mit der Wahrscheinlichkeit $\mu_i{}^j$ $(i = 1, 2, \ldots, k, \sum_{i=1}^{k} \mu_i{}^j = 1)$ verwendet.

Der Hauptsatz von NASH besagt, daß jedes endliche N-Personenspiel wenigstens einen Gleichgewichtspunkt in der Menge der gemischten Strategien $\mu^0_{(H)}, \mu^1_{(H)}, \ldots, \mu_H^{N-1})$ hat, d. h., es ist

$$\overline{V}^j(\mu^0_{(H)}, \ldots, \mu^j_{(H)}, \ldots, \mu^{N-1}_{(H)}) \geqq \overline{V}^j(\mu^0_{(H)}, \ldots, \mu^j, \ldots, \mu^{N-1}_{(H)}) \tag{2.3.5}$$

für alle $\mu^j \neq \mu^j_{(H)}$ und $j = 0, 1, \ldots, N-1$. Dabei ist

$$\overline{V}^j(\mu^0, \mu^1, \ldots, \mu^{N-1}) = \sum_{i_0, \ldots, i_{N-1}} \mu^0_{i_0}\mu^1_{i_1} \ldots \mu^{N-1}_{i_{N-1}} \times V^j(f^0_{i_0}, f^1_{i_1}, \ldots, f^{N-1}_{i_{N-1}}) \tag{2.3.6}$$

der Gewinnerwartungswert des Spielers J^j bei Verwendung des Tupels gemischter Strategien $(\mu^0, \mu^1, \ldots, \mu^{N-1})$.

In homogenen N-Personenspielen muß auf Grund der Definition solcher Spiele ein Automorphismus $g \in G_{\Gamma^*}$ gemischte NASH-Gleichgewichtsstrategien erhalten.

In symmetrischen Spielen existieren symmetrische gemischte Gleichgewichtsstrategien, d. h., es existieren

$$\mu^0_{(H)} = \mu_H{}^{(1)} = \cdots = \mu^{N-1}_{(H)} = \mu_{(H)}.$$

Ein homogenes Spiel, das eine NASH-Partie in reinen Strategien hat, nennen wir NASH-Spiel und die von der NASH-Partie erzeugte invariante Partienmenge — NASH-Menge.

Ist eine NASH-Partie eine Partie maximalen Wertes, so nennen wir sie MOORE-Partie. Spiele mit MOORE-Partien heißen MOORE-Spiele; die entsprechenden invarianten Partienmengen nennen wir MOORE-Mengen.

Hängt in einem symmetrischen N-Personenspiel Σ^* der Gewinn jedes Spielers J^j in der Partie f nicht von der vom Spieler J^j gewählten Strategie, sondern nur von der Einteilung der Spieler nach Strategien ab, d. h., ist

$$V_j(\nu_1, \nu_2, \ldots, \nu_k) = V(\nu_1, \nu_2, \ldots, \nu_k), \quad j = 1, 2, \ldots, k, \tag{2.3.7}$$

so nennen wir ein solches symmetrisches Spiel G^* *G-Spiel.* Man sieht leicht, daß jedes G-Spiel ein MOORE-Spiel ist.

Können die Spieler Koalitionen eingehen, so haben zwei Spieler J^i und J^j die Möglichkeit, gleichzeitig ihre Strategien zu ändern. Eine gemeinsame Änderung der Strategien ist für Spieler, die eine Koalition eingingen, auch dann vorteilhaft, wenn der Gewinnzuwachs des einen Spielers den Gewinnverlust des anderen Spielers übersteigt. Dabei muß der Spieler, dessen Gewinn wuchs, den Verlust des anderen Spielers kompensieren. Beim Eingehen einer Koalition haben also die Spieler auch die gegenseitigen Verrechnungen zu klären. In homogenen Spielen können die Spieler maximalen Gewinn erzielen, wenn sie alle gleichzeitig eine Koalition eingehen. Wenn dabei die Spieler vereinbaren, nacheinander alle Partien größten Wertes zu spielen, so ist der mittlere Gewinn jedes Spielers gleich dem Wert der MOORE-Partie. Einen analogen Effekt kann man durch Einrichtung einer „*gemeinsamen Kasse*" erreichen. Das Einrichten einer „gemeinsamen Kasse" besteht darin, daß in jeder Partie alle Gewinne addiert und danach zu gleichen Teilen auf die Teilnehmer aufgeteilt werden. Dann sind die Gewinne aller Spieler in einem solchen Spiel gleich:

$$V(f) = \frac{1}{N} \sum_{j=0}^{N-1} V^j(f). \tag{2.3.8}$$

Offenbar ist ein aus dem Spiel Γ^* entstandenes Spiel mit gemeinsamer Kasse Γ_0^* ein Moore-Spiel.

Die Einrichtung einer „gemeinsamen Kasse" in einem symmetrischen N-Personenspiel Σ^* wandelt ein solches Spiel in ein G-Spiel G^* um.

Die eingeführten Definitionen von Klassen von Spielen kann man auch auf Automatenspiele mit unabhängigen Ergebnissen (Γ) ausdehnen. Dabei haben die Auszahlungsfunktionen $a^j(f)$ die Bedeutung des Gewinnerwartungswertes des Automaten A^j in der Partie f. Ebenso wie für beliebige Spiele mit unabhängigen Ergebnissen (§ 2.1) kann man für jedes symmetrische Spiel Σ^* oder jedes G-Spiel G^* ein äquivalentes Automatenspiel Σ oder G konstruieren.

Für ergodische Automatenspiele existieren die Finalwahrscheinlichkeitsverteilungen der Partien. Ist $\sigma(f)$ die Finalwahrscheinlichkeit der Partie f im ergodischen Automatenspiel Γ, so ist für homogene Spiele $\sigma(gf) = \sigma(f)$ und in einem homogenen Automatenspiel sind die Gewinnerwartungswerte für Automatenspiele aller Automaten in der Partie f gleich.

Um für Automatenspiele Behauptungen zu formulieren, die dem Satz 1 und Lemma 2 (§ 1.2) analog sind, benötigen wir folgende Verschärfung von Eigenschaft 1. Den Gewinn eines Automaten im Spiel Γ kann man als Reaktion des äußeren Mediums betrachten. Diese Reaktion kann ein sehr kompliziertes Wahrscheinlichkeitsgesetz in Abhängigkeit vom Verhalten der anderen Automaten haben, d. h. in Abhängigkeit von der Funktion $F_j(t)$. Ein Medium, in dem der j-te Automat zu einem beliebigen Zeitpunkt t eine Strafe mit der Wahrscheinlichkeit $p_j(f_j(t)\ F_j(t))$ erhält, nennen wir Γ-Spielmedium für diesen Automaten. Dabei bedeutet $f_j(t)$ seine Aktion zum Zeitpunkt t und $F_j(t)$ eine beliebige Funktion, die die Veränderung der Aktionen seiner Partner zeitlich widerspiegelt.

Eigenschaft 1'. Es existieren solche E^n, $\varepsilon_n \to 0$ und σ_n, daß die Relationen (1.2.25) und (1.2.26) in jedem Γ-Spielmedium erfüllt sind.

Man kann beweisen daß die Bedingungen dafür, daß für Automaten mit linearer Taktik und Krinski-Automaten die Eigenschaft 1 erfüllt ist, auch im Falle von Spielmedien richtig sind.

Im Spiel Γ wird der j-te Automat für jede seiner Aktionen mit bestimmten Wahrscheinlichkeiten $p_j(f_j, F_j)$ bestraft. F_j ist dabei das Tupel der Aktionen seiner Partner. Solange keiner der Partner seine Aktion ändert ($F_j = \text{const}$), befindet sich der j-te Automat sozusagen in einem gewissen stationären Medium. Die Menge aller dieser stationären Medien bezeichnen wir mit $Q_j(\Gamma)$. Hat jeder Automat A^j im Spiel Γ die Eigenschaften 1 und 2 für ein beliebiges Medium aus der Menge $Q_j(\Gamma)$, so heißt das Spiel Γ der Automaten A^j ($j = 1, 2, \ldots, N$) Spiel der Klasse K_2. Hat jeder Automat A^j im Spiel Γ außerdem noch Eigenschaft 3 für ein beliebiges Medium aus $Q_j(\Gamma)$, so heißt das Automatenspiel ein Spiel der Klasse K_3. Ist außer der Eigenschaft 1 die schärfere Eigenschaft 1' erfüllt, so heißt das Automatenspiel ein Spiel der Klasse K_2' bzw. ein Spiel der Klasse K_3'.

Aus Satz 1 läßt sich leicht folgender Satz über die Zeit T^n bis zum Partiewechsel im Spiel mit unabhängigen Ergebnissen herleiten.

Sei τ_j^n der Zeitpunkt des Aktionswechsels durch den Automaten A_n^j und $m(f, j)$ die mittlere Zeit bis zum Aktionswechsel durch den Automaten A_n^j im der Partie f entsprechenden stationären Medium. Wir führen die Bezeichnungen

$$T^n = \min_{j=1,\ldots,N} \tau_j^n, \quad M_f = \left[\sum_{j=1}^{N} \frac{1}{m(f, j)}\right]^{-1}$$

ein. Außerdem sei $\Phi(t) = (\varphi_1(t), \varphi_2(t), \ldots \varphi_N(t))$, wobei $\varphi_k(t)$ den Zustand des Automaten A_n^k zum Zeitpunkt t bedeutet, sowie

$$\varepsilon_f^n = E_{f_1}^n \times E_{f_2}^n \times \cdots \times E_{fN}^n,$$
$$P_\Phi(\cdot) = P\{\varphi_1(0) = \varphi_1, \ldots \varphi_N(0) = \varphi_N\}.$$

Entsprechend wird $M_\Phi(\cdot)$ definiert.

Im weiteren wird vorausgesetzt, daß sich mit Veränderung des Parameters n die Anzahl der Automaten N und die Spielbedingungen ändern können.

Wir bezeichnen für den Automaten A^k mit ε_{nk} und σ_{nk} die in der Formulierung von Eigenschaft 1′ angeführten Größen ε_n und σ_n.
Weiter sei

$$\varrho_{nk} = \max\left(\sqrt{\varepsilon_{nk}}, \frac{\sigma_{nk}}{m(f, k)}\right), \quad k = 1, 2, \ldots, N_n$$

und

$$\underline{x}_n = \frac{1}{M_f} \max_k \, [m(f, k)\, \varrho_{nk}^{1-\delta_1}], \quad \bar{x}_n = \frac{1}{M_f} \max_k \left[m(f, k) \ln \frac{1}{\varepsilon_{nk}}\right],$$

$$\bar{\varrho}_n^{\,1-\delta} = M_f \sum_m \frac{\varrho_{nk}^{1-\delta}}{m(f, k)}.$$

Satz 5. Gehört das Spiel Γ der Automaten A^k $(k = 1, 2, \ldots, N_n)$ zur Klasse K_2 und ist für ein gewisses $\delta_1 > 0$ $x_n \geqq \underline{x}_n$, so gilt

$$P_\Phi\{T \geqq x_n M_f\} \leqq \exp\{-x_n(1 + a_n)\};$$

Ist außerdem $\Phi \in E_f$ und $x_n = O(\bar{x}_n)$, so gilt

$$P_\Phi\{T > x_n M_f\} = \exp\{-x_n(1 + a_n)\},$$

mit

$$\bar{x}_n \leqq C(\delta)\, \bar{\varrho}_n^{\,1-\delta}.$$

Dabei bedeutet δ eine beliebige positive Zahl und die Konstante $C(\delta)$ hängt nicht von der Wahl der Folge $\{x_n\}$ und des Anfangszustandes Φ ab.

Der Beweis folgt aus Satz 1 und der offensichtlichen Gleichheit

$$P_\Phi\{T > t\} = \prod_{j=1}^{\nu_n} P_{\psi j}\{\tau^j > t\}.$$

Bemerkung. Wegen $M_f^{-1} = \sum_k m^{-1}(f, k)$ ist

$$\varepsilon = O\,(\max_K \varrho_{nk}^{1-\delta}) \qquad (n \to \infty).$$

Als Folgerung aus Satz 5 erhalten wir

Lemma 3. Gehört das Spiel Γ zur Klasse K_2' und gilt für $n \to \infty$ $\underline{x}_n \to 0$, so gilt gleichmäßig bezüglich $\Phi \in E_f$

$$M_\Phi T \sim M_f.$$

Die Sätze 1, 2 und 5 gestatten es, Näherungsausdrücke für die Finalwahrscheinlichkeitsverteilungen der Partien im Spiel Γ anzugeben.

Im weiteren werden wir die Trägheitshypothese verwenden. Diese besteht in folgendem.

Im Spiel Γ der N Automaten $A_n{}^j$, die einer solchen asymptotisch-optimalen Folge angehören, daß alle Auszahlungsfunktionen $a^j(f)$ des Spiels zum asymptotischen Optimalitätsgebiet gehören, tritt für $n \to \infty$ ein Wechsel der Spielpartien derart selten ein, daß sich die stationäre Wahrscheinlichkeitsverteilung der Zustände der Automaten einstellen und jeder Automat $A_n{}^j$ durch einen stochastischen Automaten $A_n{}^j$ ersetzt werden kann, der seine Aktion mit der Wahrscheinlichkeit $\gamma_n{}^j(a^j(f))$ ändert und mit der Wahrscheinlichkeit $1 - \gamma_n{}^j(a^j(f))$ beibehält. Dabei bedeutet $\gamma_n{}^j(a^j(f))$ die stationäre Wahrscheinlichkeit des Aktionswechsels durch den Automaten $\tilde{A}_n{}^j$ bei unverändertem Gewinnerwartungswert $a^j(f)$.

Die Möglichkeit, die Automaten $A_n{}^j$ durch die Automaten $\tilde{A}_n{}^j$ zu ersetzen, bedeutet, daß die Spiele $\Gamma(A_n{}^1, A_n{}^2, \ldots, A_n{}^N)$ und $\tilde{\Gamma}(\tilde{A}_n{}^1, \tilde{A}_n{}^2, \ldots, \tilde{A}_n{}^N)$ gleiche Finalwahrscheinlichkeiten der Partien f haben.

Wir betrachten einen Näherungsausdruck für die Finalverteilung der Partien im Spiel $\tilde{\Gamma}(\tilde{A}_n^1, \tilde{A}_n^2, \ldots, \tilde{A}_n^N)$.

Die Wahrscheinlichkeit dafür, daß in der Partie $f = (\nu_1, \nu_2, \ldots \nu_k)$ von den die reine Strategie f_m benutzenden Automaten r Automaten ihre Aktion ändern, ist gleich

$$p_m(r) = C_{N_m}^r \{\gamma_n[a_m(f)]\}^r \{1 - \gamma_n[a_m f]\}^{N_m - r}, \tag{2.3.9}$$

wobei $N_m = \nu_m N$ ist.

Wir wollen $\gamma_n[a_m(f)]$ genügend klein (d. h. n genügend groß) und $\gamma_n[a_m(f)]\, N_m$ so voraussetzen, daß die Poisson-Verteilung eine gute Näherung für die Binomialverteilung (2.3.9) ist. Dann gilt

$$p_m(r) = e^{-\gamma_n[a_m(f)]N_m} \frac{\{\gamma_n[a_m(f)]N_m\}^r}{r!}. \tag{2.3.10}$$

Wir bezeichnen mit $p(l)$ die Wahrscheinlichkeit dafür, daß in der Partie f des Spiels l Automaten nach dem Aktionswechsel als neue Strategie die Strategie m wählen.[1] Da eine Superposition Poissonscher Verteilungen wieder eine Poisson-Verteilung ist, gilt

$$p(l) = e^{-\bar{\gamma}_n(f)\frac{N}{k}} \frac{\left[\bar{\gamma}_n(f)\dfrac{N}{k}\right]^l}{l!}. \tag{2.3.11}$$

Dabei ist $\bar{\gamma}_n(f) = \sum_{m=1}^{k} \nu_m[\gamma_n a_m(f)]$ die mittlere Wahrscheinlichkeit eines Aktionswechsels in der Partie f. Sei $\nu_m(t)$ der Anteil der Automaten, die zum Zeitpunkt t die reine Strategie m gewählt haben. Dann ist in der Partie $f(t+1)$

$$\begin{aligned}
P\left[\nu_m(t+1) = \nu_m(t) + \frac{r}{N}\right] &= \sum_i p_m(i)\, p(i+r) \\
&= e^{-\gamma_n[a_m(f)]N_m - \bar{\gamma}_n(f)\frac{N}{k}} \sum_i \frac{\{\gamma_n[a_m(f)]\,N_m\}^i \left[\bar{\gamma}_n(f)\dfrac{N}{k}\right]^{i+r}}{i!(i+r)!} \\
&= e^{-\gamma_n[a_m(f)]N_m - \bar{\gamma}_n(f)\frac{N}{k}} \left(\frac{\bar{\gamma}_n(f)\,N}{k\gamma_n[a_m(f)]\,N_m}\right)^{\frac{r}{2}} \\
&\quad \times \sum_i \frac{\left(\sqrt{\gamma_n[a_m(f)]\;\bar{\gamma}_n(f)\,\dfrac{N_m N}{k}}\right)^{2i+r}}{i!(i+r)!} \\
&= e^{-\gamma_n[a_m(f)]N_m - \bar{\gamma}_n(f)\frac{N}{k}} \left(\frac{\bar{\gamma}_n(f)\,N}{k\gamma_n[a_m(f)\,N_m}\right)^{\frac{r}{2}} \\
&\quad \times I_r\left(2\sqrt{\gamma_n[a_m(f)]\;\bar{\gamma}_n(f)\,\frac{N_m N}{k}}\right)
\end{aligned}$$

[1] Es wird vorausgesetzt daß beim Aktionswechsel die Automaten ihre Aktionen gleichwahrscheinich wählen. Folglich ist $p(l)$ für alle m gleich.

$$= e^{N\left[\nu_m \gamma_n{}^m(f) - \frac{1}{k}\bar{\gamma}_n(f)\right]} \left(\frac{\bar{\gamma}_n(f)}{k\nu_m \gamma_n{}^m(f)}\right)^{\frac{r}{2}}$$

$$\times I_r\left(2N\sqrt{\frac{\nu_m}{k}\gamma_n{}^m(f)\,\bar{\gamma}_n(f)}\right), \tag{2.3.12}$$

wobei $\gamma_n{}^m(f) = \gamma_n[a_m(f)]$ ist und $I_r(z)$ die r-te Bessel-Funktion mit rein imaginärem Argument bedeutet. Wie man leicht sieht, gilt Formel (2.3.12) auch für $r < 0$.[1])

Sei $p_m(k_m)$ die Wahrscheinlichkeit dafür, daß k_m Automaten in f von der Strategie m abgehen und $p(k_0, k_1, \ldots, k_k)$ die Wahrscheinlichkeit dafür, daß k_0 Automaten ihre Strategie beibehalten und k_m Automaten zur Strategie m ($m = 1, 2, \ldots, k$) übergehen. Die Wahrscheinlichkeit $p_m(k_m)$ ist durch den Ausdruck (2.3.10) bestimmt, während

$$p(k_0, k_1, \ldots, k_k) = \frac{N!}{k_0!\, k_1! \ldots, k_k!}\left(\frac{\bar{\gamma}_n(f)}{k}\right)^{N-k_0}\left(1 - \frac{\bar{\gamma}_n(f)}{k}\right)^{k_0} \tag{2.3.13}$$

ist. Wie oben verwenden wir für (2.3.13) eine Poisson-Näherung

$$p(k_0, k_1, \ldots, k_k) = e^{-\bar{\gamma}_n(f)N}\,\frac{\left(\frac{\bar{\gamma}_n(f)\,N}{k}\right)^{k_1+k_2+\ldots+k_k}}{k_1!\,k_2!\ldots k_k!}. \tag{2.3.14}$$

Dann ist die Wahrscheinlichkeit für die Beibehaltung der Partie f des Spiels gleich

$$P_\psi f(t+1) = f(t)] = \sum_{k_1,\ldots,k_k} p_1(k_1)\, p(k_2) \ldots p_k(k_k) \times p(k_0, k_1, \ldots, k_k)$$

$$= \sum_{k_1} p_1(k_1)\left[\sum_{k_2} p_2(k_2)\left[\cdots\left[\sum_{k_k} p_k(k_k) \times p(k_0, k_1, \ldots, k_k)\right]\cdots\right]\right]$$

$$= e^{-2\bar{\gamma}_n(f)N}\prod_{m=1}^{k} I_0\left(2N\sqrt{\frac{\nu_m}{k}\gamma_n{}^m(f)\bar{\gamma}_n(f)}\right). \tag{2.3.15}$$

Für kleine $\bar{\gamma}_n N$ kann man annehmen, daß das Produkt in (2.3.15) sich wenig von Eins unterscheidet.[2]) Die Wahrscheinlichkeit des Wechsels der Partie f zum Zeitpunkt t $f\psi(f)$ ist dann gleich

$$\psi(f) \approx 1 - e^{-2\bar{\gamma}_n(f)N} \approx 2N\bar{\gamma}_n(f). \tag{2.3.16}$$

Aus (2.3.16) erhalten wir die mittlere Dauer einer Partie f des Spiels

$$T^n(f) = \sum_{j=1}^{\infty} j\psi(f)\,[1 - \psi(f)]^{j-1} = \frac{1}{\psi(f)} = \frac{1}{2N\bar{\gamma}_n(f)}. \tag{2.3.17}$$

---

[1]) Wir setzen $\nu_m > 0$ für alle m voraus. Im Fall $\nu_m = 0$ gilt

$$P\left[\nu_m(t+1) = \frac{r}{N}\right] = p(r).$$

[2]) $\prod_{m=1}^{k} I_0\left(2N\sqrt{\frac{\nu_m}{k}\bar{\gamma}_n{}^m(f)\,\gamma_n(f)}\right) \approx 1 + \frac{N^2}{k}\bar{\gamma}_n{}^2(f).$

Wir berücksichtigen $\bar{\gamma}_n(f) = \sum_{m=1}^{k} \nu_m \gamma_n^m(f)$ für $\nu_m > 0$ $(m = 1, 2, \ldots, k)$ und $\bar{\gamma}_n(f) \sim \max_m \bar{\gamma}_n^m(f)$ für $n \to \infty$.[1]) Die größte mittlere Dauer hat dann die Partie f^0, bei der

$$\min_f \max_m \gamma_n^m(f) \text{ oder } \max_f \min_m a_m(\nu_1, \nu_2, \ldots, \nu_k) \tag{2.3.18}$$

angenommen wird.

Sind $a_m(\nu_1, \nu_2, \ldots, \nu_k)$ fallende Funktionen von ν_m, so ist (2.3.18) bei der Partie $a_m (\nu_1^0, \nu_2^0, \ldots, v_k^0) = a^0$ $(m = 1, 2, \ldots, k)$ erfüllt, und die Partie f^0 ist die einzige NASH-Partie.[2]) Wie aus dem oben Gesagten folgt, ist in diesem Falle die NASH-Partie eine Partie maximaler mittlerer Dauer.

Analog zu (2.2.8) und (2.2.12) ist

$$\sigma_f(n) = \alpha_n \varrho_f(n)\, T^n(f), \tag{2.3.19}$$

wobei $\sigma_f(n)$ die Finalwahrscheinlichkeit der Partie f und $\varrho_f(n)$ die Wahrscheinlichkeit dafür ist, daß im Falle eines Partiewechsels die Partie f ausgewählt wird; $\varrho_f(n)$ wird aus dem Gleichungssystem

$$\varrho_f(n) = \sum_i \varrho_i(n)\, \theta_{if}(n), \quad \sum_f \varrho_f(n) = 1 \tag{2.3.20}$$

bestimmt. Dabei ist $\theta_{if}(n)$ die Wahrscheinlichkeit dafür, daß im Falle eines Aktionswechsels die Partie i in die Partie f übergeht.

Seien $f = (\nu_1, \nu_2, \ldots, \nu_k)$ und $f' = \nu_1', \nu_2', \ldots, \nu_k')$ Partien des Spiels mit $\nu_m' = \nu_m + \Delta\nu_m$ und $\Delta\nu_m N = h_m$. Die Größe $h = \sum_{m=1}^{k} |h_m|$ nennen wir HAMMING-Abstand der Partien f und f'. Dann ist

$$\theta_{ff'}(n) = \beta_n \sum_{k_1,\ldots,k_k} p(k_1)\, p(k_2) \ldots p(k_k)\, p(k_1 + h_1, k_2 + h_2, \ldots, k_k + h_k), \tag{2.3.21}$$

wobei β_n ein Normierungsfaktor ist.

Vernachlässigt man in den Summen Glieder höherer Ordnung, so erhält man

$$\theta_{ff'}(n) = \beta_n' \left[\frac{N^2}{k}\, \bar{\gamma}_n(f)\right]^{\frac{h}{2}} \frac{1}{\prod_{m=1}^{k} |h_m|!} \prod_{h_m<0} [\nu_m \gamma_n^m(f)]^{-h_m}. \tag{2.3.22}$$

Wie man leicht sieht, fällt $\theta_{ff'}(n)$ sehr schnell bezüglich h, und man kann sich auf die Wahrscheinlichkeiten des Übergangs von der Partie f zu Partien beschränken, die von f einen Abstand $h < 4$ haben.[3])

Sei $\nu_{m0}\gamma_n^{m_0} = \max_m [\nu_m \gamma_n^m(f)]$, dann geht im Falle eines Partiewechsels die Partie f mit Wahrscheinlichkeiten, die nahe bei $1/(k-1)$ liegen, zu Partien der Gestalt

$$f' = \left((\nu_1, \ldots, \nu_{m_0} - \frac{1}{N}, \ldots, \nu_l + \frac{1}{N}, \ldots, \nu_k\right), \quad l \neq m_0$$

[1]) Entsprechend (2.2.10).

[2]) Natürlich können die Gleichheiten nur mit einer Genauigkeit bis auf Glieder der Ordnung $1/N$ erfüllt sein.

[3]) Wir erwähnen, daß $\sum_{m=1}^{k} h_m = 0$ gilt und h immer gerade ist.

über. Aus dem Gesagten (siehe (2.3.17), (2.3.19) und (2.3.30)) folgt

$$\frac{\sigma_n(f^0)}{\sigma_n(f)} \xrightarrow[a \to \infty]{} \infty \quad (f \neq f_0), \tag{2.3.23}$$

wobei f^0 die Partie ist, für die (2.3.18), d. h.

$$\min_m a_m(f^0) = \max_f \min_m a_m(f)$$

erfüllt ist.

Für $n \to \infty$ und kleines $\bar{\gamma}_n(f)\, N$ spielen also die Automaten in symmetrischen Automatenspielen vorwiegend Partien der invarianten Partienmenge f^0.

Wie in § 2.2 bezeichnen wir mit V und v den oberen und unteren Wert des Spiels

$$\nu = \max_f \min_m a_m(f) \quad \text{und} \quad V = \min_m \max_f a_m(f).$$

Dann ist leicht zu sehen, daß der Wert der Partie f^0 zwischen dem oberen und unteren Wert des Spiels liegt, d. h., es ist

$$v \leqq M(f^0) = \sum_{m=1}^{k} v_m{}^0 a_m(f^0) \leqq V. \tag{2.3.24}$$

Ist speziell $v = V$, so hat das Spiel einen Gleichgewichtspunkt in reinen Strategien, und die Automaten spielen bei genügend großem n fast ausschließlich die invariante Menge der Nash-Partien.

Die Einführung einer „gemeinsamen Kasse" (Spiel $\tilde{G}$) führt zu

$$v = V = \max_f \sum_{m=1}^{k} v_m a_m(f), \tag{2.3.25}$$

und die Automaten spielen bei genügend großem n fast ausschließlich die invariante Menge der Partien maximalen Wertes.

§ 2.4. Beispiele symmetrischer Automatenspiele

In diesem Paragraphen betrachten wir einige einfache Beispiele symmetrischer Spiele von N gleichen Automaten, die zur asymptotisch optimalen Folge $A_1{}^j, A_2{}^j, \ldots, A_n{}^j$ gehören.

1. Das stationäre zufällige Medium. Das Verhalten von N Automaten im stationären zufälligen Medium ist dem Verhalten der Automaten in einem symmetrischen Spiel Σ mit $a_m(f) = a_m$ äquivalent, d. h. dem Verhalten in einem Spiel, bei dem der Gewinnerwartungswert des Automaten A^j für die reine Strategie $f_m{}^i$ nicht davon abhängt, welche reinen Strategien die restlichen Automaten gewählt haben. Sei $a_1 > a_2 \geqq a_3 \geqq \ldots \geqq a_k$ und a_1 gehöre dem Gebiet der asymptotischen Optimalität der Automatenfolge $A_1{}^j, A_2{}^j, \ldots, A_n{}^j, \ldots$ an. Auf Grund der asymptotischen Optimalität der Automaten und der paarweisen Unabhängigkeit ihres Verhaltens gilt dann für $n \to \infty$ für die Finalwahrscheinlichkeit $p(\nu = 1) \to 1$.

Wir schätzen die Konvergenzgeschwindigkeit des Systems gegen die Finalverteilung ab.[1]) Wie wir schon in § 1.2 erwähnten, stimmt in dem Falle, daß der Aktionswechsel durch den Automaten nur in einem Zustand seines Speicherautomaten durchgeführt wird, die stationäre Wahrscheinlichkeit $\gamma(a_m)$ des Aktionswechsels im stationären zufälligen Medium mit der tatsächlichen Wahrscheinlichkeit des Aktionswechsels überein.

Führen zum Zeitpunkt t k_m Automaten die Aktion f_m aus, so hat die erzeugende Funktion der Wahrscheinlichkeitsverteilung $k_m(t+1)$ die Gestalt

$$p(k_m, s) = [\gamma_m + (1 - \gamma_m)\, s]^{k_m} \prod_{i=1}^{k} \left[\left(1 - \frac{\gamma_i}{k}\right) + \frac{\gamma_i}{k}\, s\right]^{k_i} \tag{2.4.1}$$

und der Erwartungswert der Größe $k_m(t+1)$ ist

$$\bar{k}_m(t+1) = (1 - \gamma_m)\, k_m + \frac{1}{k} \sum_{i=1}^{k} k_i \gamma_i = \frac{d}{ds}\, p(k_m, s)|_{s=1} \tag{2.4.2}$$

Aus (2.4.2) folgt der Ausdruck für den Erwartungswert der Änderung des Anteils der Automaten, die die Aktion f_m ausführen

$$\Delta\bar{\nu}_m = \frac{1}{k} \sum_{i=1}^{k} \nu_i \bar{\gamma}_i - \nu_m \gamma_m = \frac{1}{k}\, \bar{\gamma}_n - \nu_m \gamma_m . \tag{2.4.3}$$

Zur Abschätzung der Konvergenzgeschwindigkeit setzen wir voraus, daß N so groß ist, daß man den Einfluß der Varianz der Verteilung von $\Delta\nu_m$ vernachlässigen und die Differenzengleichung (2.4.3) durch die Differentialgleichung

$$\dot{\nu}_m + \nu_m \gamma_m = \frac{1}{k}\, \bar{\gamma}_n \tag{2.4.4}$$

ersetzen kann. Wendet man auf (2.4.4) die LAPLACE-Transformation an, so ergibt sich

$$X_m(s + \gamma_m) = \frac{1}{k}\, \bar{X} + \nu_m(0), \tag{2.4.5}$$

wobei X_m das Bild der Funktion $\nu_m(t)$ und $\bar{X}$ das Bild der Funktion $\bar{\gamma}_n(t)$ ist. Dann ist

$$X_m = \frac{\nu_m(0)}{s + \gamma_m} + \frac{1}{k\,(s + \gamma_m)}\, \bar{X}, \tag{2.4.6}$$

$$\bar{X} = \frac{\displaystyle\sum_{m=1}^{k} \frac{\gamma_m \nu_m(0)}{s + \gamma_m}}{1 - \displaystyle\sum_{m-1}^{k} \frac{\gamma_m}{k(s + \gamma_m)}} . \tag{2.4.7}$$

Aus (2.4.6) erhalten wir

$$\nu_m = \nu_m(0)\, e^{-\gamma_m t} + \frac{1}{k} \int_0^t \bar{\gamma}_n(\tau)\, e^{-\gamma_m(t-\tau)}\, d\tau . \tag{2.4.8}$$

[1]) Die hier erhaltene Abschätzung wird in § 3.2 verwendet.

Die Berechnung von $\bar{\gamma}_n(t)$ aus (2.4.7) ist sehr aufwendig. Deshalb benutzen wir den verallgemeinerten Mittelwertsatz. Aus (2.4.8) erhalten wir dann

$$\nu_m = \nu_m(0)\, e^{-\gamma_m t} + \frac{\bar{\gamma}_n(t_m^*)\,(1 - e^{-\gamma_m t})}{k\gamma_m}, \quad 0 < t_m^* < t. \tag{2.4.9}$$

Wir bemerken, daß $\bar{\gamma}_n(t_m^*)$ von den Anfangsbedingungen und der Zeit abhängt. Für $t \to \infty$ gilt $\bar{\gamma}_n(t_m^*) \to \left[\frac{1}{k} \sum_{m-1}^{k} \gamma_m^{-1}\right]^{-1}$. Das folgt aus der Normierungsbedingung und den Ausdrücken für die Finalwahrscheinlichkeiten der Aktionen eines zu einer asymptotisch optimalen Folge gehörigen Automaten.

2. Das Kombinationsspiel. Als Kombinationsspiel bezeichnen wir ein symmetrisches Spiel von N Automaten, in dem

$$a_m(f) = a_m(\nu_1, \nu_2, \ldots, \nu_k) = \frac{a_m}{k_m} \tag{2.4.10}$$

ist, wobei $k_m = \nu_m N$ die Anzahl der Automaten bedeutet, die in der Partie f die Strategie m wählten; a_m ist eine Konstante, die als Kapazität der Strategie f_m bezeichnet wird.

Die durch ein Kombinationsspiel zu modellierende Situation ähnelt im gewissen Sinne der Auswahl von Jagdrevieren durch Raubtiere: als Strategien fungieren die Jagdreviere und als Kapazitäten der Strategien — der Wildbestand in den entsprechenden Revieren.

Ein Kombinationsspiel ist nur im Falle $N < k$ interessant, d. h. nur dann, wenn die Anzahl der Spieler kleiner ist als die Anzahl der Strategien. In der Tat ist nach Definition der Wert der Partie f

$$M(f) = \sum_{m=1}^{k} \nu_m a_m(\nu_m) = \frac{1}{N} \sum_{k_m \neq 0} a_m,$$

d. h., der Wert der Partie ist gleich der durch die Gesamtzahl der Spieler dividierten Summe der Kapazitäten der in dieser Partie verwendeten Strategien. Eine beliebige Partie, in der alle Strategien verwendet werden, ist eine Partie höchsten Wertes. Deshalb wird bei $N > k$ mit wachsendem N die Wahrscheinlichkeit von Partien höchsten Wertes wachsen, selbst dann, wenn die Automaten ihre Strategien gleichwahrscheinlich (mit der Wahrscheinlichkeit $1/k$) wählen.

Ein Kombinationsspiel ist ein Nash-Spiel. In der Nash-Partie ist $\frac{a_m}{k_m} = a^H$ für alle in dieser Partie verwendeten Strategien[1]). In der Nash-Partie wird $\max\limits_f \min\limits_m \frac{a_m}{k_m}$ angenommen. Wie im vorigen Paragraphen gezeigt wurde, spielen Automaten, die zu einer asymptotisch optimalen Folge gehören, bei unbegrenztem Wachsen der Speicherkapazität in einem Kombinationsspiel fast ausschließlich Nash-Partien. In einem Kombinationsspiel wird uns die Abhängigkeit des Verhaltens der Automaten von ihrer Speicherkapazität interessieren. Diese Abhängigkeit verfolgen wir an den Resultaten der Modellierung des Spiels auf einer EDVA.

---

[1]) Wie wir schon erwähnten, ist diese Gleichheit mit einer Genauigkeit bis auf Größen der Ordnung $1/N$ erfüllt. Genauer gilt für eine beliebiges Paar i, j $\frac{a_j}{k_j} \geqq \frac{a_i}{k_i + 1}$.

Am Spiel nahmen fünf Automaten mit linearer Taktik $L_{n,k}$ ($k = 7$) teil. Jeder Automat konnte eine von sieben Strategien wählen. Die Kapazitäten der Strategien waren: $a_1 = 0{,}9$; $a_2 = a_3 = a_4 = a_5 = a_6 = a_7 = 0{,}33$. In diesem Fall hat das Spiel folgende 20 invarianten Mengen von NASH-Partien:

$$(0{,}4;\ 0{,}2;\ 0{,}2;\ 0{,}2;\ 0;\ 0;\ 0),$$
$$(0{,}4;\ 0{,}2;\ 0{,}2;\ 0;\ 0{,}2;\ 0;\ 0),$$
$$\cdots\cdots\cdots\cdots\cdots$$
$$(0{,}4;\ 0{,}2;\ 0;\ 0{,}2;\ 0;\ 0{,}2;\ 0),$$
$$\cdots\cdots\cdots\cdots\cdots$$
$$(0{,}4;\ 0;\ 0;\ 0;\ 0{,}2;\ 0{,}2;\ 0{,}2).$$

Alle NASH-Partien haben den Wert

$$0{,}4 \cdot 0{,}45 + 3 \cdot 0{,}2 \cdot 0{,}33 = 0{,}378.$$

In Abb. 2.6 (Kurve 1) sind die Werte des mittleren Gewinns der Automaten in Abhängigkeit von ihren Speicherkapazitäten angeführt.

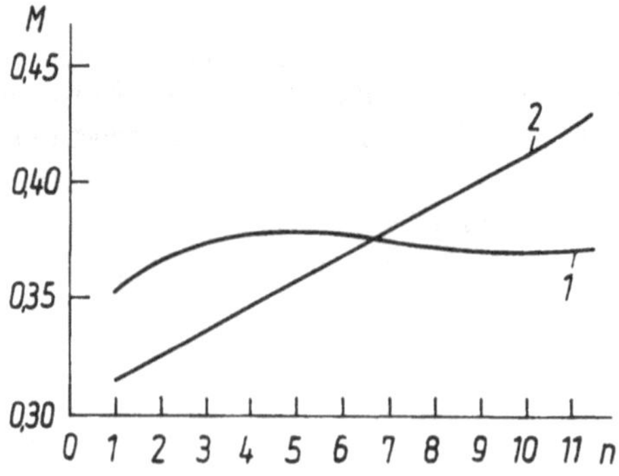

Abb. 2.6

Die Einführung einer „gemeinsamen Kasse“ verwandelt das Kombinationsspiel in ein MOORE-Spiel mit folgenden 15 invarianten Mengen von MOORE-Partien:

$$(0{,}2;\ 0{,}2;\ 0{,}2;\ 0{,}2;\ 0{,}2;\ 0;\ 0),$$
$$(0{,}2;\ 0{,}2;\ 0{,}2;\ 0{,}2;\ 0;\ 0{,}2;\ 0),$$
$$\cdots\cdots\cdots\cdots\cdots$$
$$(0{,}2;\ 0{,}2;\ 0{,}2;\ 0;\ 0;\ 0{,}2;\ 0{,}2),$$
$$\cdots\cdots\cdots\cdots\cdots$$
$$(0{,}2;\ 0;\ 0;\ 0{,}2;\ 0{,}2;\ 0{,}2;\ 0{,}2).$$

Der Wert einer MOORE-Partie ist gleich $0{,}2 \cdot 0{,}9 + 4 \cdot 0{,}2 \cdot 0{,}33 = 0{,}444$. Die Ergebnisse der Modellierung dieses Spiels sind in Abb. 2.6 (Kurve 2) angeführt.

Folgende Tatsache ist erwähnenswert: Obwohl eine „gemeinsame Kasse“ bei großen Speicherkapazitäten zu einem großen mittleren Gewinn führt, erweist sie sich doch bei kleinen Speicherkapazitäten (in unserem Beispiel $n \leqq 6$) als uneffektiv[1]).

---

[1]) M. L. ZETLIN bezeichnete diesen Effekt als „Nachteil der Gleichmacherei bei geringem Urteilsvermögen“.

3. Das Verteilungsspiel. Indem es die allgemeinen inhaltlichen Züge eines Kombinationsspiels beibehält, gestattet es das Verteilungsspiel, das Verhalten großer Kollektive bei einer fixierten Anzahl von Strategien zu untersuchen ($N > k$ und $N \gg k$ ist möglich).

Am Verteilungsspiel nehmen N Automaten $A^1, A^2, \ldots, A^N$ teil, von denen jeder über k Aktionen (Strategien) verfügt. Das Spiel wird durch k Funktionen $-\nu_m \leqq a_m(\nu_m) \leqq \nu_m$ $(0 \leqq \nu_m \leqq 1;\ m = 1, 2, \ldots, k)$ gegeben, wobei ν_m der Anteil der Automaten ist, die in der Partie f die Strategie m gewählt haben. Die Funktionen $a_m(\nu_m)$ heißen Kapazitätsfunktionen der Strategien.

Der Gewinnerwartungswert des Automaten A^j, der in der Partie f die Strategie m wählte, ist gleich

$$M(A^j, f_m, f) = a_m(\nu_m) = \frac{\alpha_m(\nu_m)}{\nu_m}. \tag{2.4.11}$$

Ein Verteilungsspiel unterscheidet sich also von einem Kombinationsspiel dadurch, daß jetzt die Kapazität jeder Strategie vom Anteil der Automaten abhängt, die diese Strategie wählten.

Die durch dieses Spiel zu modellierende Situation ähnelt dem Verteilungsproblem von Ressourcen (§ 4.3). Während man aber beim klassischen Verteilungsproblem von Ressourcen naturgemäß über das kollektive Verhalten der Verbraucher von Ressourcen spricht, kann man das Verteilungsspiel als Aufgabe über „das kollektive Verhalten der Ressourcen" interpretieren. Die durch das Verteilungsspiel zu modellierende Situation ähnelt beispielsweise dem Modell der Arbeitskräfteverteilung bei freier Wahl des Arbeitsplatzes und Abhängigkeit des Lohnes in jedem Betrieb von der Anzahl der dort arbeitenden Personen. Es ist klar, daß man noch eine Reihe anderer Interpretationen dieses Spiels angeben kann.

Der Einfachheit halber wollen wir den Fall von konkaven Funktionen $\alpha_m(\nu_m)$ betrachten, d. h., es sei

$$\frac{d^2\alpha_m(\nu_m)}{d\nu_m{}^2} < 0. \tag{2.4.12}$$

Eine solche Voraussetzung ist für Aufgaben vom Typ des Verteilungsproblems von Ressourcen üblich, da sie die Einzigkeit eines Gleichgewichtspunktes gewährleistet. Inhaltlich bedeutet die Bedingung (2.4.12), daß mit wachsender Zahl von Automaten, die die Strategie f_m wählten, die Kapazität dieser Strategie wächst, der Gewinnerwartungswert jedes Automaten aber fällt. In der Tat folgt aus der Bedingung der Konkavität

$$\frac{d\alpha_m(\nu_m)}{d\nu_m} < \frac{\alpha_m(\nu_m)}{\nu_m}. \tag{2.4.13}$$

Deshalb ist

$$\frac{d}{d\nu_m}\left(\frac{\alpha_m(\nu_m)}{\nu_m}\right) = \frac{\dfrac{d\alpha_m(\nu_m)}{d\nu_m} - \dfrac{\alpha_m(\nu_m)}{\nu_m}}{\nu_m} < 0, \tag{2.4.14}$$

d. h. $\alpha_m(\nu_m)$ ist eine fallene Funktion von ν_m, und das Spiel hat infolgedessen einen einzigen Gleichgewichtspunkt (NASH-Punkt).

Wir sagen, die Strategie f_j dominiert über die Strategie f_i, wenn für alle Werte ν_j

und $\nu_i\, a_j(\nu_j) \geqq a_i(\nu_i)$ ist. In einem solchen Fall nennen wir die Strategie f_j dominant und die Strategie f_i rezessiv. Es ist leicht zu sehen, daß die Automaten in einem NASH-Gleichgewichtspunkt keine rezessiven Strategien verwenden. Im weiteren werden wir Fälle betrachten, bei denen im Spiel keine rezessiven Strategien vorkommen.

Ist Bedingung (2.4.12) erfüllt und fehlen rezessive Strategien, d. h. fehlen Dominanzrelationen, so wird die Aufteilung der Automaten nach Strategien in einer NASH-Partie durch die Lösung des Gleichungssystems

$$\left.\begin{aligned} &\frac{\alpha_m(\nu_m^{(H)})}{\nu_m^{(H)}} = a^{(H)} \quad (m = 1, 2, \ldots, k) \\ &\sum_{m=1}^{k} \nu_m^{(H)} - 1 = 0 \end{aligned}\right\} \tag{2.4.15}$$

bestimmt. Wir bemerken, daß im Verteilungsspiel der Wert einer Partie f gleich

$$M(f) = \sum_{m=1}^{k} \nu_m \alpha_m(\nu_m) = \sum_{m=1}^{k} \alpha_m(\nu_m)$$

und der Wert einer NASH-Partie gleich

$$M^H = \sum_{m=1}^{k} \alpha_m(\nu_m^{(H)}) = \sum_{m=1}^{k} \nu_m^{(H)} a^{(H)} = a^{(H)}. \tag{2.4.16}$$

ist. Gehört $a^{(H)}$ dem asymptotischen Optimalitätsgebiet der am Spiel teilnehmenden Automaten an, so spielen bei genügend großem n, wie im vorigen Paragraphen gezeigt wurde, die Automaten fast ausschließlich Partien der invarianten NASH-Menge. Bei der Untersuchung des Verhaltens der Automaten wird uns die Abhängigkeit der Lage des Gleichgewichtspunktes (stationäre Verteilung der Automaten nach Partien) von der Speicherkapazität der spielenden Automaten interessieren.

Sei $n = 1$, dann stimmt die Wahrscheinlichkeit des Aktionswechsels durch den Automaten mit der Verlustwahrscheinlichkeit überein. Der Erwartungswert der Änderung des Anteils der die Aktion f_m ausführenden Automaten ist gleich

$$\overline{\Delta\nu_m} = \frac{1}{k} \sum_{i=1}^{k} \nu_i \frac{1 - a_i(\nu_i)}{2} - \nu_m \frac{1 - a_m(\nu_m)}{2}. \tag{2.4.17}$$

Auf Grund des Gesetzes der großen Zahlen konvergiert die tatsächliche Änderung des die Aktion f_m ausführenden Automaten für $N \to \infty$ gegen seinen Erwartungswert. Für $N \to \infty$ kann man folglich von einem dynamischen Gleichgewichtspunkt sprechen, bei der $\overline{\Delta\nu_m} = 0$ $(m = 1, 2, \ldots, k)$ ist. Im Fall $N \to \infty$ und $n = 1$ nennen wir die invariante Menge der dynamischen Gleichgewichtspartien ANTOS-Menge[1]) und die entsprechenden Partien ANTOS-Partien. Eine ANTOS-Partie ist stabil, wenn $\operatorname{sgn} \overline{\Delta\nu_m} = \operatorname{sgn}(\nu_m^{(A)} - \nu_m)$ für alle m und $\min (\overline{\Delta\nu_m})^2 = (\overline{\Delta\nu_m}^{(A)})^2$ ist. Aus (2.4.17) erhalten wir ein Gleichungssystem zur Bestimmung der Aufteilung der Automaten nach Strategien in einer ANTOS-Partie:

$$\left.\begin{aligned} &\nu_m^{(A)} - \alpha_m(\nu_m^{(A)}) = \alpha^{(A)} \qquad (m = 1, 2, \ldots, k), \\ &\sum_{m=1}^{k} \nu_m^{(A)} - 1 = 0. \end{aligned}\right\} \tag{2.4.18}$$

[1]) Siehe Anm. d. Hrsg. auf S. 109.

Indem wir die ersten k Gleichungen des Systems (2.4.18) summieren, finden wir den Wert einer ANTOS-Partie

$$M^A = \sum_{m=1}^{k} \alpha_m(\nu_m^{(A)}) = 1 - k\alpha^{(A)}. \tag{2.4.19}$$

Wir betrachten den Fall $k = 2$. Dann gilt im NASH-Punkt

$$\alpha_1(\nu_1^{(H)}) = \nu_1^{(H)} a^{(H)} \quad \text{und} \quad \alpha_2(1 - \nu_1^{(H)}) = (1 - \nu_1^{(H)})\, a^{(H)}$$

und im ANTOS-Punkt

$$\alpha_1(\nu_1^{(A)}) = \nu_1^{(A)} - \alpha^{(A)} \quad \text{und} \quad \alpha_2(1 - \nu_1^{(A)}) = 1 - \nu_1^{(A)} - \alpha^{(A)}.$$

Ist $\nu_1^{(H)} < \nu_1^{(A)}$, so gilt auf Grund der Konkavität von $\alpha_1(\nu_1)$ und $\alpha_2(1 - \nu_1)$ $\nu_1^{(A)} - \alpha^{(A)} < \nu_1^{(A)} a^{(H)}$ und $(1 - \nu_1^{(A)}) - \alpha^{(A)} > (1 - \nu_1^{(A)})\, a^{(H)}$ (Abb. 2.7), oder $\nu_1^{(A)} < \alpha^{(A)}/(1 - a^{(H)})$

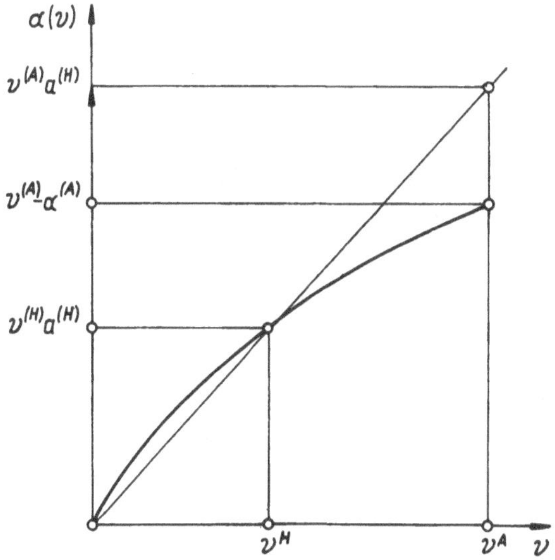

Abb. 2.7

und $1 - \nu_1^{(A)} > \alpha^{(A)}/(1 - a^{(H)})$ die Relation $\nu_1^{(H)} < \nu_1^{(A)} < 1/2$. Analog gilt für $\nu_1^{(H)} > \nu_1^{(A)}$ die Ungleichung $\nu_1^{(H)} > \nu_1^{(A)} > 1/2$. Wir bemerken, daß dabei für $\nu_1^{(H)} = \nu_1^{(A)}$ die Relation $\nu_1^{(H)} = \nu_1^{(A)} = 1/2$ gilt. Für $k = 2$ liegt also der ANTOS-Punkt auf der ν_1-Achse zwischen dem NASH-Punkt und dem Punkt $\nu_1 = 1/2$.

Analog kann man zeigen, daß für $k > 2$

$$\nu_m^{(H)} > \nu_m^{(A)} > 1/k \quad \text{oder} \quad \nu_m^{(H)} < \nu_m^{(A)} < 1/k, \tag{2.4.20}$$

gilt, d. h. für jede Strategie liegt der Anteil der Automaten, die diese Strategie in einer ANTOS-Partie gewählt haben, zwischen dem Anteil der Automaten, die diese Strategie in einer NASH-Partie gewählt haben, und der Zahl $1/k$.

In einem Spiel mit „gemeinsamer Kasse" wird der Gesamtgewinn aller Automaten zu gleichen Teilen auf die Spielteilnehmer aufgeteilt und hängt nur von der Verteilung der Automaten nach Strategien ab. Dabei hängt der Gewinnerwartungswert aller Automaten in der Partie f nicht davon ab, welche Strategie der Automat wählte, und ist gleich $\sum_{m=1}^{k} \alpha_m(\nu_m)$. Da $\alpha_m(\nu_m)$ konkave Funktionen sind, ist auch die Funktion $\sum_{m=1}^{k} \alpha_m(\nu_m)$ konkav bezüglich jeder Variablen ν_m. Auf Grund des Satzes über Gleichgewichtspunkte in konvexen Spielen [5, 72, 73] besitzt das Spiel also eine einzige Gleichgewichtssituation (MOORE-Punkt). Die Verteilung der Automaten nach Strategien in einer MOORE-Partie ist durch die Lösung des Gleichungssystems

$$\left.\begin{aligned} \frac{d\alpha_m(\nu_m)}{d\nu_m} &= \alpha^{(M)} \quad (m = 1, 2, \ldots, k), \\ \sum_{m=1}^{k} \nu_m - 1 &= 0 \end{aligned}\right\} \tag{2.4.21}$$

bestimmt. Wir bemerken, daß (2.4.21) Bedingung für einen Sattelpunkt der LAGRANGE-Funktion $Q = \sum_{m=1}^{k} \alpha_m(\nu_m) - \alpha^{(M)} \left(\sum_{m=1}^{k} \nu_m - 1 \right)$ ist, die $\max \sum_{m=1}^{k} \alpha_m(\nu_m)$ bei den Restriktionen $\sum_{m=1}^{k} \nu_m - 1 = 0$ garantiert.

Sei $k = 2$. Hier treten zwei interessante Fälle auf, die mit der gegenseitigen Lage der Gleichgewichtspunkte zusammenhängen. Die dabei auftretenden Effekte haben wir in Modellen des kollektiven Verhaltens (in Spielen) mit stationären Auszahlungsfunktionen noch nicht angetroffen.

1) $\nu_1^{(H)} > \nu_1^{(A)} > \nu_1^{(M)}$ oder $\nu_1^{(H)} < \nu_1^{(A)} < \nu_1^{(M)}$. Wegen der Konkavität der Funktionen $\alpha_1(\nu_1)$ und $\alpha_2(1 - \nu_1)$ und der Einzigheit des Maximums der Funktion $\alpha_1(\nu_1) + \alpha_2(1 - \nu_1)$ ist in diesem Fall $M^M > M^A > M^H$, d. h., der Wert der NASH-Partie ist kleiner als der Wert der ANTOS-Partie, der seinerseits kleiner ist als der Wert der MOORE-Partie. Da alle das Verhalten das Systems bestimmenden Funktionen stetig sind, kann man mit wachsender Speicherkapazität der spielenden Automaten ein monotones Fallen des mittleren Gewinns vermuten.

2) $\nu_1^{(H)} > \nu_1^{(M)} > \nu_1^{(A)}$ oder $\nu_1^{(H)} < \nu_1^{(M)} < \nu_1^{(A)}$. Dieser Fall ist von besonderem Interesse. Wegen der Stetigkeit aller das Verhalten des Systems bestimmenden Funktionen ist es natürlich anzunehmen, daß sich mit dem Wachsen der Speicherkapazität der Mittelwert des Anteils der die erste Strategie verwendenden Automaten stetig vom ANTOS-Punkt zum NASH-Punkt verlagern wird.[1]) Da der MOORE-Punkt zwischen dem ANTOS-Punkt und dem NASH-Punkt liegt, ist es ebenso natürlich anzunehmen, daß eine fixierte Speicherkapazität existiert, bei der der Mittelwert der Verteilung der Automaten nach Partien mit dem MOORE-Punkt zusammenfällt.[2]) In einem Spiel ohne „gemeinsame Kasse" kann man also erwarten, daß eine optimale Speicherkapazität existiert, die einen maximalen Gewinn sichert. Dieser nähert sich dem Wert der MOORE-Partie an. Der Grad der Näherung an den Wert der MOORE-Partie wird durch die Varianz der Verteilung der Automaten nach Partien bestimmt.

Eine exakte analytische Untersuchung des Verhaltens der Automaten in diesem Spiel ist mit analytischen Schwierigkeiten verknüpft. Wir führen deshalb hier die Ergebnisse

---

[1]) Eigentlich nicht kontinuierlich, da sich n diskret ändert. Vorläufig werden wir diese Überlegung vernachlässigen.

[2]) Oder der Mittelwert liegt mit einer Genauigkeit bis auf Glieder, die durch $1/n$ bestimmt sind, in der Nähe dieses Punktes.

der Modellierung des Verhaltens von Automaten mit linearer Taktik für Verteilungsspiele für $k = 2$ auf einer EDVA an.

In der ersten Serie von Experimenten wurde das Spiel durch folgende Funktionen der Strategiekapazitäten gegeben:

$$\left.\begin{aligned} \alpha_1(\nu_1) &= \nu_1 - 0{,}5\nu_1^4, \\ \alpha_2(\nu_2) &= 0{,}6\nu_2 - 0{,}5\nu_2^2. \end{aligned}\right\} \tag{2.4.22}$$

Entsprechend (2.4.15), (2.4.18) und (2.4.21) berechnen wir die Koordinaten der Gleichgewichtspunkte und die Werte der NASH-, MOORE- und ANTOS-Partien:

$$\left.\begin{aligned} \nu_1^{(H)} &= 0{,}948; & \nu_2^{(H)} &= 0{,}052; & M^H &= 0{,}574; \\ \nu_1^{(M)} &= 0{,}706; & \nu_2^{(M)} &= 0{,}294; & M^M &= 0{,}714; \\ \nu_1^{(A)} &= 0{,}732; & \nu_2^{(A)} &= 0{,}268; & M^A &= 0{,}713. \end{aligned}\right\} \tag{2.4.23}$$

In diesem Beispiel liegt der Wert der ANTOS-Partie nahe beim Wert der MOORE-Partie, und es ist $\nu_1^{(H)} > \nu_1^{(A)} > \nu_1^{(M)}$. In Abb. 2.8 sind die Abhängigkeiten des mittleren Gewinns der Automaten mit linearer Taktik in Abhängigkeit von ihrer Speicherkapazität angeführt. Diese Ergebnisse wurden bei der Modellierung des Verhaltens von 64 Automaten erhalten. Die Kurve 1 in Abb. 2.8 entspricht dabei einem Spiel ohne „gemeinsame Kasse“ und Kurve 2 einem Spiel mit „gemeinsamer Kasse“.

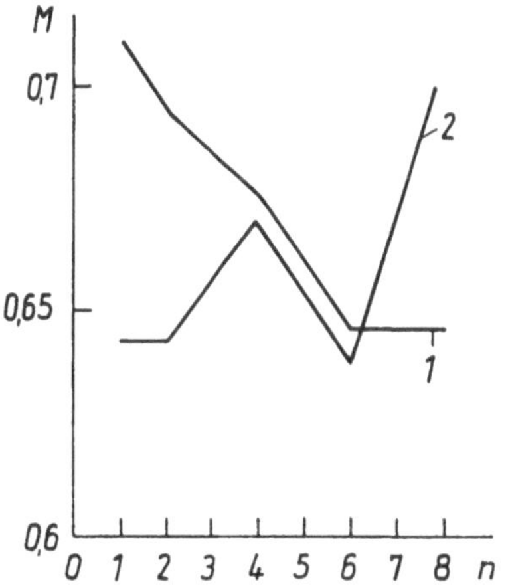

Abb. 2.8

Aus Abb. 2.8 ist ersichtlich, daß in einem Spiel ohne „gemeinsame Kasse“ der mittlere Gewinn der Automaten mit dem Wachsen der Speicherkapazität fällt. Das war auch aus der Lage der Gleichgewichtspunkte im vorliegenden Beispiel zu erwarten. Der mittlere Gewinn der Automaten im Spiel mit „gemeinsamer Kasse“ wächst, und für $n > 6$ wird die „gemeinsame Kasse“ vorteilhaft.

Für $n = 1$ ist $M = 0{,}7095$, d. h., der mittlere Gewinn ist kleiner als der Wert der ANTOS-Partie. Diese Tatsache erklärt sich dadurch, daß die Zahl der spielenden Automaten verhältnismäßig klein ist und die Verteilung der Automaten nach Partien eine wesentliche Varianz besitzt. In Abb. 2.9 sind Beispiele der Verteilung der Automaten nach Partien für gewisse n angegeben. Aus dieser Zeichnung erkennt man, daß mit wachsender Speicherkapazität der Automaten die Varianz der Verteilung der Automaten nach Partien fällt und daß sich der Mittelwert vom ANTOS-Punkt zum NASH-Punkt verlagert.

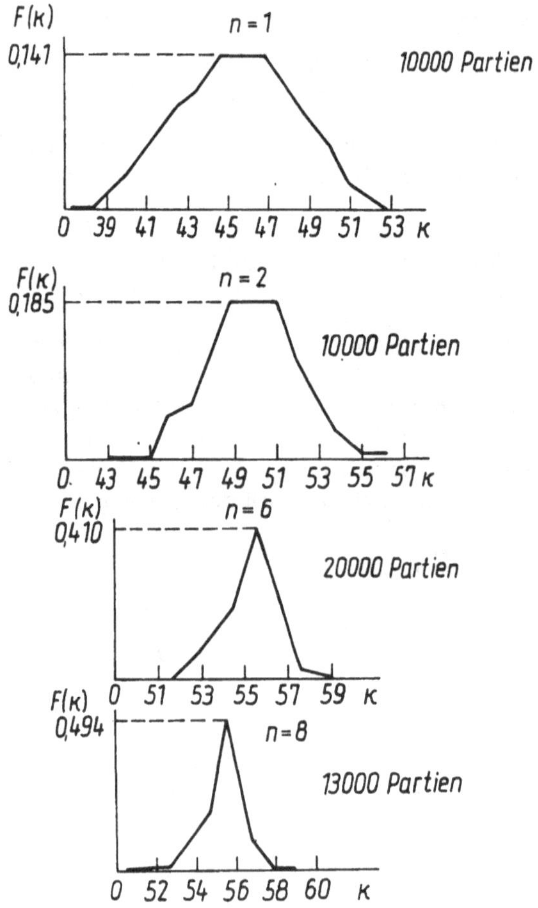

Abb. 2.9

Im folgenden Beispiel liegt der MOORE-Punkt zwischen dem ANTOS- und dem NASH-Punkt. Das Spiel wird durch die Funktionen der Strategiekapazitäten

$$\alpha_1(\nu_1) = \nu_1 - 0{,}8\nu_1^2, \quad \alpha_2(\nu_2) = 0{,}2\nu_2 - 1{,}2\nu_2^2 \tag{2.4.24}$$

gegeben. Die folgenden Koordinaten der Gleichgewichtspunkte und die Werte der Partien für dieses Spiel wurden berechnet:

$$\left.\begin{array}{lll} \nu_1^{(H)} = 1{,}000; & \nu_2^{(H)} = 0{,}000; & M^H = 0{,}200; \\ \nu_1^{(M)} = 0{,}800; & \nu_2^{(M)} = 0{,}200; & M^M = 0{,}280; \\ \nu_1^{(A)} = 0{,}683; & \nu_2^{(A)} = 0{,}317; & M^A = 0{,}253. \end{array}\right\} \tag{2.4.25}$$

Die experimentelle Abhängigkeit des mittleren Gewinns der Automaten von ihrer Speicherkapazität ist für dieses Beispiel in Abb. 2.10 dargestellt. Die Zahl der spielenden

Automaten ist wie im vorigen Fall gleich 64. Kurve 1 in Abb. 2.10 entspricht dem Spiel ohne „gemeinsame Kasse" und Kurve 2 dem Spiel mit „gemeinsamer Kasse".

In diesem Beispiel sind die Varianzen der Verteilung der Automaten nach Partien etwas größer als im vorigen Beispiel. Das erklärt sich durch die kleineren Werte des mittleren Gewinns und die langsamer fallenden Funktionen $\alpha_m(\nu_m)$. Die schwächere

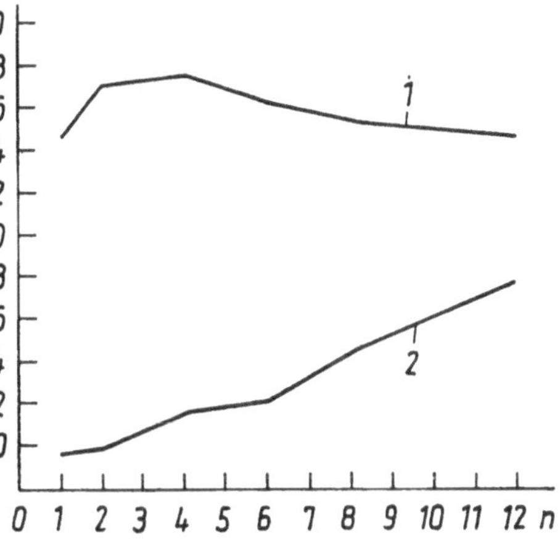

Abb. 2.10

Abhängigkeit des Gewinns von ν_m in der Nähe der Gleichgewichtspunkte führt auch zu einer langsameren Konvergenz der Verteilungen gegen die Gleichgewichtssituation.

Analog zu (2.4.17) und (2.4.18) kann man Bedingungen für eine dynamische Gleichgewichtssituation bei beliebiger Speicherkapazität aufschreiben:

$$\nu_m \gamma_m(\nu_m) = \xi \quad (m = 1, 2, \ldots, k); \quad \sum_{m=1}^{k} \nu_m - 1 = 0. \tag{2.4.26}$$

Eine dynamische Gleichgewichtssituation ist stabil, wenn Bedingungen erfüllt sind, die den Bedingungen für einen ANTOS-Punkt analog sind.

In Abb. 2.11 sind die Abhängigkeiten der Gleichgewichtssituationen von der Speicherkapazität der spielenden Automaten angeführt, und zwar Kurve 1 für die Strategienkapazitäten (2.4.23) und Kurve 2 für die Strategienkapazitäten (2.4.25).

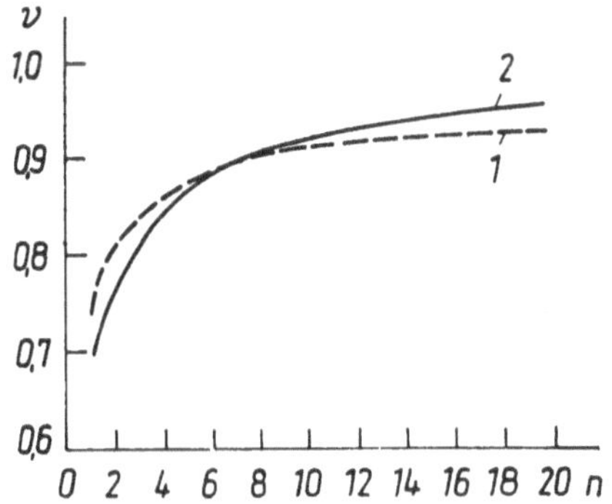

Abb. 2.11

Wie man in Abb. 2.11 sieht, ist für $n = 3$ im zweiten Beispiel die dynamische Gleichgewichtssituation der MOORE-Partie am nächsten, was auch den Ergebnissen des Experiments entspricht.

In Abb. 2.12 sind die experimentellen Ergebnisse angeführt, die die Abhängigkeit der ANTOS-Partie von der Zahl der spielenden Automaten bestimmen. Die Kurve 1 stellt die Abhängigkeit der Varianz der Verteilung der Automaten nach Partien im ersten Beispiel dar und die Kurve 2 im zweiten Beispiel.

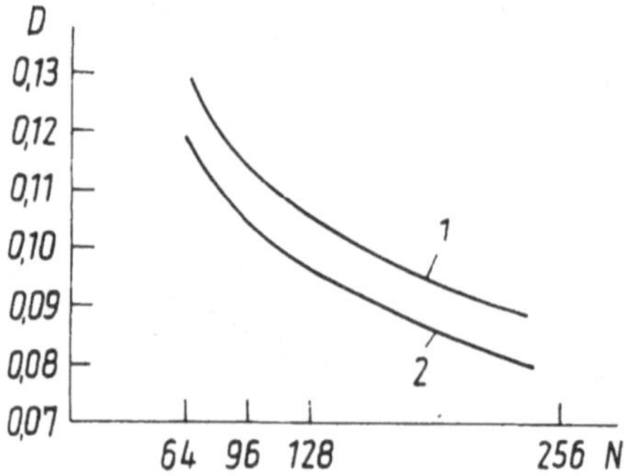

Abb. 2.12

Da der ANTOS-Punkt von Automaten mit dem Speicher 1 realisiert wird, sind diese Automaten natürlich „labiler“ und erreichen schneller die stationäre Verteilung. Diese Behauptung geht aus den Ergebnissen der Experimente hervor. Wenn in der Anfangspartie die eine Hälfte der Automaten die erste Strategie wählte und die andere Hälfte die zweite, so erreichen beim Speicher 1 die Automaten den stationären Wert des mitt-

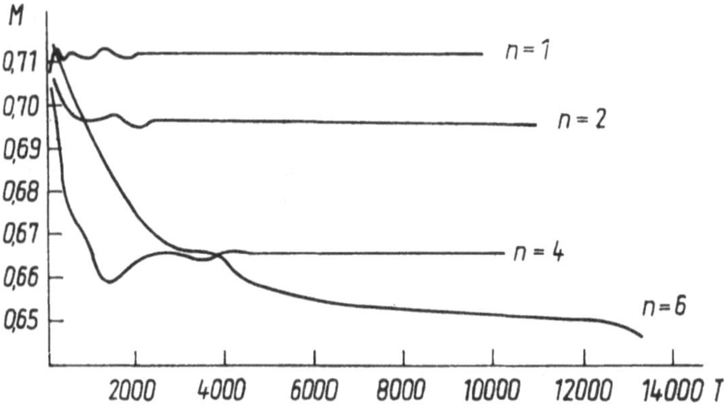

Abb. 2.13

leren Gewinns schon nach wenigen hundert Partien, während beim Speicher 6 der stationäre Wert nach 20000 Partien erreicht wird. Der stationäre Wert wurde durch Fehlen von Schwankungen in der dritten Dezimalstelle des im Experiment berechneten laufenden Wertes des mittleren Gewinns bestimmt. In Abb. 2.13 sind einige charakteristische Kurven der Abhängigkeit des mittleren Gewinns von der Zeit für das erste Beispiel angeführt.

§ 2.5. Das G-Spiel[1])

Wie im § 2.3 bemerkt wurde, geht ein beliebiges symmetrisches Spiel durch Einführung einer „gemeinsamen Kasse“ in ein G-Spiel über.

Wir betrachten ein G-Spiel, an dem N gleiche Automaten $A^1, A^2, \ldots, A^N$ teilnehmen. Jeder von diesen Automaten hat zwei Aktionen. Das Spiel wird durch die Funktion $a(\nu)$ gegeben. Dabei ist $a(\nu)$ der Gewinnerwartungswert jedes Automaten in der Partie, in der νN Automaten die erste Aktion und $(1 - \nu) N$ die zweite Aktion wählten. Wir setzen voraus, daß bei einem Aktionswechsel der Automat seine Aktion durch die entgegengesetzte Aktion ersetzt. Dann ist die Wahrscheinlichkeit dafür, daß bei genügend großem n und N und kleinem γN j Automaten die Aktion 1 durch die Aktion 2 ersetzen (analog zu (2.3.10)) gleich

$$p_1(j) = e^{-k_1\gamma(k_1)} \frac{[k_1\gamma(k_1)]^j}{j!}, \tag{2.5.1}$$

und die Wahrscheinlichkeit dafür, daß i Automaten die Aktion 2 durch die Aktion 1 ersetzen, ist gleich

$$p_2(i) = e^{-k_2\gamma(k_2)} \frac{[k_2\gamma(k_1)]^i}{i!}. \tag{2.5.2}$$

Dabei ist $k_1 + k_2 = N$, $\nu N = k_1$ und $\gamma(k_1)$ ist die stationäre Wahrscheinlichkeit des Aktionswechsels in der Partie (k_1, k_2). Die Wahrscheinlichkeit dafür, daß sich die in der Partie $f(t)$ die Aktion 1 ausführenden Automaten um r erhöhen, hat die Form

$$\begin{aligned} P[k_1(t + 1) = k_1(t) + r] &= \sum_j p_1(j)\, p_2(j + r) = e^{-\gamma(k_1)N} \sum_j \frac{[k_1\gamma(k_1)]^j\, [k_2\gamma(k_1)]^{j+r}}{j!\,(j + r)!} \\ &= e^{-\gamma(k_1)N} \left(\frac{k_2}{k_1}\right)^{\frac{r}{2}} \sum_j \frac{\left[\gamma(k_1)\sqrt{k_1k_2}^{\,2+jr}\right]}{j!\,(j + r)!} = e^{-\gamma(k_1)N} \left(\frac{k_2}{k_1}\right)^{\frac{r}{2}} I_r\!\left(2\gamma(k_1)\sqrt{k_1k_2}\right), \end{aligned} \tag{2.5.3}$$

wobei $I_r(z)$ die Bessel-Funktion mit imaginärem Argument bedeutet.

Bei der Konstruktion der Funktion $P[k_1(\cdot + 1) = k_1(t + r)$ benutzen wir die Trägheitshypothese und die Voraussetzung, daß die Binominalverteilungen durch Poisson-Verteilungen ersetzt werden können. In Abb. 2.14 sind die im Experiment erhaltene Funktion $P[k_1(t + 1) = k_1(t) + r]$ (Kurve 1) und die gemäß (2.5.3) berechnete Funktion (Kurve 2) dargestellt. Die Parameter des Experiments waren $N = 32$, $n = 4$, $k_1 = 18$, $a = 0{,}333$ ($\gamma = 0{,}022$) und die Anzahl der Partien des Spiels 60000.

Aus Abb. 2.14 ist ersichtlich, daß wir schon bei $n = 4$ eine völlig ausreichende Übereinstimmung des Experiments mit (2.5.3) haben. Unter Berücksichtigung der Trägheitshypothese (vgl. Anmerkungen zu § 1.5, Anm. d. Herausg.) und (2.5.3) kann man eine Markowsche Kette konstruieren, deren Zustände die $(N + 1)$ Partien des Spiels $k_1(t) = 0, 1, \ldots, N$ sind und deren Übergangswahrscheinlichkeiten aus (2.5.3) bestimmt

---

[1]) Anm. d. Hrsg.: G-Spiel heißt im Original, „Spiel des Gur“. Der Autor teilte uns dazu mit, daß dieser Terminus und die mit Antos verbundenen Termini im Arbeitskollektiv entstanden sind.

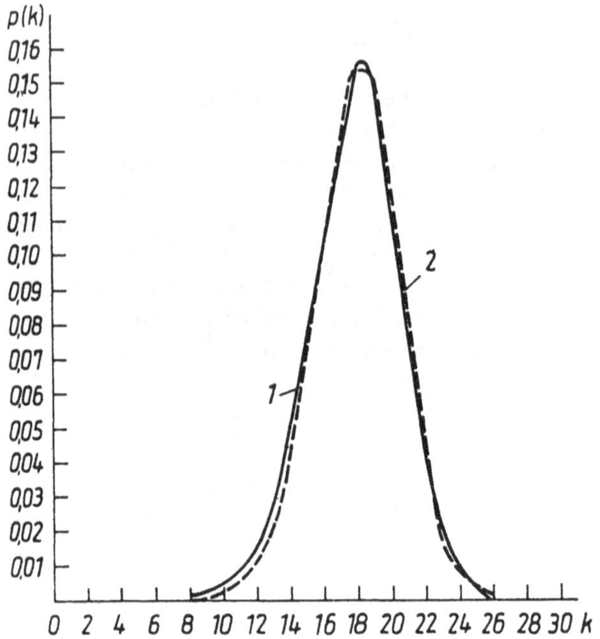

Abb. 2.14

werden. Die Finalwahrscheinlichkeiten der Zustände dieser Kette bestimmen die Finalwahrscheinlichkeitsverteilung der Partien.

Wir bemerken, daß

$$\frac{P[k_1(t+1) = k_1(t) + (r+1)]}{P[k_1(t+1) = k_1(t) + r]} = \left(\frac{k_2}{k_1}\right)^{\frac{1}{2}} \frac{I_{r+1}\left(2\gamma(k_1)\sqrt{k_1 k_2}\right)}{I_r\left(2\gamma(k_1)\sqrt{k_1 k_2}\right)} \approx \frac{k_2\gamma(k_1)}{r+1} \quad (r > 0) \tag{2.5.4}$$

und

$$\frac{P[k_1(t+1) = k_1(t) - (r+1)]}{P[k_1(t+1) = k_1(t) - r]} \approx \frac{k_1\gamma(k_1)}{r+1} \tag{2.5.5}$$

gilt. Ist n genügend groß, d. h. ist $N\gamma(k_1) \gg 1$, so kann man für $|r| \geqq 2$ alle Übergangswahrscheinlichkeiten vernachlässigen.

Wir führen die Bezeichnungen $P_{\pm 1}(k) = P[k_1(t+1) = k_1(t) \pm 1]$ und $p_0(k) = 1 - p_{+1}(k) - p_{-1}(k)$ ein. Dann wird das Verhalten des Systems der Automaten im Spiel näherungsweise durch eine MARKOWsche Kette mit folgender Matrix der Übergangswahrscheinlichkeiten beschrieben:

$$\left\| \begin{array}{llllllll} p_0(0) & p_{+1}(0) & 0 & 0 & \ldots & 0 & 0 & 0 \\ p_{-1}(1) & p_0(1) & p_{+1}(1) & 0 & \ldots & 0 & 0 & 0 \\ 0 & p_{-1}(2) & p_0(2) & p_{+1}(2) & \ldots & 0 & 0 & 0 \\ \ldots & \ldots & \ldots & \ldots & \ldots & \ldots & \ldots & \ldots \\ 0 & 0 & 0 & 0 & \ldots & p_{-1}(N-1) & p_0(N-1) & p_{+1}(N-1) \\ 0 & 0 & 0 & 0 & \ldots & 0 & p_{-1}(N) & p_0(N) \end{array} \right\| . \tag{2.5.6}$$

Die stationären Wahrscheinlichkeiten der Zustände dieser Kette findet man aus der Lösung des Gleichungssystems

$$\left.\begin{aligned} &\sigma(0) = \sigma(0)\,p_0(0) + \sigma(1)\,p_{-1}(1),\\ &\sigma(j) = \sigma(j-1)\,p_{+1}(j-1) + \sigma(j)\,p_0(j) + \sigma(j+1)\,p_{-1}(j+1),\\ &\quad j = 1, 2, \ldots, N-1,\\ &\sigma(N) = \sigma(N-1)\,p_{+1}(N-1) + \sigma(N)\,p_0(N),\\ &\sum_{j=0}^{N} \sigma(j) = 1. \end{aligned}\right\} \tag{2.5.7}$$

Unter Berücksichtigung von $1 - p_0(j) = p_{+1}(j) + p_{-1}(j)$ und $1 - p_0(0) = p_{+1}(0)$ erhalten wir aus (2.5.7)

$$\sigma(j+1)\,p_{-1}(j+1) = \sigma(j)\,p_{+1}(j), \tag{2.5.8}$$

und daraus

$$\sigma(j) = \sigma(0) \prod_{i=0}^{j-1} \frac{p_{+1}(i)}{p_{-1}(i+1)} = \sigma(0)\,\frac{p_{+1}(0)}{p_{-1}(j)} \prod_{i=1}^{j-1} \frac{p_{+1}(i)}{p_{-1}(i)}. \tag{2.5.9}$$

Berücksichtigen wir $\dfrac{p_{+1}(i)}{p_{-1}(i)} = \dfrac{N-i}{i}$, so finden wir

$$\prod_{i=1}^{j-1} \frac{p_{+1}(i)}{p_{-1}(i)} = \frac{(N-1)!}{(j-1)!\,(N-j)!}.$$

Endgültig erhalten wir

$$\sigma(j) = \alpha e^{+\gamma(j)N} \cdot C_N^j\,\frac{\sqrt{j\,(N-j)}}{I_1\!\left(2\gamma(j)\sqrt{j(N-j)}\right)}, \tag{2.5.10}$$

wobei α ein Normierungsfaktor und $\sum\limits_{0}^{N} \sigma(j) = 1$ ist. Wir werden den Fall $\gamma(j)\,N \ll 1$, d. h. den Fall

$$n \gg \delta \ln N \tag{2.5.11}$$

betrachten, wobei für Automaten mit linearer Taktik $\delta = \dfrac{1}{\ln \lambda}$ und für KRINSKI-Automaten $\delta = \dfrac{1}{\ln 1/p}$ ist.

Ist $\gamma(j)\,N$ genügend klein, so kann man in (2.5.10) Glieder höherer Ordnung vernachlässigen, und es ist

$$\sigma(j) = \alpha C_N^j\,\frac{1}{\gamma(j)}. \tag{2.5.12}$$

Bevor wir zur vollständigen asymptotischen Analyse der Verteilung (2.5.12) übergehen, betrachten wir den einfachsten Fall. Sei $a(\nu)$ eine stückweise konstante Funktion (Abb. 2.15) und σ_0 die Wahrscheinlichkeit dafür, daß die Automaten Partien spielen, die zu dem Intervall (ν_i, ν_{i+1}) gehören, auf dem $a(\nu)$ den größten Wert hat. Dann ist

$$\sigma_0 = \alpha \sum_{j=k_i}^{k_{i+1}} C_N^j\,\frac{1}{\gamma(j)} > \alpha C_N^m\,\frac{(k_{i+1} - k_i)}{\gamma(k_i)}, \tag{2.5.13}$$

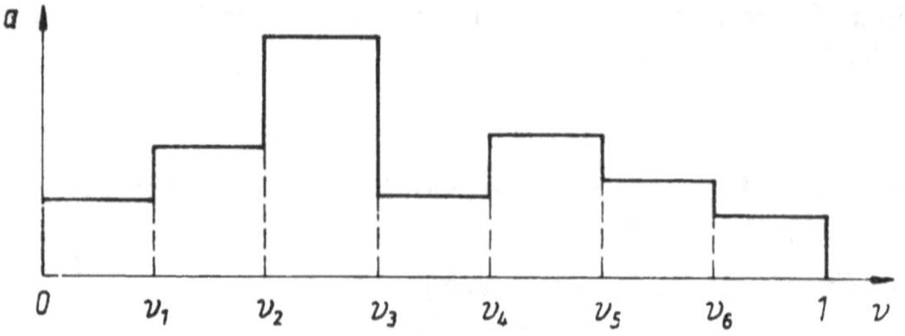

Abb. 2.15

mit $k_i =]\nu_i N[$, $k_{i+1} = [\nu_{i+1} N]$ und $C_N{}^m = \min\limits_{k_i < j < k_{i+1}} C_N{}^j$. Sei $\sigma_1 = 1 - \sigma_0$ die Wahrscheinlichkeit dafür, daß die Automaten Partien spielen, die nicht zum Intervall (k_i, k_{i+1}) gehören, und sei

$$\sigma_1 = \alpha \sum_{\substack{j > k_{i+1} \\ j < k_i}} C_N{}^j \frac{1}{\gamma(j)} < \alpha \frac{1}{\gamma(l)} \sum_{\substack{j > k_{i+1} \\ j < k_i}} C_N{}^j < \frac{\alpha}{\gamma(l)} 2^N < \frac{\alpha}{\gamma(l)} 2^n C_N{}^m \tag{2.5.14}$$

mit $\gamma(l) = \min\limits_{\substack{j > k_{i+1} \\ j < k_i}} \gamma(j)$, d. h. $a(l/N) = \max\limits_{\substack{j > k_{i+1} \\ j < k_i}} a(j/N)$. Dann ist

$$\frac{\sigma_0}{\sigma_1} > 2^{-N} \frac{\gamma(l)}{\gamma(k_i)}. \tag{2.5.15}$$

Wir ermitteln, wie n für $N \to \infty$ wachsen muß, damit das Verhalten der Automaten asymptotisch optimal bleibt. Wir setzen $n = \beta N$. Dann ist für Automaten mit linearer Taktik

$$\frac{\sigma_0}{\sigma_1} > \frac{a(l)}{a(k_i)} \left[\frac{1}{2} \left(\frac{\lambda(k_i)}{\lambda(l)} \right)^{\beta} \right]^N, \tag{2.5.16}$$

wobei $\lambda(j) = \dfrac{1 + a(j)}{1 - a(j)}$ ist, und für KRINSKI-Automaten

$$\frac{\sigma_0}{\sigma_1} > \left[\frac{1}{2} \left(\frac{1 - a(l)}{1 - a(k_i)} \right)^{\beta} \right]^N. \tag{2.5.17}$$

Asymptotisch optimales Verhalten wird bei

$$\lim_{N \to \infty} \left(\frac{\sigma_0}{\sigma_1} \right) = \infty$$

erreicht. Diese Bedingung ist für Automaten mit linearer Taktik für

$$\beta > \frac{\ln 2}{\ln \lambda(k_i) - \ln \lambda(l)} \tag{2.5.18}$$

und für KRINSKI-Automaten für

$$\beta > \frac{\ln 2}{\ln [1 - a(l)] - \ln [1 - a(k_i)]} \tag{2.5.19}$$

erfüllt.

Wir gehen jetzt zu einer vollständigeren asymptotischen Analyse der Verteilung (2.5.12) über. Die unten angeführten Sätze sind für Automaten mit linearer Taktik formuliert. Es wird allerdings gezeigt werden, daß sich die erhaltenen Resultate auch auf andere Folgen asymptotisch-optimaler Automaten leicht ausdehnen lassen.

Wir betrachten zunächst den folgenden Fall für die Funktion $a(x)$[1]:

$$a(x) = \begin{cases} a_1, & \text{für } x \leqq \nu_0, \\ a_2, & \text{für } x > \nu_0,\ 0 \leqq \nu_0 \leqq 1. \end{cases} \tag{2.5.20}$$

Sei der Bestimmtheit halber $a_1 > a_2$. Wir setzen $\nu_0 < 1/2$ voraus (dieser Fall ist für $a_1 > a_2$ am interessantesten). Wir führen die Bezeichnung

$$H(x) = -x \log_2 x - (1 - x) \log_2 (1 - x). \tag{2.5.21}$$

ein.

Satz 6. Es sei $N \to +\infty$,

$$a_1 = \max (a_1, a_2) > 0 \tag{2.5.22}$$

und

$$\varkappa = \begin{cases} \dfrac{1 - H(\nu_0)}{\log_2 (\lambda_1/\lambda_2)}, & \text{für } \lambda_2 > 1, \\[2mm] \dfrac{1 - H(\nu_0)}{\log_2 \lambda_1}, & \text{für } \lambda_2 \leqq 1,\ \lambda_i = \dfrac{1 + a_i}{1 - a_i}. \end{cases} \tag{2.5.23}$$

Ändert sich mit wachsendem N die Speicherkapazität n so, daß $\underline{\lim}_{N\to+\infty} \dfrac{n}{N} > \varkappa$ und $N\delta_N \to -\infty$ gilt[2]), dann gilt

$$P\left[\delta_N \leqq \frac{k(n, N)}{N} - \nu_0 \leqq 0\right] \xrightarrow[N\to\infty]{} 1. \tag{2.5.24}$$

Ist aber $\overline{\lim}_{N\to+\infty} \dfrac{n}{N} < \varkappa$, so gilt bei beliebigem festem $a < b$

$$P\left[\frac{a}{2\sqrt{N}} \leqq \frac{k(n, N)}{N} - \frac{1}{2} \leqq \frac{b}{2\sqrt{N}}\right] \to \frac{1}{\sqrt{2\pi}} \int_a^b \exp\left[-\frac{x^2}{2}\right] dx. \tag{2.5.25}$$

Im Fall $a_1 = \max (a_1, a_2) < 0$ gilt die Limesbeziehung (2.5.25) unabhängig vom Wachstum der Speicherkapazität.

Satz 6 behauptet also, daß bei Existenz einer Verteilung der Automaten nach Partien, die $a(x) > 0$ und $\lim_{N\to\infty} \dfrac{n}{N} > \varkappa$ sichert, der Anteil der die erste Aktion ausführenden Automaten in der überwiegenden Zahl der Fälle nahe bei ν_0 liegt und kleiner als dieses ist, d. h., es liegt asymptotische Optimalität vor (Abb. 2.16, a). Im entgegengesetzten Fall konvergiert die Verteilung der Automaten gegen die Normalverteilung mit dem Mittelwert im Punkte $\nu_0 = 1/2$ (Abb. 2.16, b).

---

[1]) x ist der Anteil der Automaten, die die erste Aktion ausführen.

[2]) Beispielsweise für $\delta_N \sim -\dfrac{1}{N^\sigma}\ \sigma < 1$.

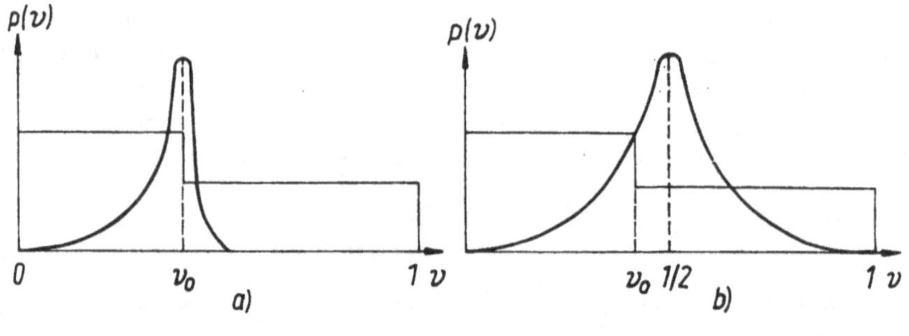

Abb. 2.16

Die Funktion $a(x)$ sei jetzt mit ihren Ableitungen genügend hoher Ordnung stetig und habe im Punkt $x = \nu_0, 0 \leqq \nu_0 \leqq 1$ ihr einziges Maximum. Sei weiter

$$a(\nu_0) = \max_{0 \leqq x \leqq 1} a(x) > 0 \tag{2.5.26}$$

(Dann ist für genügend nahe bei ν_0 liegende x $\lambda(x) > 1$.) Wir führen die Funktion

$$\lambda_\varrho(x) = \begin{cases} \dfrac{\lambda(x)}{[x^x(1-x)^x]^\varrho}, & \text{für } \lambda(x) > 1, \\ \dfrac{1}{[x^x(1-x)^x]^\varrho}, & \text{für } \lambda(x) \leqq 1 \end{cases} \tag{2.5.27}$$

ein und bezeichnen mit ν_p den Maximalpunkt von $\lambda_\varrho(x)$. Es ist leicht $\lim\limits_{\varrho \to 0} \nu_\varrho = \nu_0$ zu zeigen, wobei für $\varrho < R$ (bei genügend kleinem R) das Maximum der Funktion $\lambda_\varrho(x)$ einzig ist und in einer ε_0-Umgebung des Punktes [293] ν_0 angenommen wird. Dabei ist ε_0 derart, daß

$$\lambda(\nu_\varrho) \geqq \min_{|x-\nu_0| \leqq \varepsilon_0} \lambda(x) > 1 \tag{2.5.28}$$

gilt. Wir führen die Bezeichnung

$$h_\varrho(x) = h(x) + \varrho H(x) \tag{2.5.29}$$

ein. Dabei ist $h(x) = \ln \lambda(x)$ und $H(x)$ wird durch Formel (2.5.21) gegeben. Wie man leicht sieht, ist $h_\varrho(x) = \ln \lambda_\varrho(x)$.

Sei der Einfachheit halber der Maximalpunkt $\nu_{N/n}$ der Funktion $h_{N/n}(x)$ einzig. Offensichtlich liegt bei genügend kleinem $\dfrac{N}{n}$ $\nu_{N/n}$ nahe am Maximalpunkt der Funktion $h(x)$, der mit dem Maximalpunkt der Funktion $a(x)$ übereinstimmt. Andererseits liegt bei großem $\dfrac{N}{n}$ der Maximalpunkt der Funktion $h_{N/n}(x)$ nahe bei $x = \dfrac{1}{2}$, dem Maximalpunkt der Entropie der Verteilung der Automaten nach Partien $H(x)$. Aus Satz 6 und den unten angeführten Sätzen folgt, daß sich ein Kollektiv von Automaten im G-Spiel so verhält, als maximisierte es die Funktion $h_{N/n}(x)$.

Satz 7. (Über Bedingungen, bei denen sich die Verteilung der Automaten nach Partien asymptotisch normal verhält.) Es mögen n und N so gegen $+\infty$ konvergieren, daß

$$\lim_{\substack{N\to\infty\\ n\to\infty}} \frac{N}{n} = \varrho < R \tag{2.5.30}$$

ist. Sei m eine gerade Zahl, die wie folgt definiert ist: $\lambda_\varrho^{(1)}(\nu_\varrho) = \lambda_\varrho^{(2)} = \cdots = \lambda_\varrho^{(m-1)}(\nu_\varrho) = 0$, aber $\lambda_\varrho^{(m)}(\nu_\varrho) \neq 0$ (folglich ist $\lambda_\varrho^{(m)}(\nu_\varrho) < 0$).[1]) Ist $m = 0$ oder $m = 2$ und zusätzlich zu (2.5.20)

$$\lim_{\substack{n\to\infty\\ N\to\infty}} n\left(\frac{N}{n} - \varrho\right)^{\frac{m}{m-1}} = +\infty, \tag{2.5.31}$$

so gilt:

1) für feste Größen $a < b$

$$P\left[\frac{a}{\sqrt{nC_{N/n}}} \leqq \frac{k(n,N)}{N} - \nu_{N/n} \leqq \frac{b}{\sqrt{nC_{N/n}}}\right] \to \frac{1}{\sqrt{2\pi}} \int_a^b \exp\left[-\frac{z^2}{2}\right] dz; \tag{2.5.32}$$

2) für $y \to +\infty$ so, daß $yd_{n,N} \to 0$,

$$P\left[\left|\frac{k(n,N)}{N} - \nu_{N/n}\right| \geqq \frac{y}{\sqrt{nC_{N/n}}}\right] \sim \sqrt{\frac{2}{\pi}} \int_y^{+\infty} \exp\left[-\frac{z^2}{2}\right] dz, \tag{2.5.33}$$

mit

$$\nu_{N/n} = \nu_\varrho + \gamma\left(\frac{N}{n} - \varrho\right)^{\frac{1}{m-1}} + O\left(\left(\frac{N}{n} - \varrho\right)^{\frac{2}{m-1}}\right), \tag{2.5.34}$$

$$C_{N/n} = C\left(\frac{N}{n} - \varrho\right)^{\frac{m-2}{m-1}} + O\left(\left|\frac{N}{n} - \varrho\right|\right), \tag{2.5.35}$$

$$d_{n,}N = \begin{cases} \left[n\left(\frac{N}{n} - \varrho\right)^{\frac{m}{m-1}}\right]^{-\frac{1}{6}} & \text{für } m > 2, \\ \max\left(n^{-\frac{1}{6}}, n^{\frac{1}{2}} N^{-1}\right) & \text{für } m = 2. \end{cases} \tag{2.5.36}$$

Die Konstanten γ und C werden nach den Formeln

$$\gamma = \left[(m-1)! \ln \frac{\nu_\varrho}{1-\nu_\varrho} \frac{\lambda_\varrho(\nu_\varrho)}{\lambda_\varrho^{(m)}(\nu_\varrho)}\right]^{\frac{1}{m-1}}, \tag{2.5.37}$$

$$C = -\frac{\gamma^{m-2}}{(m-2)!} \frac{\lambda_\varrho^{(m)}(\nu_\varrho)}{\lambda_\varrho(\nu_\varrho)} \tag{2.5.38}$$

berechnet.

---

[1]) $\lambda_\varrho^{(i)}(\nu_\varrho)$ ist die i-te Ableitung der Funktion $\lambda_\varrho(x)$ im Maximalpunkt ν_ϱ.

Der formulierte Satz behauptet, daß in einem sich eingeschwungenen Regime bei Erfüllung der Bedingungen (2.5.30) und (2.5.31) für genügend große n und N der Anteil der die erste Aktion ausführenden Automaten eine Zufallsgröße ist, die einer normalen Zufallsgröße mit dem Mittelwert $\nu_{N/n}$ und der Varianz $\frac{1}{nC_{N/n}}$ nahe ist. Die Verteilung der Automaten nach Partien hat also im Maximalpunkt der Funktion $h_{N/n}(x)$ ein Maximum. Unter Berücksichtigung von $\frac{1}{nC_{N/n}} \to 0$ (siehe (2.5.31), (2.5.35)) kann man behaupten, daß bei Erfüllung der Voraussetzungen des Satzes 7 die Automaten die Funktion $h_{N/n}(x)$ maximisieren.

Beweis[1]). Wir beschränken uns auf die Betrachtung des komplizierten Falles $m > 2$. Wir berechnen den Normierungskoeffizienten α in Formel (2.5.12)

$$\frac{1}{\alpha} = A_{n,N} = \sum_{k=0}^{N} C_N^k \frac{1}{\gamma_n(k/N)} = \sum_{k=0}^{N} C_N^k \frac{\lambda^n(k/N) - 1}{a(k/N)} \tag{2.5.39}$$

und bestimmen sein asymptotisches Verhalten für $n \to \infty$, $N \to \infty$. Wir zeigen zunächst, daß für $n \to \infty$ und $N \to \infty$

$$A_{n,N} \sim B_{n,N} = \sum_{\left|\frac{k}{N} - \nu_{N/n}\right| \leqq \delta} C_N^k \frac{1}{\gamma_n(k/N)} \tag{2.5.40}$$

gilt, wobei δ eine beliebig kleine positive Zahl ist.

In der Tat, es ist

$$A_{n,N} = B_{n,N} + D_{n,N}; \quad D_{n,N} = \sum_{\left|\frac{k}{N} - \nu_{N/n}\right| > \delta} C_N^k \frac{1}{\gamma_n(k/N)}.$$

Wenn wir $k! \approx \sqrt{2\pi}\, k^{k+1/2} e^{-k}$ berücksichtigen, so erhalten wir

$$B_{n,N} \sim \frac{1}{\sqrt{2\pi N}} \sum_{|\nu_k - \nu_{N/n}| \leqq \delta} \frac{\lambda_{n,N}^n(\nu_k)}{\sqrt{\nu_k(1-\nu_k)}}, \tag{2.5.41}$$

$$D_{n,N} = \frac{A}{\sqrt{2\pi N}} \sum_{\substack{|\nu_k - \nu_{N/n}| > \delta \\ \nu_k \neq 0}} \frac{\lambda_{n,N}^n(\nu_k)}{\sqrt{\nu_k(1-\nu_k)}} + \lambda_{n,N}(0) + \lambda_{N,n}^n(1), \tag{2.5.42}$$

wobei $\nu_k = k/N$ $\lambda_{n,N}^n(\nu_k) = \frac{[1/\gamma(x)]^{1/n}}{[x^\varkappa(1-x)^{(1-x)}]^{1/n}}$ und A eine von n und N unabhängige Zahl ist. Da in ν_ϱ das einzige Maximum der Funktion $\lambda_\varrho(x)$ angenommen wird, existieren solche Zahlen δ_1 und δ_2 mit $0 < \delta_1 < \delta_2 < \delta$, daß

$$\min_{|x-\nu_\varrho| \leqq \delta_1} \lambda_\varrho(x) > \max_{|x-\nu_\varrho| \geqq \delta_2} \lambda_{n,N}(x)$$

ist. Da für $n \to \infty$ und $N \to \infty$ nach Voraussetzung des Satzes $\lambda_{n,N}(x) \to \lambda_\varrho(x)$ gleichmäßig bezüglich x ist, gilt für genügend große n und N

$$\min_{|r-\nu_\varrho| \leqq \delta_1} \lambda_{n,N}(x) \geqq q \max_{|x-\nu_\varrho| \geqq \delta_2} \lambda_{n,N}(x), \tag{2.5.43}$$

[1]) Der Beweis von Satz 6 ist einfacher, und es entstehen dabei keine neuen Schwierigkeiten.

wobei $s > 1$ ist und nicht von n und N abhängt. Weiter gilt für genügend große n und N [1])

$$B_{n,N} \gtrsim \frac{1}{\sqrt{2\pi N}} \left(\min_{|x-\nu_\varrho|\leqq\delta} \lambda_{n,N}(x)\right)^n \sum_{|\nu_k-\nu_\varrho|\leqq\delta_1} \frac{1}{\sqrt{\nu_k(1-\nu_k)}}$$

$$\sim \sqrt{\frac{N}{2\pi}} \left(\min_{|\nu-\varkappa_\varrho|\leqq\delta_1} \lambda_{n,N}(x)\right)^n \int\limits_{|\lambda-\lambda_\varrho|\leqq\delta_2} \frac{d\nu}{\sqrt{\nu(1-\nu)}}\ ^{1)}$$

und analog

$$D_{n,N} \lesssim A \sqrt{\frac{N}{2\pi}} \left(\max_{|x-\nu_\varrho|\leqq\delta_1} \lambda_{n,N}(x)\right)^n \int\limits_{|\lambda-\lambda_\varrho|\geqq\delta_2} \frac{d\nu}{\sqrt{\nu(1-\nu)}}.$$

Aus (2.5.43) und den beiden letzten Abschätzungen erhalten wir

$$A_{n,N} = B_{n,N}\left(1 + \frac{D_{n,N}}{B_{n,N}}\right) = B_{n,N}(1 + O(s^n)) \sim B_{n,N},$$

was zu beweisen war.

Weil die Bedingung (2.5.30) erfüllt ist und weil $\nu_{N/n} \to \nu_\varrho$, $\lambda(\nu_\varrho) > 1$ gilt, folgt aus der Gestalt der Funktionen $\lambda_{N/n}(x), \lambda_{n,N}(x)$ und den Abschätzungen (2.5.40)—(2.5.42) für genügend kleines $\delta > 0$

$$A_{n,N} \sim \frac{1}{\sqrt{2\pi N}\, a(\nu_{N/n})} \sum_{|\nu_k-\nu_{N/n}|\leqq\delta} \frac{\lambda^n_{N/n}(\nu_k)}{\sqrt{\nu_k(1-\nu_k)}}$$

$$\sim \frac{1}{\sqrt{2\pi N}\, a(\nu_{N/n}) \sqrt{\nu_{N/n}(1-\nu_{N/n})}} \sum_{|\nu_k-\nu_{N/n}|\leqq\delta} \lambda^n_{N/n}(\nu_k). \tag{2.5.44}$$

Die Funktionen $g_{N/n}(x)$ und $g_\varrho(x)$ bestimmen wir aus den Gleichungen

$$\left.\begin{aligned} \lambda_{N/n}(x) &= \lambda_{N/n}(\nu_{N/n}) \exp\,[g_{N/n}(x)], \\ \lambda_\varrho(x) &= \lambda_\varrho(\nu_\varrho) \exp\,[g_\varrho(x)]. \end{aligned}\right\} \tag{2.5.45}$$

Aus den Voraussetzungen von Satz 7 folgt

$$g_\varrho^{(1)}(\nu_\varrho) = g_\varrho^{(2)}(\nu_\varrho) = \ldots = g_\varrho^{(m-1)}(\nu_\varrho) = 0 \quad g_\varrho^{(m)}(\nu_\varrho) = g_m < 0.$$

Man überzeugt sich leicht von $g_m = \dfrac{\lambda_\varrho^{(m)}(\nu_\varrho)}{\lambda_\varrho(\nu_\varrho)}$. Man kann weiter zeigen daß für $\nu_{N/n}$ und die ersten m Ableitungen der Funktion $g_{N/n}(x)$ im Punkte $x = \nu_{N/n}$ die folgenden asymptotischen Darstellungen gültig sind:

$$\left.\begin{aligned} \nu_{N/n} &= \nu_\varrho + \gamma\left(\frac{N}{n} - \varrho\right)^{\frac{1}{(m-1)}} + O\left(\left(\frac{N}{n} - \varrho\right)^{\frac{2}{(m-1)}}\right), \\ g^{(s)}_{N/n}(\nu_{N/n}) &= a_s\left(\frac{N}{n}\varrho - \right)^{\frac{(m-s)}{(m-1)}}, \\ a_s &= \frac{g_m}{(m-s)!}\gamma^{m-k} + O\left(\left|\frac{N}{n} - \varrho\right|^{\frac{1}{(m-1)}}\right) \\ \gamma &= \left(\frac{(m-1)!}{g_m}\ln\frac{\nu_\varrho}{1-\nu_\varrho}\right)^{\frac{1}{(m-1)}}. \end{aligned}\right\} \tag{2.5.46}$$

---

[1]) $E_n \gtrsim G_n$ bedeutet $\lim\limits_{n\to\infty} \dfrac{E_n}{G_n} \geqq 1$.

Es ist klar daß die Funktion $g_{N/n}(x)$ mit ihren Ableitungen bezüglich x gleichmäßig gegen die Funktion $g_\varrho(x)$ konvergiert. Unter Benutzung des Mittelwertsatzes erhält man aus (2.5.44) leicht

$$A^1_{n,N} \lesssim A_{n,N} \lesssim A^2_{n,N} \tag{2.5.47}$$

mit

$$A^i_{n,N} = A^0_{n,N} \sum_{|\nu_k - \nu_{N/n}| < \delta} \exp\left[n \sum_{s=2}^{m-1} \frac{g^{(s)}_{N/n}(\nu_{N/n})}{s!} (\nu_k - \nu_{N/n})^s + \frac{c_i}{m!} (\nu_k - \nu_{N/n})^m \right]. \tag{2.5.48}$$

Dabei ist

$$A^0_{n,N} = \frac{\lambda^n_{N/n}(\nu_{N/n})}{\sqrt{2\pi N}\, a(\nu_{N/n}) \sqrt{\nu_{N/n}(1 - \nu_{N/n})}},$$

$$c_1 = \min_{|x - \nu_{N/n}| \leq \delta} g^{(m)}_{N/n}(x) = g_m - O\left(\delta + \left|\frac{N}{n} - \varrho\right|^{\frac{1}{(m-1)}}\right)$$

$$c_2 = \max_{|x - \nu_{N/n}| \leq \delta} g^{(m)}_{N/n}(x) = g_m + O\left(\delta + \left|\frac{N}{n} - \varrho\right|^{\frac{1}{(m-1)}}\right).$$

Sei die Bedingung (2.5.31) erfüllt. Führen wir die Bezeichnung $\lambda_k - \lambda_{N/n} = x_k \left(\frac{N}{n} - \varrho\right)^{\frac{1}{(m-1)}}$ ein, so nehmen die Summen $A^i_{n,N}$ unter Berücksichtigung von (2.5.46) die Gestalt

$$A^i_{n,N} = A^0_{n,N} \sum_{|x_k| \leq \delta |N/n - \varrho|^{-\frac{1}{(m-1)}}} \exp\left[n \left(\frac{N}{n} - \varrho\right)^{\frac{m}{(m-1)}} F_i(k) \right] \tag{2.5.49}$$

an, wobei

$$F_i(k) = \sum_{s=2}^{m-1} \frac{a_s}{s!} x_k{}^s + \frac{c_i x_k{}^s}{m!}, \quad i = 1, 2, a_2 < 0,$$

$$g_x = x_{k+1} - x_k = \frac{1}{N} \left(\frac{N}{n} - \varrho\right)^{-\frac{1}{(m-1)}}$$

ist. Mit (2.5.47) kann man $F_i(x)$ in der Form

$$F_i(x) = g_m \sum_{s=2}^{m} \frac{x^s \gamma^{m-s}}{s!\,(m-s)!} + \sum_{s=2}^{m} \sigma_s x^s = \frac{g_m}{m!} [(x + \gamma)^m - \gamma^m - mx\gamma^{m-1}] + \sum_{s=2}^{m} \sigma_s x^s, \tag{2.5.50}$$

$$\sigma_s = O\left(\sigma + \left|\frac{N}{n} - \varrho\right|^{\frac{1}{(m-1)}}\right)$$

schreiben. Wegen $a_2 < 0$ hat $F_i(x)$ im Punkt $x = 0$ ein lokales Maximum. Nun ist aber

$$F_i'(x) = \frac{g_m}{m!} [m(x + \gamma)^{m-1} - m\gamma^{m-1}] + \sum_{s=2}^{m} s\sigma_s x^{s-1},$$

und das Polynom $(m-1)$-ten Grades $\frac{g_m}{m!} [m(x + \gamma)^{m-1} - m\gamma^{m-1}]$ hat nur eine reelle Nullstelle $x = 0$. Dasselbe gilt dann auch für das Polynom $F_i'(x)$, das bei genügend kleinen σ_s die gleiche Ordnung hat. Für genügend kleines aber festes δ und für alle genügend großen N und n (mit $\frac{N}{n} - \varrho$ genügend klein) haben also die Funktionen $F_i(x)$, $i = 1, 2$ im Punkte $x = 0$ ihr einziges absolutes Maximum. Setzt man voraus, daß nur solche δ, n, N betrachtet werden, so kann man darüber hinaus

$$F_i'(x) = \max_{|x| \leq \delta_0} [sgn\ x \cdot F_i'(x)] = \max\left(F_i'(\delta_0);\ F_i'(-\delta_0)\right) \leq -\beta\delta_0$$

für genügend kleine δ_0 zeigen ($\beta > 0$ hängt nicht von δ, n, N ab). Mit der Bezeichnung $\omega_{n,N} = n[(N/n) - \varrho]^{m/(m-1)}$ ist

$$\Sigma_1 = A^0_{n,N} \sum_{|x_k|>\delta_0} \exp[\omega_{n,N}F_i(x_k)] \geqq A^0_{n,N} \sum_{|x_k|<\delta_0/2} \exp[\omega_{n,N}F_i(x_k)]$$

$$\geqq A^0_{n,N}\left(\frac{\delta_0}{g_x} - 1\right)\exp\left[\omega_{n,N}F_i^-\left(\frac{\delta_0}{2}\right)\right],$$

$$\Sigma_2 = A^0_{n,N} \sum_{\delta_0<|x_k|\leqq\delta|(N/n)-|\varrho^{-1/(m-1)}} \exp(\omega_{n,N}F_i(x_k))]$$

$$\leqq 2A^0_{n,N}\frac{\exp[\omega_{n,N}F_i^+(\delta_0)]}{1-\exp[\omega_{n,N}F_i'g_x]} \leqq 2A^0_{n,N}\frac{\exp[\omega_{n,N}F_i^+(\delta_0)]}{1-\exp[-\beta\delta_0\omega_{n,N}g_x]}$$

$$\leqq CA^0_{n,N}\exp[\omega_{n,N}F_i^+(\delta_0)](\omega_{n,N}g_x)^{-1},$$

weil leicht nachzuprüfen ist, daß $\omega_{N/n}g_x$ für $n \to +\infty$, $N \to +\infty$ beschränkt ist. (Bei der zweiten Abschätzung werden die Glieder der Summe $\sum_2$ von den Gliedern einer geometrischen Reihe mit dem Quotienten

$$\exp[\omega_{n,N}F_i'g_x]$$

majorisiert, und es ist

$$F_i^-\left(\frac{\delta_0}{2}\right) = \min\left(F_i\left(\frac{\delta_0}{2}\right),\ F_i\left(-\frac{\delta_0}{2}\right)\right),\quad F_i^+(\delta_0) = \max(F_i(\delta_0),\ F_i(-\delta_0)).$$

Aus den letzten beiden Abschätzungen und (2.5.31) folgt

$$A'_{n,N} = \Sigma_1\left(1+\frac{\Sigma_2}{\Sigma_1}\right) \sim \Sigma_1 = A^0_{n,N}\sum_{|x_k|\leqq\delta_0}\exp[\omega_{n,N}F_i(x_k)],$$

woraus wir durch Anwendung des Mittelwertsatzes

$$A^1_{n,N} \gtrsim A^0_{n,N}\sum_{|x_k|\leqq\delta_0}\exp\left[\frac{l_1}{2}\omega_{n,N}x_k^2\right] = s_1, \tag{2.5.51}$$

$$A^2_{n,N} \gtrsim A^0_{n,N}\sum_{|x_k|\leqq\delta_0}\exp\left[\frac{l_2}{2}\omega_{n,N}x_k^2\right] = s_2 \tag{2.5.52}$$

erhalten. Dabei ist

$$l_1 = \min_{|x_k|\leqq\delta_0} F_1''(x) = a_1 + O\left(\delta_0 + \delta + \left|\frac{N}{n} - \varrho\right|^{\frac{1}{(m-1)}}\right),$$

$$l_2 = \max_{|x_k|\leqq\delta_0} F_2''(x) = a_2 + O\left(\delta_0 + \delta + \left|\frac{N}{n} - \varrho\right|^{\frac{1}{(m-1)}}\right).$$

Schließlich führen wir noch die Variable $y_k = \sqrt{-l_i\omega_{n,N}}x_k$ ein. Auf Grund von (2.5.31) und (2.5.49) erhalten wir

$$g_y^i = y_{k+1} - y_k = \sqrt{-l_i\omega_{n,N}}h_x \to 0 \text{ für } N \to \infty,\ n \to \infty \text{ und}$$

$$s_i = \frac{A^0_{n,N}}{g_y^i}g_y^i \sum_{|y_k|\leqq\sqrt{-l_i\omega_{n,N}}\delta_0}\exp\left[-\frac{1}{2}y_k^2\right]$$

$$\to\begin{cases} \geqq \dfrac{A^0_{n,N}}{g_y^i}\left[\displaystyle\int_{|y|\leqq\sqrt{-l_i\omega_{n,N}}\delta_0}\exp\left[-\frac{y^2}{2}\right]dy - \int_\alpha^\beta\exp\left[-\frac{y^2}{2}\right]dy\right], \\ \leqq \dfrac{A^0_{n,N}}{g_y^i}\left[\displaystyle\int_{|y|\leqq\sqrt{-l_i\omega_{N,N}}\delta_0}\exp\left[-\frac{y^2}{2}\right]dy + 2\int_\alpha^\beta\exp\left[-\frac{y^2}{2}\right]dy\right]. \end{cases} \tag{2.5.53}$$

Dabei bedeuten β und α die Null am nächsten von rechts bzw. von links gelegenen Zahlen der Gestalt $\sqrt{-l_i \omega_{n/N} x_k}$, und es ist $\beta - \alpha = g_y{}^i$. Deshalb gilt

$$S_i \sim \frac{A^0_{n,N} \sqrt{2\pi}}{g_y{}^i},$$

und aus den Abschätzungen (2.5.47), (2.5.51), (2.5.52) und der Formel (2.5.48) folgt

$$\frac{A^0_{n,N} \sqrt{2\pi}}{\sqrt{-l_1 \omega_{n,N} g_x}} A \lesssim {}_{n,N} \lesssim \frac{A^0_{n,N} \sqrt{2\pi}}{\sqrt{-l_2 \omega_{n,N x} g}},$$

d. h. endgültig

$$A_{n,N} \sim \frac{A^0_{n,N} \sqrt{2\pi}}{\sqrt{-a_2 \omega_{n,N} g_x}} = \sqrt{2\pi}\, A^0_{n,N} \frac{N}{\sqrt{-n g''_{N/n}}}. \tag{2.5.54}$$

Seien $a < b$ fixiert. Entsprechend (2.5.10) ist

$$P\left[a \leqq \sqrt{n C_{N/n}} \left(\frac{k(n, N)}{N} - \nu_{N/n}\right) \leqq b\right]$$

$$= (A_{n,N})^{-1} \sum_{a \leqq \sqrt{n C_{N/n}} \left(\frac{k}{N} - \nu_{N/n}\right) \leqq b} C_N{}^k \frac{1}{\gamma_n(k/N)} = \frac{S_{n,N}}{A_{n,N}}.$$

Hierbei ist $C_{N/n} = -g''_{N/n}(\lambda_{N/n}) = -g''_{N/n}$. Wegen $(n C_{N/n})^{-\frac{1}{2}} \to 0$ kann man mit den Bezeichnungen (2.5.45) und (2.5.48) sowie der STIRLINGschen Formel leicht

$$S_{n,N} \sim A^0_{n,N} \sum_{\frac{a}{\sqrt{n C_{N/n}}} \leqq \nu_k - \nu_{N/n} \leqq \frac{b}{\sqrt{n C_{N/n}}}} \exp\left[n g_{N/n}(\nu_k)\right]$$

erhalten. Ausgehend von (2.5.46) und (2.5.31) kann man zeigen, daß für alle

$$\nu_k \in \left[\nu_{N/n} + \frac{a}{\sqrt{n C_{N/n}}},\ \nu_{N/n} + \frac{b}{\sqrt{n C_{N/n}}}\right],$$

$$\xi_1(n, N)_n \frac{g''_{N/n}}{2} (\nu_k - \nu_{N/n})^2 \leqq n g_{N/n}(\nu_k) \leqq \xi_2(n, N)_n \frac{g''_{N/n}}{2} (\nu_k - \nu_{N/n})^2$$

$\lim\limits_{\substack{n \to \infty \\ N \to \infty}} \xi_i(n, N) = 1$ gilt. Auf Grund dieser Abschätzung wird der Beweis der Relation

$$S_{n,N} \sim \frac{A^0_{N,n}}{\sqrt{-n g''_{N/n}}} \int_a^b \exp\left[-\frac{z^2}{2}\right] dz$$

und mit (2.5.54) auch der Relation (2.5.32) offensichtlich. Die Relation (2.5.33) wird analog dem oben Dargelegten bewiesen, wobei eine Methode Verwendung findet, die man häufig beim Beweis von Sätzen über Wahrscheinlichkeiten großer Abweichungen benutzt. Der Beweisverlauf wird beim Beweis des nächsten Satzes klar werden.

Die beiden nächsten Sätze zeigen, daß für $\varrho = 0$ oder $m > 2$, $N \to \infty$, $n \to \infty$ und Verletzung der Bedingung (2.5.31) die Finalverteilung asymptotisch einer Verteilung nahe liegt, die von der Normalverteilung verschieden ist.

Satz 8. Sei $0 < \lim\limits_{N\to\infty} \frac{N}{n} = \varrho > R, m > 2$ und

$$\lim_{\substack{n\to\infty\\ N\to\infty}} \left(\frac{N}{n} - \varrho\right)^{\frac{m}{m-1}} = 0. \tag{2.5.55}$$

Dann gilt

1) für feste Größen $a < b$

$$P\left[\frac{a}{\sqrt[m]{nC_{N/n}}} \leqq \frac{k(n, N)}{N} - \nu_{N/n} \leqq \frac{b}{\sqrt[m]{nC_{N/n}}}\right] \to \frac{\int\limits_a^b \exp\left[-\frac{z^m}{m!}\right] dz}{\int\limits_{-\infty}^{+\infty} \exp\left[-\frac{z^m}{m!}\right] dz}; \tag{2.5.56}$$

2) für $y \to \infty$ so, daß $yd_{n,N} \to 0$ konvergiert,

$$P\left[\left|\frac{k(n, N)}{N} - \nu_{N/n}\right| \geqq \frac{y}{\sqrt[m]{nC_{N/n}}}\right] \sim \frac{2\int\limits_x^{+\infty} \exp\left[-\frac{z^m}{m!}\right] dz}{\int\limits_{-\infty}^{+\infty} \exp\left[-\frac{z^m}{m!}\right] dz}. \tag{2.5.57}$$

Dabei ist

$$C_{N/n} = -\frac{\lambda_{N/n}^{(m)}(\nu_{N/n})}{\lambda_{N/n}(\nu_{N/n})} = -\frac{\lambda_\varrho^{(m)}(\nu_\varrho)}{\lambda_\varrho(\nu_\varrho)} + o\left(\left|\frac{N}{n} - \varrho\right|^{\frac{1}{m-1}}\right), \tag{2.5.58}$$

$$d_{n,N} = \max\left\{n^{-\frac{1}{m(m+1)}};\ \left[n\left(\frac{N}{n} - \varrho\right)^{\frac{m}{m-1}}\right]^{\frac{1}{m(m+1)}}\right\}. \tag{2.5.59}$$

Beweis. Sei (2.5.55) erfüllt. Bis zu den Relationen (2.5.47) und (2.5.48) verläuft der Beweis von (2.5.56) genauso wie der Beweis des Satzes 7. Verwendet man dann die Bezeichnung

$$x_k = \sqrt[m]{-nc_i}\,(\nu_k - \nu_{N/n})^{1)}$$

und die Formeln (2.5.46), so kann man die Summen $A_{n,N}$ in der Form

$$A_{n,N}^i = A_{n,N}^0 \sum_{|x_k| \leqq \sqrt[m]{-nc_i}\,\delta} \exp\left[-\frac{x_k{}^m}{m!} + G_i(x_k)\right] \tag{2.5.60}$$

schreiben und es ist

$$G_i(x_k) = \sum_{s=2}^{m-1} \frac{a_s}{s!}\, \omega_{n,N}^{\frac{m-s}{m}} \left(\frac{x_k}{\sqrt[m]{-c_i}}\right)^s.$$

[1]) Für $n \to \infty$, $N \to \infty$ gilt $g_x{}^i = x_{k+1-x_k} = \frac{\sqrt[m]{-nc_i}}{N} \to 0.$

Gemäß (2.5.55) gilt $\exp\left[-\frac{x_k{}^m}{m!}+G_i(x_k)\right]\sim\exp\left[-\frac{x_k{}^m}{m!}\right]$ gleichmäßig bezüglich aller x_k aus dem Intervall $[-\delta_0, \delta_0]$, wobei δ_0 eine beliebige feste Zahl ist und

$$-\frac{x_k{}^m}{m!}+G_i(x_k)\sim-\frac{x_k{}^m}{m!}$$

gleichmäßig bezüglich der restlichen x_k. Es ist deshalb klar, wie der Beweis der Grenzrelation

$$A^i_{n,N}=\frac{A^0_{n,N}}{g_x{}^i}g_x{}^i\sum_{x|k|\leqq\sqrt[m]{-nc_i}\,\delta}\exp\left[-\frac{x_k{}^m}{m!}+G_i(x_k)\right]\sim\frac{A^0_{n,N}}{\sqrt[m]{-nc_i}}\int_{-\infty}^{+\infty}\exp\left[-\frac{z^m}{m!}\right]dz$$

streng geführt wird. Folglich ist nach (2.5.46)—(2.5.48)

$$A_{n,N}\sim\frac{A^0_{n,N}}{\sqrt[m]{-ng^{(m)}_{N/n}}}\int_{-\infty}^{+\infty}\exp\left[-\frac{z^m}{m!}\right]dz. \tag{2.5.61}$$

Berücksichtigt man (2.5.61), so bereitet der Beweis von (2.5.56) keine Schwierigkeiten und wird deshalb nicht weiter angeführt.

Wir skizzieren den Beweis von (2.5.57): Nach (2.5.58) gilt $\frac{x}{\sqrt[m]{nC_{N/n}}}\to 0$, und deshalb können wir

$$P\left[\left|\frac{k(n, N)}{N}-\nu_{N/n}\right|\geqq\frac{x}{\sqrt[m]{nC_{N/n}}}\right]\sim P\left[\frac{\mu x}{\sqrt[m]{nC_{N/n}}}\geqq\left|\frac{k(n, N)}{N}-\nu_{N/n}\right|\geqq\frac{x}{\sqrt[m]{nC_{N/n}}}\right]$$
$$+P\left[\delta\geqq\left|\frac{k(n, N)}{N}-\nu_{N/n}\right|>\frac{\mu x}{\sqrt[m]{nC_{N/n}}}\right]=p_1+p_2$$

zeigen. Hierbei sind $\delta>0$ und $\mu>1$ beliebige feste Zahlen. Weiter wird

$$p_1\sim\frac{\sqrt[m]{nC_{N/n}}}{N}(J_m)^{-1}\sum_{x\leqq|x_k|\leqq\mu x}\exp\left[-\frac{x_k{}^m}{m!}\right];\quad J_m=\int_{-\infty}^{+\infty}\exp\left[-\frac{z^m}{m}\right]dz$$

mit

$$x_k=\sqrt[m]{nC_{N/n}}(\nu_k-\nu_{N/n}),$$

$$x_{k+1}-x_k=\frac{\sqrt[m]{nC_{N/n}}}{N},$$

oder

$$p_1\sim 2(J_m)^{-1}\int_x^{\mu x}\exp\left[-\frac{z^m}{m!}\right]dz\sim 2\,(J_m)^{-1}\int_x^{\infty}\exp\left[-\frac{z^m}{m!}\right]dz$$
$$\sim 2\,(m-1)!\,(J_m)^{-1}\exp\left[-\frac{x_k{}^m}{m!}\right]x^{-(m-1)} \tag{2.5.62}$$

gezeigt. Für p_2 gilt die Abschätzung

$$p_2\lesssim\frac{\sqrt[m]{nC_{N/n}}}{N}(J_m)^{-1}\sum_{\mu x<|x_k|\leqq\sqrt[m]{nC_{N/n}}\,\delta}\exp\left[-\frac{x_k{}^m}{m!}C_\delta\right]$$

mit $C_\delta = 1 + o(\delta)$. Auf Grund von (2.5.58) und (2.5.59) erhalten wir (indem wir die Summe durch eine Summe von Gliedern einer fallenden geometrischen Reihe nach oben abschätzen)

$$p_2 \lesssim \frac{A \exp\left[-C_\delta \frac{(\mu x)^m}{m!}\right]}{x^{m-1}}.$$

Daraus folgt für genügend kleines δ $\frac{p_2}{p_1} \to 0$, und deshalb gilt

$$P\left[\left|\frac{k(n, N)}{N} - \nu_{N/n}\right| \geqq \frac{x}{\sqrt[m]{nC_{N/n}}}\right] \sim p_1\left(1 + \frac{p_2}{p_1}\right) \sim p_1,$$

was zu beweisen war.

Ohne Beweis geben wir noch einen Satz an.

Satz 9. Sei

$$\lim_{N\to\infty} \frac{N^m \ln N}{n} = 0. \tag{2.5.63}$$

Dann gilt

$$P\left[\frac{k(n, N)}{N} = \begin{Bmatrix} a_{n,N} \\ b_{n,N} \end{Bmatrix}\right] \to 1, \tag{2.5.64}$$

wobei $a_{n,N}$ und $b_{n,N}$ die links und rechts $\nu_{N/n}$ am nächsten gelegenen Zahlen der Form k$/N$ sind (k ganz).

Die asymptotische Optimalität wird also noch deutlicher ausgedrückt, wenn die Bedingung (2.5.63) erfüllt ist. Dieser Satz unterscheidet sich von den vorherigen Sätzen, weil das Ergebnis in diskontinuierlicher Form formuliert ist.

Die erhaltenen Ergebnisse lassen sich auf alle oben betrachteten asymptotisch optimalen Folgen von Automaten ausdehnen, wenn man

$$\lambda(x) = [\gamma_n(x)]^{-1/n} \tag{2.5.65}$$

setzt.

Analoge Ergebnisse kann man auch für kontinuierliche Automaten herleiten. Wir definieren ein Spiel von N kontinuierlichen Automaten.

Jeder Automat $A^j(1 \leqq j \leqq N)$ sei durch die inneren Zustände $\varphi^j(t) \in [-c_1^j, c_2^j]$, das Ausgabesignal $f^j(t)$ (die Strategien) und das die Werte -1-„Verlust“ und $+1$-„Gewinn“ annehmende Eingabesignal $s^j(t)$ gegeben:

$$f^j(t) = F^j[\varphi^j(t)] = \begin{cases} -1 & \text{für } \varphi^j \leqq 0, \\ 1 & \text{für } \varphi^j > 0. \end{cases} \tag{2.5.66}$$

Der Zusammenhang zwischen den Zuständen $\varphi^j(t)$ und dem Eingabesignal $s^j(t)$ ist durch die Gleichung

$$\dot\varphi^j(t) = \psi^j[\varphi^j(t), s^j(t)] \tag{2.5.67}$$

und die Randbedingungen

$$\dot\varphi^j(t)\Big|_{\varphi^j = \begin{Bmatrix} c_1^j \\ c_2^j \end{Bmatrix}} = \Delta^j\left[\varphi^j = \begin{Bmatrix} c_1^j \\ c_2^j \end{Bmatrix}\right] \tag{2.5.68}$$

festgelegt. Den Vektor $F(t) = \{f^1(t), f^2(t), \ldots, f^N(t)\}$ nennen wir die zum Zeitpunkt t gespielte Partie und den Vektor $S(t) = \{s^1(t), s^2(t), \ldots, s^N(t)\}$ bezeichnen wir als deren Ergebnis.

Wir sagen, daß das Kollektiv von Automaten $A = \{A^1, A^2, \ldots, A^N\}$ am Spiel Γ teilnimmt, wenn für jede Partie F die Wahrscheinlichkeit ihres Ergebnisses $p(S(t) \mid F(t))$ bekannt ist. Weiter setzen wir

$$s_i(t) = \sum_i \theta[F(t) - F_i]\, \xi_i^j(t), \tag{2.5.69}$$

wobei F_i alle möglichen verschiedenen Werte (Partien) bedeutet, die der Vektor $F(t)$ annehmen kann. Die Funktionen $\theta(x)$ und $\xi_i^j(t)$ haben die Gestalt

$$\theta(x) = \begin{cases} 1 & \text{für } x = 0, \\ 0 & \text{für } x \neq 0. \end{cases} \qquad \xi_i^j(t) = \operatorname{sgn}[\eta_i^j(t) + b_i^j], \tag{2.5.70}$$

Dabei sind b_i^j gewisse determinierte Konstanten, $\eta_i^j(t)$ ein solches für alle $i \neq l$, j und k (darunter auch für $j = k$) von $\eta_l^k(t)$ statistisch unabhängiges „weißes Rauschen“, daß die unbedingte Wahrscheinlichkeit $p(\xi_i)$ der Realisierung $\xi_i(t) = \{\xi_i^1, \xi_i^2, \ldots, \xi_i^N\}$ für alle i gleich $P(S = \xi_i/F(t) = F_i)$ ist. Den Vektor $\Phi(t) = \{\varphi^1(t), \varphi^2(t), \ldots, \varphi^N(t)\}$ nennen wir schließlich Zustand des Kollektivs A zum Zeitpunkt t und bezeichnen ihn symbolisch mit $F(t) = f(\Phi)$.

Unten werden wir nur ergodische Spiele betrachten, bei denen die stationäre Wahrscheinlichkeit $g(\Phi)$ des Zustandes Φ existiert. Der Gewinnerwartungswert für den Automaten A^j ist dabei gleich

$$M^j(A^j) = \int_{-c_1}^{c_2} g(\Phi)\, v^j[f(\Phi)]\, d\Phi, \tag{2.5.71}$$

wobei v^j die Auszahlungsfunktion ist:

$$\begin{aligned} v^j[f(\Phi)] = \sum_{s \neq s^j} \{&P[s^1, \ldots, s^{j-1}, +1, s^{j+1}, \ldots, s^N \mid f(\Phi)] \\ &- P[s^1, \ldots, s^{j-1}, -1, s^{j+1}, \ldots, s^N \mid f(\Phi)]\}, \end{aligned} \tag{2.5.72}$$
$$c_i = \{c_i^1, c_i^2, \ldots, c_i^N\}.$$

Zur Berechnung von M^j genügt es, $g(\Phi)$ zu finden. Wie eine Analyse zeigt, entspricht dem Gleichungssystem (2.5.66)—(2.5.70) eine N-dimensionale FOCKER-PLANCKsche Gleichung zur Bestimmung der Wahrscheinlichkeitsdichte $W(\Phi, t)$

$$\dot{W}(\Phi, t) = -\sum_{j=1}^N \frac{\partial}{\partial \varphi^j} \left\{ M^j(\Phi)\, W(\Phi, t) - \frac{1}{2} \sum_{i=1}^N \frac{\partial}{\partial \varphi^i} [B^{ji}(\Phi)\, W(\Phi, t)] \right\}. \tag{2.5.73}$$

Dabei ist $M^j(\Phi)$ der bedingte Erwartungswert von $\psi^j(\varphi^j(t), s^j(t))$ und $B^{ji}(\Phi)$ das zweite gemischte zentrale Moment der Funktionen $\psi^j(\varphi^j, s^j)$ und $\psi^i(\varphi^j, s^i)$ bei der Bedingung $\Phi(t) = \Phi$.

Die Gleichung (2.5.73) vereinfacht sich etwas für Spiele mit unabhängigen Ergebnissen. In diesem Falle ist

$$\left.\begin{aligned} P(S(t) \mid F(t)) &= \prod_{j=1}^N p^j(s^j(t) \mid F(t)), \\ B^{ji}(\Phi) &= \delta_{ji} D^j(\Phi). \end{aligned}\right\} \tag{2.5.74}$$

Dabei ist δ_{ji} das KRONECKER-Symbol und $D^j(\Phi)$ die Varianz von $\psi^j(\varphi^j, s^j)$ unter der Bedingung $\Phi(t) = \Phi$. Die Gleichung (2.5.74) kann man dann in der Form

$$\dot{W}(\Phi, t) = -\sum_{j=1}^{N} \frac{\partial}{\partial \varphi^j} \left\{ M^j(\Phi)\, W(\Phi, t) - \frac{1}{2} \frac{\partial}{\partial \varphi^j} [D^j(\Phi)\, W(\Phi, t)] \right. \tag{2.5.75}$$

schreiben. Um Lösungen der Gleichungen (2.5.73)—(2.5.75) zu bestimmen, ist es erforderlich, Anfangs- und entsprechende Randbedingungen vorzugeben und die Normierungsbedingung

$$\int_{-c_1} W(\Phi, t)\, d\Phi = 1 \tag{2.5.76}$$

zu benutzen. Bekanntlich kann man durch Nullsetzen der linken Seiten von (2.5.73) bis (2.5.75) die stationäre Lösung $g(\Phi) = \lim_{t \to \infty} W(\Phi, t)$ finden.

Wir betrachten nun das Verhalten von N Automaten $H_{2c/k}$ in einem G-Spiel mit unabhängiger Bestrafung bei genügend großer Speicherkapazität $\beta = c/k$ (siehe § 1.3). Wenn wir berücksichtigen, daß in einem G-Spiel die Wahrscheinlichkeit der Strafe nicht von der vom Automaten ausgeführten Aktion abhängt, sondern nur vom Anteil ν der Automaten, die die erste Aktion ausgewählt haben, so ist für die Automaten $H_{2c/k}$ für alle j

$$D^j(\Phi) = D(\Phi). \tag{2.5.77}$$

Im weiteren Verlauf werden wir uns für den Gewinnerwartungswert M^j des j-ten Automaten und die stationäre Wahrscheinlichkeitsverteilung der Größe ν interessieren. Dazu genügt es, die stationäre Wahrscheinlichkeit $g(\varphi^j, k)$ dafür zu finden, daß sich der j-te Automat im Zustand φ^j befindet und von den restlichen $N - 1$ Automaten k die Aktion f_1 ausführen.

$$g(\varphi^j, k) = \underbrace{\int_0^c \cdots \int_0^c}_{k} \underbrace{\int_{-c}^0 \cdots \int_{-c}^0}_{k-N-1} g(\varphi^1, \ldots, \varphi^{j-1}, \varphi^j, \varphi^{j+1}, \ldots, \varphi^N)$$
$$\times\, d\varphi^1 \cdots d\varphi^{j-1}\, d\varphi^{j+1} \cdots d\varphi^N. \tag{2.5.78}$$

Integrieren wir (2.5.75) k-mal von 0 bis c und $(N - k - 1)$-mal von $-c$ bis 0, so erhalten wir unter Berücksichtigung von (2.5.77) und der Homogenitätsbedingung des Spiels für $t \to \infty$

$$\frac{d}{d\varphi^j} \left\{ M^j(\varphi^j, k)\, g(\varphi^j, k) - \frac{1}{2} \frac{d}{d\varphi^j} [D(\varphi^j, k)\, g(\varphi^j, k)] \right\} = \sum_{i=1, i \neq j}^{k_0} [G_i(\varphi^j, -0) - G_i(\varphi^j, -c)]$$
$$+ \sum_{i=k_0+1}^{N} [G_i(\varphi^j, 0) - G_i(\varphi^j, c)]. \tag{2.5.79}$$

Dabei bedeuten

$$k_0 = \begin{cases} k & \text{für } j > k, \\ k + 1 & \text{für } j \leq k. \end{cases}$$

$M^j(\varphi^j, k)$ und $D^j(\varphi^j, k)$ den Erwartungswert und die Varianz von $\psi^j(\varphi^j, k)$, die unter der Bedingung bestimmt wurden, daß sich der Automat H^j im Zustand φ^j befindet und k der restlichen $(N - 1)$ Automaten die Aktion f_1 ausführen. $G_i(\varphi^j, x)$ ist der Strom der

Wahrscheinlichkeiten für den Automaten H^i bei $\varphi^i = x$ ($x = \pm 0, \pm c$), wenn sich der Automat H^j im Zustand φ^j befindet und wenn von den restlichen $(N-2)$ Automaten bei $x = \{+0, +c\}$ $(k-1)$ Automaten und bei $x = \{-0, -c\}$ k Automaten die Aktion f_1 ausführen. Es ist

$$\left.\begin{aligned} G_i(\varphi^j, x) &= \Big\{M^i(\varphi^j, k)\, g(\varphi^j, \varphi^i, k-1) \\ &\quad - \frac{1}{2}\frac{\partial}{\partial\varphi^i}[D(\varphi^j, k)\, g(\varphi^j, \varphi^i, k-1)]\Big\}_{\varphi^i=+x}, \\ G_i(\varphi^j, -x) &= \Big\{M^i(\varphi^j, k)\, g(\varphi^j, \varphi^i, k) \\ &\quad - \frac{1}{2}\frac{\partial}{\partial\varphi^i}[D(\varphi^j, k)\, g(\varphi^j, \varphi^i, k]),\Big\}_{\varphi^i=-x}, \end{aligned}\right\} \tag{2.5.80}$$

mit

$$g(\varphi^j, \varphi^i, l) = \underbrace{\int_0^c \cdots \int_0^c}_{k} \underbrace{\int_{-c}^0 \cdots \int_{-c}^0}_{N-k-2} g(\varphi^1, \ldots, \varphi^j, \ldots, \varphi^i, \ldots, \varphi^N) \times d\varphi^1 \cdots d\varphi^{j-1}\, d\varphi^{j+1} \cdots d\varphi^{i-1}\, d\varphi^{i+1} \cdots d\varphi^N.$$

Es ist natürlich vorauszusetzen, daß die (auf der rechten Seite von (2.5.79) stehende) Summe der Ströme der Wahrscheinlichkeiten auf dem Rand des ausgewählten Gebietes für $\beta = \dfrac{c}{k} \to \infty$ verschwindet. Diese Voraussetzung ist der Voraussetzung für ein G-Spiel von endlichen Automaten äquivalent, die in unserem Falle von kontinuierlicher Zeit wie folgt formuliert wird: (*) Für $\dfrac{c}{k} \to \infty$ ist die Wahrscheinlichkeit dafür, daß in der Zeit dt mehr als ein Automat seine Aktion wechselt, eine Größe der Ordnung $O(dt)$, d. h., an den inneren Rändern der vom Zustand Φ gebildeten N-dimensionalen Hyperkuben, in denen nur eine Partie F „gespielt" wird, erfolgt eine „Teilchenabsorption".

Das ist (für Automaten H) richtig, wenn $\max_\nu a(\nu)$ genügend groß im Vergleich zu 0 ist (allem Anschein nach darf sich das „zulässige" Maximum von $a(\nu)$ um so weniger von 0 unterscheiden, je größer c/k ist). Unter diesen Voraussetzungen gilt

$$\frac{d}{d\varphi^j}\Big\{M^j(\varphi^j, k)\, g(\varphi^j, k) - \frac{1}{2}\frac{d}{d\varphi^j}[D(\varphi^j, k)\, g(\varphi^j, k)]\Big\} = 0. \tag{2.5.81}$$

Diese Relation kann man (für Automaten H) unmittelbar aus den Gleichungen (2.5.66) bis (2.5.70), (2.5.78) der Definition des G-Spiels und der Voraussetzung (*) herleiten. Wenn wir voraussetzen, daß auf dem Rand der Strom verschwindet, so erhalten wir aus (2.5.81) die stationäre Lösung

$$g(\varphi^j, k) = \frac{r(k)}{D(\varphi^j, k)} \exp \int_0^{\varphi^j} \frac{M^j(\varphi^j, k)}{D(\varphi^j, k)}\, d\varphi^j. \tag{2.5.82}$$

Die beliebigen Konstanten $r(k)$ findet man aus der Definition des G-Spiels und den Funktionen $g(\varphi^j, k)$, und zwar aus der Bedingung

$$\int_0^c g(\varphi^j, k-1)\, d\varphi^j = \int_{-c}^0 g(\varphi^j, k)\, d\varphi^j, \tag{2.5.83}$$

die für alle k

$$r(k) = r(k-1) = r \tag{2.5.84}$$

liefert.

Die Ausdrücke (2.5.83), (2.5.84) und die Normierungsbedingung gestatten es, die Wahrscheinlichkeit $\bar{g}(\nu_k)$ dafür zu bestimmen, daß im G-Spiel die Aktion f_1 von $k(N) = \nu_k N$ Automaten ausgeführt wird

$$\bar{g}(\nu_k) = C_N{}^k \int_0^c g(\varphi^j, k)\, d\varphi^j = r\, \frac{C_N{}^k}{a(\nu_k)} \left\{\exp\left[\frac{a(\nu_k)\,\beta}{2p(\nu_k)\, q(\nu_k)}\right] - 1\right\}. \tag{2.5.85}$$

Dabei ist

$$\left.\begin{aligned} a(\nu_k) &= q(\nu_k) - p(\nu_k), \quad q(\nu_k) = 1 - p(\nu_k), \quad \beta = \frac{c}{k}, \\ r &= \left\{\sum_{k=0}^N C_N{}^k \left[\exp\left(\frac{\beta a(\nu_k)}{2p(\nu_k)\, q(\nu_k)}\right) - 1\right] a^{-1}(\nu_k)\right\}^{-1}. \end{aligned}\right\} \tag{2.5.86}$$

Folglich ist der Gewinnerwartungswert

$$M^j(H^j) = \frac{\sum\limits_{k=0}^N C_N{}^k \left\{\exp\left[\dfrac{\beta a(\nu_k)}{2p(\nu_k)\, q(\nu_k)}\right] - 1\right\}}{\sum\limits_{k=0}^N C_N{}^k \left\{\exp\left[\dfrac{\beta a(\nu_k)}{2p(\nu_k)\, q(\nu_k)}\right] - 1\right\} a^{-1}(\nu_k)}. \tag{2.5.87}$$

Bei fixiertem N und $\beta \to \infty$ [und natürlich $\max\limits_{\nu} a(\nu) > 0$] gilt

$$M^j(H^j) = \max_{\nu} a(\nu). \tag{2.5.88}$$

Dabei spielen die Automaten (für $\beta \to \infty$) mit einer gegen 1 konvergierenden Wahrscheinlichkeit jene Partien, in denen der Gewinn maximal ist. Der maximale Gewinn kann in einem oder in mehreren Punkten oder auf einem oder mehreren Intervallen ν erreicht werden.

In dem das meiste Interesse findenden Fall $N \to \infty$ gleichzeitig mit $\beta \to \infty$ verhält sich das Kollektiv H nur dann zweckmäßig, wenn die Speicherkapazität $\beta(N)$ als Funktion von N genügend schnell gegen Unendlich strebt. Dabei überzeugt man sich leicht davon, daß die für ein optimales Verhalten von H erforderliche Konvergenzgeschwindigkeit von $\beta(N)$ wesentlich von der Art der Kurve $a(\nu)$ abhängt. Aus (2.5.85) bis (2.5.87) kann man also folgende Behauptung ableiten.

Sei $N \to \infty$, $\max a(\nu) > 0$. Ein Kollektiv nennen wir im gegebenen Spiel Γ asymptotisch optimal, wenn für $t \to \infty$ und $\beta \to \infty$ alle Automaten mit einer gegen 1 konvergierenden Wahrscheinlichkeit nur jene Partien spielen, bei denen der Gewinn maximal ist [dabei ist natürlich $M^j(A^j) = \max a(F)$].

Für ein asymptotisch-optimales Verhalten von H im G-Spiel ist dann notwendig und hinreichend, daß $\beta(N)$ folgendermaßen gegen Unendlich konvergiert.

1°. Für $\nu \in [0, 1]$ sei

$$a(\nu) = \begin{cases} a_1 & \text{für } \nu \leqq \nu', \\ a_2 & \text{für } \nu > \nu'. \end{cases} \tag{2.5.89}$$

Dann ist

$$\beta(N) \geqq \beta_1 N \, 2 \ln 2 \tag{2.5.90}$$

mit

$$\beta_1 = \begin{cases} \left| \dfrac{1}{p_1} - \dfrac{1}{q_1} - \dfrac{1}{p_2} + \dfrac{1}{q_2} \right|^{-1} & \text{für } p_1 \text{ und } p_2 < \dfrac{1}{2}, \\ \left(\dfrac{1}{p_i} - \dfrac{1}{q_i} \right) & \text{für } p_i < \dfrac{1}{2},\ p_k > \dfrac{1}{2},\ i, k = 1, 2. \end{cases} \tag{2.5.91}$$

2°. Die Funktion $a(\nu)$ sei in einer ε-Umgebung ihres einzigen Maximumpunktes stetig. Ist m bzw. k die Ordnung der ersten von Null verschiedenen Ableitung von links bzw. von rechts in diesem Punkt, so ist

$$\beta(N) = \beta_2 N^{r+1} \, 2 \ln 2 \tag{2.5.92}$$

mit

$$r = \max(m, k),$$

$$\beta_2 = \left\{ \left[1 + \frac{p(\nu') \, q(\nu')}{\big(q(\nu') - p(\nu')\big)^2} \right] \frac{p^{(r)}(\nu')}{r!} \right\}^{-1}. \tag{2.5.93}$$

Eine analoge Situation erhält man, wenn die Funktion $a(\nu)$ ihren größten Wert auf dem Intervall $[\nu', \nu'']$ annimmt und dort konstant ist und die Ableitungen in den Relationen (2.5.92) links vom Punkt ν' und rechts vom Punkt ν'' betrachtet werden.

3°. Die Funktion $a(\nu)$ nehme ihren größten Wert auf dem Intervall $[\nu', \nu'']$ an ($\nu' = \nu''$ wird zugelassen), sei dort konstant und habe in ν' bzw. in ν'' eine Unstetigkeitsstelle. Dann ist

$$\beta(N) \geqq \beta_3 N \, 2 \ln 2, \tag{2.5.94}$$

wobei β_3 von den Parametern von $a(\nu)$ abhängt und explizit von uns nicht angegeben wird.

Auf ähnliche Art und Weise kann man auch andere Formen der Kurve $a(\nu)$ analysieren. Dabei ist zu bemerken, daß im Falle einer in der Umgebung ihres Maximums stetigen Kurve $a(\nu)$ für das asymptotisch-optimale Verhalten von H (für $N \to \infty$) ein um so größeres Speichervermögen erforderlich ist, je langsamer sich $a(\nu)$ in einer ε-Umgebung ihres Maximums ändert.

Wir führen jetzt die Bezeichnung

$$\max_{\nu} a(\nu) = a_0 \tag{2.5.95}$$

ein.

Sei bei fixiertem $\varepsilon > 0$ die Ungleichung

$$|p(\nu) - p_0| < \frac{\varepsilon}{2} \tag{2.5.96}$$

für alle $\nu \in [\nu' - \delta_1(\varepsilon), \nu'' + \delta_2(\varepsilon)]$ erfüllt, wobei ε so gewählt wurde, daß $p(\nu)$ in dieser ε-Umgebung stetig ist. Wir sagen, ein Kollektiv von Automaten H verhält sich im G-Spiel asymptotisch ε-optimal, wenn für $t \to \infty$ und $N \to \infty$ die Größe $\beta_\varepsilon(N)$ so gegen Unendlich konvergiert, daß

$$p\{\nu' - \delta_1(\varepsilon) \leqq \nu \leqq \nu'' + \delta_2(\varepsilon)\} \to 1 \tag{2.5.97}$$

gilt, wobei ε fest ist. Dabei ist natürlich

$$1 - 2p_0 - \frac{\varepsilon}{2} \leqq M^j(H^j) \leqq 1 - 2p_0 + \frac{\varepsilon}{2}. \tag{2.5.98}$$

Man erkennt leicht, daß sich im Falle 2^0 ein Kollektiv H dann und nur dann ε-optimal verhält, wenn

$$\beta_\varepsilon(N) \geqq \bar{\beta}_\varepsilon N \, 2 \ln 2 \tag{2.5.99}$$

ist mit

$$\bar{\beta}_\varepsilon = \max\left[\left(\frac{1}{p(\nu')} - \frac{1}{q(\nu')} - \frac{1}{p\big(\nu' - \delta_1(\varepsilon)\big)} + \frac{1}{q\big(\nu' - \delta_1(\varepsilon)\big)}\right)^{-1},\right.$$
$$\left.\left(\frac{1}{p(\nu'')} - \frac{1}{q(\nu'')} - \frac{1}{p\big(\nu'' + \delta_2(\varepsilon)\big)} + \frac{1}{q\big(\nu'' + \delta_2(\varepsilon)\big)}\right)^{-1}\right]. \tag{2.5.100}$$

Dafür, daß sich ein Kollektiv H im Falle einer unstetigen Kurve $a(\nu)$ asymptotisch optimal oder im Falle einer stetigen Kurve $a(\nu)$ asymptotisch ε-optimal verhält, ist hinreichend, daß

$$\frac{\beta}{N} \to \infty \quad \text{für} \quad N \to \infty \tag{2.5.101}$$

beliebig langsam, d. h., die Bedingung (2.5.101) ist wenigstens für angenähertes asymptotisches Verhalten der Automaten unabhängig von a priori Angaben hinreichend.

Es ist leicht zu sehen, daß sich insgesamt die eine asymptotische Optimalität garantierenden Anforderungen an die Speicherkapazität der kontinuierlichen Automaten wenig von analogen Anforderungen an endliche Automaten unterscheiden.

§ 2.6. Kreisspiele

Kreisspiele wurden im § 2.3. definiert.

Ein Automorphismus g_k, $k = 0, 1, \ldots, N - 1$, eines Kreisspiels der Spieler $J^0, J^1, \ldots, J^{N-1}$ wird folgendermaßen beschrieben:

a) $g_k J^j = J^{(j+k)} \bmod N$.

b) Die Strategie f_m des Spielers J^j geht in die Strategie f_m des Spielers $g_k J^j$ über.

Die Menge der Automorphismen g_k bildet eine zyklische Gruppe der Ordnung N, wobei $g_k g_s = g_{(k+s) \bmod N}$ ist. Das Einselement dieser Gruppe ist der Automorphismus g_0, für den $g_0 J^j = J^j$ gilt. Die Gruppe $G_K{}^*$ der Automorphismen des Kreisspieles K^* ist auf der Menge der Spieler transitiv und damit ist das Spiel K^* homogen. Die Partie $f = (f^0_{m_0}, f^1_{m_1}, \ldots, f^{N-1}_{m_{N-1}})$ des Spiels K^* erzeugt die aus den Partien $(f^0_{m_0}, f^1_{m_1}, \ldots, f^{N-1}_{m_{N-1}})$, $(f^1_{m_1}, f^2_{m_2}, \ldots, f^{N-1}_{m_{N-1}})$ bestehende invariante Menge. Das homogene Spiel K^* kann ein NASH-Spiel sein.

Jeder Spieler möge über k Strategien f_m $(m = 1, 2, \ldots, k)$ verfügen. Wir betrachten das Spiel K^*, in dem $v^j = v^j(f^{j-1}, f^j)$ ist[1]), d. h., der Gewinn jedes Spielers hängt von der von ihm gewählten Strategie und der Strategie seines linken Nachbars ab. Ist dann für ein gewisses $f_\alpha v(f_\alpha, f_\alpha) \geqq v(f_\alpha, f_m)$ $(m = 1, 2, \ldots, k)$, so ist $(f_\alpha, f_\alpha, \ldots, f_\alpha)$ eine NASH-Partie. Ist die erwähnte Bedingung nicht erfüllt, so kann man ein solches $f_\beta(f_\alpha)$ finden, daß

$$v(f_\alpha, f_\beta) = \max_{m \neq \alpha} v(f_{\alpha_0}, f_m) \tag{2.6.1}$$

und

$$v(f_\alpha, f_\beta) > v(f_\alpha, f_\alpha) \tag{2.6.2}$$

ist. Es mögen nur zwei verschiedene $f_\beta(f_\alpha)$ existieren und N sei gerade. Dann existieren $(f_{\beta^1}, f_{\beta^2}) = \max\limits_{m \neq \beta^1} v(f_{\beta^1}, f_m)$ und $v(f_{\beta^2}, f_{\beta^1}) = \max\limits_{m \neq \beta^2} v(f_{\beta^2}, f_m)$, und $(f_{\beta^1}, f_{\beta^2}, f_{\beta^1}, \ldots, f_{\beta^1}, f_{\beta^2})$ ist eine NASH-Partie. Sind im allgemeinen die Bedingungen (2.6.1) und (2.6.2) für $l \leqq k$ verschiedene Werte $f_\beta(f_\alpha)$ erfüllt, so existiert immer ein solches $s \leqq l$, daß

$$\left.\begin{aligned} v(f_{\beta^1}, f_{\beta^2}) &= \max_{m \neq \beta^1} v(f_{\beta^1}, f_m), \\ v(f_{\beta^2}, f_{\beta^3}) &= \max_{m \neq \beta^2} v(f_{\beta^2}, f_m), \\ &\cdots\cdots\cdots\cdots\cdots\cdots \\ v(f_{\beta^s}, f_{\beta^1}) &= \max_{m \neq \beta^s} (f_{\beta^s}, f_m) \end{aligned}\right\} \tag{2.6.3.}$$

gilt. Ist s Teiler von N, so ist $(f_{\beta^1}, f_{\beta^2}, \ldots, f_{\beta^s}, f_{\beta^1}, \ldots, f_{\beta^s})$ eine NASH-Partie.

In einem Spiel mit einem Nachbarn muß eine NASH-Partie einer der beiden folgenden Forderungen genügen:

1. alle Spieler benutzen ein und dieselbe reine Strategie;
2. keine zwei benachbarten Spieler benutzen gleiche Strategien. In der Tat, wenn es für einen Spieler in der Situation (f, f_{β^1}) ungünstig ist, seine Strategie f_{β^1} durch eine andere zu ersetzen, so bedeutet das $v(f_{\beta^1}, f_{\beta^1}) = \max\limits_{m} v(f_{\beta^1} f_m)$, und für den folgenden Spieler ist es sinnvoll, eine beliebige von ihm benutzte Strategie durch die Strategie f_{β^1} zu ersetzen.

Wir wenden uns nun einem Spiel mit zwei Nachbarn zu, d. h. einem Spiel mit der Auszahlungsfunktion $v^j = v^j(f^{j-1}, f^j, f^{j+1})$. Offenbar ist bei

$$v(f_\alpha, f_\alpha, f_\alpha) = \max_{m} v(f_\alpha, f_m, f_\alpha) \tag{2.6.4}$$

$(f_\alpha, f_\alpha, \ldots, f_\alpha)$ eine NASH-Partie. Existiert kein f_α, für das die Bedingung (2.6.4) erfüllt ist, so existiert in der NASH-Partie keine aus mehr als aus zwei Spielern bestehende Folge, die die gleiche Strategie gewählt haben. In der Tat, möge es eine Folge von Spielern mit den Strategien $f_{\alpha^1}, f_{\alpha^2}, f_{\alpha^2}, f_{\alpha^2}, f_{\alpha^3}$ geben; da (2.6.4) nicht erfüllt ist, ist es für den mittleren Spieler günstig, seine Strategie zu ändern.

Wir bemerken, daß in einem Kreisspiel NASH-Partien fehlen können.

Wie schon früher erwähnt wurde (§ 2.3), besitzt jedes N-Personenspiel eine Gleichgewichtssituation in gemischten Strategien. Wir betrachten eine solche Gleichgewichtssituation in den Spielen K^*. Sei $\mu^j = (\mu_1{}^j, \mu_2{}^j, \ldots, \mu_k{}^j)$ die gemischte Strategie des Spielers

[1]) Unter $j - 1$ verstehen wir $(j - 1)_{\mathrm{mod}\,N}$.

J^j und $E_j(\mu)$ sein Gewinnerwartungswert $\left(\mu = (\mu^0, \mu^1, \ldots, \mu^{N-1})\right)$. Formal wird im NASH-Punkt $\max_{\mu^j} E_j(\mu)$ unter der Bedingung $\sum_{i=1}^{k} \mu_i^j - 1 = 0$. erreicht. Mit diesen Bedingungen und der Bedingung für einen Sattelpunkt der LARANGE-Funktion $Q = E_j(\mu) - \lambda\left(\sum_{i=1}^{k} \mu_i^j - 1\right)$ kann man ein Gleichungssystem zur Bestimmung der Gleichgewichtssituation in gemischten Strategien aufschreiben:

$$\left.\begin{aligned} &\sum_i \sum_l \mu_i^{j-1} \mu_l^{j+1} v(f_i, f_s, f_l) = \lambda \qquad (i, l, s = 1, 2, \ldots, k), \\ &\sum_s \mu_s^j - 1 = 0 \qquad (j = 0, 1, \ldots, N-1). \end{aligned}\right\} \tag{2.6.5}$$

Es ist leicht zu erkennen, daß λ der Wert der NASH-Partie in gemischten Strategien ist. Der Ausdruck (2.6.5) vereinfacht sich für $k = 2$ wesentlich. In diesem Falle ist $\mu_1 - \mu^i = \mu$. Elimination von μ_2, und λ aus (2.6.5) führt auf die Gleichung

$$a\mu^{j-1}\mu^{j+1} + b\mu^{j-1} + c\mu^{j+1} + d = 0 \tag{2.6.6}$$

mit

$$a = \nu(2,2) + \nu(1,1) - \nu(2,1) - \nu(1,2),$$
$$b = \nu(1,2) - \nu(2,2), \quad c = \nu(2,1) - \nu(2,2),$$
$$d = \nu(2,2), \quad \nu(\alpha_1, \alpha_2) = \nu(\alpha_1, \alpha_2) - v(\alpha_1, 1, \alpha_2).$$

Wie schon erwähnt wurde (§ 2.3), besitzt jedes symmetrische Spiel eine symmetrische Gleichgewichtssituation, d. h. eine solche Gleichgewichtssituation, bei der für alle j und i $\mu^j = \mu^i$ ist. Die Gleichung (2.6.6) hat dann die Gestalt

$$a\mu^2 + (b + c)\,\mu + d = 0, \tag{2.6.7}$$

und jede Wurzel der Gleichung (2.6.7) bestimmt eine Gleichgewichtssituation.

Sei $\tau_j = \dfrac{1 - \mu^j}{\mu^j}$, dann folgt aus (2.6.6)

$$\tau_{j+1} = \frac{\nu(2, 1)\,\tau_{j-1} + \nu(1, 1)}{-\nu(2, 2)\,\tau_{j-1} - \nu(1, 2)}, \tag{2.6.8}$$

d. h., es ist $\tau_{j+1} = A\tau_j\varepsilon_1$, wobei A die Transformation (2.6.8) bedeutet. Für gerades N ist $\tau_1 = A^{N/2}\tau_1$. Ist $A^{N/2}$ nicht die identische Abbildung, so stimmen die Fixpunkte der Abbildungen $A^{N/2}$ und A überein. Deshalb sind bei ungeradem N alle τ_j gleich, und bei geradem N sind alle τ_j mit geraden Indizes und alle τ_j mit ungeraden Indizes gleich. Bei ungeradem N hat also die Gleichgewichtssituation in gemischten Strategien die Gestalt $(\mu, \mu, \ldots, \mu)$ und $(\mu', \mu', \ldots, \mu')$ und bei geradem N die Gestalt $(\mu, \mu, \ldots, \mu)$, $(\mu', \mu', \ldots, \mu')$, $(\mu, \mu', \mu, \ldots, \mu')$ und $(\mu', \mu, \mu', \ldots, \mu)$. Dabei sind μ und μ' die Wurzeln der Gleichung (2.6.7).[1])

Mittels eines gegebenen Kreisspiels K^* kann ein Spiel K von N Automaten $A^0, A^1, \ldots, A^{N-1}$ mit unabhängigen Ergebnissen konstruiert werden.

Wir betrachten Kreisspiele von Automaten mit linearer Taktik.

---

[1]) Es ist klar, daß gemischte Strategien nur für positive Wurzeln kleiner als 1 sinnvoll sind.

Beispiel 1. $n = 1$, $k = 2$; das Spiel ist ein Spiel mit einem Nachbar, und es ist $a(2,1) = a(1,2) = 1$, $a(1,1) = a(2,2) = -1$.

Wir betrachten eine Folge von Partien aus einer bestimmten Anfangsverteilung nach Strategien. Zum Zeitpunkt t mögen die Automaten die Partie $1, 2, 1, \underbrace{2, 2, \ldots, 2, 2}_{k}, 1, 2, 1, 2, \ldots, 1, 2$ spielen ($N-k$ gerade). Dann wird zum nächsten Zeitpunkt die Partie $1, 2, 1, 2, \underbrace{1, \ldots, 1}_{k}, 2, 1, 2, \ldots, 1, 2$ gespielt. Eine Gruppe von k ein und dieselbe Aktion ausführenden Automaten wird also zyklisch auf dem Kreis wandern. Wir bezeichnen mit $\tilde{1}$ eine Folge von die Aktion 1 ausführenden Automaten (Länge größer 1). Dann geht im betrachteten Spiel eine beliebige Partie der Gestalt $\tilde{1}, \tilde{2}, \tilde{1}, \tilde{2}, \tilde{1}, \tilde{2}, \tilde{1}$ in die Partie $1, \tilde{1}, \tilde{2}, \tilde{1}, \tilde{2}, \tilde{1}$ über und wiederholt diesen Übergang zyklisch. Dabei ist bei geradem N die Wiederholungsperiode der Partien gleich N und bei ungeradem N die Wiederholungsperiode gleich $2N$. Wie wir schon in § 2.1 erwähnten, ist das Vorhandensein von Zyklen für Automatenspiele mit den Auszahlungsfunktionen $a = \pm 1$ charakteristisch.

Zur Illustration führen wir zwei Partienfolgen für $N = 9$ und $N = 10$ an (Tabellen 2.6.1 und 2.6.2).

Tabelle 2.6.1

t	f^0	f^1	f^2	f^3	f^4	f^5	f^6	f^7	f^8
0	1	1	1	2	2	1	2	2	2
1	1	2	2	2	1	1	2	1	1
2	2	2	1	1	1	2	2	1	2
3	1	1	1	2	2	2	1	1	2
4	1	2	2	2	1	1	1	2	2
5	1	2	1	1	1	2	2	2	1
6	2	2	1	2	2	2	1	1	1
7	2	1	1	2	1	1	1	2	2
8	1	1	2	2	1	2	2	2	1
9	2	2	2	1	1	2	1	1	1
10	2	1	1	1	2	2	1	2	2
11	1	1	2	2	2	1	1	2	1
12	2	2	2	1	1	1	2	2	1
13	2	1	1	1	2	2	2	1	1
14	2	1	2	2	2	1	1	1	2
15	1	1	2	1	1	1	2	2	2
16	1	2	2	1	2	2	2	1	1
17	2	2	1	1	2	1	1	1	2
18	1	1	1	2	2	1	2	2	2

Für gerades N sind die Partien $(1, 2, 1, 2, \ldots, 1, 2)$ und $(2, 1, 2, 1, \ldots, 2, 1)$ stabil.

Beispiel 2. $k = 2$; das Spiel ist ein Spiel mit einem Nachbar, und es ist $a(1,1) = a(2,2) = 0{,}25$, $a = (1,2) = -0{,}1$, $a(2,1) = 0{,}9$.

Es ist leicht zu sehen, daß für dieses Spiel eine Nash-Partie in reinen Strategien $(1, 1, \ldots, 1)$ existiert. Im Experiment wurde das Verhalten zweier Automaten $L_{n,2}$ in Abhängigkeit von n ausgewertet. Der mittlere Anteil der Partien f im Experiment $\sigma_n(f)$ wurde berechnet. Die Ergebnisse des Experiments sind in Tabelle 2.6.3 angeführt.

Tabelle 2.6.2

t	f^0	f^1	f^2	f^3	f^4	f^5	f^6	f^7	f^8	f^9
0	1	2	1	2	1	1	2	2	2	1
1	2	2	1	2	1	2	2	1	1	1
2	2	1	1	2	1	2	1	1	2	2
3	1	1	2	2	1	2	1	2	2	1
4	2	2	2	1	1	2	1	2	1	1
5	2	1	1	1	2	2	1	2	1	2
6	1	1	2	2	2	1	1	2	1	2
7	1	2	2	1	1	1	2	2	1	2
8	1	2	1	1	2	2	2	1	1	2
9	1	2	1	2	2	1	1	1	2	2
10	1	2	1	2	1	1	2	2	2	1

Tabelle 2.6.3

f	n				
	4	5	6	7	8
11	0,72	0,79	0,86	0,90	0,94
12					
21	0,26	0,21	0,14	0,10	0,06
22	0,01	0	0	0	0

Tabelle 2.6.4

n	N									
	3		6		9		18		32	
	$\sigma_n(f_1)$	$\pi(1)$	$\sigma_n(f_1)$	$\pi(1)$	$\sigma_n(f_1)$	$\pi(1)$	$\sigma_n(f_1)$	$\pi(1)$	$\sigma_n(f_1)$	$\pi(1)$
1	0,18	0,52	—	—	—	—	—	—	—	—
3	0,54	—	0,36	0,69	0,22	0,67	0,03	0,52	0,00	0,65
5	0,91	0,83	0,80	0,84	0,78	0,87	0,60	0,88	0,45	0,88
6	0,99	0,99	0,97	0,99	0,92	0,95	0,80	0,93	0,72	0,89
7	0,99	0,99	0,98	0,99	0,98	0,99	0,91	0,97	0,81	0,90

Beispiel 3. $k = 2$; das Spiel ist ein Spiel mit zwei Nachbarn, und es ist $a(1,1,1) = 0{,}43$, $a(2,2,2) = 0{,}6$, $a(1,1,2) = a(1,2,1) = a(1,2,2) = a(2,1,1) = a(2,1,2) = a(2,2,1) = 0$.

Das Spiel hat zwei NASH-Partien in reinen Strategien $f_0 = (1, 1, \ldots, 1)$ und $f_1 = (2, 2, \ldots, 2)$, wobei die letzte Partie auch eine MOORE-Partie ist. Die Ergebnisse des Experiments mit Automaten $L_{n,2}$ in diesem Spiel sind für verschiedene n und N in Tabelle 2.6.4 angeführt.

Die Wahrscheinlichkeit zur Partie f_1 zu gelangen, ist bei $N = 32$ und einer nicht vom Gewinn abhängigen gleichwahrscheinlichen Strategienwahl durch die Automaten gleich $\sim 10^{-10}$, während die Angaben in Tabelle 2.64 bei $\sim 10^5$ Partien erhalten wurden. Die Automaten verhalten sich also offenbar zweckmäßig. In Tabelle 2.6.4 bedeutet $\sigma_n(f_1)$ den Anteil von f_1 und $\pi(1)$ die Häufigkeit der Aktion 2.

In einem Kreisspiel können die Auszahlungsfunktionen nicht nur vom Verhalten des Automaten und seines rechten und linken Nachbars abhängen, sondern auch von bestimmten, für das Kollektiv allgemeinen Charakteristiken. So kann man beispielsweise ein symmetrisches Kreisspiel von Automaten betrachten. In diesem Fall wird das Spiel durch die Auszahlungsfunktion

$$a^j(f) = a(f^{j-1}, f^j, f^{j+1}, \nu_1, \nu_2, \ldots, \nu_k), \tag{2.6.9}$$

gegeben, wobei wie früher ν_m den Anteil der Automaten bedeutet, die in der Partie f die Strategie f_m gewählt haben. Die Beziehungen zwischen den Automaten im Kreisspiel erzeugen im Verlauf des Spiels einen „Informationsaustausch" unter den Automaten. Wenn wir die Möglichkeit ausnutzen, die Auszahlungsfunktion des Automaten in Abhängigkeit vom Verhalten seiner Nachbarn zu verändern, so können wir auf die Verhaltenscharakteristiken der Automaten im Spiel Einfluß nehmen.

Wir betrachten eine solche Möglichkeit für das G-Spiel. Wie im vorigen Paragraphen gezeigt wurde, wächst mit der Zahl der spielenden Automaten auch die erforderliche Kapazität ihrer Speicher. Läßt man Koalition mit den nächstgelegenen Nachbarn zu, so kann man die Automaten nach der „Gemeinsamkeit der Aktionen" so in Gruppen einteilen, daß nur die an den Grenzen dieser Gruppen liegenden Automaten ihre Strategien ändern. Dabei wird die Zahl der tatsächlich am Spiel teilnehmenden Automaten gleich der Anzahl der Gruppengrenzen. Die erwähnte Möglichkeit kann wie folgt realisiert werden.

Sei $k = 2$ und das G-Spiel durch die Funktion $a(\nu)$ gegeben. Dann hat das G-Spiel auf dem Kreis folgende Auszahlungsfunktionen:

$$\left.\begin{aligned} a(2, 2, 2, \nu) &= a(1, 1, 1, \nu) = 1, \\ a(2, 1, 2, \nu) &= a(1, 2, 1, \nu) = -1, \\ a(2, 2, 1, \nu) &= a(2, 1, 1, \nu) = a(1, 2, 2, \nu) \\ &= a(1, 1, 2, \nu) = a(\nu). \end{aligned}\right\} \tag{2.6.10}$$

Der Automat wird also mit Wahrscheinlichkeit 1 bestraft, wenn seine beiden Nachbarn ein und dieselbe Aktion ausführen und seine Aktion mit der Aktion der Nachbarn nicht übereinstimmt, und er wird mit Wahrscheinlichkeit 1 belohnt, wenn seine Aktion mit den Aktionen der Nachbarn übereinstimmt. In allen anderen Fällen wird der Gewinn des Automaten durch das G-Spiel bestimmt.

Man erkennt leicht, daß $(1, 1, \ldots, 1)$ und $(2, 2, \ldots, 2)$ Nash-Partien sind. Um diese Partien nicht zuzulassen, gehen wir vom Kreisspiel zu einem Spiel auf einem Intervall mit folgenden Randbedingungen über: $f^0 = 1$ und $f^{N+1} = 2$. Man kann erwarten, daß bei genügend großer Speicherkapazität der spielenden Automaten das Spiel im Finalzustand nur zwei Zonen hat: eine Zone von Einsen am linken Rand und eine Zone von Zweien am rechten Rand. Dabei wird der Partiewechsel nur von den zwei am Rand der Zonen liegenden Automaten bestimmt. Bei genügend großen n kann man erwarten, daß die Finalwahrscheinlichkeitsverteilung $p(\nu)$ praktisch nicht von N abhängt. Die Richtigkeit dieser Aussagen wurde nicht überprüft. Es gelang uns nicht, die bei der Bestimmung der Finalverteilung der Automaten nach Partien in einem solchen Spiel auftretenden analytischen Schwierigkeiten zu überwinden. Näherungsabschätzungen sind in diesem Fall nicht sehr zuverlässig, da bei großen n für eine experimentelle Überprüfung übermäßig viel Zeit erforderlich ist.[1])

In Abb. 2.17 sind die Ergebnisse der Modellierung eines G-Spiels auf einem Intervall von 32 Automaten mit linearer Taktik für verschiedene Werte von n angeführt. Die Funktion $a(\nu)$ hat in $\nu = 1/4$ ein Maximum. Die rechte Spalte in Abb. 2.17 entspricht einem gewöhnlichen G-Spiel und die linke Spalte einem G-Spiel auf einem Intervall. Der Koalitionseffekt auf dem Kreis ist offensichtlich.

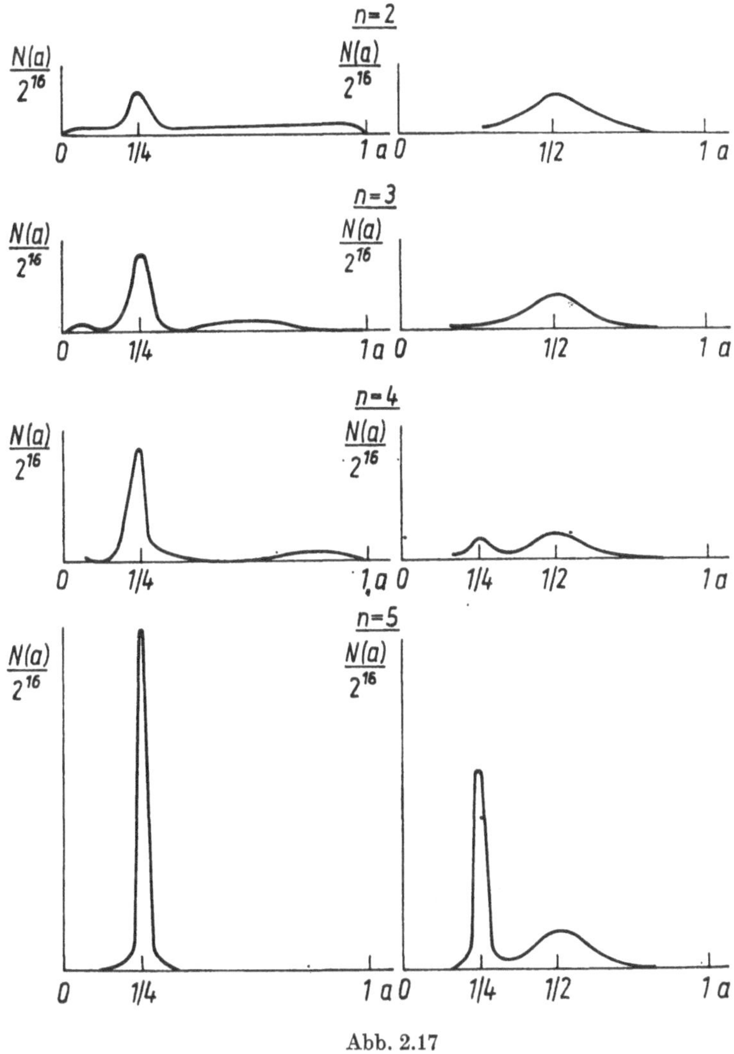

Abb. 2.17

[1]) Auf mögliche Wege zur Überwindung dieser Schwierigkeit kommen wir im folgenden Kapitel zurück.

KAPITEL III

Zufällige paarweise Koalition in Kollektiven von Automaten

§ 3.1. Zufällige paarweise Koalition im G-Spiel

Oben betrachteten wir ein Beispiel für Koalitionsbildung im G-Spiel, nämlich das G-Spiel auf einem Intervall. In diesem Paragraphen setzen wir die Untersuchung von Methoden zur Koalitionsbildung in Automatenspielen fort.

Wir sagen, daß in einem Kollektiv von N Automaten eine zufällige paarweise Koalition organisiert ist, wenn zu jedem Zeitpunkt eine gleichwahrscheinliche Zerlegung des Kollektivs in $N/2$ Paare stattfindet[1]). In jedem kooperierenden Paar ist ein „Informationsaustausch" zwischen den Automaten möglich, d. h., außer dem den Gewinn oder den Verlust des Automaten in der gegebenen Partie festlegenden Eingabesignal kann der Automat als Eingabesignal auch die Zustandsnummer, die Aktionsnummer und den Wert des Gewinns seines Partners benutzen.

Wir betrachten den Mechanismus der zufälligen Zerlegung in Paare. Es mögen N Automaten $A^1, A^2, \ldots, A^N$ vorhanden sein. Dann existieren $N!$ Folgen $A^{j_1}, A^{j_2}, \ldots, A^{j_N}$. In jeder Folge teilen wir die Automaten folgendermaßen in Paare ein: (A^{j_1}, A^{j_2}), $(A^{j_3}, A^{j_4}), \ldots, (A^{j_{2k-1}}, A^{j_{2k}}), \ldots, (A^{j_{N-1}}, A^{j_N})$. Eine beliebige Vertauschung der Automaten im Paar und eine beliebige Vertauschung der Paare führt zu keiner Änderung der Einteilung. Es existieren also

$$K = \frac{N!}{2^{\frac{N}{2}}\left(\frac{N}{2}\right)!}$$

verschiedene unterscheidbare Zerlegungen der Automaten in Paare. Setzen wir voraus, daß alle Zerlegungen gleichwahrscheinlich sind, so erhalten wir, daß die Wahrscheinlichkeit jeder Zerlegung gleich

$$p = \frac{1}{K} = \frac{2^{\frac{N}{2}}\left(\frac{N}{2}\right)!}{N!} \tag{3.1.1}$$

ist. Die Automaten A^i und A^j mögen ein Paar bilden. Die restlichen Automaten können dann auf

$$K_1 = \frac{2(N-2)!}{2^{\frac{N}{2}}\left(\frac{N}{2} - 1\right)!}$$

---

[1]) N wird der Einfachheit halber als gerade vorausgesetzt.

Arten in Paare eingeteilt werden. Daraus ergibt sich die Wahrscheinlichkeit für die Bildung des Paares (A^i, A^j) zu

$$p(A^i, A^j) = \frac{K_1}{K} = \frac{1}{N-1}. \tag{3.1.2}$$

Gibt es in einem Kollektiv von N Automaten k Automaten der Art B^j ($j = 1, 2, \ldots, k$) und $N - k$ Automaten der Art A^i ($i = 1, 2, \ldots, N - k$), so ist die Wahrscheinlichkeit dafür, daß ein Automat A^i mit einem Automaten vom Typ B ein Paar bildet, gleich

$$p(A^i, B) = \sum_{j=1}^{k} p(A^i, B^j) = \frac{k}{N-1} = \frac{k}{N} = \left(1 + \frac{1}{N-1}\right). \tag{3.1.3}$$

Analog ist die Wahrscheinlichkeit dafür, daß ein Automat B^i mit einem Automaten vom Typ B ein Paar bildet, gleich

$$p(B^i, B) = \sum_{j \neq i} p(B^i, B^j) = \frac{k-1}{N-1} = \frac{k}{N}\left(1 + \frac{1}{N-1}\right) - \frac{1}{N-1}. \tag{3.1.4}$$

Die Wahrscheinlichkeit für ein Paar (B, B) ist gleich

$$p(B, B) = \frac{1}{N} \sum_{i} p(B^i, B) = \frac{k(k-1)}{N(N-1)} = \frac{k^2}{N^2}\left(1 + \frac{1}{N-1}\right) - \frac{k}{N(N-1)}, \tag{3.1.5}$$

und die Wahrscheinlichkeit für ein Paar (A, B) ist gleich

$$p(A, B) = \frac{1}{N}\left(\sum_{i=1}^{N-k} p(A^i, B) + \sum_{i=1}^{k} p(B^i, A)\right) = \frac{2k(N-k)}{N(N-1)}. \tag{3.1.6}$$

Sind im Kollektiv k_1 Automaten B und k_2 Automaten C, so ist die Wahrscheinlichkeit für die Bildung eines Paares (C, B) gleich

$$p(C, B) = \frac{2k_1k_2}{N(N-1)} = \frac{2k_1k_2}{N^2}\left(1 + \frac{1}{N-1}\right). \tag{3.1.7}$$

Möge jetzt das Kollektiv der Automaten $A^1, A^2, \ldots, A^N$ Automaten n verschiedener Typen $B_1, B_2, \ldots, B_n$ enthalten, wobei der Automat B_j mit der Wahrscheinlichkeit p_j vorkommt. Dann ist die Wahrscheinlichkeit dafür, daß als Partner des Automaten $A^i \in B_j$ ein Automat vom Typ B_j ist, gleich

$$\begin{aligned} p(A_i^i, B_j \mid A^i \in B_j) &= \sum_{k=1}^{N} C_N^k p_j^k (1-p_j)^{N-k} \left[\frac{k}{N}\left(1 + \frac{1}{N-1}\right) - \frac{1}{N-1}\right] \\ &= p_j \sum_{k=1}^{N} C_{N-1}^{k-1} p_j^{k-1} (1-p_j)^{N-k} \left(1 + \frac{1}{N-1}\right) \\ &\quad - \sum_{k=1}^{N} C_N^k p_j^k (1-p_j)^{N-k} \frac{1}{N-1} = p_j\left(1 + \frac{1}{N-1}\right) \\ &\quad - \frac{1}{N-1} + (1-p_j)^N \frac{1}{N-1} = p_j\left(1 + \frac{1}{N-1}\right) \\ &\quad - \frac{1-(1-p_j)^N}{N-1} = p_j \frac{1 - p_j - (1-p_j)^N}{N-1}. \end{aligned} \tag{3.1.8}$$

Der zweite Term $\frac{(1-p_j)-(1-p_j)^N}{N-1}$ im Ausdruck (3.1.8) erreicht bei $p_j = 1 - (1/N)^{1/(N-1)}$ sein Maximum. Dabei ist

$$\max_{p_j} \frac{(1-p_j)-(1-p_j)^N}{N-1} = \left(\frac{1}{N}\right)^{N/(N-1)}. \tag{3.1.9}$$

Analog zu (3.1.8) ist

$$p(A^i, B_j \mid A^i \,\bar{\in}\, B_j) = 1 - p_j + \frac{(1-p_j)-(1-p_j)^N}{N-1}. \tag{3.1.10}$$

Wir betrachten nun die zufällige paarweise Koalition in einem G-Spiel.

Bei der zufälligen paarweisen Koalition möge jeder Automat als zusätzliches Eingabesignal die Nummer des inneren Zustandes seines Partners benutzen.[1] Am Spiel nehmen N Automaten mit linearer Taktik teil, und es ist x_i die stationäre Wahrscheinlichkeit dafür, daß sich der Automat im Zustand φ_i (im Zustand i) befindet. Wir benutzen die Trägheitshypothese, d. h., wir setzen voraus, daß sich zwischen den Partienwechseln die stationäre Wahrscheinlichkeitsverteilung der Zustände einstellt.

Die zufällige paarweise Koalition im G-Spiel läuft auf folgendes hinaus. Bilden die Automaten A^i und A^j zum Zeitpunkt t ein Paar und sind $\varphi^i(t)$ und $\varphi^j(t)$ ihre inneren Zustände und $s^i(t)$ und $s^j(t)$ ihre Eingabesignale, so ist

$$\varphi^i(t+1) = \begin{cases} \min\left(n, \varphi^i(t)+1\right), & \text{für } s^i(t) = +1, \\ \varphi^i(t), & \text{für } s^i(t) = -1 \text{ und } \varphi^i(t) \neq \varphi^j(t), \\ \max\left(1, \varphi^i(t)-1\right), & \text{für } s^i(t) = -1 \text{ und } \varphi^i(t) = \varphi^j(t). \end{cases} \tag{3.1.11}$$

Bei einem Gewinn „beachtet“ also der Automat seinen Partner nicht, während er bei einem Verlust seinen Zustand nur dann ändert, wenn sein innerer Zustand mit dem inneren Zustand seines Partners übereinstimmt.

Aus (3.1.8) folgt, daß die Wahrscheinlichkeit dafür, daß sich der Partner des zum Zeitpunkt t im Zustand φ_i befindlichen Automaten im selben Zustand befindet, gleich $x_i \xi_i$ ist, wobei

$$\xi_i = \left(1 - \frac{1-x_i}{x_i} \cdot \frac{1-(1-x_i)^{N-1}}{N-1}\right) < 1 \tag{3.1.12}$$

gilt. Wir erwähnen, daß

$$\frac{d\xi_i}{dx_i} = \frac{1-(1-x_i)^{N-1}\,[1 + x_i(N-1)]}{x_i^2(N-1)} > 0 \tag{3.1.13}$$

und folglich $\xi_i < \xi_{i+1}$[2] ist.

---

[1]) Wenn wir vom inneren Zustand sprechen, so meinen wir den inneren Zustand des Speicherautomaten (§ 1.2).

[2]) Wir setzen natürlich voraus, daß sich die Automaten zweckmäßig verhalten und daß $x_i < x_{i+1}$ ist.

Aus (3.1.11) erhalten wir unter Berücksichtigung von (3.1.12)

$$\left.\begin{aligned} x_1 &= x_1 p + x_2^2 \xi_2 p, \\ x_j &= x_{j-1} q + x_j(1 - x_j \xi_j)\, p + x_{j+1}^2 \xi_{j+1} p, \quad 2 \leqq j \leqq n-1, \\ \sum_{j=1}^{n} x_j &= 1 \end{aligned}\right\} \tag{3.1.14}$$

und durch Einsetzen der Variablen

$$\left.\begin{aligned} x_j \lambda &= x_{j+1} \xi_{j+1}, \quad 1 \leqq j \leqq n-1, \\ \sum_{j=1}^{n} x_j &= 1, \end{aligned}\right\} \tag{3.1.15}$$

mit $\lambda = \dfrac{q}{p}$. Aus $\xi_j < \xi_{j+1}$ folgt

$$x_{j+1}^2 \xi_2 \leqq x_j \lambda \leqq x_{j+1}^2 \xi_n. \tag{3.1.16}$$

Unmittelbar aus (3.1.16) finden wir

$$\begin{aligned} x_2 = \sqrt{\frac{x_1 \lambda}{\xi_2}} = \frac{\lambda}{\xi_2}\left(\frac{x_1 \xi_2}{\lambda}\right)^{1/2}; \quad x_3 < \sqrt{\frac{\lambda^2}{\xi_2{}^2}\left(\frac{x_1 \xi_2}{\lambda}\right)^{1/2}} = \frac{\lambda}{\xi_2}\left(\frac{x_1 \xi_2}{\lambda}\right)^{1/4}; \\ x_j < \frac{\lambda}{\xi_2}\left(\frac{x_1 \xi_2}{\lambda}\right)^{1/2^{j-1}}, \end{aligned} \tag{3.1.17}$$

und analog

$$x_2 > \frac{\lambda}{\xi_n}\left(\frac{x_1 \xi_n}{\lambda}\right)^{1/2}; \quad x > \frac{\lambda}{\xi_n}\left(\frac{x_1 \xi_n}{\lambda}\right)^{1/4}; \quad x_j > \frac{\lambda}{\xi_n}\left(\frac{x_1 \xi_n}{\lambda}\right)^{1/2^{j-1}}. \tag{3.1.18}$$

Mit der Bezeichnung $\tilde{\lambda}_n = \dfrac{\lambda}{\xi_n}$ und $\tilde{\lambda}_2 = \dfrac{\lambda}{\xi_2}$ erhalten wir aus der Normierungsbedingung

$$\sum_{j=0}^{n-1} \left(\frac{x_1}{\tilde{\lambda}_n}\right)^{1/2^j} < \frac{1}{\tilde{\lambda}_n} \quad \text{und} \quad \sum_{j=0}^{n-1} \left(\frac{x_1}{\tilde{\lambda}_2}\right)^{1/2^j} > \frac{1}{\tilde{\lambda}_2}. \tag{3.1.19}$$

Wir betrachten die Gleichung

$$\sum_{j=0}^{n-1} \left(\frac{\tilde{x}}{\tilde{\lambda}}\right)^{1/2^j} = \frac{1}{\tilde{\lambda}}. \tag{3.1.20}$$

Mit der Bezeichnung $\left(\dfrac{\tilde{x}}{\tilde{\lambda}}\right)^{1/2^{n-1}} = y$ ergibt sich

$$\sum_{j=0}^{n-1} y^{2^j} - \frac{1}{\tilde{\lambda}} = 0. \tag{3.1.21}$$

Aus (3.1.21) folgt unmittelbar $y < \dfrac{1}{\tilde{\lambda}}$. Für $\tilde{\lambda} > 1$ ist dann $y < 1$, und es gilt die Ungleichung

$$\sum_{j=0}^{n-1} y^{2^j} < \sum_{j=0}^{\infty} \frac{y^{2^j}}{1 - y^{2^{j+1}}} = \frac{y}{1-y} > \frac{1}{\tilde{\lambda}}. \tag{3.1.22}$$

d. h. für $\tilde{\lambda} > 1$ ist $\dfrac{1}{\tilde{\lambda}} > y > \dfrac{1}{\tilde{\lambda} + 1}$.

Auf Grund der erhaltenen Abschätzungen für y werden wir $\tilde{x}$ in der Form

$$\tilde{x} = \frac{\tilde{\lambda}}{(\tilde{\lambda} + 1)^{\alpha 2^n}}. \tag{3.1.23}$$

suchen. In Abb. 3.1 ist für $n = 7$ die Abhängigkeit α von $\tilde{\lambda}$ dargestellt und in Abb. 3.2 die Abhängigkeit α von n bei verschiedenen $\tilde{\lambda}$. Die Kurven in den Abbildungen 3.1 und 3.2 wurden auf einer EDVA durch die gemeinsame Lösung von (3.1.20) und (3.1.23)

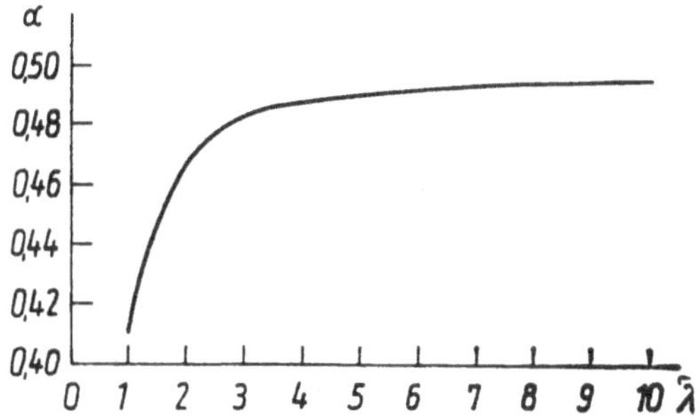

Abb. 3.1

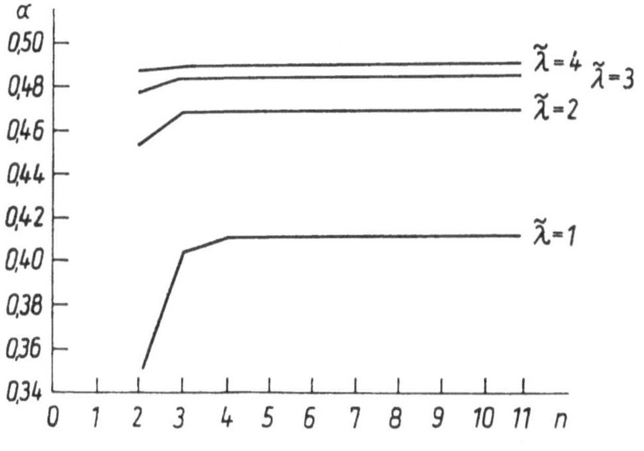

Abb. 3.2

bestimmt. Aus den Berechnungsergebnissen folgt für $\tilde{\lambda} \geqq 1$ und $n \geqq 2$ $0{,}5 \geqq \alpha \geqq (0{,}5)^{1,6}$ und daraus

$$\frac{\tilde{\lambda}}{(\tilde{\lambda} + 1)^{2^{n-1}}} < \tilde{x} < \frac{\tilde{\lambda}}{(\tilde{\lambda} + 1)^{2^{n-1,6}}}. \tag{3.1.24}$$

Beruft man sich auf die Ergebnisse der Berechnungen und berücksichtigt, daß α von λ abhängt, so kann man die Abschätzung (3.1.24) verschärfen:

$$\frac{\tilde{\lambda}}{(\tilde{\lambda} + 1)^{2^{n-1}}} < \tilde{x} < \frac{4\tilde{\lambda}}{(\tilde{\lambda} + 1)^{2^{n-1}}}. \tag{3.1.25}$$

Daraus folgt offenbar

$$\frac{\bar{\lambda}_2}{(\bar{\lambda}_2 + 1)^{2^{n-1}}} < x_1 < \frac{4\bar{\lambda}_n}{(\bar{\lambda}_n + 1)^{2^{n-1}}}. \tag{3.1.26}$$

Aus (3.1.12) schließen wir, daß bei festem n und $N \to \infty$ $\lim\limits_{N\to\infty} \xi_2 = \lim\limits_{N\to\infty} \xi_n = 1$ gilt, und folglich ist $\lim\limits_{N\to\infty} \bar{\lambda}_2 = \lim\limits_{N\to\infty} \bar{\lambda}_n = \lambda$. Andererseits gilt bei festem N und $n \to \infty$ $Nx_2 \to 0$, $(1 - x_2)^N \approx 1 - Nx_2 + \dfrac{N(N-1)}{2} x_2^2$ und $\xi_2 \simeq \dfrac{Nx_2}{2} \to 0$, d. h., $\bar{\lambda}_2 \to \infty$. Man erhält leicht $x_n > \dfrac{\lambda}{\lambda + 1}$ und $\xi_n > \left[1 - \dfrac{1}{\lambda(N-1)}\right]$, d. h., für genügend große N ist $\bar{\lambda}_n \sim \lambda$. Bei fixiertem N und $n \to \infty$ konvergiert also die untere Schranke für x_1 wesentlich schneller gegen Null als die obere. Leider gelang es uns nicht, genauere Abschätzungen für x_1 anzugeben. Trotzdem erlauben es die erhaltenen Abschätzungen zu behaupten, daß mit wachsendem n die Wahrscheinlichkeit des Aktionswechsels ungefähr wie $1/(\lambda + 1)^{2^n}$ fällt.

In einem Spiel von N Krinski-Automaten werden die Koalition durch folgende Regeln festgelegt: Bildeten die Automaten A^i und A^j zum Zeitpunkt T ein Paar, waren $\varphi^i(t)$, $\varphi^j(t)$ ihre inneren Zustände und $s^i(t)$, $s^j(t)$ ihre Eingabesignale, so ist

$$\varphi^i(t+1) = \begin{cases} n, \quad \text{für} \quad \varphi^i(t) \neq \varphi^j(t) \quad \text{oder} \quad s^i(t) = +1, \\ \max\,[1; \varphi^i(t) - 1], \ \text{für} \ \varphi^i(t) = \varphi^j(t) \ \text{und} \ s^i(t) = -1. \end{cases} \tag{3.1.27}$$

Aus (3.1.27) erhalten wir analog zu (3.1.14) ein Gleichungssystem zur Bestimmung der stationären Zustandswahrscheinlichkeiten:

$$\left.\begin{aligned} x_j &= x_{j+1}^2 \xi_{j+1} p, \quad 1 \leqq j \leqq n - 1, \\ \sum_{j=1}^{n} x_j &= 1. \end{aligned}\right\} \tag{3.1.28}$$

Wenn wir die Bezeichnung $\lambda = 1/p$ einführen, erhalten wir ein Gleichungssystem, das mit (3.1.15) übereinstimmt. Wegen $p \leqq 1$ ist $\lambda \geqq 1$, und (3.1.24) gilt für beliebige Werte von $a(\nu)$.

In § 2.5 wurde gezeigt, daß bei Erfülltsein der Trägheitshypothese die Finalwahrscheinlichkeitsverteilung der Partien im G-Spiel durch die Formel (2.5.12)

$$F(k) = \frac{\alpha C_N{}^k}{\gamma_n(\nu_k)} \tag{3.1.29}$$

gegeben ist. Eine asymptotische Analyse dieser Verteilung wurde im § 2.5 durchgeführt. Im gewöhnlichen G-Spiel hat die stationäre Wahrscheinlichkeit des Aktionswechsels die Gestalt

$$\gamma_n(\nu_k) = \frac{a(\nu_k)}{\lambda^n(\nu_k) - 1} \approx \frac{a(\nu_k)}{\lambda^n(\nu_k)}. \tag{3.1.30}$$

Ein Vergleich von (3.1.26) und (3.1.30) zeigt, daß das Einführen einer paarweisen Koalition des betrachteten Typs zu einer Veränderung des Charakters der Abhängigkeit

$\gamma_n(\nu)$ von n führt. Dabei maximiert das Automatenkollektiv die Funktion

$$h_{N/n}(\nu) = h(\nu) + \frac{N}{2^n} H(\nu), \tag{3.1.31}$$

wobei $h(\nu) = \beta \ln \bigl(\lambda(\nu) + 1\bigr)$ und $H(\nu) = -\nu \ln \nu - (1 - \nu) \ln(1 - \nu)$ ist.

Vergleicht man (3.1.31) und (2.5.29), so kann man vereinfacht sagen, daß das Einführen einer zufälligen paarweisen Koalition einem Anwachsen des Speichers der Automaten um das $2^n/n$-fache äquivalent ist. Dabei bleiben alle Sätze aus § 2.5 über die asymptotischen Eigenschaften der Finalverteilung (3.1.29) richtig, wenn man n durch 2^n ersetzt.

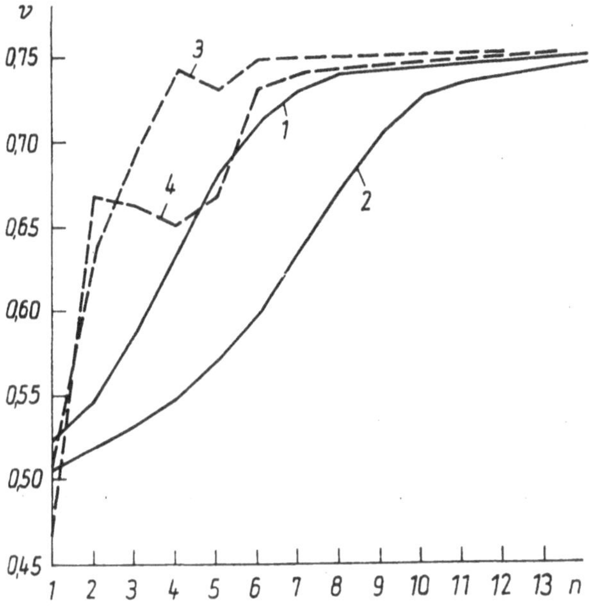

Abb. 3.3

In den Abbildungen 3.3 und 3.4 sind die Ergebnisse der Modellierung eines G-Spiels von Automaten mit linearer Taktik auf einer EDVA angeführt. In Abb. 3.3 ist die Abhängigkeit der mittleren Zahl der Automaten, die die erste Aktion ausführen, von der Speicherkapazität der spielenden Automaten angegeben und in Abb. 3.4 die Abhängigkeit des mittleren Gewinns von der Speicherkapazität. Die Kurven 1, 2 entsprechen einem Spiel ohne Koalition, die Kurven 3, 4 einem Spiel mit Koalition, die Kurven 1, 3 einem Spiel von 32 Automaten und die Kurven 2, 4 einem Spiel von 64 Automaten. Der durch die Einführung der zufälligen paarweisen Koalition erzielte Effekt ist offensichtlich.

In Abb. 3.5 sind Beispiele der Häufigkeiten verschiedener Partien bei verschiedenen Werten von n angeführt, die bei der Modellierung des Spiels auf einer EDVA erhalten wurden.

Durch die Einführung einer zufälligen paarweisen Koalition haben wir in (3.1.31) die Abhängigkeit des Entropieterms von der Speicherkapazität verändert. Bei fixierter

Speicherkapazität wächst allerdings der Wert des Entropieterms linear mit der Anzahl der am Spiel teilnehmenden Automaten. Wir wollen versuchen, eine solche zufällige paarweise Koalition einzuführen, die diese Abhängigkeit verändert.

Wir betrachten die Wahrscheinlichkeit dafür, daß zum Zeitpunkt $t + 1$ im G-Spiel $k(t) + r$ Automaten die Aktion 1 ausführen, wenn zum Zeitpunkt t die Anzahl dieser Automaten $k(t)$ war. Wenn wir berücksichtigen, daß die Wahrscheinlichkeiten der Zahl der Automaten, die zum Zeitpunkt t ihre Aktion wechseln, binomial verteilt sind,

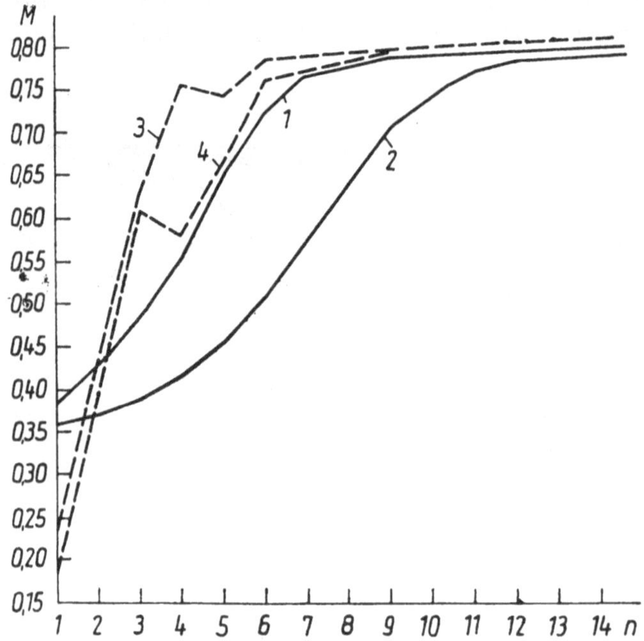

Abb. 3.4

so können wir die Gestalt der erzeugenden Funktion der Wahrscheinlichkeitsverteilung der Partien zum Zeitpunkt $t + 1$ bestimmen:

$$p(s, k(t)) = [\gamma(k) + (1 - \gamma(k))\, s]^k\, [1 - \gamma(k) + \gamma(k)\, s]^{N-k}. \tag{3.1.32}$$

Aus (3.1.32) finden wir unmittelbar den Erwartungswert und die Varianz der Größe $\Delta k(t) = k(t + 1) - k(t)$:

$$\left.\begin{aligned} M(\Delta k(t)) &= (N - 2k(t))\, \gamma(k), \\ D(\Delta k(t)) &= N\gamma(k)\, (1 - \gamma(k)). \end{aligned}\right\} \tag{3.1.33}$$

Der Erwartungswert für die Änderung der Anzahl der Automaten, die die Aktion 1 ausführen, ist im Verlaufe eines Schrittes also immer zum Punkt $k = \frac{N}{2}$ gerichtet, d. h. zum Maximalpunkt der Entropie $H(\nu)$, während die Varianz der Verteilung $p[k(t + 1) = k(t) + r]$ ihr Minimum im Maximalpunkt von $a(\nu)$ erreicht. Die Varianz der Verteilung $p[k(t + 1) = k(t) + r]$ bestimmt die Zeiten des Verbleibs der Automaten bei den entsprechenden Partien, und im G-Spiel findet ein „Krieg zwischen dem Mittelwert und der Varianz" statt. Man wird natürlich versuchen, die zufällige paarweise Koalition so zu organisieren, daß der Einfluß der Asymmetrie der Verteilung $p[k(t+1) = k(t) + r]$ beseitigt wird.

Eine Veränderung der Art der Verteilung $p[k(t+1) = k(t) + r]$ kann nur durchgeführt werden, wenn durch die zufällige paarweise Koalition die Wahrscheinlichkeiten

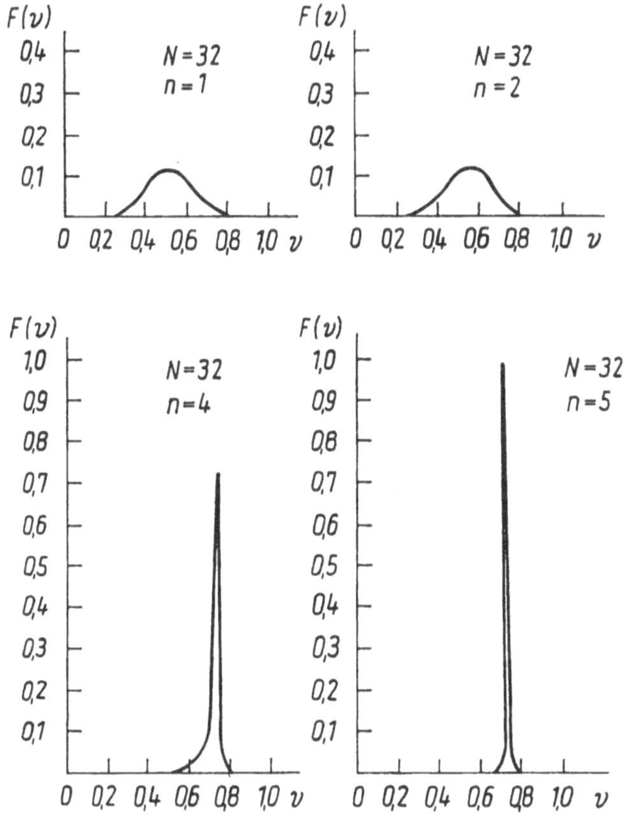

Abb. 3.5

des Wechsels der ersten und zweiten Aktion unterscheidbar werden. Wir bezeichnen mit $\gamma_1(k)$ die Wahrscheinlichkeit für den Aktionswechsel eines die Aktion 1 ausführenden Automaten und mit $\gamma_2(k)$ die Wahrscheinlichkeit für den Aktionswechsel eines die Aktion 2 ausführenden Automaten. Dann ist für die Symmetrie der Verteilung $p[k(t+1) = k(t) + r]$ bezüglich $k(t)$, d. h. für $M(\Delta k(t)) = 0$ hinreichend, daß

$$\gamma_2(k) \left(N - k(t)\right) = \gamma_1(k)\, k(t) \tag{3.1.34}$$

ist. Die Bedingung (3.1.34) wird zu einer Identität, wenn

$$(N-1)\, \gamma_2(k) = \gamma(k)\, k(t) \quad \text{und} \quad (N-1)\, \gamma_1(k) = \gamma(k) \left(N - k(t)\right) \tag{3.1.35}$$

gilt. Aus (3.1.35) folgt unmittelbar eine Methode zur Organisation der zufälligen paarweisen Koalition, die die Verteilung $p[k(t+1) = k(t) + r]$ symmetrisch macht. Diese Methode läuft auf eine Veränderung der Auswahl der neuen Aktion hinaus, und zwar wählt der Automat beim Aktionswechsel als neue Aktion die Aktion seines Partners. Dabei ist die Wahrscheinlichkeit dafür, daß der Partner eines die Aktion 2 ausführenden Automaten die Aktion 1 ausführt, gleich $\frac{k(t)}{N-1}$ (3.1.3) und die Wahrscheinlichkeit dafür, daß der Partner eines die Aktion 1 ausführenden Automaten die Aktion 2 ausführt, ist gleich $\frac{N-k(t)}{N-1}$. Damit sind die Relationen (3.1.35) erfüllt. Wir erwähnen allerdings, daß bei einer solchen Art der zufälligen paarweisen Koalition die Ergodizität des Spiels verlorengeht: die Partien $k = 0$ und $k = N$ sind absorbierende Partien. Diese Schwierigkeit kann man leicht überwinden: Es genügt, in das Kollektiv zwei Automaten einzuführen, die im Spielverlauf ihre Aktion nicht ändern, und zwar einen Automaten, der ständig die Aktion 1 und einen Automaten, der ständig die Aktion 2 ausführt. Dabei ist immer $1 \leqq k \leqq N - 1$.

Die erzeugende Funktion der Verteilung $p[k(t+1) = k(t) + r]$ hat nun die Gestalt

$$p(s, k) = \left[\gamma(k)\frac{N-k}{N-1} + \left(1 - \gamma(k)\frac{N-k}{N-1}\right)s\right]^k \left[1 - \gamma(k)\frac{k}{N-1}(1-s)\right]^{N-k}. \tag{3.1.36}$$

Aus (3.1.36) finden wir $M(\Delta k) = p'(1, k) - k = 0$ und

$$\begin{aligned} D[\Delta k(t)] &= D[k(t+1)] = p''(1, k) + p'(1, k) - p'^2(1, k) \\ &= \frac{k(t)[N-k(t)]}{N-1}\gamma(k)\left[2 - \gamma(k)\frac{N}{N-1}\right]. \end{aligned} \tag{3.1.37}$$

Für genügend große n hat der Faktor $\left[2 - \gamma(k)\frac{N}{N-1}\right]$ keinen wesentlichen Einfluß auf den Wert der Varianz, und die Varianz erreicht ihren minimalen Wert in einem Punkt, für den

$$\frac{N-2k}{N-1}\gamma(k) + \frac{k(N-k)}{N-1}\cdot\frac{d\gamma(k)}{dk} = 0 \tag{3.1.38}$$

gilt. Berücksichtigt man

$$\frac{d\gamma(k)}{dk} \approx -\gamma(k)\frac{2n}{1-a^2}\cdot\frac{da(k)}{dk},$$

so erhält man aus (3.1.38)

$$\frac{N-2k}{kn(N-k)} - \frac{2}{1-a^2}\frac{da(k)}{dk} = 0, \tag{3.1.39}$$

und der Minimalpunkt der Varianz konvergiert mit wachsendem n gegen den Maximalpunkt der Gewinnfunktion $a(k)$.

Um eine asymptotische Analyse des Verhaltens der Automaten in einem Spiel, in dem die zweite Art der zufälligen paarweisen Koalition verwendet wird, angenähert durchzuführen, ersetzen wir wie früher (Kapitel 2) die Binomialverteilung durch eine

POISSON-Verteilung. Wir führen die Bezeichnung

$$\eta_k = \gamma(k)\, k\, \frac{N-k}{N-1}$$

ein. Dann ist bei Verwendung der POISSONschen Näherung die Wahrscheinlichkeit dafür, daß j Automaten zum Zeitpunkt t ihre Aktion 1 durch die Aktion 2 ersetzen, gleich

$$p(j) = e^{-\eta_k} \frac{(\eta_k{}^j)}{j!}, \tag{3.1.40}$$

und die Wahrscheinlichkeit dafür, daß $j + r$ Automaten die Aktion 2 durch die Aktion 1 ersetzen, gleich

$$p(j+r) = e^{-\eta_k} \frac{(\eta_k)^{j+r}}{(j+r)!}. \tag{3.1.41}$$

Analog zu (2.5.3) ist dann

$$\begin{aligned} p[k(t+1) = k(t) + r] &= \sum_j p(j)\, p(j+r) = \sum_i e^{-2\eta_k} \frac{(\eta_k)^{2j+r}}{j!(j+r)!} \\ &= \exp\left[-2\gamma(k)\, \frac{k(N-k)}{N-1}\right] I_r \left[2\gamma(k)\, \frac{k(N-k)}{N-1}\right]. \end{aligned} \tag{3.1.42}$$

Wegen $I_r(z) = I_{-r}(z)$ ist

$$p[k(t+1) = k(t) + r] = p[k(t+1) = k(t) - r]. \tag{3.1.43}$$

Setzen wir n als genügend groß ($\gamma_n(k)\, N$ genügend klein) voraus, vernachlässigen für $|r| \geqq 2$ die Wahrscheinlichkeiten $p[k(t+1) = k(t) + r]$ und berücksichtigen (3.1.43), so erhalten wir analog zu (2.5.10)

$$F(k) = C(k) \frac{\exp\left[2\gamma_n(k)\, \dfrac{k(N-k)}{N-1}\right]}{I_1\left[2\gamma_n(k)\, \dfrac{k(N-k)}{N-1}\right]}. \tag{3.1.44}$$

Zur asymptotischen Analyse der Verteilung (3.1.44) ersetzen wir die BESSEL-Funktion durch ihre lineare Approximation. Dann ist

$$F(k) = \frac{\alpha}{\gamma_n(\nu_k)\, \nu_k(1-\nu_k)} \left(\frac{1}{N} \leqq \nu_k \leqq 1 - \frac{1}{N}\right), \tag{3.1.45}$$

$$\begin{aligned} \frac{dF(k)}{d\nu_k} &= -\alpha \frac{\dfrac{d\gamma_n(\nu_k)}{d\nu_k}\, \nu_k(1-\nu_k) + \gamma_n(\nu_k)\,(1-2\nu_k)}{\gamma_n{}^2(\nu_k)\, \nu_k{}^2(1-\nu_k)^2} \\ &= \frac{da(\nu_k)}{d\nu_k} \cdot \frac{2n\alpha}{\gamma_n(\nu_k)\, \nu_k(1-\nu_k)\,(1-a^2)} - \frac{\alpha(1-2\nu_k)}{\gamma_n(\nu_k)\, \nu_k{}^2(1-\nu_k)^2}, \end{aligned} \tag{3.1.46}$$

wobei α einen Normierungsfaktor bedeutet. Die Lage des Maximums von $F(k)$ wird durch die Lösung der Gleichung

$$\frac{da(\nu_k)}{d\nu_k} - \frac{(1-a^2)(1-2\nu_k)}{2n\nu_k(1-\nu_k)} = 0 \tag{3.1.47}$$

bestimmt.

Die Funktion $a(\nu_k)$ habe im Punkte ν_{k_0} ihr einziges Maximum. Dann konvergiert die Lösung der Gleichung (3.1.47) für $n \to \infty$ gleichmäßig gegen ν_{k_0}, und die Finalverteilung hat im Maximalpunkt der Funktion $a(\nu)$ ein Maximum. Wir bemerken, daß $\nu_k(1-\nu_k) = \frac{N-1}{N^2}$ für $\nu_k = 1/N$ und $\nu_k = 1 - 1/N$ ist. Wenn also n langsamer gegen Unendlich konvergiert als N, oder sogar so, daß

$$0 < \lim_{\substack{n\to\infty \\ N\to\infty}} \frac{n}{N} < \delta$$

und δ genügend klein ist, dann ist $\frac{dF(1)}{d\nu_k} < 0$ und $\frac{dF(N-1)}{d\nu_k} > 0$, d. h., $F(k)$ hat an den Rändern „Erhebungen". Dafür, daß $F(k)$ in ν_{k_0} seinen größten Wert annimmt, ist neben $n \to \infty$ noch $F(1) < F(k_0)$ und $F(N-1) < F(k_0)$, d. h.

$$F(k_0) = \frac{\alpha}{\gamma(\nu_{k_0})\,\nu_{k_0}(1-\nu_{k_0})} > \frac{\alpha N^2}{\gamma_1(N-1)},$$

notwendig. Dabei ist $\gamma_1 = \min\,[\gamma(1/N),\ \gamma(1-1/N)]$, und obige Ungleichung ist für $\frac{\gamma(\nu_{k_0})}{\gamma_1} < \frac{4}{N}$ erfüllt. Da im Punkte ν_{k_0} die Funktion $a(\nu)$ ihr einziges Maximum erreicht, gilt $a(\nu_{k_0}) > a_1 = \max\,[a(1/N), a(1-1/N)]$ und

$$\frac{\gamma(\nu_{k_0})}{\gamma_1} = \left[\frac{\lambda}{\lambda(\nu_{k_0})}\right]^n \frac{a(\nu_{k_0})}{a_1} > \left[\frac{\lambda_1}{\lambda(\nu_{k_0})}\right]^n.$$

Die Bedingung

$$\lim_{\substack{n\to\infty \\ N\to\infty}} \frac{\ln N}{n} < \varkappa = \ln\frac{\lambda_0}{\lambda_1} \quad \big(\lambda_0 = \lambda(\nu_{k_0})\big) \tag{3.1.48}$$

st dann hinreichend dafür, daß die Verteilung $F(k)$ im Punkte ν_{k_0} ihr einziges Maximum hat.

Wir erinnern daran, daß in einem G-Spiel ohne Koalition für $\lim\limits_{\substack{n\to\infty \\ N\to\infty}} \frac{N}{n} = \infty$ das Verhalten der Automaten seine Zweckmäßigkeit verliert — die Verteilung der Automaten nach Partien konzentriert sich um den Punkt $\nu = \frac{1}{2}$, und mit unabhängig von $n < N$ wachsendem N konvergiert der Gewinnerwartungswert der Automaten gegen $a(1/2)$. Beim betrachteten Typ der zufälligen paarweisen Koalition bleibt die Zweckmäßigkeit des Verhaltens der Automaten erhalten, wenn die Bedingung (3.1.48) erfüllt ist. Wir zeigen, daß die Bedingung

$$\lim_{\substack{n\to\infty\\ N\to\infty}} \frac{\ln N}{n} = 0 \tag{3.1.49}$$

ein asymptotisch optimales Verhalten garantiert.

Der Gewinnerwartungswert der Automaten A_n in einem G-Spiel G_N von N Automaten hat die Gestalt

$$M(N_n, G_n) = \sum_{k=0}^{N} a(k)\, F(k). \tag{3.1.50}$$

Wir sagen, daß die Automatenfolge $A_{n(N)}$ asymptotisch optimal in der Folge von G-Spielen G_N ist, wenn

$$\lim_{N\to\infty} M(A_{n(N)}, G_N) = \max_{\nu} a(\nu) \tag{3.1.51}$$

gilt. Sei das Intervall $(\nu_{k_0} \pm \delta)$ gegeben und sei

$$\lambda_0 - \varepsilon = \max\,[\lambda(\nu_{k_0} - \delta);\ \ \lambda(\nu_{k_0} + \delta)],\quad \lambda_0 = \lambda(\nu_{k_0})$$

sowie δ dergestalt, daß

$$\frac{(\lambda_0 - \varepsilon)^n}{\lambda_0{}^n} = \frac{1}{N^2(N-1)},\quad \text{d. h.}\quad \varepsilon \approx \frac{3\lambda_0 \ln N}{n} \tag{3.1.52}$$

gilt. Sei außerdem

$$\lambda_0 - \varepsilon = \frac{1 + a'}{1 - a'} = \frac{1 + a_0}{1 - a_0} - \varepsilon,$$

woraus sich

$$a' = \frac{2a_0 - \varepsilon(1 - a_0)}{2 - \varepsilon(1 - a_0)} = a_0 - \frac{\varepsilon(1 - a_0)^2}{2 - \varepsilon(1 - a_0)} < a_0 - \frac{\varepsilon(1 - a_0)^2}{2} \tag{3.1.53}$$

ergibt. Dann ist[1])

$$\sum_{|\nu - \nu_{k_0}| > \delta} F(k) < \sum_{k=1}^{N-1} \frac{\alpha N}{\gamma_1} < \sum_{k=1}^{N-1} \frac{\alpha N(\lambda_0 - \varepsilon)^n}{a_0} < \frac{\alpha N^2(\lambda_0 - \varepsilon)^n}{a_0} \tag{3.1.54}$$

und

$$\sum_{|\nu - \nu_{k_0}| < \delta} F(k) > F(k_0) > \frac{4\alpha}{\gamma_0} = \frac{4\alpha\lambda_0{}^n}{a_0}. \tag{3.1.55}$$

Aus (3.1.52), (3.1.54) und (3.1.55) erhalten wir

$$\frac{\sum\limits_{|\nu - \nu_{k_0}| < \delta} F(k)}{\sum\limits_{|\nu - \nu_{k_0}| > \delta} F(k)} > \frac{4\lambda_0{}^n}{N^2(\lambda_0 - \varepsilon)^n} > N - 1 = \frac{1 - \dfrac{1}{N}}{\dfrac{1}{N}}.$$

---

[1]) Dabei setzen wir $\lambda_0 - \varepsilon > \lambda(1/N)$ und $\lambda_0 - \varepsilon > \lambda(1 - 1/N)$ voraus.

Berücksichtigt man die Normierungsbedingung, so ist

$$\sum_{|\nu-\nu_{k_0}|<\delta} F(k) > 1 - \frac{1}{N}. \tag{3.1.56}$$

Offenbar gilt

$$M(A_{n(N)}, G_N) > \left(1 - \frac{1}{N}\right) [a_0 - \varepsilon(1 - a_0)^2]$$

$$= a_0 - \left[\frac{a_0}{N} + \frac{N-1}{N} \cdot \frac{3\lambda_0 \ln N}{n} (1 - a_0)^2\right]. \tag{3.1.57}$$

Wie man leicht sieht, ist bei Erfülltsein der Bedingung (3.1.49)

$$\lim_{\substack{n\to\infty \\ N\to\infty}} M(A_{n(N)}, G_N) = a_0 = \max_\nu a(\nu).$$

Sei m eine solche gerade Zahl, daß $\lambda^{(1)}(\nu_{k_0}) = \lambda^{(2)}(\nu_{k_0}) = \cdots = \lambda^{(m-1)}(\nu_{k_0}) = 0$, aber $\lambda^{(m)}(\nu_{k_0}) \neq 0$ ist (folglich ist $\lambda^{(m)}(\nu_{k_0}) < 0$), d. h., m ist die Ordnung der ersten von Null verschiedenen Ableitung der Funktion $\lambda(\nu)$ in ihrem Maximalpunkt. Dann ist

$$\lambda(\nu_{k_0} + \delta) = \lambda_0 + \sum_{i=m}^{\infty} \frac{\lambda_0^{(i)}}{i!} \delta^i \approx \lambda_0 + \frac{\lambda_0^{(m)}}{m!} \delta^m, \tag{3.1.58}$$

woraus sich $\varepsilon \approx -\frac{\lambda_0^{(m)}}{m!} \delta^m$ und mit (3.1.52)

$$\delta \approx \left(\frac{3\lambda_0 m! \ln N}{|\lambda_0^{(m)}| \cdot n}\right)^{1/m} \tag{3.1.59}$$

ergibt. Wir bemerken hier folgendes. Dafür, daß die Verteilung $F(k)$ im Punkt ν_{k_0} konzentriert ist, ist $\delta < 1/N$ notwendig und folglich ist

$$\lim_{N\to\infty} \frac{N^m \ln N}{n} = 0 \tag{3.1.60}$$

notwendig. Das führt uns auf die Voraussetzung (2.5.63) des Satzes 9.

Beim betrachteten Typ der zufälligen paarweisen Koalition verhalten sich also die Automaten asymptotisch optimal, wenn die Bedingung (3.1.49) erfüllt ist und die Folge der Intervalle, auf denen die Verteilung $F(k)$ konzentriert ist, ebenso wie $\left(\frac{\ln N}{n}\right)^{1/m}$ gegen Null konvergiert. Damit allerdings die Automaten ausschließlich Partien der invarianten Moore-Menge spielen, ist notwendig, daß dieselben Bedingungen wie in einem Automatenspiel ohne Koalition erfüllt sind.

In den Abbildungen 3.6 und 3.7 sind die Ergebnisse der Modellierung eines G-Spiels von Automaten mit linearer Taktik für den angegebenen Typ der zufälligen paarweisen Koalition angeführt. In Abb. 3.6 ist die Abhängigkeit der mittleren Anzahl der die erste Aktion ausführenden Automaten von der Speicherkapazität angegeben und in Abb. 3.7 die Abhängigkeit des mittleren Gewinns von der Speicherkapazität. Die Kurven 1 und 2 entsprechen in diesen Abbildungen einem Spiel ohne Koalition und die Kurven 3

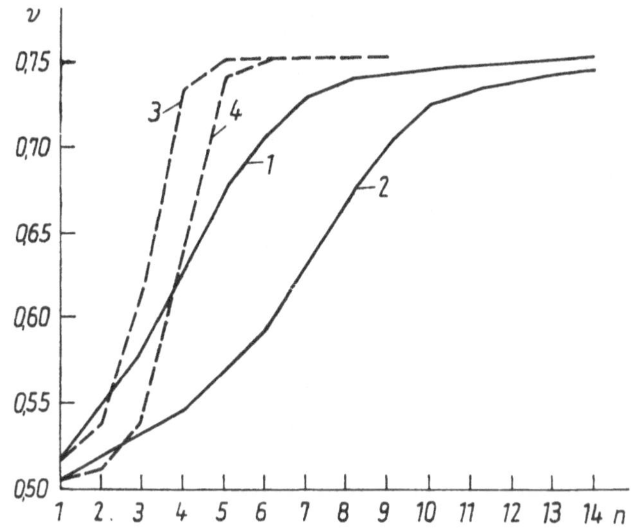

Abb. 3.6

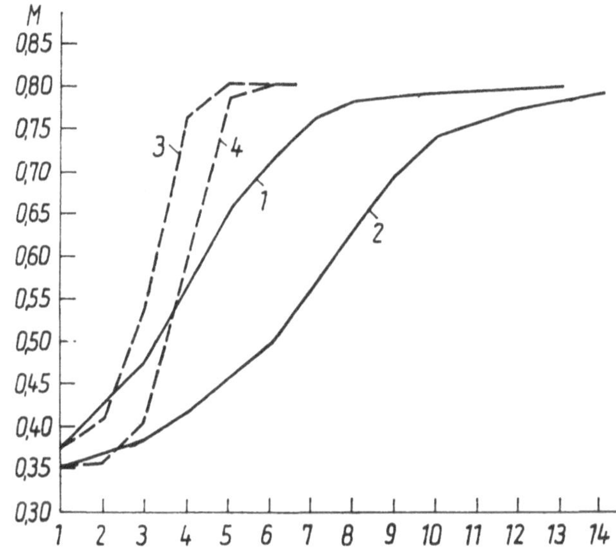

Abb. 3.7.

und 4 einem Spiel mit Koalition. Die Kurven 1 und 3 wurden für ein Spiel von 32 Automaten und die Kurven 2 und 4 für ein Spiel von 64 Automaten konstruiert.

In Abbildung 3.8 sind Beispiele für die Häufigkeit der verschiedenen Partien angeführt. Hier ist es angebracht, einige Worte über die Schwierigkeiten bei der Modellierung des G-Spiels zu sagen. Wir benutzen die Trägheitshypothese und betrachten die Abschätzung für die Eigenwerte der das Verhalten der Automaten im G-Spiel beschreibenden stochastischen Matrix. Bekanntlich ist die Summe der Eigenwerte gleich der Spur

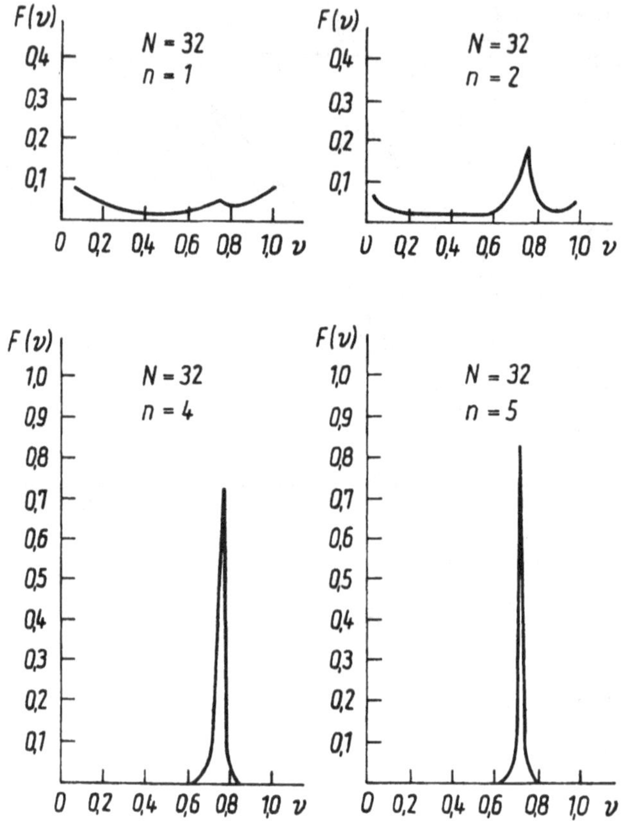

Abb. 3.8

der Matrix, d. h., es gilt

$$\sum_{i=0}^{N} \varkappa_i = \operatorname{Sp} M = \sum_{k=0}^{N} p[(k+1) = k(t)]. \tag{3.1.61}$$

Für ein G-Spiel ohne Koalition und für ein G-Spiel mit zufälliger paarweise Koalition ersten Typs hat (3.6.61) die Gestalt

$$\sum_{i=0}^{N} \varkappa_i = \sum_{k=0}^{N} e^{-\gamma(k)N} I_0\left(2\gamma(k)\sqrt{k(N-k)}\right)$$

$$> (N+1) - \sum_{k=0}^{N} \gamma(k)\left[N + \sqrt{k(N-k)}\right] > (N+1) - \frac{3N}{2} \sum_{k=0}^{N} \gamma(k). \tag{3.1.62}$$

Sei $\varkappa_N = \min_i \varkappa_i$[1]. Unter Berücksichtigung von $\varkappa_i \leqq 1$ erhalten wir dann

$$\varkappa_N > (N+1) - \frac{3N}{2} \sum_{k=0}^{N} \gamma(k) - \sum_{i=0}^{N-1} \varkappa_i > 1 - \frac{3N}{2} \sum_{k=0}^{N} \gamma(k) \tag{3.1.63}$$

[1]) Wir setzen alle Eigenwerte als reell voraus. Allerdings kann man ein analoges Ergebnis auch ohne diese Voraussetzung erhalten.

und abschließend

$$\min_i \varkappa_i > 1 - \frac{3N^2}{2} \gamma(k^*); \qquad \min_k \gamma(k) < \gamma(k^*) < \max_k \gamma(k). \tag{3.1.64}$$

Analog gilt bei zufälliger paarweiser Koalition zweiter Art

$$\min_i \varkappa_i > 1 - \frac{N^3}{4} \gamma(k)^*. \tag{3.1.65}$$

Aus (3.1.63) und (3.1.64) folgt, daß für $n \to \infty$ und $\min \lambda(\nu) > 1$ der kleinste Eigenwert exponentiell gegen 1 konvergiert. Das weist auf die Notwendigkeit von überaus langen Rechnungen zur Erzielung zuverlässiger Ergebnisse hin.

Die erforderliche Zeit kann wesentlich verkürzt werden, wenn anstelle der direkten Modellierung die Finalverteilungen iterativ berechnet werden.

Für jedes fixierte N und n können $N + 1$ bedingte Wahrscheinlichkeitsverteilungen $P_{N,n}[k(t + 1) \mid k(t)]$ berechnet werden. Man kann sie auch ohne Verwendung der POISSONschen Näherung leicht berechnen, obwohl für $n > 4$ die im Experiment und die durch unmittelbare Berechnung erhaltenen $P_{N,n}[k(t + 1) \mid k(t)]$ praktisch übereinstimmen. Wir bemerken, daß $P_{N,n}[k(t + 1) \mid k(t)]$ überaus schnell bezüglich $k(t + 1) - k(t)$ fällt. Aus diesem Grunde sind zur Speicherung der Tabelle dieser Funktionen wesentlich weniger als $(N + 1)^2$ Speicherzellen erforderlich [in der Regel $10(N + 1)$]. Weiter wird die Finalverteilung rekursiv nach der Formel

$$F_t(k) = \frac{\sum_r p_{N,n}[k \mid r]\, F_{t-1}(r)}{\sum_r F_{t-1}(r)} \tag{3.1.66}$$

berechnet. Der Normierungsfaktor $1/\Sigma F(r)$ schaltet den Einfluß von Rundungsfehlern aus. Als Anfangsnäherung der Finalverteilung für $(n + 1)$ benutzt man bequemerweise die für n erhaltene Finalverteilung.

Weiter kann folgende Methodik zur Konstruktion der Finalverteilungen benutzt werden.

Das Spiel wird bis zu solchen n modelliert, für die die Modellierungsergebnisse beginnen, mit den Ergebnissen der iterativen Berechnungen übereinzustimmen, d. h. solange, bis die Trägheitshypothese „zu wirken beginnt". Weiter werden die iterativen Berechnungen bis zu solchen n durchgeführt, für die die Ergebnisse dieser Berechnungen beginnen, mit den Näherungsfinalverteilungen übereinzustimmen. In einer Reihe von Fällen gestattet ein solches Vorgehen, die erforderlichen Zeiten zu verkürzen, um die uns interessierenden Abhängigkeiten zu erhalten.

Zum Abschluß bemerken wir, daß die gemeinsame Verwendung der beiden in diesem Paragraphen betrachteten Typen der zufälligen paarweisen Koalition ein asymptotisch optimales Verhalten der Automaten im G-Spiel dann garantiert, wenn

$$\lim_{\substack{N\to\infty \\ n\to\infty}} \frac{\ln \ln N}{n} = 0 \tag{3.1.67}$$

ist.

§ 3.2. Zufällige paarweise Koalition in symmetrischen Automatenspielen

Wie schon früher erwähnt wurde (§ 2.3), hat das Einführen einer „gemeinsamen Kasse“ eine sehr wichtige Eigenschaft: es wandelt ein symmetrisches NASH-Spiel in ein MOORE-Spiel um, d. h., das Einführen einer „gemeinsamen Kasse“ erlaubt bei genügend großer Speicherkapazität der spielenden Automaten, den maximal möglichen Gewinnerwartungswert zu erreichen. Das Verhalten der Automaten in einem Spiel mit „gemeinsamer Kasse“ ist in gewissem Sinne dem Verhalten bei Vorhandensein von Absprachen äquivalent. Ein Mangel der „gemeinsamen Kasse“ ist die mit ihr verbundene Zentralisierung der Steuerung des Verhaltens. Zur Organisierung einer „gemeinsamen Kasse“ ist die Einführung einer zentralen Einrichtung erforderlich, die die Gewinne aller am Spiel teilnehmenden Automaten summiert und die Aufteilung des Gesamtgewinns zu gleichen Teilen auf die Spielteilnehmer organisiert.

Wir sagten schon, daß das Einführen der „gemeinsamen Kasse“ durch den Wunsch diktiert wurde, eine Prozedur zu organisieren, die einer Absprache zwischen den Spielern äquivalent ist. In diesem Paragraphen versuchen wir, eine Koalition zwischen den Automaten im Spielverlauf zu organisieren, die einer „gemeinsamen Kasse“ äquivalent ist. Wir werden also Wege suchen, die den Automaten die Möglichkeit geben, sich „abzusprechen“ und damit bei genügend großer Speicherkapazität zu einer MOORE-Partie zu gelangen.

Dabei wird uns nur die Koalition einfachster Art interessieren, d. h. die Koalition mit einer kleinen Anzahl von Nachbarn. Denn wenn der Automat zu jedem Zeitpunkt Informationen über alle anderen Automaten des Kollektivs hat, so unterscheidet sich eine solche Koalition praktisch nicht von einer „gemeinsamen Kasse“. Weiter unten zeigen wir, daß eine entsprechend organisierte zufällige paarweise Koalition einer „gemeinsamen Kasse“ äquivalent ist.

Das symmetrische N-Automatenspiel Σ sei durch die Auszahlungsfunktionen $a_m(\nu_1, \nu_2, \ldots, \nu_k)$, $1 \leq m \leq k$ gegeben. Im Automatenkollektiv sei eine zufällige paarweise Koalition so organisiert, daß die Partner eines Paares ihre Eingabesignale austauschen, d. h.: waren die Automaten A^i und A^j zum Zeitpunkt t ein kooperierendes Paar und waren $\varphi^i(t)$, $\varphi^j(t)$ ihre inneren Zustände und $s^i(t)$, $s^j(t)$ ihre Eingabesignale, so ist

$$\left.\begin{aligned} \varphi^i(t+1) &= F^i[\varphi^i(t), s^j(t)], \\ \varphi^j(t+1) &= F^j[\varphi^j(t), s^i(t)], \end{aligned}\right\} \tag{3.2.1}$$

wobei $F^i(\varphi, s)$ und $F^j(\varphi, s)$ die Übergangsfunktionen der Automaten A^i und A^j bedeuten. Berücksichtigt man (3.1.3) und (3.1.4), so hat die Wahrscheinlichkeit für das Erscheinen des Eingabesignals $\tilde{s}^i(t) = s^j(t) = -1$ (Verlust) für den zum Zeitpunkt t die Aktion f_m ausführenden Automaten die Gestalt

$$p[\tilde{s}^i(t) = -1] = \left(1 + \frac{1}{N-1}\right) \sum_{m=1}^{k} \nu_m p_m(\nu_1, \nu_2, \ldots, \nu_k) - \frac{1}{N-1}\, p_m(\nu_1, \nu_2, \ldots, \nu_k). \tag{3.2.2}$$

Daraus ergibt sich der Gewinnerwartungswert des Automaten A^i, der zum Zeitpunkt t die Strategie m wählte, zu

$$M(A^i) = \left(1 + \frac{1}{N-1}\right) \sum_{m=1}^{k} \nu_m a_m(\nu_1, \nu_2, \ldots, \nu_k) - \frac{1}{N-1}\, a_m(\nu_1, \nu_2, \ldots, \nu_k), \tag{3.2.3}$$

und es ist

$$\lim_{N\to\infty} M(A^i) = \sum_{m=1}^{k} \nu_m a_m(\nu_1, \nu_2, \ldots, \nu_k). \tag{3.2.4}$$

Es ist leicht zu sehen, daß die Gewinnerwartungswerte aller Automaten bei genügend großem N gleich sind und mit dem Gewinnerwartungswert bei Benutzung einer „gemeinsamen Kasse“ übereinstimmen. Die betrachtete Art der zufälligen paarweisen Koalition behält den Mangel der „gemeinsamen Kasse“ bei, nämlich die Nichteffektivität bei kleiner Speicherkapazität der spielenden Automaten.

Wir betrachten noch eine andere Art der zufälligen paarweisen Koalition in einem symmetrischen Spiel und setzen voraus, daß die Trägheitshypothese erfüllt ist.

Spielen die Automaten ein symmetrisches Spiel ohne „gemeinsame Kasse“, so existiert in jeder Gruppe von Automaten, die ein und dieselbe Aktion (ein und dieselbe Strategie) wählten, ihre Verteilung der Automaten nach Zuständen. Die Einführung einer „gemeinsamen Kasse“ führt dazu, daß die Wahrscheinlichkeit dafür, sich im gegebenen Zustand zu befinden, für jeden Automaten gleich ist und nicht davon abhängt, welche Strategie der Automat auswählte. Man kann also hoffen, daß eine Koalition, die zu gleichen Zustandswahrscheinlichkeiten führt, einer „gemeinsamen Kasse“ äquivalent ist. Da der Zustand des Automaten von seinem mittleren Gewinn abhängt, müssen sich die Automaten bei einer solchen Koalition „altonistisch“ verhalten — die „reichen“ Automaten müssen ihr „Vermögen“ mit den „armen“ Automaten teilen.

Wir betrachten eine zufällige paarweise Koalition, die auf den oben angeführten Überlegungen basiert. Die Koalition soll darin bestehen, daß die Partner eines kooperierenden Paares die Nummern der inneren Zustände austauschen, d. h., wenn die Automaten A^i und A^j zum Zeitpunkt t ein Paar bildeten, so ist

$$\left.\begin{aligned} \varphi^i(t+1) &= F^i[\varphi^j(t), s^i(t)], \\ \varphi^j(t+1) &= F^j[\varphi^i(t), s^j(t)]. \end{aligned}\right\} \tag{3.2.5}$$

Wir bemerken, daß die Einführung einer solchen Koalition erstens die Kompliziertheit der Konstruktion eines jeden Automaten nicht vergrößert und zweitens ist der Tausch der inneren Zustände einem Tausch der zu verwendenden Strategien äquivalent.

Wir bezeichnen mit $x_i(t)$ die Wahrscheinlichkeit dafür, daß sich im Spiel Σ der Automat zum Zeitpunkt t im Zustand i befindet und mit $x_{im}(t)$ die Wahrscheinlichkeit dafür, daß sich der Automat im Zustand i befindet, unter der Bedingung, daß er zu diesem Zeitpunkt die Strategie m wählte. Sei $\nu_m(t)$ der Anteil der Automaten, die zum Zeitpunkt t die Strategie m wählten. Dann ist

$$x_i(t) = \sum_{m=1}^{k} \nu_m(t)\, x_{im}(t). \tag{3.2.6}$$

Für $N \to \infty$ hängt die Wahrscheinlichkeit dafür, daß sich der Partner des Automaten im Zustand m befindet, nicht vom Zustand ab, in dem sich der Automat selbst befindet, und ist gleich x_m. Ist zum Zeitpunkt t die Wahrscheinlichkeit einer Strafe (eines Verlustes) bei Anwendung der Strategie m gleich $p_m(t)$ und ist $q_m(t) = 1 - p_m(t)$, so gilt für einen Automaten mit linearer Taktik

$$\left.\begin{aligned} x_{1m}(t+1) &= x_1(t)\, p_m(t) + x_2(t)\, p_m(t), \\ x_{im}(t+1) &= x_{i-1}(t)\, q_m(t) + x_{i+1}(t)\, p_m(t), \quad 1 < i < n, \\ x_{nm}(t+1) &= x_{n-1}(t)\, q_m(t) + x_n(t)\, q_m(t). \end{aligned}\right\} \tag{3.2.7}$$

Multipliziert man die Gleichungen (3.2.7) mit $\nu_m(t+1)$, so erhält man unter Berücksichtigung von (3.2.6) durch Summation über m

$$\left.\begin{aligned} x_1(t+1) &= x_1(t) \sum_{m=1}^{k} \nu_m(t+1)\, p_m(t) + x_2 \sum_{m=1}^{k} \nu_m(t+1)\, p_m(t), \\ x_i(t+1) &= x_{i-1}(t) \sum_{m=1}^{k} \nu_m(t+1)\, q_m(t) + x_{i+1}(t) \sum_{m=1}^{k} \nu_m(t+1)\, p_m(t), \quad 1 < i < n, \\ &\sum_{i=1}^{n} x_i(t) = 1. \end{aligned}\right\} \tag{3.2.8}$$

Wir führen die Bezeichnung

$$p_{\text{äqu}}(t) = \sum_{m=1}^{k} \nu_m(t+1)\, p_m(t) = \frac{1 - a_{\text{äqu}}(t)}{2} \tag{3.2.9}$$

ein. Dann ist die Wahrscheinlichkeitsverteilung der Automatenzustände im Kollektiv so, als würden sie alle mit der gleichen Wahrscheinlichkeit $p_{\text{äqu}}(t)$ bestraft. Wir schätzen $a_{\text{äqu}}(t)$ ab.

Bei genügend großem N ist der Anteil der Automaten, die zum Zeitpunkt t die Strategie m durch eine andere Strategie ersetzen, gleich $\nu_m(t)\, \gamma_m(t)$. Dabei ist $\gamma_m(t)$ die stationäre Wahrscheinlichkeit des Wechsels der Strategie m. Wählen dann die Automaten im Falle eines Aktionswechsels die neue Strategie gleichwahrscheinlich aus, so gilt

$$\nu_m(t+1) = \nu_m(t) - \nu_m(t)\, \gamma_m(t) + \frac{1}{k} \sum_{l=1}^{k} \nu_l(t)\, \gamma_l(t) \tag{3.2.10}$$

und folglich

$$a_{\text{äqu}}(t) = a_{gk}(t) - \sum_{m=1}^{k} \nu_m(t)\, \gamma_m(t) \left[p_m(t) - \frac{1}{k} \sum_{l=1}^{k} p_l(t) \right]. \tag{3.2.11}$$

Dabei ist $a_{gk}(t) = \sum_{m=1}^{k} \nu_m(t)\, a_m(t)$ der Gewinnerwartungswert bei Vorhandensein einer „gemeinsamen Kasse". Da $\gamma_m(t)$ mit wachsendem n exponentiell fällt, ist leicht zu sehen, daß für $n \to \infty$ der zufällige paarweise Austausch der Strategien (der inneren Zustände) einer „gemeinsamen Kasse" äquivalent ist.

Andererseits führt bei minimaler Speicherkapazität der Automaten ($n = 1$) die Einführung des zufälligen paarweisen Strategienaustauschs zu keiner Veränderung des Verhaltens der Automaten. Mit wachsender Speicherkapazität ändert sich also das Verhalten der Automaten vom unabhängen Verhalten bis zu einem Verhalten, das dem Verhalten bei Vorhandensein einer „gemeinsamen Kasse" äquivalent ist.

Zur experimentellen Überprüfung der erhaltenen Ergebnisse betrachten wir das „Verteilungsspiel" bei zufälligem paarweisen Strategienaustausch (§ 2.4).

In den durchgeführten Experimenten wurde das Verhalten von 64 Automaten mit linearer Taktik in einem „Verteilungsspiel" mit Koalition modelliert. Es wurden zwei Serien von Experimenten durchgeführt, wobei in jeder dieser Serien der mittlere Gewinn der Automaten in Abhängigkeit von der Speicherkapazität bestimmt wurde. In beiden Fällen war $k = 2$.

Als Auszahlungsfunktionen wurden in der ersten Serie von Experimenten die Auszahlungsfunktionen der ersten Serie von Experimenten des § 2.4 (2.4.22) benutzt und in der zweiten Serie die Auszahlungsfunktionen der zweiten Serie von Experimenten des § 2.4 (2.4.24).

In den Abb. 3.9 bzw. 3.10 sind die Ergebnisse der ersten bzw. zweiten Serie von Experimenten angeführt. In jeder Abbildung entsprechen die Kurven 1 einem Spiel mit „gemeinsamer Kasse“ (Abb. 2.8 und Abb. 2.10) und die Kurven 2 einem Spiel mit zufälliger paarweiser Koalition.

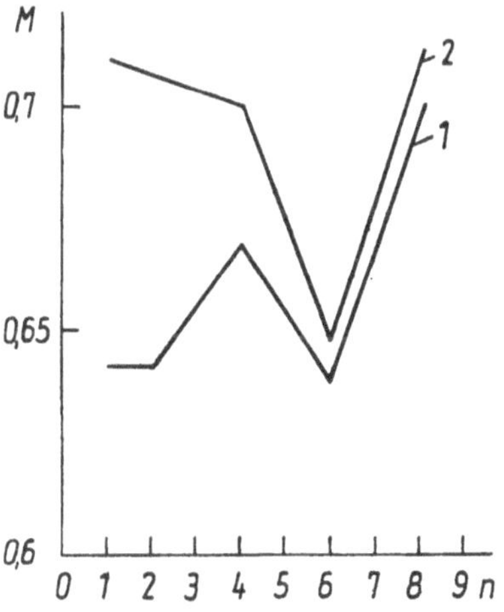

Abb. 3.9

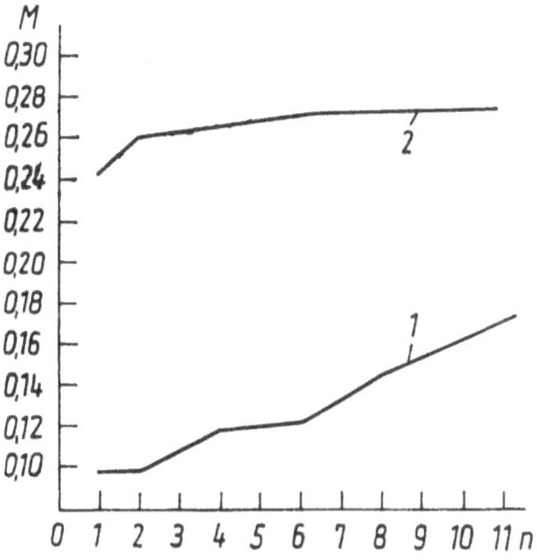

Abb. 3.10

In Abb. 3.11 sind Beispiele für die Häufigkeit der verschiedenen Partien angeführt. Die rechte Hälfte entspricht dabei dem Spiel mit „gemeinsamer Kasse“ und die linke Hälfte dem Spiel mit zufälliger paarweiser Koalition.

Aus den Abb. 3.9 und 3.10 ist ersichtlich, daß sich bei zufälliger paarweise Koalition der mittlere Gewinn der Automaten vom Wert der ANTOS-Partie bis zum Wert der MOORE-Partie ändert und dabei immer größer als der mittlere Gewinn bei Vorhandensein einer „gemeinsamen Kasse“ ist.

Ebenso wie im G-Spiel ist auch in symmetrischen Automatenspielen die Geschwindigkeit, mit der sich die Verteilung der Finalwahrscheinlichkeit der Partien (stationäre Wahrscheinlichkeitsverteilung) einstellt, ein wesentlicher Parameter.

Wir betrachten die Möglichkeit, die zufällige paarweise Koalition zur Konvergenzbeschleunigung der Automatenverteilung gegen den stationären Wert auszunutzen. Dazu wählen wir die uns schon im vorigen Paragraphen begegnete Art der Koalition: bildeten zum Zeitpunkt t die Automaten A^i und A^j ein kooperierendes Paar und ändert der Automat A^i seine Aktion, so wählt er als neue Aktion die Aktion seines Partners. Um dabei die Ergodizität zu erhalten, setzen wir voraus, daß es für jede Strategie einen Automaten gibt, der seine Aktion niemals ändert.

Wir schätzen nun das Verhalten von Automaten mit minimalem Speicher ($n = 1$) in einem symmetrischen Spiel bei einer solchen Koalition näherungsweise ab: Vernach-

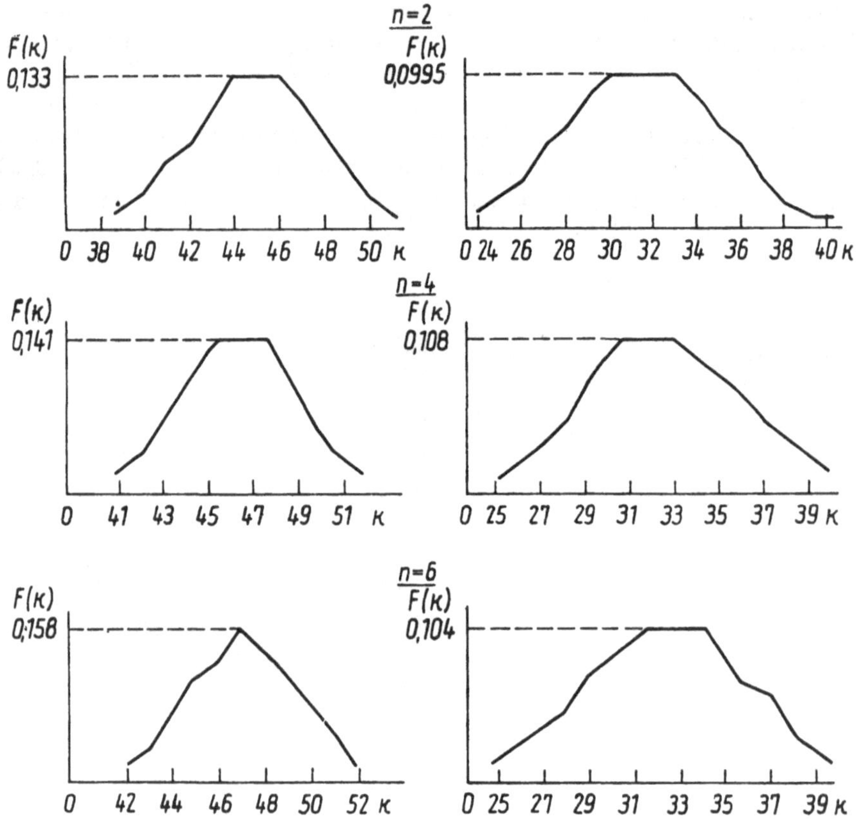

Abb. 3.11

lässigt man Glieder der Ordnung $1/N$, so kann man analog zu (3.2.10) in diesem Fall für $N \to \infty$

$$\nu_m(t+1) = \nu_m(t) - \nu_m(t)\, p_m(t) + \nu_m(t) \sum_{i=1}^{k} \nu_i(t)\, p_i(t) \tag{3.2.12}$$

schreiben.

Ersetzt man die Differenzengleichungen durch Differentialgleichungen, so erhält man analog zu (2.4.4)

$$\dot{\nu}_m = -\nu_m p_m + \nu_m \sum_{i=1}^{k} \nu_i p_i, \quad 1 \leq m \leq k. \tag{3.2.13}$$

Lösung von (3.2.13) ergibt

$$\nu_m(t) = C e^{-\int p_m dt + \sum_{i=1}^{k} \int \nu_i p_i dt}. \tag{3.2.14}$$

Wenn wir die Normierungsbedingung und die Tatsache benutzen, daß der zweite Term im Exponenten für alle ν_m gleich ist, so finden wir

$$\nu_m(t) = \frac{\nu_m(0)\, e^{-\int p_m dt}}{\sum_{i=1}^{k} \nu_i(0)\, e^{-\int p_i dt}}. \tag{3.2.15}$$

Möge p_m nicht von ν abhängen, d. h., es möge der Fall des Verhaltens von N Automaten in einem stationären zufälligen Medium vorliegen. Dann ist

$$\nu_m(t) = \frac{\nu_m(0)\, e^{-p_m t}}{\sum_{i=1}^{k} \nu_i(0)\, e^{-p_i t}}. \tag{3.2.16}$$

Ist $p_\alpha = \min_m p_m$, so erkennt man leicht, daß $\nu_\alpha(t)$ exponentiell gegen Eins konvergiert.

Bei einem Vergleich von (3.2.16) und (2.4.9)[1]) sehen wir, daß bei der betrachteten Art der zufälligen paarweisen Koalition und bei $n = 1$ die Automaten dasselbe erreichen, was Automaten mit unendlich großem Speicher ohne Koalition erreichen. Mehr noch, bei zufälliger paarweiser Koalition ist unabhängig vom Wert von $\max_m a_m$ garantiert, daß ein Moore-Punkt erreicht wird, während in einem Spiel von N Automaten mit linearer Taktik bei genügend großem n ein solches Ergebnis nur erzielt wird, wenn $\max_m a_m > 0$ ist. Aus dem Vergleich von (3.2.16) und (2.4.9) wird auch der Unterschied deutlich, wie schnell die Finalverteilung erreicht wird.

Sei eine zufällige paarweise Koalition in einem beliebigen symmetrischen Spiel organisiert. Wie man aus (3.2.13) erkennt, entspricht dann bei Fehlen von dominierenden und rezessiven Strategien die stationäre Wahrscheinlichkeitsverteilung der dynamischen Gleichgewichtssituation $p_m = p$ $(1 \leqq m \leqq k)$, d. h. einem gleichen Gewinnerwartungs-

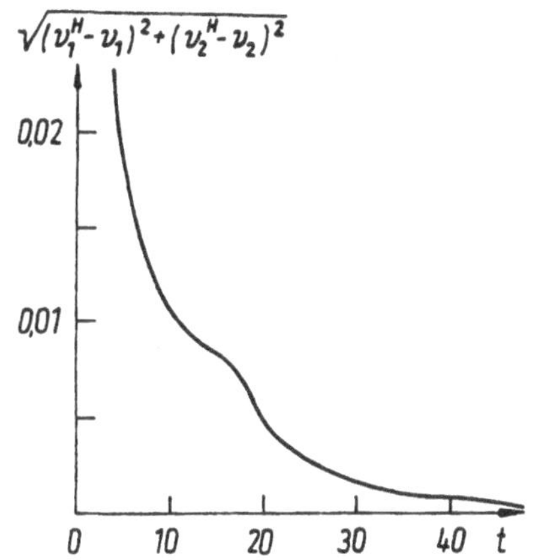

Abb. 3.12

wert bei allen Strategien. Ist die dynamische Gleichgewichtssituation stabil (das Spiel hat eine Nash-Partie in reinen Strategien), so gelangen die Automaten mit exponentieller Geschwindigkeit zur entsprechenden stationären Verteilung.

In Abb. 3.12 sind die Ergebnisse der Modellierung des Verhaltens der Automaten mit $n = 1$ in einem „Verteilungsspiel" angeführt [Auszahlungsfunktionen (2.4.24)]. Die in dieser Abbildung dargestellte Abhängigkeit des mittleren Gewinns der Automaten von der Zeit zeigt, daß die Automaten ziemlich schnell den Wert der Nash-Partie erreichen.

[1]) $\nu_m(t) = \nu_m(0)\, e^{-\gamma_m t} + \dfrac{\gamma(t_m{}^*)\,(1 - e^{-\gamma_m t})}{\gamma_m(t)}, \quad 0 < t_m{}^* < t.$

§ 3.3. Synchronisierung des Verhaltens der Automaten bei zufälliger paarweiser Koalition

Das in diesem Paragraphen vorgeschlagene Modell unterscheidet sich von den oben betrachteten wesentlich. Während sich die oben angeführten Modelle in die Terminologie der Spieltheorie einbetten ließen und das Verhalten der Automaten in einer unendlichen Folge von Partien betrachtet wurde, ist das in diesem Paragraphen betrachtete Modell mit einer Organisation des Verhaltens verbunden, die auf die Ausführung einer einmaligen Aktion gerichtet ist: die Automaten müssen den Zeitpunkt der Ausführung einer bestimmten Aktion „abstimmen". In diesem Paragraphen wird die Lösung dieser Aufgabe bei zufälliger paarweiser Koalition betrachtet.

Die Lösung einer analogen Aufgabe für determinierte Koalition (Koalition auf einem Intervall, Kreis oder auf einem beliebigen Graphen) wird in Kapitel 5 betrachtet.

Synchronisierung werden wir hier in folgendem Sinne verstehen: Nach Abgabe des Startsignals an einen zufällig ausgewählten Automaten müssen sich alle Automaten „absprechen" und gleichzeitig die abgesprochene Aktion ausführen. Es ist klar, daß bei zufälliger paarweiser Koalition die Lösung einer solchen Aufgabe unmöglich ist. In der Tat existiert auf Grund der zufälligen Paarbildung für jedes beliebige endliche Zeitintervall eine nichtverschwindende Wahrscheinlichkeit dafür, daß sich die Koalition des Anfangsautomaten mit den mit ihm und untereinander in Kontakt tretenden Automaten auf eine begrenzte Gruppe von Automaten beschränkt, d. h., es existiert immer eine nichtverschwindende Wahrscheinlichkeit dafür, daß in einem endlichen Zeitintervall die Information über die Abgabe des Startsignals an einen der Automaten nicht zu allen Automaten des Kollektivs gelangt. Bei zufälliger paarweiser Koalition kann man also nur vom Erwartungswert des Anteils der gleichzeitig arbeitenden Automaten und über die gleichzeitige Arbeit der Automaten mit vorgegebener Genauigkeit sprechen.

Wir werden Automaten mit $n + 1$ Zuständen betrachten. Den Zustand $\varphi = 0$ nennen wir dabei Anfangszustand und den Zustand $\varphi = n$ Synchronzustand. Die Koalition der Automaten geht wie folgt vor sich. Wenn die Automaten A^i und A^j zum Zeitpunkt t ein kooperierendes Paar bildeten und wenn $\varphi^i(t)$ und $\varphi^j(t)$ ihre inneren Zustände waren, so ist

$$\left.\begin{aligned} \varphi^i(t+1) &= F\big(\varphi^i(t), \varphi^j(t)\big), \\ \varphi^j(t+1) &= F\big(\varphi^j(t), \varphi^i(t)\big). \end{aligned}\right\} \tag{3.3.1}$$

Bei symmetrischer Überführungsfunktion ist $\varphi^i(t+1) = \varphi^j(t+1)$. Bei zufälligem paarweisen Aufeinandertreffen von Automaten, die sich im Anfangszustand befinden, ändern sich deren Zustände nicht, d. h., es ist $F(0, 0) = 0$.

Wir bezeichnen mit $\nu_j(t)$ den Anteil der Automaten, die sich zum Zeitpunkt t im Zustand j befinden und mit $\bar{\nu}_j(t)$ den Erwartungswert von $\nu_j(t)$.

Wir sagen, das Kollektiv der Automaten wird ε-synchronisiert, wenn nach Abgabe des Startsignals an einen zufällig ausgewählten Automaten

$$\Delta\bar{\nu}_n(t) \geqq 0 \quad \text{für alle} \quad t > 0,$$

$$\lim_{t\to\infty} \bar{\nu}_n(t) = 1$$

gilt und wenn ein solches T existiert, daß

$$\left.\begin{aligned} \bar{\nu}_n(t) &\leqq \varepsilon && \text{für} \quad t \leqq T, \\ \bar{\nu}_n(t) &\geqq 1 - \varepsilon && \text{für} \quad t \geqq T + 1 \end{aligned}\right\} \tag{3.3.2}$$

ist.

Unter ε-Synchronisierung werden wir also die Existenz eines solchen Zeitpunktes T verstehen, für den der Erwartungswert des Anteils der gleichzeitig in den Synchronzustand übergehenden Automaten nicht kleiner als $1 - 2\varepsilon$ ist.

Wir betrachten zwei Konstruktionen von Automaten, die eine ε-Synchronisierung garantieren und untersuchen das asymptotische Verhalten der Anzahl der Zustände solcher Automaten für $N \to \infty$ und $\varepsilon \to \infty$.

Die Überführungsfunktionen der Automaten vom ersten Typ werden durch folgende Regeln definiert.

Bildeten die Automaten A^i und A^j zum Zeitpunkt t ein Paar und waren $\varphi^i(t)$ und $\varphi^j(t)$ ihre inneren Zustände zu diesem Zeitpunkt, so ist

$$\left.\begin{aligned} \varphi^i(t+1) = \varphi^j(t+1) &= \min\{\max[\varphi^i(t); \varphi^j(t) + 1]; n\}, \\ &\quad \text{für} \quad \max[\varphi^i(t); \varphi^j(t)] \neq 0, \\ \varphi^i(t+1) = \varphi^j(t+1) &= 0, \quad \text{für} \quad \varphi^i(t) = \varphi^j(t) = 0. \end{aligned}\right\} \tag{3.3.3}$$

Das Startsignal überführt den Automaten aus dem Zustand 0 in den Zustand 1.

Es ist leicht zu sehen, daß sich zum Zeitpunkt $t + 1$ nur diejenigen Automaten im Zustand 0 befinden werden, die sich zum Zeitpunkt t im Zustand 0 befanden und mit Automaten ein kooperierendes Paar bildeten, die sich im gleichen Zustand befanden.

Sei $P_0(k, t)$ die Wahrscheinlichkeit dafür, daß sich k Automaten zum Zeitpunkt t im Zustand 0 befinden, sei $2N$ die Anzahl der Automaten im Kollektiv und $\dfrac{k}{2N} = \nu_0(t)$ der Anteil der Automaten, die sich zum Zeitpunkt t im Zustand 0 befinden. Wir bezeichnen mit $M_{N,k}(S)$ den Erwartungswert der Anzahl der Paare S, in denen sich bei zufälliger Zerlegung in Paare beide Automaten im Zustand 0 befinden, wenn sich von den $2N$ Automaten genau k im Zustand 0 befinden. Mit $D_{N,k}(S)$ sei die Varianz der Anzahl solcher Paare bezeichnet. Dann ist

$$\left.\begin{aligned} \bar{\nu}_0(t+1) &= \sum_{k=0}^{2N} P(k, t) \frac{M_{N,k}(S)}{N}, \\ \bar{\sigma}_0^2(t+1) &= \sum_{k=0}^{2N} P(k, t) \frac{D_{N,k}(S)}{N^2}, \end{aligned}\right\} \tag{3.3.4}$$

wobei $\nu_0(t + 1)$ und $\sigma_0^2(t + 1)$ den Erwartungswert und die Varianz des Anteils der Automaten bedeuten, die sich zum Zeitpunkt $t + 1$ im Zustand 0 befinden.

Wir bestimmen nun $M_{N,k}(S)$ und $D_{N,k}(S)$.

Sei $P_{N,k}(S)$ die Wahrscheinlichkeit dafür, daß sich bei einer zufälligen Zerlegung von $2N$ Automaten in Paare, von denen sich k Automaten im Zustand 0 befinden, genau S Paare bilden, in denen sich beide Automaten im Zustand 0 befinden. Es ist leicht zu sehen, daß man für $P_{N,k}(S)$ folgende Rekursionsbeziehung aufschreiben kann:

$$P_{N,k}(S) = \frac{k(k-1)}{2N(2N-1)} P_{N-1,k-2}(S-1) + \frac{2k(2N-k)}{2N(2N-1)} P_{N-1,k-1}(S) + \frac{(2N-k)(2N-k-1)}{2N(2N-1)} P_{N-1,k}(S). \quad (3.3.5)$$

Berücksichtigt man die Anfangsbedingungen, so ergibt sich als Lösung dieser Differenzengleichung (3.3.5)

$$P_{N,k}(S) = \frac{C_N{}^S C_{N-S}^{k-2S} 2^{k-S}}{C_{2N}^k}, \quad (3.3.6)$$

mit $0 \leqq k \leqq 2N$ und $0 \leqq k - 2S \leqq N - S$.

In der Tat, C_{2N}^k ist die Anzahl der Zerlegungen der Automaten in Paare, bei denen Paare der Gestalt $A^0 A_c$ und $A^c A^0$ unterscheidbar sind[1]), $C_N{}^S$ ist die Anzahl verschiedener Zerlegungen, bei denen S Paare die Gestalt $A^0 A^0$ haben, und C_{N-S}^{k-2S} ist die Anzahl der möglichen Zerlegungen von $k - 2S$ Automaten in $N - S$ Paare, d. h., $C_{N-S}^{k-2S} 2^{k-2S}$ ist die Anzahl der möglichen Zerlegungen von $2N - 2S$ Automaten in Paare, bei denen kein Paar die Gestalt $A^0 A^0$ hat und Paare der Gestalt $A^0 A^c$ und $A^c A^0$ unterscheidbar sind[2]).

Wir betrachten die erzeugende Funktion

$$\sum_k \sum_S C_{2N}^k P_{N,k}(S) \lambda_1{}^S \lambda_2{}^k = \sum_k \sum_S C_N{}^S C_{N-S}^{k-2S} 2^{k-2S} \lambda_1{}^S \lambda_2{}^k$$

$$= \sum_{S=0}^{N} \sum_{k-2S=0}^{N-S} C_N{}^S C_{N-S}^{k-2S} (\lambda_1 \lambda_2{}^2)^S (2\lambda_2)^{k-2S} = (\lambda_1 \lambda_2{}^2 + 2\lambda_2 + 1)^N = F_N(\lambda_1 \lambda_2). \quad (3.3.7)$$

Daraus folgt

$$\frac{\partial F_N(1, \lambda_2)}{\partial \lambda_1} = \sum_k C_{2N}^k \lambda_2{}^k \sum_S S P_{N,k}(S) = \sum_k C_{2N}^k \lambda_2{}^k M_{N,k}(S)$$

und

$$M_{n,k}(S) = \frac{1}{k!\, C_{2N}^k} \cdot \frac{d^k}{d\lambda_2{}^k} \left[\frac{\partial F_N(1, 0)}{\partial \lambda_1} \right]. \quad (3.3.8)$$

Analog ergibt sich

$$D_{N,k}(S) = \frac{1}{k!\, C_{2N}^k} \cdot \frac{d^k}{d\lambda_2{}^k} \left[\frac{\partial^2 F_N(1, 0)}{\partial \lambda_1{}^2} \right] + M_{N,k}(S) - M_{N,k}^2(S). \quad (3.3.9)$$

Aus (3.3.7) erhalten wir

$$\frac{\partial F_N(1, \lambda_2)}{\partial \lambda_1} = N \lambda_2{}^2 (\lambda_2{}^2 + 2\lambda_2 + 1)^{N-1} = N \lambda_2{}^2 (\lambda_2 + 1)^{2N-2}, \quad (3.3.10)$$

$$\frac{\partial^2 F_N(1, \lambda_2)}{\partial \lambda_1{}^2} = N(N-1) \lambda_2{}^4 (\lambda_2 + 1)^{2N-4}. \quad (3.3.11)$$

---

[1]) A^0 bedeutet, daß sich der Automat im Zustand 0 befindet, und A^c bedeutet, daß sich der Automat im Zustand $C \neq 0$ befindet.

[2]) Die Tatsache, daß (3.3.6) Lösung ist, kann durch unmittelbares Einsetzen in (3.3.5) überprüft werden; dabei empfiehlt es sich, die Formel $C_N{}^S C_{N-S}^{k-2S} = C_{k-S}^S \cdot C_N{}^{k-S}$ zu benutzen.

Nun ist aber

$$\frac{d^k}{d\lambda^k}[f(\lambda)\,\lambda^2] = \lambda^2 \frac{d^k f(\lambda)}{d\lambda^k} + 2k\lambda \frac{d^{k-1}f(\lambda)}{d\lambda^{k-1}} + k(k-1)\frac{d^{k-2}f(\lambda)}{d\lambda^{k-2}}$$

und

$$\frac{d^k}{d\lambda^k}[f(\lambda)\,\lambda^4] = \lambda^4 \frac{d^k f(\lambda)}{d\lambda^k} + 4k\lambda^3 \frac{d^{k-1}f(\lambda)}{d\lambda^{k-1}} + 6k(k-1)\,\lambda^2\frac{d^{k-2}f(\lambda)}{d\lambda^{k-2}}$$

$$+ 4k(k-1)\,(k-2)\,\lambda\frac{d^{k-3}f(\lambda)}{d\lambda^{k-3}} + k(k-1)\,(k-2)\,(k-3)\frac{d^{k-4}f(\lambda)}{d\lambda^{k-4}},$$

woraus

$$M_{N,k}(S) = \frac{1}{k!\,C_{2N}^k}\cdot\frac{N(2N-2)!\,k(k-1)}{(2N-k)!} = \frac{k(k-1)}{2(2N-1)}, \tag{3.3.12}$$

$$D_{N,k}(S) = \frac{k(k-1)\,(k-2)\,(k-3)}{4(2N-1)\,(2N-3)} + \frac{k(k-1)}{2(2N-1)} - \frac{k^2(k-1)^2}{4(2N-1)^2}$$
$$= M_{N,k}(S)\cdot M_{N-1,k-2}(S) + M_{N,k}(S) - M_{N,k}^2(S) \tag{3.3.13}$$

folgt. Aus (3.3.4) finden wir

$$\bar{\nu}_0(t+1) = \sum_{k=0}^{2N} P_0(k,t)\,\frac{k(k-1)}{2N(2N-1)} = \sum_{k=0} P_0(k,t)\,\frac{k^2}{4N^2} - \sum_{k=0}^{2N} P_0(k,t)\,\frac{k(2N-k)}{4N^2(2N-1)}$$
$$= \bar{\nu}_0^2(t) + \sigma_0^2(t) - \frac{\bar{\nu}_0(t)\,[1-\bar{\nu}_0(t)]}{2N-1} + \frac{\sigma_0^2(t)}{2N-1}. \tag{3.3.14}$$

Wegen

$$\sum_{k=0}^{2N} P_0(k,t-1)\,\frac{M_{N,k}^2(S)}{N^2} = \bar{\nu}_0^2(t) + \sigma_0^2(t)$$

ist

$$\sigma_0^2(t) - \frac{\bar{\nu}_0(t)}{2N-1} + \frac{\bar{\nu}_0^2(t)+\sigma_0^2(t)}{2N-1} = \sum_{k=0}^{2N} P_0(k,t-1)$$

$$\times\left[\frac{D_{N,k}(S)}{N^2} = \frac{M_{N,k}(S)}{N(2N-1)} + \frac{M_{N,k}^2(S)}{N^2(2N-1)}\right] = \sum_{k=0}^{2N} P_0(k,t-1)\,A_{N,k}M_{N,k}(S),$$

$$A_{N,k} = \frac{(k-2)\,(k-3)}{2N^2(2N-3)} + \frac{1}{N^2} - \frac{k(k-1)}{2N^2(2N-1)} - \frac{1}{N(2N-1)} + \frac{k(k-1)}{2N^2(2N-1)^2}$$
$$= \frac{N-1}{N^2(2N-1)} + \frac{(k-2)\,(k-3)}{2N^2(2N-3)} - \frac{k(k-1)\,(N-1)}{N^2(2N-1)^2}$$
$$= \frac{N-1}{N^2(2N-1)} - \frac{k^2(6N-5) + k(16N^2-10N-1) - 6(2N-1)^2}{2N^2(2N-3)\,(2N-1)^2}.$$

Wie man leicht sieht, ist $A_{N,k} < \frac{1}{2N^2}$ und folglich gilt

$$\bar{\nu}_0(t+1) < \bar{\nu}_0^2(t) + \frac{\bar{\nu}_0(t)}{2N}. \tag{3.3.15}$$

Für das Weitere ist es nützlich zu berücksichtigen, daß für $\bar{\nu}_0(t) \geqq 1/2$ $2\bar{\nu}_0^2(t) \geqq \bar{\nu}_0(t)$ und

$$\bar{\nu}_0(t+1) < \left(1 + \frac{1}{N}\right) \bar{\nu}_0^2(t) \tag{3.3.16}$$

gilt.

Wir betrachten die Anfangstakte der Arbeit des Systems. Das Startsignal überführt zum Zeitpunkt $t = 0$ einen Automaten in den Zustand 1, und in Übereinstimmung mit der Art der Koalition befinden sich zum nächsten Zeitpunkt zwei Automaten im Zustand 2.

Es ist also

$$1)\ \nu_0(0) = 1 - \frac{1}{2N};\ \nu_1(0) = \frac{1}{2N};\ \nu_j(0) = 0 \quad \text{für alle} \quad j \neq (0,1);$$

$$2)\ \nu_0(1) = 1 - \frac{1}{N};\ \nu_1(1) = 0;\ \nu_2(1) = \frac{1}{N};\ \nu_j(1) = 0 \quad \text{für alle} \quad j \neq (0,2)$$

$$3)\ \bar{\nu}_0(2) = 1 - \frac{2}{N} + \frac{1}{N(2N-1)}\,[1];\ \bar{\nu}_3(2) = \frac{2}{N} - \frac{1}{N(2N-1)};$$

$$\nu_j(2) = 0 \quad \text{für alle} \quad j \neq (0,3).$$

Wir betrachten das Verhalten von $\nu_0(t)$ im Intervall $\bar{\nu}_0(t) \geqq 1/2$. Aus (3.3.16) folgt[2])

$$\bar{\nu}_0(t) < \left[\left(1 + \frac{1}{N}\right) \bar{\nu}_0(2)\right]^{2^{t-2}} = \left(1 + \frac{1}{N}\right)^{2^{t-2}} \left(1 - \frac{2}{N}\right)^{2^{t-2}} \approx e^{-\frac{2^{t-2}}{N}}. \tag{3.3.17}$$

Wir bestimmen die Zeitpunkte, für die $\bar{\nu}_0(t) \geqq 1/2$ ist. Unter Berücksichtigung von $A_{N,k} > -\dfrac{1}{2N^2}$ ergibt sich analog zu (3.3.16)

$$\bar{\nu}_0(t+1) \geqq \left(1 - \frac{1}{N}\right) \bar{\nu}_0^2(t), \qquad \bar{\nu}_0(t) > \left[\left(1 - \frac{1}{N}\right) \nu_0(2)\right]^{2^{t-2}} \approx e^{-\frac{3\cdot 2^{t-2}}{N}}$$

und

$$\bar{\nu}_0(t) > 1/2 \quad \text{für alle} \quad t \leqq t_1,$$

mit

$$t_1 = \log_2 N + 2 < \log_2 N + \log_2 \ln 2 + 2 - \log_2 3. \tag{3.3.18}$$

Aus (3.3.17) folgt für $t_1 = \log_2 N + 2$

$$\bar{\nu}_0(t) < \frac{1}{e}. \tag{3.3.19}$$

Nun betrachten wir das Verhalten von $\bar{\nu}_0(t)$ im Intervall (t_1, t_2), wobei $\bar{\nu}_0(t_2) \geqq \dfrac{1}{(e-1)N}$ ist. Aus (3.3.15) folgt

$$\bar{\nu}_0(t+1) < \bar{\nu}_0^2(t) \left(1 + \frac{1}{N\bar{\nu}_0(t)}\right) \leqq \bar{\nu}_0^2(t)\, \frac{e}{e-1}. \tag{3.3.20}$$

---

[1]) Entsprechend (3.3.12).

[2]) Das Glied $\dfrac{1}{N(2N-1)}$ wird vernachlässigt.

Im zu betrachtenden Intervall ist dann

$$\nu_0(t) < \left[\frac{1}{e-1}\right]^{2^{t-t_1}}. \tag{3.3.21}$$

Für $\varepsilon > \frac{1}{(e-1)N}$ folgt aus $\bar{\nu}_0(t) \leqq \varepsilon$ die Ungleichung

$$t - t_1 \geqq \log_2 \ln 1/\varepsilon - \log_2 \ln (e-1), \tag{3.3.22}$$

woraus wir endgültig $\bar{\nu}_0(t) \leqq \varepsilon$ (für $\varepsilon > \frac{1}{(e-1)N}$) für

$$t \geqq \log_2 N + \log_2 \ln 1/\varepsilon + 3 \tag{3.3.23}$$

erhalten. Wir bemerken, daß zum Zeitpunkt t für alle $j \neq (0, t+1)$ die Relation $\nu_j(t) = 0$ gilt. Folglich ist für die ε-Synchronisierung die Ungleichung $\bar{\nu}_n(n-1) \geqq 1 - \varepsilon$ hinreichend, die aber für

$$n \geqq \log_2 N + \log_2 \ln 1/\varepsilon + 4 \tag{3.3.24}$$

erfüllt ist. Die Bedingung (3.3.24) garantiert die ε-Synchronisierung mit einer Genauigkeit bis auf zwei Automaten (siehe oben). Vernachlässigt man in (3.3.15) das Glied $\frac{\bar{\nu}_0(t)}{2N}$, so ist

$$\bar{\nu}_0(t) = e^{-\frac{2^{t-1}}{N}} \tag{3.3.25}$$

Lösung der Näherungsgleichung und die Bedingung für die ε-Synchronisierung lautet

$$n \geqq \log_2 N + \log_2 \ln 1/\varepsilon + 2, \tag{3.3.26}$$

was für große n praktisch mit (3.3.24) übereinstimmt.

Dafür, daß $\bar{\nu}_0(t)$ einen von N unabhängigen Wert annimmt, ist eine Zeit von der Größenordnung $\log_2 N$ erforderlich, wonach dann die Synchronisierung des Kollektivs in einer von ε abhängigen Zeit vor sich geht. In der betrachteten Konstruktion ist die Synchronisierungszeit $T = n$. Wir bemerken, daß die minimale Zeit, die erforderlich ist, damit sich die Information über die Abgabe des Startsignals an einen zufällig gewählten Automat im gesamten Kollektiv bei zufälliger paarweiser Koalition ausbreiten kann, gleich $\log_2 N$ ist. Folglich liegt die Synchronisierungszeit des Kollektivs von Automaten der vorgeschlagenen Konstruktion nahe bei der minimalen.

Bei der betrachteten Konstruktion der Automaten ist die Zeit des Übergangs der Automaten in den Synchronzustand gleich der Anzahl der Zustände des Automaten. Es ist natürlich zu versuchen, die Abschätzung (3.3.24) durch eine Verringerung der Geschwindigkeit des Zustandswechsels zu verbessern. Davon ausgehend betrachten wir die zweite Konstruktion der Automaten, deren Verhalten durch folgende Regeln bestimmt wird: Bildeten die Automaten A^i und A^j zum Zeitpunkt t ein kooperierendes

Paar und waren $\varphi^i(t)$ und $\varphi^j(t)$ ihre inneren Zustände, so ist

$$\left.\begin{aligned}\varphi^i(t+1) = \varphi^j(t+1) &= \min\,[\varphi^i(t), \varphi^j(t), n-1] + 1,\\ &\qquad \text{für } \max\,[\varphi^i(t), \varphi^j(t)] \neq 0,\\ \varphi^i(t+1) = \varphi^j(t+1) &= 0, \ \text{für } \max\,[\varphi^i(t), \varphi^j(t)] = 0.\end{aligned}\right\} \tag{3.3.27}$$

Das Startsignal überführt den Automaten aus dem Zustand 0 in den Zustand 1.

Sei $\gamma_j(t) = \sum_{i=j}^{n} \nu_i(t)$ der Anteil der Automaten, die sich zum Zeitpunkt t in Zuständen befanden, die nicht kleiner als j sind. Aus der Konstruktion der Automaten (3.3.27) folgt, daß sich zum Zeitpunkt $t+1$ in Zuständen, die nicht kleiner als j sind, nur solche Automaten befinden können, die sich zum Zeitpunkt t in Zuständen befanden, die nicht kleiner als $j-1$ waren und die zu diesem Zeitpunkt ein Paar mit einem Automaten bildeten, der sich ebenfalls in einem Zustand befand, der nicht kleiner als $j-1$ war.

Wir betrachten eine näherungsweise Beschreibung dieser Konstruktion, die auf der Voraussetzung beruht, daß man in (3.3.15) das Glied $\frac{\bar\nu_0(t)}{2N}$ vernachlässigen kann. Dann gilt

$$\bar\nu_0(t+1) = \bar\nu_0^2(t), \tag{3.3.28}$$

$$\gamma_{i+1}(t+1) = \bar\gamma_j^2(t). \tag{3.3.29}$$

Das Verhalten der Automaten im Zustand 0 ist in beiden Konstruktionen gleich. Folglich ist

$$\bar\gamma_1(t) = 1 - \bar\nu_0(t) = 1 - e^{-\frac{2^{t-1}}{N}}. \tag{3.3.30}$$

Aus (3.3.29) folgt unmittelbar

$$\bar\gamma_j(t) = \begin{cases} 0 & \text{für } t < j+1,\\ [\gamma_1(t-j+1)^{2^{j-1}} & \text{für } t \geqq j+1.\end{cases} \tag{3.3.31}$$

Berücksichtigen wir (3.3.30) und die Gleichung $\nu_n(t) = \gamma_n(t)$, so erhalten wir

$$\bar\nu_n(t) = \begin{cases} 0 & \text{für } t < n+1,\\ \left[1 - e^{-\frac{2^{t-1}}{N}}\right]^{2^{n-1}} & \text{für } t \geqq n+1.\end{cases} \tag{3.3.32}$$

Es ist darauf hinzuweisen, daß es in dieser Konstruktion den Automaten gestattet ist, den Synchronzustand zu verlassen. Ungeachtet dessen ist $\bar\nu_n(t)$ eine monoton wachsende Funktion der Zeit, und es ist $\lim_{t\to\infty} \bar\nu_n(t) = 1$.

Wir führen die Hilfsbezeichnungen $e^{-\frac{2^{t-n}}{N}} = x$ und $2^{n-1} = 1/\alpha$ ein und betrachten das System der Ungleichungen

$$\nu_n(t) = (1-x)^{1/\alpha} \leqq \varepsilon, \quad \bar\nu_n(t+1) = (1-x^2)^{1/\alpha} \geqq 1 - \varepsilon. \tag{3.3.33}$$

Wir bestimmen das Lösungsgebiet des Systems (3.3.33):

$$\left.\begin{array}{ll} 1 - x \leqq \varepsilon^\alpha, & x \geqq 1 - \varepsilon^\alpha, \\ 1 - x^2 \geqq (1 - \varepsilon)^\alpha, & x^2 \leqq 1 - (1 - \varepsilon)^\alpha. \end{array}\right\} \quad (3.3.34)$$

Die Systeme (3.3.34) und (3.3.33) sind äquivalent. Für $\alpha < 1$ ist

$$(1 - \varepsilon)^\alpha = 1 - \alpha\varepsilon - \frac{(1-\alpha)}{2}\alpha\varepsilon^2 - \frac{(1-\alpha)(2-\alpha)}{2 \cdot 3}\alpha\varepsilon^3 - \cdots = 1 - \alpha\varepsilon - R(\varepsilon),\ R(\varepsilon) > 0,$$

und folglich $1 - (1 - \varepsilon)^\alpha > \alpha\varepsilon$.

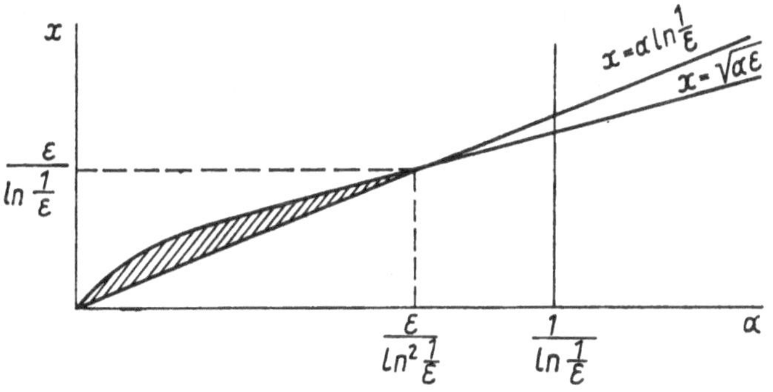

Abb. 3.13

Entwickelt man $(1 - \varepsilon^\alpha)$ in eine Taylor-Reihe nach Potenzen von α, so erhält man

$$(1 - \varepsilon^\alpha) = \alpha \ln \frac{1}{\varepsilon} - \frac{\alpha^2 \ln^2 \frac{1}{\varepsilon}}{2} + \frac{\alpha^3 \ln^3 \frac{1}{\varepsilon}}{2 \cdot 3} - \cdots$$

und

$$(1 - \varepsilon^\alpha) < \alpha \ln 1/\varepsilon \quad \text{für} \quad \alpha < \frac{1}{\ln 1/\varepsilon}.$$

Das Lösungsgebiet des Systems

$$x \geqq \alpha \ln 1/\varepsilon, \quad x \leqq \sqrt{\alpha\varepsilon}, \quad \alpha < \frac{1}{\ln 1/\varepsilon} \quad (3.3.35)$$

ist im Lösungsgebiet von (3.3.34) enthalten. In Abb. 3.13 sind die Funktionen $x = \ln 1/\varepsilon$ und $x = \sqrt{\alpha\varepsilon}$ sowie das durch diese Kurven begrenzte Lösungsgebiet des Systems (3.3.35) dargestellt. Es ist offensichtlich, daß nur für $\alpha < \varepsilon/\ln^2 1/\varepsilon$ eine Lösung existiert. Daraus folgt

$$n \geqq \log_2 1/\varepsilon + 2 \log_2 \ln 1/\varepsilon + 1. \quad (3.3.36)$$

Sei jetzt

$$\hat{n} = \log_2 1/\delta + 2 \log_2 \ln 1/\delta \geqq \log_2 1/\varepsilon + 2 \log_2 1/\varepsilon + 1,$$

d. h. $\delta \leqq \varepsilon$. Wir betrachten den Zeitpunkt

$$\hat{t} = \log_2 N + \hat{n} + \log_2 (\ln 1/\delta + \ln \ln 1/\delta)\,^{1)}.$$

Dann ist $e^{-\frac{2\hat{t}-\hat{n}}{N}} = \delta/\ln\frac{1}{\delta}$ und $2^{\hat{n}-1} = \frac{1}{\delta}\left(\ln\frac{1}{\delta}\right)^2$ und folglich gilt $\bar{\nu}_n(\hat{t}) = \left(1 - \delta/\ln\frac{1}{\delta}\right)^{\frac{1}{\delta}\left(\ln\frac{1}{\delta}\right)^2}$.

Berücksichtigen wir, daß $\delta/\ln\frac{1}{\delta}$ klein ist, so können wir $\bar{\nu}_n(t) \approx e^{-\ln\frac{1}{\delta}} = \delta \leqq \varepsilon$ annehmen. Andererseits ist $\bar{\nu}_n(\hat{t}+1) = \left(1 - \delta^2\Big/\left(\ln\frac{1}{\delta}\right)^2\right)^{\frac{1}{\delta}\left(\ln\frac{1}{\delta}\right)^2} \approx e^{-\delta} \approx 1 - \delta \geqq 1 - \varepsilon$.

Man kann also behaupten, daß unabhängig von N für jedes noch so kleine $\varepsilon > 0$ ein solches $n_0(\varepsilon)$ existiert, daß für $n \geqq n_0(\varepsilon)$ zum Zeitpunkt $T(N, n)$ gleichzeitig nicht weniger als $(1 - 2\varepsilon)\,N$ Automaten in den Synchronzustand übergehen. Da $\bar{\nu}_n(t)$ eine monoton wachsende Funktion der Zeit und $\bar{\nu}_{(n)}(t) \leqq 1$ ist, ist dieser Zeitpunkt einzig[2]). Wir erwähnen noch, daß wegen der Beschränktheit von $\nu_n(t)$ die Varianz der Verteilung $P_n(k)$ für $\bar{\nu}_n(t) \to 1$ gegen Null konvergiert. In den Abbildungen 3.14 bis 3.16 sind die Ergebnisse der Modellierung der Synchronisierung eines Kollektivs von 256, 512 und 1024 Automaten vom zweiten Typ auf einer EDVA dargestellt. Dabei bedeuten die gestrichelten oberen Kurven die Funktion $1 - 2\varepsilon(n)$, wobei $\varepsilon(n)$ gemäß (3.3.36) berechnet wurde; die durchgezogenen oberen Kurven den Mittelwert von $\max \Delta\nu_n(t)$ bei 400 Experimenten und die unteren Kurven sind die mittleren quadratischen Abweichungen von $\Delta\nu_n(t)$.

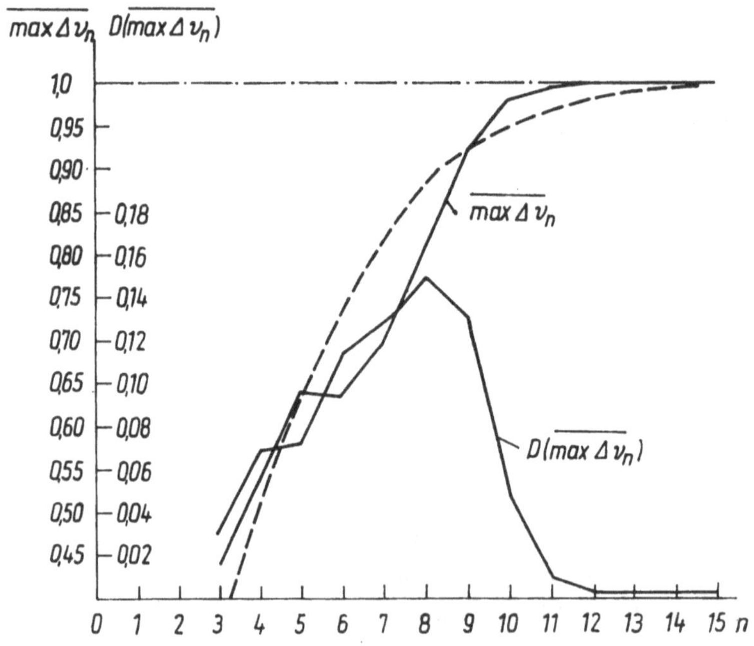

Abb. 3.14

[1]) Natürlich müssen in Wirklichkeit $\hat{n}$ und $\hat{t}$ die nächstgelegenen größeren ganzen Zahlen sein.
[2]) Wie oben ersichtlich wurde, setzen wir noch $\varepsilon > 1/N$ voraus.

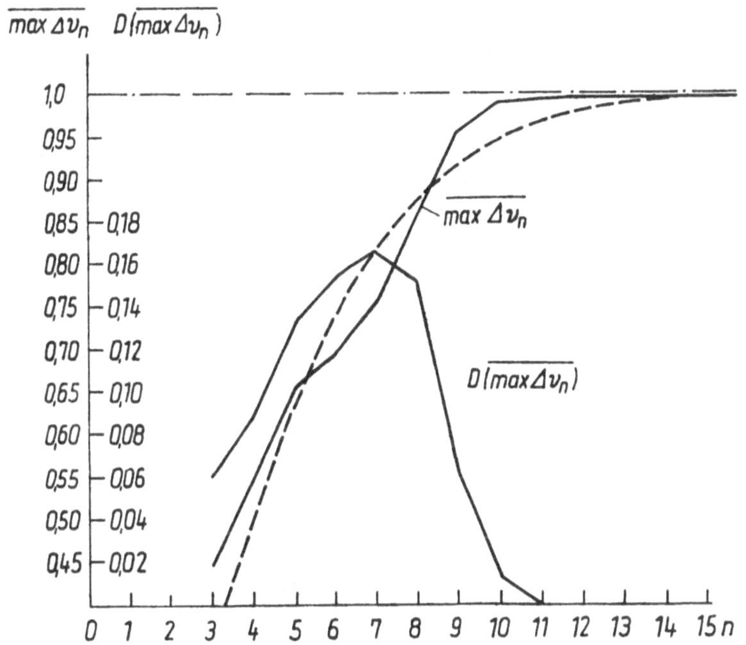

Abb. 3.15

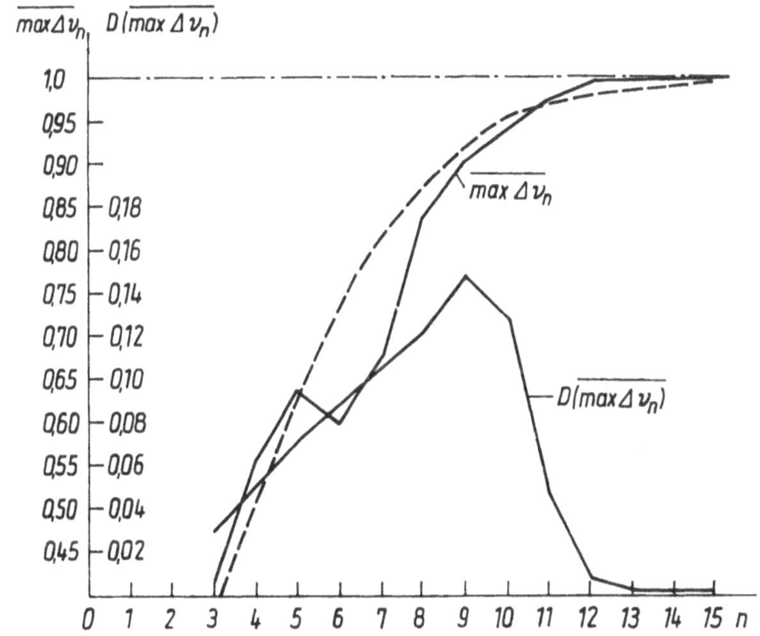

Abb. 3.16

Die Regeln der zufälligen paarweisen Koalition können ein wenig verändert werden. Zu jedem Zeitpunkt möge jeder Automat eine Information über den inneren Zustand eines zufällig gewählten Automaten erhalten. Erzielt dabei der Automat A^i eine Information über den inneren Zustand des Automaten A^j, so erhält der Automat A^j eine Information über den inneren Zustand des Automaten A^k.[1]) Wenn sich k Automaten im Zustand j befinden, so ist die Wahrscheinlichkeit für die Herstellung einer Verbindung zwischen einem sich im Zustand j befindenden Automaten mit einem Automaten, der sich im gleichen Zustand befindet, gleich $\frac{(k-1)}{(2N-1)}$, und die Verteilung der Anzahl von derartigen Verbindungen ist binomial, d. h., es ist

$$M_{2N,k}(S) = \frac{k(k-1)}{2N-1}, \quad D_{2N,k}(S) = \frac{k(k-1)}{2N-1}\left[1 - \frac{(k-1)}{(2N-1)}\right]. \tag{3.3.37}$$

Analog zu (3.3.12) ist

$$\bar{\nu}_0(t+1) = \bar{\nu}_0^2(t) + \sigma_0^2(t) - \frac{\bar{\nu}_0(t)\,[1-\nu_0(t)]}{2N-1} + \frac{\sigma_0^2(t)}{2N-1},$$

$$\sigma_0^2(t) = \sum_{k=0}^{2N} P_0(k, t-1)\,\frac{D_{2N,k}(S)}{4N^2} = \frac{1}{2N-1}\sum_{k=0}^{2N} P_0(k, t-1)\,\frac{M_{2N,k}(S)}{2N}\left(1 - \frac{k}{2N-1}\right).$$

Berücksichtigen wir $\frac{k}{2N-1} \geqq \frac{k(k-1)}{2N(2N-1)}$, so erhalten wir

$$\frac{M_{2N,k}(S)}{2N}\left(1 - \frac{k}{2N-1}\right) \leqq \frac{M_{2N,k}(S)}{2N}\left(1 - \frac{M_{2N,k}(S)}{2N}\right)$$

und daraus

$$\sigma_0^2(t) < \frac{\bar{\nu}_0(t)\,[1-\bar{\nu}_0(t)]}{2N-1} + \frac{\sigma_0^2(t)}{2N-1}, \quad \bar{\nu}_0(t+1) \leqq \bar{\nu}_0^2(t).$$

Benutzen wir eine Methode, die der bei der Herleitung von (3.3.15) angewandten analog ist, so finden wir

$$\bar{\nu}_0^2(t) - \frac{\bar{\nu}_0(t)}{2N^2} \leqq \bar{\nu}_0(t+1) \leqq \nu_0^2(t). \tag{3.3.38}$$

Bei einem solchen Informationsaustausch zwischen den Automaten erhalten wir für die erste Konstruktion $\bar{\nu}_0(t) \leqq [\bar{\nu}_0(1)]^{2^{t-1}}$, und die Bedingung (3.3.26) ist die Bedingung der ε-Synchronisierung.

Wir wenden uns der zweiten Konstruktion zu. Aus den Regeln für die Koalition und aus (3.3.38) erhalten wir

$$\bar{\gamma}_{j+1}(t+1) = f_j(t)\,\bar{\gamma}_j(t)$$

und

$$\bar{\gamma}_n(t) = [\bar{\gamma}_1(t-n+1)\,e^{-\varphi(t)}]^{2^{n-1}}, \tag{3.3.39}$$

---

[1]) Mit der Wahrscheinlichkeit $\frac{1}{2N-1}$ $k = i$.

wobei $\varphi(t) = -\frac{1}{2^{n-1}} \sum_{j=1}^{n-1} 2^{n-j-1} \ln t_j(t)$ und $1 - \frac{1}{2N^2\bar{\gamma}_j(t-n+j)} \leqq t_j(t) \leqq 1$ ist. Aus der Bedingung der ε-Synchronisierung erhalten wir

$$\left.\begin{aligned} \bar{\gamma}_1(t-n+1) &\leqq \varepsilon^{\frac{1}{2^{n-1}}} e^{\varphi(t)}, \\ \bar{\gamma}_n(t-n+2) &\geqq (1-\varepsilon)^{\frac{1}{2^{n-1}}} e^{\varphi(t+1)}. \end{aligned}\right\} \tag{3.3.40}$$

Wie oben führen wir die Bezeichnungen $\bar{\nu}_0(t-n+1) = x$ und $1/2^{n-1} = \alpha$ ein. Wir erwähnen, daß $\bar{\nu}_0(t-n+2) \leqq x^2$ ist. Setzen wir nun $\varepsilon \geqq \gamma_n(t) \geqq \varepsilon/2$ voraus und verschärfen die Ungleichungen (3.3.40), so erhalten wir

$$x \geqq \alpha \ln 1/\varepsilon,\ x^2 \leqq \alpha\varepsilon \left(1 - \frac{1}{N^2\varepsilon}\right). \tag{3.3.41}$$

Elimination von x ergibt zunächst $\alpha \leqq \frac{\varepsilon}{\ln^2 1/\varepsilon} \left(1 - \frac{1}{N^2\varepsilon}\right)$ und endgültig

$$n \geqq \log_2 1/\varepsilon + 2 \log_2 \ln 1/\varepsilon - \log_2 \left(1 - \frac{1}{N^2\varepsilon}\right) + 1. \tag{3.3.42}$$

Dabei unterscheidet sich (3.3.42) von (3.3.36) nur durch den Term $-\log_2 \left(1 - \frac{1}{N^2\varepsilon}\right)$.

Genaue Abschätzungen, die denen für die erste Konstruktion analog sind, gelingt es für die zweite Konstruktion der Automaten bei zufälliger Zerlegung in kooperierende Paare nur unter der Bedingung $\lim_{N\to\infty} N\varepsilon = 0$ herzuleiten.

Zum Abschluß des Paragraphen betrachten wir noch die Lösungsmöglichkeit für eine weitere Aufgabe — die Aufgabe über die Phaseneinstellung bei zufälliger paarweiser Koalition. Sie kann wie folgt formuliert werden.

Das Kollektiv besteht aus N Automaten A^j, wobei jeder Automat n Zustände hat. Ohne Koalition ändern sich die Zustände der Automaten zyklisch, d. h., es ist $\varphi^j(t+1) = [\varphi^j(t) + 1]_{\mathrm{mod}\,n}$. Sei wie oben $\bar{\nu}_i(t)$ der Erwartungswert des Anteils der Automaten, die sich zum Zeitpunkt t im Zustand i befinden. Wir sagen, das Kollektiv der Automaten arbeitet phasensynchronisiert, wenn $\bar{\nu}_i(t) = \bar{\nu}_i(t + kn)$, $k = 1, 2, \ldots,$ für alle i ist und wenn für jedes i ein $t_0(i)$ mit $\bar{\nu}_i(t_0(i)) = 1$ existiert. Wir sagen, daß die zufällige paarweise Koalition zu einer Phaseneinstellung des Kollektivs führt, wenn für jedes i ein solches $t_0(i)$ existiert, so daß

$$\lim_{k\to\infty} \bar{\nu}_i(t_0(i) + kn) = 1\,^{1)} \tag{3.3.43}$$

ist.

Wir betrachten den einfachsten Fall $n = 2$, $\varphi = (0,1)$. Dazu geben wir folgende Regeln für die zufällige paarweise Koalition vor: Bilden zum Zeitpunkt t die Automaten

[1]) Es ist leicht zu verstehen, daß auf Grund der Konstruktion der Automaten die Bedingung 3.3.43) nur für einen beliebigen einzelnen Zustand der Automaten erfüllt zu sein braucht.

A^l und A^s ein kooperierendes Paar und sind $\varphi^l(t)$, $\varphi^s(t)$ ihre inneren Zustände, so ist

$$\varphi^l(t+1) = \varphi^s(t+1) = 1 - \varphi^l(t)\,\varphi^s(t). \tag{3.3.44}$$

Aus (3.3.44) folgt, daß sich zum Zeitpunkt $t+1$ im Zustand 0 nur diejenigen Automaten befinden, die sich zum Zeitpunkt t im Zustand 1 befanden und mit einem Automaten ein Paar bildeten, der sich ebenfalls im Zustand 1 befand.

Sei $\bar{\nu}(t)$ der Erwartungswert des Anteils der Automaten, die sich zum Zeitpunkt t im Zustand 1 befinden. Setzen wir $\nu < 1$ voraus, so gilt für jede der betrachteten Arten der zufälligen paarweisen Koalition

$$\bar{\nu}^2(t) - \frac{1}{2N^2} \leqq 1 - \bar{\nu}(t+1) \leqq \bar{\nu}^2(t) + \frac{1}{2N^2}. \tag{3.3.45}$$

Daraus folgt

$$1 - \bar{\nu}^2(t) + \frac{1}{2N^2} \geqq \bar{\nu}(t+1) \geqq 1 - \bar{\nu}^2(t) - \frac{1}{2N^2} \tag{3.3.46}$$

und

$$\left(1 - \bar{\nu}^2(t) - \frac{1}{2N^2}\right)^2 - \frac{1}{2N^2} \leqq 1 - \bar{\nu}(t+2) \leqq \left(1 - \bar{\nu}^2(t) + \frac{1}{2N^2}\right)^2 + \frac{1}{2N^2}. \tag{3.3.47}$$

Aus der Abschätzung nach oben in (3.3.47) erhalten wir

$$\nu(t+2) \geqq 2\nu^2(t) - \nu^4(t) + \left[\frac{1-\nu^2}{N^2} - \frac{1}{4N^2} + \frac{1}{2N^2}\right] \tag{3.3.48}$$

und aus der Abschätzung nach unten

$$\bar{\nu}(t+2) = 2\nu^2(t) - \nu^4(t) + \left[\frac{1-\nu^2}{N^2} - \frac{1}{4N^2} - \frac{1}{2N^2}\right]. \tag{3.3.49}$$

Wir bemerken, daß $x_1 = 0$, $x_2 = 1$, $x_{3,4} = \dfrac{-1 \pm \sqrt{5}}{2}$ die Wurzeln des Polynoms $x^4 - 2x^2 + x$ sind. Folglich gilt für

$$\bar{\nu}(t) > \frac{\sqrt{5}-1}{2} + \delta_1 \bar{\nu}(t+2) > \nu(t)$$

und für

$$\bar{\nu}(t) < \frac{\sqrt{5}-1}{2} - \delta_2 \bar{\nu}(t+2) < \bar{\nu}(t),$$

wobei δ_1 und δ_2 durch Glieder der Ordnung $1/N^2$ in den Ungleichungen (3.3.48) und (3.3.49) bestimmt sind. In Abhängigkeit vom Wert von $\bar{\nu}(t)$ wird also das System so phasensynchronisiert, daß

$$\left.\begin{array}{l} \text{entweder } \lim\limits_{k\to\infty} \bar{\nu}(t+2k) = 1, \\ \text{oder } \lim\limits_{k\to\infty} \bar{\nu}(t+2k) = 0, \end{array}\right\} \tag{3.3.50}$$

ist.

Die mit der Varianz der zufälligen Zerlegung in Paare zusammenhängenden Größen δ_1 und δ_2 bestimmen die „Unempfindlichkeitszone“, die für $N \to \infty$ gegen Null konvergiert.

In Abhängigkeit von $\nu(0)$ werden also die Automaten so phasensynchronisiert, daß sie entweder zu geraden oder zu ungeraden Zeitpunkten in den Zustand 1 gelangen.

Sei jetzt $n = 2^r$, und ein nicht an der Koalition teilnehmender Automat sei ein r-stelliger dualer Zähler. Mit $\varphi_i^j(t) = (0,1)$ bezeichnen wir den Wert der i-ten Stelle des Codes des Zustands des j-ten Automaten und mit $\psi_l^j(t)$ die in den l ersten Stellen stehende Zahl des Codes des Zustands, d. h., es ist $\varphi^j(t) = \sum_{i=0}^{n-1} 2^i \varphi_i^j(t)$ und $\psi_l^j(t) = \sum_{i=0}^{l-1} 2^i \varphi_i^j(t)$.
Weiter geben wir folgende Regeln für die zufällige paarweise Koalition vor. Bildeten die Automaten A^m und A^s zum Zeitpunkt t ein Paar und waren $\varphi^m(t) = \sum_{i=0}^{n-1} \varphi^m(t)\, 2^i$, $\varphi^s(t) = \sum_{i=0}^{n-1} \varphi_i^s(t)\, 2^i$ ihre inneren Zustände, so ist

$$\varphi_i^m(t+1) = \begin{cases} \varphi_i^m(t), & \text{für} \quad \psi_{i-1}^m(t) < 2^{i-1} - 1 \quad \text{oder} \quad \psi_{i-1}^s(t) < 2^{i-1}, \\ \varphi_i^s(t+1) = \bar{\varphi}_i^m(t) \vee \bar{\varphi}_i^s(t), & \text{für} \quad \psi_{i-1}^m(t) = \psi_{i-1}^s = 2^{i-1} - 1\,. \end{cases} \tag{3.3.51}$$

(3.3.51) bedeutet, daß der Wert der i-ten Stelle nur dann geändert wird, wenn das auf Grund der Arbeitsvorschrift für den dualen Zähler bei beiden Automaten eintreten muß. Im entgegengesetzten Fall bleibt der Wert der i-ten Stelle erhalten. Wenn der Wert der i-ten Stelle geändert werden kann, so wird die Veränderung durch die Koalition der i-ten Stellen so bestimmt, wie sie für Automaten mit zwei Zuständen (3.3.44) festgelegt wurde. Im Kollektiv wird also eine „stellenweise“ Phaseneinstellung vor sich gehen, weil man unschwer erkennt, daß bei gleichphasigen ersten Stellen das Verhalten der i-ten Stelle dem Verhalten des Automaten für $n = 2$ und einer um das 2^{i-1}-fache verlangsamten Zeit äquivalent ist.

Leider gelang es bei beliebigem n nicht, eine solche Methode zur Phaseneinstellung des Kollektivs zu finden, für die man Konvergenzbedingungen angeben kann.

KAPITEL IV

Modelle des kollektiven Verhaltens

§ 4.1. Modelle mit Zweiebenenorganisation

Das Studium der Modelle mit Zweiebenenorganisation beginnen wir mit dem einfachsten Beispiel — der Organisation eines Zweiebenenkollektivs von Automaten mit Trennung der Aufgaben für das Verhalten in einem *periodischen zufälligen Medium* für die Ebenen.

Die Aufgabe über das Verhalten in einem periodischen zufälligen Medium ist für uns auf Grund folgender Überlegungen interessant. Früher haben wir das Verhalten der Automaten in zufälligen Medien mit sich zeitlich zufällig ändernden Charakteristiken betrachtet. Es ist natürlich zu versuchen, das Verhalten von Automaten in Medien mit determiniertem Änderungsgesetz der Wahrscheinlichkeitscharakteristiken zu untersuchen und zu klären, inwieweit die a priori Kenntnis des Änderungsgesetzes der Charakteristiken des Mediums dazu ausgenutzt werden kann, einen optimalen Automaten zu konstruieren.

Sei $p_m(t)$ die Wahrscheinlichkeit einer Strafe für die Aktion $f_m(t)$. Sind $p_m(t)$ monotone Funktionen der Zeit und berücksichtigt man $0 < p_m(t) < 1$, so läßt sich die Aufgabe für $t \to \infty$ auf die schon bekannte Aufgabe über das Verhalten in einem stationären zufälligen Medium zurückführen. Wir werden uns für das Verhalten in Medien mit hinreichend einfachem Änderungsgesetz der Charakteristiken interessieren, die es trotzdem erlauben, nichttriviale Lösungen zu erhalten. Als sehr einfaches Beispiel für ein derartiges Gesetz dienen die stückweise konstanten periodischen Funktionen der Zeit. Wir werden im weiteren Verlauf sehen, daß das Modell des Verhaltens in einem solchen zufälligen Medium eine interessante inhaltliche Interpretation erlaubt, die mit der Erkennung eines periodischen Signals in einem gestörten Kanal zusammenhängt. Die Notwendigkeit einer solchen Erkennung entsteht beispielsweise bei der Synchronisierung kommutierender und dekommutierender Vorrichtungen eines Übertragungssystems für Fernmeßinformationen mit zeitlicher Kanaltrennung.

Wir sagen, ein Automat befindet sich in einem periodischen zufälligen Medium $\Pi\ (C_1, C_2, \ldots, C_T)$ $C_t = C_t(a_{1t}, a_{2t}, \ldots, a_{kt})$ mit der Periode T, wenn die Aktionen des Automaten und die Reaktionen des Mediums wie folgt verknüpft sind: Die vom Automaten zum Zeitpunkt t ausgeführte Aktion f_m ($m = 1, 2, \ldots, k$) zieht mit der Wahrscheinlichkeit $p_{mt} = (1 - a_{mt})/2$ den Wert $S = -1$ (Strafe) und mit der Wahrscheinlichkeit $\delta_{mt} = (1 + a_{mt})/2$ den Wert $S = +1$ (Belohnung) nach sich. Dabei wird $a_{m,t+T} = a_{mt}$ vorausgesetzt. Ein periodisches zufälliges Medium stellt also eine periodische Folge von stationären zufälligen Medien dar.

Es ist leicht zu sehen, daß der Gewinnerwartungswert für jeden Automaten, der in einem periodischen zufälligen Medium arbeitet, zwischen

$$M_{\min} = \frac{1}{T} \sum_{t=1}^{T} \min\,(a_{1t}, a_{2t}, \ldots, a_{kt}) \tag{4.1.1}$$

und

$$M_{\max} = \frac{1}{T} \sum_{t=1}^{T} \max (a_{1t}, a_{2t}, \ldots, a_{kt})$$

liegt.

Offensichtlich ist der Gewinnerwartungswert eines beliebigen Automaten, der einer für stationäre zufällige Medien asymptotisch-optimalen Folge angehört, weit von $M_{\max}$ entfernt. In der Tat, sei $k = 2$, und im Verlauf der ersten Periodenhälfte sei die erste Aktion günstiger und im Verlauf der zweiten Periodenhälfte die zweite. Dann stimmt das Verhalten des Automaten in einem solchen periodischen zufälligen Medium (den Ergebnissen entsprechend) mit genügender Genauigkeit mit dem Verhalten in einem einfachen umschaltbaren zufälligen Medium mit der Umschaltwahrscheinlichkeit $\delta = 2T$ überein. Wenn die günstigen Aktionen im Verlaufe der Periode mehr als einmal umgeschaltet werden, so wächst die äquivalente Häufigkeit der Umschaltungen entsprechend. Der Unterschied zwischen einem periodischen zufälligen Medium und einem umschaltbaren besteht darin, daß im ersten Fall die Längen der stationären Abschnitte konstant sind, während sie im zweiten Fall exponential verteilt sind. Das Vorhandensein

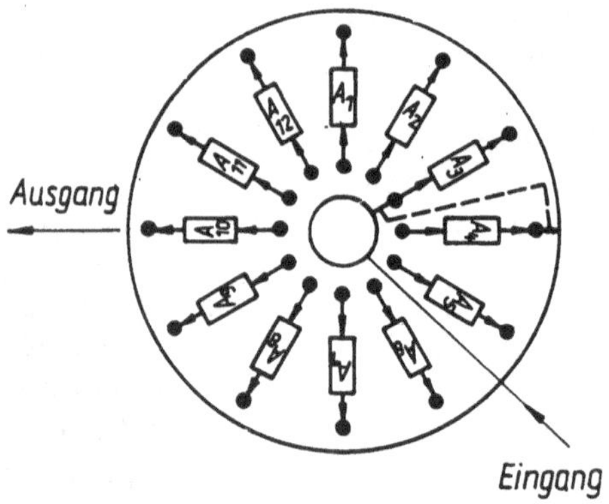

Abb. 4.1

von Informationen über das Änderungsgesetz der Parameter des Mediums gestattet es, ein gemeinsames optimales Verhalten einer Gruppe von Automaten zu organisieren.

Wir betrachten zunächst den Fall, daß die Periode des Mediums bekannt ist. Betrachten wir dann einen Automaten, der nur zu den Zeitpunkten $t, t + T, t + 2T, t + 3T, \ldots$ eingeschaltet ist, so wird ein solcher Automat im stationären zufälligen Medium C_t arbeiten, und folglich wird ein beliebiger Automat, der zu einer asymptotisch-optimalen Folge gehört, bei genügend großer Speicherkapazität zu diesen Zeitpunkten den größten Gewinn erzielen. Aus diesen Überlegungen ergibt sich die in Abb. 4.1 angeführte Konstruktion.

Der Automat besteht aus T in einem stationären zufälligen Medium asymptotisch-optimalen Automaten (beispielsweise Automaten mit linearer Taktik) und zwei Kommutatoren mit der Schaltperiode T. Der erste Schalter verbindet die Ausgänge der Automaten mit dem Ausgang des gesamten Mechanismus, und der zweite Kommutator verbindet den Eingang des Mechanismus mit den Eingängen der Automaten. Die Reihenfolge der Zuschaltung der Automaten durch den ersten und zweiten Kommutator ist gleich. Die Kommutatoren arbeiten synchron zur diskreten Zeitskala des Mediums, und der zweite Kommutator bleibt gegenüber dem ersten um einen Schritt zurück, so daß zum Zeitpunkt $t + 1$ das Eingangssignal (Strafe oder Belohnung) an den Eingang jenes Automaten gelegt wird, dessen Ausgang zum Zeitpunkt t mit dem Ausgang des Mechanismus verbunden war.

Wenn also die Periode des Mediums mit der Periode des Kommutators übereinstimmt oder die Periode des Kommutators ein Vielfaches der Periode des Mediums ausmacht, so arbeitet jeder Automat in ein und demselben stationären zufälligen Medium. Dabei wird vorausgesetzt, daß sich zu den Zeitpunkten, in denen der Eingang des Automaten nicht mit dem Eingang des Mechanismus verbunden ist, sein innerer Zustand und seine Aktion nicht ändern. Bei genügend großer Speicherkapazität der zum Mechanismus gehörigen Automaten unterscheidet sich dann der Gewinnerwartungswert jedes Automaten beliebig wenig von $a_{1t}, a_{2t}, a_{3t}, \ldots, a_{kt}$, d. h., der Gewinnerwartungswert der Gesamtkonstruktion unterscheidet sich beliebig wenig von $M_{\max}$, und folglich verhält sich in periodischen zufälligen Medien mit bekannter Periode der Mechanismus in Abb. 4.1 asymptotisch-optimal. Werden Automaten mit linearer Taktik benutzt, so ist es notwendig, für die asymptotische Optimalität noch $(a_{1t}, a_{2t}, \ldots, a_{kt}) \geqq 0$ für alle t vorauszusetzen.

Wir wenden uns nun der Lösung der Aufgabe über das Verhalten in einem periodischen zufälligen Medium bei unbekannter Periode zu. Allerdings fordern wir, daß uns eine obere Schranke $T_{\max}$ der möglichen Perioden bekannt ist. In der Mehrzahl der praktischen Aufgaben ist die letzte Beschränkung nicht allzu scharf. Auf der Grundlage der in Medien mit bekannter Periode asymptotisch-optimalen Konstruktion kann man eine Konstruktion vorschlagen, die auch in diesem Falle asymptotisch-optimal ist. Dazu genügt es, in der in Abb. 4.1 angeführten Konstruktion als Kommutationsperiode das kleinste gemeinsame Vielfache der Zahlen von 1 bis $T_{\max}$ zu wählen. Dann ist jede mögliche Periode des Mediums ein Teiler der Kommutationsperiode. Eine solche Lösung ist zwar möglich, aber sie ist unökonomisch (schon bei $T_{\max} = 12$ ist das kleinste gemeinsame Vielfache der möglichen Perioden gleich 27720). Es existiert offenbar eine Konstruktion eines Automaten, der als Kommutationsperiode $T_{\max}$ besitzt und der ein optimales Regime durch Durchmusterung aller möglichen Kommutationsperioden von 1 bis $T_{\max}$ bestimmt. Eine solche Durchmusterung kann beispielsweise durch einen Automaten mit linearer Taktik realisiert werden, der $T_{\max}$ Aktionen hat, für die der Gewinnerwartungswert durch den mittleren Gewinn bestimmt wird, den der Mechanismus mit der Kommutationsperiode erzielt, die durch die Aktion dieses Automaten festgelegt ist.

Die Verwendung eines Automaten mit linearer Taktik zur Bestimmung der tatsächlichen Periode erscheint unbefriedigend, da eine solche Konstruktion zwar asymptotisch-optimal ist, aber eine sehr große Einstellzeit hat.

In Abb. 4.2 ist die Abhängigkeit des mittleren Gewinns der in Abb. 4.1 angeführten Konstruktion von der Kommutationsperiode dargestellt, wobei die Periode des Mediums gleich 12 ist. Das Medium hat folgende Parameter: $\Pi = \Pi(C_1, C_1, C_1, C_2, C_2, C_1, C_2, C_1, C_2, C_1, C_2, C_2)$, mit $C_1 = C_1(+1/3, -1/3)$ und $C_2 = C_2(-1/3, +1/3)$. Die Speicherkapazität der in die Konstruktion eingehenden Automaten mit linearer Taktik ist gleich 6.

Die Gestalt der Kurve in Abb. 4.2 bringt uns auf den Gedanken, zur Bestimmung der Periode des Mediums die Konstruktion des F-Spiels zu verwenden. In der Tat hängt der Gewinnerwartungswert für die Konstruktion in Abb. 4.1 von der Kommutationsperiode, d. h. von der Anzahl der an der Arbeit teilnehmenden Automaten ab. Dabei müssen wir allerdings noch die Tatsache berücksichtigen, daß die Größe des Gewinns nicht nur von der richtigen Wahl der Periode abhängt, sondern auch von der richtigen Auswahl der Aktion durch jeden Automaten.

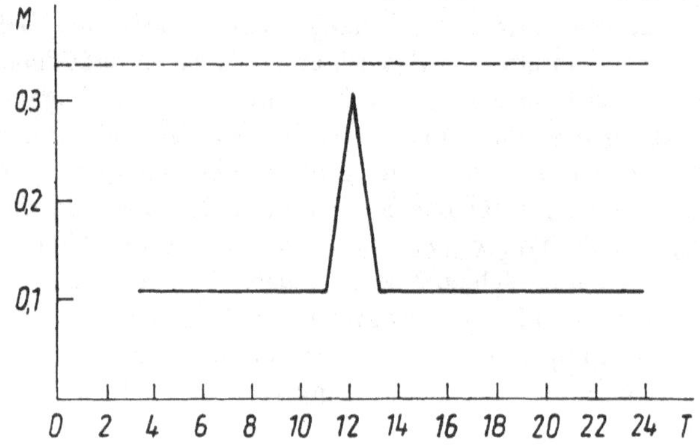

Abb. 4.2

Wir betrachten die in Abb. 4.3 dargestellte Konstruktion. Sie unterscheidet sich von der Konstruktion aus Abb. 4.1 durch das Vorhandensein von zusätzlichen Automaten B. Dabei kommt auf jede Kommutationsposition ein Automat. Die Anzahl der Kommutatorpositionen ist T_{max}. Die Automaten B sind Automaten mit linearer Taktik mit zwei Aktionen 1 und 2. Die Kommutatoren können nur an den Positionen anhalten, denen Automaten B entsprechen, die die Aktion 1 ausführen. Die Periode des Kom-

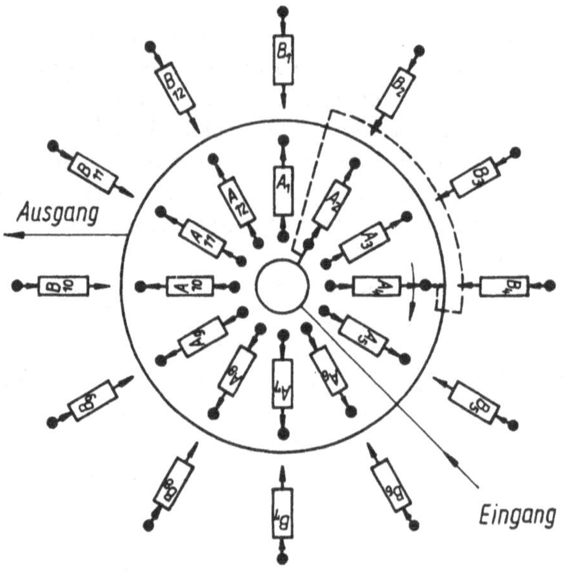

Abb. 4.3

mutators ist also gleich der Anzahl der die Aktion 1 ausführenden Automaten B. Nach jeder vollen Umdrehung des Kommutators werden die Automaten B mit einer Wahrscheinlichkeit bestraft, die gleich dem mittleren Anteil der Strafen ist, die die Automaten A erhielten, die in dieser Periode gearbeitet haben. Die Automaten B werden unabhängig von der Aktion des jeweiligen Automaten mit der gleichen Strafe belegt, und der Gewinnerwartungswert ist für jeden Automaten B gleich dem mittleren Gewinn, den die Automaten A in der Arbeitsperiode des Kommutators erzielten. Damit hat das Verhalten der Automaten B vieles gemeinsam mit dem Verhalten von Automaten in einem G-Spiel. Wir bemerken, daß die Automaten B ein Spiel mit „gemeinsamer Kasse" spielen, und folglich ist das Spiel der Automaten B ein MOORE-Spiel. In unserem Fall ist die Situation dadurch etwas komplizierter, daß der Gewinnerwartungswert der Automaten B vom Verhalten der Automaten A abhängt. Es ist uns nicht gelungen, eine befriedigende analytische Beschreibung des Verhaltens eines solchen Systems anzugeben. Unten werden deshalb die Ergebnisse von Experimenten angegeben.

In den durchgeführten Experimenten war das periodische zufällige Medium eine periodische Folge zweier stationärer zufälliger Medien: $C_1 = C_1(a_1, -a_1)$ und $C_2 = C_2(-a_2, a_2)$. In diesem Falle kann das periodische Medium durch einen T-stelligen binären Code, bei dem die Ziffern 1 bzw. 0 dem ersten bzw. zweiten stationären zufälligen Medium entsprechen und T die Periode des Mediums ist, sowie durch zwei Parameter a_1 und a_2 gegeben werden. Die Ergebnisse der Experimente sind in Tabelle 4.1.1 angeführt. In dieser Tabelle bedeuten: n — die (für die Automaten A und B gleiche) Speicherkapazität der Automaten, $T_{\max}$ — die Anzahl der beteiligten Automatenpaare, T — die tatsächliche Periode des Mediums, τ — die Dauer der Übergangszeit in den Perioden des Mediums, M — der mittlere Gewinn des Mechanismus pro Takt, der für die Zeit von der Beendigung des Übergangsregimes bis zum Ende des Experiments berechnet wurde.

Zur Bestimmung der Betriebssicherheit des Mechanismus dauerten alle Experimente

Tabelle 4.1.1

No.	n	$T_{\max}$	T	a_1	a_2	M	τ	Code
1	10	10	5	0,75	0,75	0,75	170	00011
2	10	10	7	0,75	0,75	0,75	147	000011 1
3	10	20	6	0,75	0,75	0,75	210	001111
4	10	24	12	0,75	0,75	0,75	203	001101110000
5	10	24	11	0,75	0,75	0,75	208	00110111000
6	15	24	8	0,75	0,75	0,75	263	00110111
7	15	24	12	0,75	0,75	0,75	175	001101110000
8	15	10	5	0,75	0,75	0,75	200	00011
9	15	10	7	0,75	0,75	0,75	144	0000111
10	15	20	11	0,75	0,75	0,75	228	00110111000
11	15	24	12	0,75	0,75	0,75	192	001101110000
12	15	24	6	0,75	0,75	0,75	250	001111
13	10	20	7	0,75	0,75	0,75	171	0001111
14	10	20	7	0,50	0,50	0,50	262	0001111
15	10	30	10	1/3	1/3	0,333	250	0000001111
16	10	30	10	0,75	0,50	0,65	320	0000001111
17	10	30	10	1/3	0,75	0,50	375	0000001111
18	10	30	10	0,50	1/3	0,434	382	0000001111

mindestens 50000 Takte. Die Betriebssicherheit wurde durch den mittleren Gewinn bis auf drei Stellen genau abgeschätzt. Wie man aus den in der Tabelle 4.1.1 angeführten Werten von M erkennt, arbeitete dabei der Mechanismus nach diesem Kriterium stabil. Es ist ebenfalls klar, daß durch dieses Kriterium ein zufälliges kurzzeitiges Ausbrechen aus dem stabilen Regime nicht festgestellt werden kann.

Aus Tabelle 4.1.1 ist weiter zu sehen, daß die Dauer des Übergangsregimes sehr kurz war und in keinem der Experimente 400 Perioden des Mediums übertraf. Derartige kurze Zeitspannen des Übergangsregimes waren für uns völlig unerwartet, obwohl man dieser Tatsache eine recht glaubwürdige Erklärung geben kann. In der Mehrzahl der Experimente lag nämlich die tatsächliche Periode T nahe bei $0{,}5\,T_{\max}$, d. h. nahe bei dem Punkt, der für den schnellsten Übergang zur stationären Verteilung der Automaten im G-Spiel am günstigsten ist. Dieser Tatbestand verringert nicht die Allgemeinheit der erhaltenen experimentellen Ergebnisse. In der Tat haben beispielsweise im dritten Experiment die Automaten B für die Fälle $T_{\max} = 20$ und $T = 6$ einen gleichen Gewinnerwartungswert bei den Kommutationsperioden 6, 12 und 18, und die Kommutationsperiode 12 kommt $0{,}5\,T_{\max}$ am nächsten.

Hat der Kommutator $2T_{\max}$ Positionen, so kann man sich auf die Änderung der Kommutationsperiode im Intervall $T_{\max} \pm \frac{1}{3}\,T_{\max}$ beschränken, d. h. auf Größen, die hinreichend nahe zur Mitte des Änderungsintervalls der Zahl der die Aktion 1 ausführenden Automaten B liegen. In den Experimenten 6 und 15—18 ist $T = \frac{1}{3}\,T_{\max}$, d. h., es werden Fälle des maximalen Abweichens von $0{,}5\,T_{\max}$ untersucht.

Andererseits wirkte sich auf die Konvergenzbeschleunigung die Art der Auswahl der anfänglichen inneren Zustände der Automaten mit linearer Taktik aus. (Diese Zustände wurden zu Beginn des Experiments für alle Automaten am Rand des Aktionswechsels ausgewählt.) Die Anfangsverteilung der Automaten nach Aktionen wurden durch einen Zufallszahlengenerator erzeugt.

Anhand der durchgeführten Experimente kann man behaupten, daß sich mit genügend großer Wahrscheinlichkeit das in Abb. 4.3 angeführte System in periodischen zufälligen Medien, deren Periode $T_{\max}$ nicht übersteigt, asymptotisch-optimal verhält.

Wir weisen auf die Organisation des Verhaltens der Automaten in dieser Aufgabe hin. Das Problem des Verhaltens in einem periodischen zufälligen Medium wird durch ein Kollektiv von Automaten gelöst, die Gruppen zweier Ebenen bilden. In der ersten Ebene (Automaten A) löst jeder Automat das Problem über die Wahl der Aktion zu den Zeitpunkten, zu denen er in die Arbeit eingeschaltet ist. Das Verhalten jedes Automaten A ist in gewissem Sinne vom Verhalten der anderen Automaten A unabhängig. In der zweiten Ebene (Automaten B) wird das Problem der Steuerung der Arbeit der Automaten der ersten Ebene gelöst: Das Ausgabesignal des Automaten B legt fest, ob der ihm „untergeordnete" Automat A arbeitet oder nicht. Dabei arbeiten die Automaten B mit „gemeinsamer Kasse", d. h., bei ihnen liegt „Gemeinsamkeit der Interessen" vor. Im Gegensatz zu den Modellen der vorigen Kapitel haben wir es hier mit einem Kollektiv von Automaten mit fixierter Struktur und einer Aufteilung der Aufgaben (die Automaten A lösen lokale Aufgaben und die Automaten B steuern das gemeinsame Verhalten der Automaten A) sowie dem einfachsten Austausch von Signalen zwischen den Automaten (das Ausgabesignal des Automaten B ist das Eingangssignal des Automaten A) zu tun.

Wir wenden uns der inhaltlichen Interpretation des Problems des Verhaltens von Automaten in periodischen zufälligen Medien zu. Auf dieses Problem wird die Aufgabe der Erkennung (Wiederherstellung) eines periodischen Signals zurückgeführt, das durch einen verrauschten Kanal übertragen wird. In der Tat, wenn im Empfänger ein Signal wiederhergestellt und mit dem Signal verglichen wird, das durch den Nachrichtenkanal übertragen wird, so macht das Ausnutzen der Abweichung des wiederhergestellten Signals von dem empfangenen als Strafsignal die Aufgabe der Wiederherstellung des Signals völlig dem Problem des Verhaltens in einem periodischen zufälligen Medium äquivalent. Dabei ist die Wahrscheinlichkeit der Strafe für die richtige Bedeutung des wiederhergestellten Signals gleich der Wahrscheinlichkeit für einen Empfangsfehler. Als Beispiel für eine Situation, die die Wiederherstellung eines periodischen Signals erfordert, kann die Aufgabe der Synchronisierung kommutierender und dekommutierender Vorrichtungen eines Übertragungssystems für Fernmeßinformationen mit zeitlicher Kanaltrennung dienen.

Die Aufgabe der Synchronisierung kommutierender und dekommutierender Vorrichtungen eines Übertragungssystems für Fernmeßinformationen mit zeitlicher Kanaltrennung bei Vorhandensein von Störungen im Nachrichtenkanal wird folgendermaßen formuliert. Eine beim Sender befindliche kommutierende Vorrichtung (Anm. d. Herausg.: Informationswandler) fragt entsprechend einem bestimmten Programm nacheinander die einzelnen Fernmeßgeber ab und gibt die Daten über deren Zustand ebenfalls nacheinander in den Nachrichtenkanal. Die sich am Empfänger befindliche dekommutierende Einrichtung hat die Signale von den verschiedenen Gebern auszusondern und zu identifizieren. Der Dekommutator hat also synchron und phasengleich dieselbe Folge von Aktionen durchzuführen, die der Kommutator periodisch ausführt.

Eine besondere Bedeutung hat die Aufgabe der Synchronisation von Kommutator und Dekommutator in dem Falle, wenn die vom Empfänger aufgenommenen Daten zur Bildung von Befehlen zur operativen Steuerung des die Fernmeßgeber tragenden Objekts benutzt werden müssen. Die Synchronisierung von Kommutator und Dekommutator schließt die Aufgabe der Synchronisierung der logischen Kreise der Empfangseinrichtung mit den entsprechenden Kreisen der Sendeeinrichtung ein, um eine richtige Dechiffrierung der empfangenen Information zu gewährleisten.

Wir wollen voraussetzen, daß bei Aufnahme des Synchronbetriebes der Sender an den Empfänger zu Beginn der Arbeit (es ist auch im Verlaufe der Nachrichtenübermittlung möglich) ein Abstimmungssignal (synchronisierendes Signal) überträgt, bestehend aus einem n-stelligen Wort eines Binärcodes K. Die Zeit, in der ein Datengeber an den Nachrichtenkanal angeschlossen ist, entspricht der Übermittlungsdauer einer Stelle des synchronisierenden Codes (die Zeit, in der der Wert einer Stelle des Codes K übertragen wird), und der Zeitpunkt der Datengeberumschaltung entspricht dem Zeitpunkt des Wechsels der Stellenübermittlung. Wir setzen voraus, daß die logischen Kreise des Empfängers und des Senders in einer gewissen diskreten Zeitskala arbeiten und die gleiche Zeiteinheit haben, die die Länge einer Stellenübermittlung bestimmt. Es ist natürlich, das Erhalten einer solchen Zeiteinheit mit der Trägerfrequenzsynchronisierung zu verknüpfen. Dabei ist es klar, daß im Betriebsregime in der Zeit, die der Länge einer Stellenübermittlung des synchronisierenden Codes entspricht, über den Nachrichtenkanal ein Code übertragen werden muß, der dem Zustand eines abzufragenden Datengebers entspricht. Die Länge einer Stellenübermittlung des synchronisierenden Codes drückt sich also in Stellenzahlen des Informationscodes (Wortes) aus.

Man kann zwei Aufgaben hervorheben:

1. Synchronisierung des Zeitpunkts des Wechsels der Stellenübermittlungen (Wortsynchronisierung), d. h. Synchronisierung des Zeitpunkts der Kanalumschaltung,
2. synchrone und phasengleiche Wiederherstellung des synchronisierenden Signals (Rastersynchronisierung).

Zur Lösung der ersten Aufgabe kann als Zeiteinheit eine (oder mehrere) Periode der Trägerfrequenz gewählt werden in Abhängigkeit davon, wie genau der Zeitpunkt des Wechsels der Stellenübermittlung bestimmt werden muß. Bei der Lösung der zweiten Aufgabe wählt man als Zeiteinheit natürlicherweise die Länge einer Stellenübermittlung, die entweder bekannt ist, beispielsweise als Periodenanzahl der Trägerfrequenz, oder die beim Auffinden des Zeitpunkts des Wechsels der Stellenübermittlung bestimmt wird. Da im Nachrichtenkanal Störungen auftreten, wird das Eingabesignal fehlerbehaftet aufgenommen. Wir setzen voraus, daß die Fehler zu jedem Zeitpunkt unabhängig sind und daß die Wahrscheinlichkeit für einen fehlerhaften Empfang des Signals gleich p mit $p < 1/2$ ist.

Um eine Reihe zusätzlicher Schwierigkeiten auszuschließen, werden wir synchronisierende Codes mit $2n$ Stellen betrachten. Zunächst betrachten wir die Aufgabe des Zeitpunkts des Wechsels der Stellenübermittlung. Die Wahrscheinlichkeit für einen falschen Empfang des Wertes des synchronisierenden Signals auf einem Zeitintervall, das gleich einem Zeittakt für die Aufgabe über die Bestimmung des Umschaltzeitpunktes ist, sei gleich p_1. Wir fordern, daß die Summe der auf den geraden Positionen des Codes K stehenden Einsen A_g kleiner als $0{,}5n$ und die Summe der auf den ungeraden Positionen des Codes K stehenden Einsen A_u größer als $0{,}5n$ ist. Dann kann man am Empfänger das synchronisierende Signal als eine solche periodische zufällige Folge mit einer Periode, die gleich der Länge zweier Stellenübermittlungen ist, betrachten, daß im Verlauf von geraden Stellenübermittlungen die Wahrscheinlichkeit einer Eins in dieser Folge gleich

$$\frac{A_g}{n}(1 - 2p_1) + p_1 < 1/2$$

und im Verlauf von ungeraden Stellenübermittlungen gleich

$$\frac{A_u}{n}(1 - 2p_1) + p_1 > 1/2$$

ist. Sei beispielsweise der synchronisierende Code 1110101010 ($n = 5$) gegeben. Dann ist die Wahrscheinlichkeit für eine Eins auf geraden Positionen $(1 + 3p_1)/5$ und die Wahrscheinlichkeit für eine Eins auf ungeraden Positionen gleich $1 - p_1$ ($A_g = 1$, $A_u = 5$).

Die Aufgabe der Synchronisierung des Zeitpunkts des Wechsels der Stellenübermittlungen läßt sich also leicht als Aufgabe des Verhaltens in einem periodischen zufälligen Medium interpretieren. Es ist offensichtlich, daß bei Verwendung der oben beschriebenen Konstruktionen die entstehende Korrelation die unter der Voraussetzung über den Bernoullischen Charakter der Folge erhaltenen Ergebnisse nicht verzerrt.

Die Äquivalenz der zweiten Aufgabe zur Aufgabe des Verhaltens im periodischen zufälligen Medium ist offensichtlich.

Eine wesentliche Besonderheit der Arbeit des in Abb. 4.3 angeführten Schemas besteht in ihrer großen Zuverlässigkeit. Fallen ein oder mehrere Automaten A aus, so schalten die Automaten B diese von der Arbeit aus. Fallen ein oder mehrere Automaten B aus, so passen sich die restlichen Automaten B den veränderten Bedingungen an.

Als nächstes Beispiel betrachten wir ein Modell eines Bedienungssystems mit Absagen. Am Eingang des Systems tritt ein Strom von M heterogenen Forderungen C_i ($i = 1, 2, \ldots, M$) ein. Dabei kann zu jedem Zeitpunkt nur eine Forderung angenommen werden, und die Forderung C_i erscheint mit der Wahrscheinlichkeit p_i. Im System gibt es N Bedienungsplätze (bedienende Einrichtungen) und es ist $N < M$. Wir betrachten das entsprechende Automatenmodell.

Es sei eine Menge von M stationären zufälligen Medien $C^i(a_1{}^i, a_2{}^i, \ldots, a_k{}^i)$ ($i = 1, 2, \ldots, M$) und ein System von N Automaten R^j ($j = 1, 2, \ldots, N$) gegeben. Zu jedem Zeitpunkt $t = 1, 2, \ldots$ arbeitet das System mit der Wahrscheinlichkeit p_i im stationären zufälligen Medium C_i $\left(\sum_{i=1}^{M} p_i = 1\right)$. Der Automat R^j hat $k(M + 1)$ Aktionen, von denen jede ein Paar zweier Zahlen darstellt: der Zahl $f_\alpha{}^j$ — der Aktion im stationären zufälligen Medium und der Zahl $\xi_\beta{}^j$ — der Nummer des stationären zufälligen Mediums, in dem der Automat R^j arbeitet (die Kennzeichen des Automaten R^j). Ist $\xi_\beta{}^j = 0$, so reagiert der Automat nicht auf die Nummer des stationären zufälligen Mediums und arbeitet in der zufälligen Mischung der stationären zufälligen Medien wie in einem einzigen zufälligen Medium. Ein Automat, der das Kennzeichen 0 hat, wird in dem Falle eingeschaltet, wenn es für das gegebene stationäre zufällige Medium keinen Automaten mit dem entsprechenden Kennzeichen gibt. Hat der Automat R^j das Ausgabesignal $\xi_\beta{}^j = i$, so wird er in die Arbeit nur bei Erreichen des stationären zufälligen Mediums C_i eingeschaltet. In diesem Falle sagen wir, der Automat ist auf das Kennzeichen i abgestimmt.

Zum Zeitpunkt t möge das System im Medium C_i arbeiten. Wenn zum Medium C_i irgendein Automat R^j zugeschaltet wird, so führt er eine Aktion aus, erzielt einen Gewinn oder Verlust und ändert seinen inneren Zustand gemäß seiner Überführungsfunktion. Ist kein Automat zum Medium zugeschaltet, so werden die Aktionen $1, 2, \ldots, k$ vom System gleichwahrscheinlich ausgewählt. Der vom Medium erhaltene Gewinn oder Verlust wird in beiden Fällen als Gewinn oder Verlust des Gesamtsystems angesehen. Die Aufgabe besteht darin, ohne über a priori Informationen über die stationären zufälligen Medien und die Wahrscheinlichkeiten ihres Erscheinens zu verfügen, das Verhalten das Systems so zu organisieren, daß der Gewinnerwartungswert maximisiert wird.

Die Kennzeichen der Automaten seien fixiert, und der Automat R^j ($j = 1, 2, \ldots, N$) habe das Kennzeichen $\xi_\beta{}^j = j - 1$. Gehören die Automaten R^j einer asymptotisch-optimalen Folge an, so ist der Gewinnerwartungswert des Systems in diesem Falle gleich

$$M = \sum_{j=1}^{N-1} p_i \max_m a_m{}^j + \max_m \sum_{j=N}^{M} p_j a_m{}^j, \qquad m = 1, 2, \ldots, k. \tag{4.1.2}$$

Gibt es im Kollektiv keinen Automaten mit dem Kennzeichen 0, d. h., ist $\xi_\beta{}^j = j$, so ist der Gewinnerwartungswert gleich

$$M = \sum_{j=1}^{N} p_j \max_m a_m{}^j + \sum_{j=N+1}^{M} p_j \frac{\sum_{m=1}^{k} a_m{}^j}{k}. \tag{4.1.3}$$

Jeder Automat hat eigentlich zwei Aufgaben zu lösen: die Aufgabe der Auswahl der besten Aktion im stationären zufälligen Medium bei fixiertem Kennzeichen und die Aufgabe der Auswahl des stationären zufälligen Mediums, d. h. die Auswahl des Kennzeichens. Zur Lösung dieser beiden Aufgaben ist es zweckmäßig, jeden Automaten R^j in Gestalt eines Automatenpaares (A^j, B^j) darzustellen, wobei die Ausgabesignale der Automaten A^j die Aktionen charakterisieren und die Ausgabesignale der Automaten B^j die Medien (Kennzeichen). Analog zum vorigen Fall wird vorausgesetzt, daß die Automaten der zweiten Ebene (Automaten B) ein symmetrisches Spiel mit „gemeinsamer Kasse", d. h. ein G-Spiel spielen. Dabei ist es natürlich vorauszusetzen, daß bei genügend großer Speicherkapazität der Automaten A und B die Automaten A die für das gegebene Kennzeichen optimale Aktion ausführen, und die Automaten B den MOORE-Punkt erreichen, d. h. ein optimales Tupel von Kennzeichen realisieren.

Wir betrachten die Organisation der Arbeit des Systems. Jeder Automat R^j besteht aus einem Paar von Automaten (A^j, B^j), von denen jeder n innere Zustände hat. Das Ausgangssignal des Automaten A^j ist f_α^j und das des Automaten B^j $B^j - \xi_\beta^j$. Zu jedem Zeitpunkt erscheint am Eingang des Systems das stationäre zufällige Medium $C(t) = C_i$. Die Wahrscheinlichkeit für das Erscheinen des Mediums C_i ist p_i. Gibt es im System einen Automaten B^l mit $\xi_\beta^j = i$, so arbeitet im Medium zu diesem Zeitpunkt der Automat A^l, d. h., der Automat A^l gewinnt mit der Wahrscheinlichkeit $\frac{1 + a_\alpha^i}{2}$ und verliert mit der Wahrscheinlichkeit $\frac{1 - a_\alpha^i}{2}$. Dabei bedeutet α das Ausgabesignal des Automaten A^l. Zu allen anderen Zeitpunkten ändert sich der Zustand des Automaten A^l nicht. Gibt es im Kollektiv keinen Automaten B^l mit dem Kennzeichen i aber einen Automaten B^s mit dem Kennzeichen ξ_β^s, so wird der Automat A^s in die Arbeit eingeschaltet. Gibt es im Kollektiv keine Automaten B^j mit den Kennzeichen 0 oder i, so wird die Wahl der Aktion gleichwahrscheinlich vorgenommen, und die entsprechende Wahrscheinlichkeit des Gewinns ist $\frac{k + \sum_\alpha a_\alpha^i}{2k}$. Die Automaten B^j werden einmal im Verlaufe von τ Takten mit einer Wahrscheinlichkeit, die gleich dem mittleren Verlust (Gewinn) der Automaten A^j im Verlaufe von τ Takten ist, bestraft (belohnt). Diese Wahrscheinlichkeit ist für alle Automaten B^j gleich, und zwar $\frac{\tau - \sum_{T}^{T+\tau} s(t)}{2\tau}$.
T bedeutet dabei den Zeitpunkt der vorigen Einschaltung der Automaten B^j. Nach jeden τ Takten wird also eine Abschätzung der Qualität der Kennzeichenwahl und eine Veränderung der Kennzeichenabstimmung vorgenommen; im Intervall $T, T + \tau$ ändern die Automaten B^j ihre inneren Zustände nicht. Im Falle eines Aktionswechsels wählen die Automaten A^j die neuen Aktionen gleichwahrscheinlich aus, während die Automaten B^j sie unter den nichtbenutzten Kennzeichen gleichwahrscheinlich auswählen, da auf Grund der Problemstellung eine Zuordnung gleicher Kennzeichen zu zwei Automaten sinnlos ist[1]).

Wir führen die Ergebnisse der Modellierung einiger Beispiele auf einer EDVA an.

---

[1]) Darin unterscheidet sich das Spiel der Automaten der zweiten Ebene vom G-Spiel.

Beispiel 1. $C_1 = (0{,}9; 0)$, $C_2 = (-0{,}9; 0{,}9)$; die Medien erscheinen mit der Wahrscheinlichkeit 0,5. Am Spiel nimmt ein Automat R mit einer Speicherkapazität der Automaten A und B von $n = 5$ teil, und es ist $\tau = 20$.

Tabelle 4.1.2

Anzahl der Takte	200	1000	2000	3000	4000
Mittlerer Gewinn M	0,44	0,67	0,69	0,66	0,67
Gesamtzahl der Takte bei Kennzeichen 1	200	540	540	540	540
Gesamtzahl der Takte bei Kennzeichen 2	0	460	1460	2460	3460

Die Gewinnerwartungswerte des Automaten R im Falle der Kennzeichen Null, Eins und Zwei sind: $M_0 = 0{,}45$, $M_1 = 0{,}45$, $M_2 = 0{,}675$. Die Ergebnisse der Modellierung sind für den Fall $\xi = 1, 2$ in Tabelle 4.1.2 und für den Fall $\xi = 0, 1, 2$ in Tabelle 4.1.3 angeführt. Aus diesen Tabellen erkennt man, daß der Automat in beiden Fällen nach zweitausend Takten stabil auf Kennzeichen 2 steht.

Tabelle 4.1.3

Anzahl der Takte	200	1000	2000	3000	4000	5000	6000
Mittlerer Gewinn M	0,44	0,45	0,66	0,67	0,67	0,69	0,66
Gesamtzahl der Takte bei Kennzeichen 0	0	490	1200	1200	1200	1200	1200
Gesamtzahl der Takte bei Kennzeichen 1	200	510	560	560	560	560	560
Gesamtzahl der Takte bei Kennzeichen 2	0	0	240	1240	2240	3240	4240

Beispiel 2. Mit der gleichen Wahrscheinlichkeit 0,2 erscheint eines der fünf Medien: $C_1 = (0{,}2; -0{,}6)$, $C_2 = (-0{,}9; 0{,}9)$, $C_3 = (-0{,}5: 0{,}5)$, $C_4 = (-0{,}3; 0{,}3)$ und $C_5 = (-0{,}3; 0{,}3)$. Das Kollektiv besteht aus den Automaten R^1 und R^2.

Die Gewinnerwartungswerte für verschiedene Kennzeichenpaare sind in Tabelle 4.1.4 angegeben. Wie man leicht sieht, ist im ersten Medium die Aktion 1 und in allen anderen Medien die Aktion 2 am günstigsten. Folglich ist die Abstimmung eines Automaten auf das Kennzeichen 0 und des anderen Automaten auf das Kennzeichen 1 am günstigsten. Das ist auch aus Tabelle 4.1.4 ersichtlich.

Tabelle 4.1.4

Kennzeichen	0,1	0,2	0,3	0,4	0,5	1,2	1,3	1,4
Gewinnerwartungswert	0,44	0,28	0,28	0,28	0,28	0,22	0,14	0,1
Kennzeichen	1,5	2,3	2,4	2,5	3,4	3,5	4,5	
Gewinnerwartungswert	0,1	0,24	0,2	0,2	0,12	0,12	0,08	

Wir wenden uns den Modellierungsergebnissen zu. Der Speicher der Automaten A^j $(j = 1, 2)$ war gleich Fünf. In Tabelle 4.1.5 sind die Verteilungen der Automaten nach Medien bei verschiedenen Speicherkapazitäten der Automaten B^j zum Zeitpunkt von 10000 Intervallen τ prozentual zur Gesamtzahl der Intervalle angeführt. Aus Tabelle

Tabelle 4.1.5

n_B	M	Verteilung der Automaten B^j nach Aktionen											
		B^1						B^2					
		0	1	2	3	4	5	0	1	2	3	4	5
5	0,2	34	18	13	12	17	6	17	31	24	10	10	8
10	0,42	0	85	4	0	6	5	93	0	0	0	0	7

4.1.5 ist ersichtlich, daß für $n_B = 10$ hinreichend exakt die Kennzeichenkombination 0, 1 ausgewählt wird. Die Dynamik der Auswahl ist aus der Tabelle 4.1.6 ($n_B = 10$, $\tau = 40$) gut zu erkennen. Aus dieser Tabelle folgt, daß nach 1000 Intervallen der Automat B^2 stabil auf Kennzeichen Null und nach 2000 Intervallen der Automat B^1 stabil auf Kennzeichen 1 steht. Nach 2000 Intervallen wählen die Automaten stabil die Kennzeichenkombination 0, 1.

Tabelle 4.1.6

Anzahl der Intervalle τ	M	B^1						B^2					
		0	1	2	3	4	5	0	1	2	3	4	5
1000	0,14	0	16	40	0	44	0	28	0	0	0	0	72
2000	0,30	0	24	20	0	32	24	24	0	0	0	0	36
4000	0,42	0	62	10	0	16	12	82	0	0	0	0	18
8000	0,42	0	81	5	0	8	6	91	0	0	0	0	9
12000	0,42	0	87,4	3,3	0	5,2	4,1	94	0	0	0	0	6

Die charakteristische Besonderheit sowohl des letzten als auch des vorletzten Modells (Verhalten im periodischen zufälligen Medium) ist die Aufteilung der Aufgabe auf zwei Automatenebenen: die Automaten der ersten Ebene lösen das Verhaltensproblem in einem stationären zufälligen Medium während die Automaten der zweiten Ebene durch die „Gemeinsamkeit der Interessen“ verbunden sind und die Aufgabe der „Arbeitsaufteilung“ zwischen den Automaten der ersten Ebene lösen.

§ 4.2. Kollektives Verhalten in einem Bedienungssystem mit Warteschlange

In diesem Paragraphen beginnen wir mit der Untersuchung von Modellen des kollektiven Verhaltens von Automaten, die sich schlecht in der Terminologie der Spieltheorie formulieren lassen, die aber eine klare inhaltsreiche Formulierung in der Terminologie des Verhaltens selbst zulassen. In der Aufgabe, die wir hier betrachten werden, ist uns ein Kriterium für die Zweckmäßigkeit des Verhaltens des Kollektivs der Automaten bekannt, und uns wird eine Möglichkeit der Organisation des lokalen Verhaltens jedes Automaten interessieren, die die Zweckmäßigkeit des Verhaltens des gesamten Kollektivs garantiert.

Wir betrachten ein Bedienungssystem, das aus N Bedienungsplätzen besteht. Diese nennen wir Bedienungskanäle oder einfach Kanäle. Beim Bedienungssystem kommen k Ströme von Forderungen von k verschiedenen Abonnenten an. Wie in der Bedienungstheorie üblich, setzen wir voraus, daß die Zeitintervalle zwischen zwei von einem Abonnenten eintreffenden Anforderungen exponential verteilt sind und daß Nachwirkungen fehlen, d. h., der Forderungsstrom von jedem Abonnenten stellt einen Poissonschen Strom mit der Intensität λ_i dar. Wir setzen weiter voraus, daß die Bedienungszeit für die i-te Anforderung (Anforderung vom i-ten Abonnenten) exponential verteilt ist mit der mittleren Bedienungszeit τ_i und nicht davon abhängt, auf welchem Kanal die Anforderung eintraf. Das von uns hier betrachtete System ist ein Bedienungssystem mit unbeschränkter Warteschlange. Das bedeutet folgendes: Gibt es zum Zeitpunkt des Eintreffens der Anforderung keinen freien Kanal, so wartet sie auf das Freiwerden eines Kanals. Die wartenden Anforderungen bilden eine Warteschlange, die keine Anforderung ohne vorherige Bedienung verlassen kann.

Die Qualität der Arbeit eines solchen Systems kann man anhand der mittleren Warteschlangenlänge oder der mit ihr verbundenen mittleren Wartezeit beurteilen. Die mittlere Wartezeit hängt von der Organisation der Warteschlange ab. Wir sagen, daß die Organisation der Arbeit und der Warteschlange kein zweckmäßiges Verhalten hat, wenn die mittlere Wartezeit gleich der mittleren Wartezeit bei der Organisation des „first-in-first-out“ ist. Eine Analyse von Bedienungssystemen mit unbegrenzter Warteschlange zeigt, daß die mittlere Wartezeit (mittlere Länge der Warteschlange) durch Einführung von Prioritäten verkürzt werden kann; dabei muß die höchste Dringlichkeitsstufe den Anforderungen mit der kürzesten mittleren Bedienungszeit zugeordnet werden. Die Organisierung des Prioritätensystems erfordert die Kenntnis der Wahrscheinlichkeitscharakteristiken der Eingangsströme. In einer Reihe praktisch wichtiger Fälle sind die Wahrscheinlichkeitscharakteristika a priori nicht bekannt oder sie verändern sich im Laufe der Zeit.

Wir betrachten ein Bedienungssystem, bei dem die Prioritäten unmittelbar an den Kanälen ohne a priori Kenntnis der Wahrscheinlichkeitscharakteristiken der Eingangsströme festgelegt werden. In diesem Fall wählt jeder Kanal zur Vergrößerung der Zweckmäßigkeit des Verhaltens einen Abonnenten aus, dessen Anforderungen er außer der Reihe bedient. Aus der Bedienungstheorie folgt, daß solche Abonnenten die mit der geringsten mittleren Bedienungszeit sein müssen. Liegen die mittleren Bedienungszeiten nahe beieinander, so müssen es die mit der größten Stromdichte sein.

Damit die angegebene Auswahl verwirklicht wird, ist offensichtlich erforderlich, daß die Bedienung von Anforderungen der Abonnenten mit kurzen mittleren Bedienungszeiten für die Kanäle „am günstigsten“ ist. Ein solcher Effekt kann erreicht werden, wenn im System eine einheitliche „Gebühr“ für die Bedienung einer Anforderung unabhängig von der Bedienungszeit festgelegt wird. Wenn eine solche einheitliche „Gebühr“ gleich den Kosten für die mittlere Bedienungszeit bezüglich des Gesamtsystems ist, so erweisen sich für die Kanäle die Abonnenten, deren mittlere Bedienungszeit kleiner als die mittlere des Systems ist, als „rentabel“ und die restlichen als „unrentabel“. Dabei wird der „Rentabilitätsgrad“ des Abonnenten nicht nur durch den „Gewinn“ bei einer einzelnen Bedienung bestimmt, sondern auch durch die Dichte seines Forderungsstroms. Auf diesen Überlegungen basiert die Organisation des kollektiven Verhaltens von Automaten zur Ausarbeitung eines Prioritätssystems.

Jedem Kanal wird ein Paar von Automaten A^h und A^r zugeordnet, die Haupt- und

Reserveautomat heißen und deren Struktur identisch ist. Wie im § 1.1 setzen wir voraus, daß jeder von ihnen aus einem Aktionsautomaten und einem Speicherautomaten besteht (Abb. 1.4). Der Speicherautomat hat n Zustände, und der Zustandsüberführungsgraph ist in Abb. 4.4 dargestellt.

Das Eingangssignal ist $S = +1$ zum Zeitpunkt des Eintreffens einer Forderung am Kanal bei eingeschaltetem Automaten, $S = -1$ im Prozeß der Bedienung einer Forderung bei eingeschaltetem Automaten und $S = 0$ bei ausgeschaltetem Automaten. Die Zahl der Zustände, um die der abbildende Punkt im Graphen bewegt wird, ist bei $S = +1$ gleich T_m — der mittleren Bedienungszeit im System. Ein Aktionswechsel findet dann statt, wenn sich der Speicherautomat im ersten Zustand befindet (in der Abb. 4.4 ist dieser Zustand schwarz gezeichnet). Der Aktionsautomat hat k Zustände

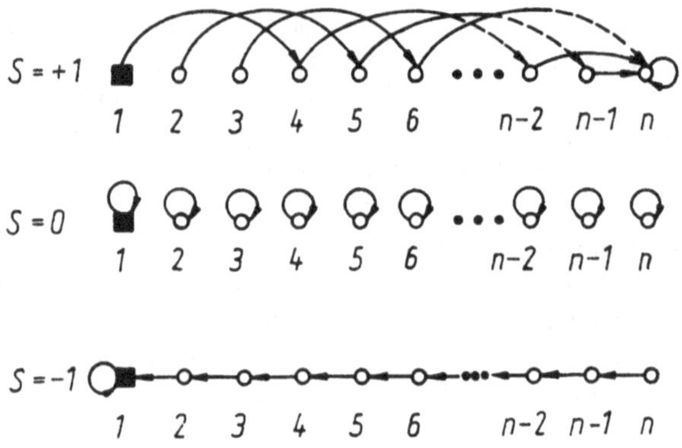

Abb. 4.4

und fixiert zum Zeitpunkt des Aktionswechsels die Nummer des Abonnenten, dessen Anforderung zu diesem Zeitpunkt zur Bedienung eintraf. Die Aktionen des Haupt- und Reserveautomaten sind Prioritätsnummern, d. h. ein Abonnent, dessen Nummer mit der Aktion des Haupt- oder Reserveautomaten eines gewissen Kanals übereinstimmt, wird von diesem Kanal außer der Reihe bedient. Dabei geben die Aktionen des Hauptautomaten bzw. die des Reserveautomaten die erste bzw. zweite Dringlichkeitsstufe an.

Die Arbeit des Systems ist folgendermaßen organisiert. Trifft zur Bedienung die Anforderung eines Abonnenten ein, dessen Kennzeichen der Aktion des Hauptautomaten entspricht, so wird der Hauptautomat eingeschaltet, entspricht sie der des Reserveautomaten, dann der Reserveautomat. Traf eine Anforderung von einem Abonnenten ein, der keine Priorität für diesen Kanal hat, so wird der Speicherautomat des Reserveautomaten in den ersten Zustand gestellt und der Reserveautomat eingeschaltet.

Aus Abb. 4.4 erkennt man, daß die Zustandsnummer des Speicherautomaten des arbeitenden Automaten gleich der Differenz zwischen der Bedienungszeit und der mittleren Bedienungszeit des Systems ist. Damit sich die Kanäle die günstigsten Abonnenten reservieren können, ist die Möglichkeit der Konkurrenz zwischen den Automaten vorgesehen. Zu diesem Zweck wird jedesmal nach der Bedienung einer Forderung im Kanal ein Vergleich der Zustände der Speicherautomaten des Haupt- und Reserveautomaten vorgenommen. Zum nächsten Zeitpunkt wird der Automat mit dem größten inneren Zustand zum Hauptautomaten.

Sind beim Eintreffen einer Forderung mehrere Kanäle frei und hat die Forderung für keinen dieser Kanäle Priorität, so wird sie von dem Kanal bedient, bei dem der Zustand des Reserveautomaten am kleinsten ist.

Wird als Bedienungssystem ein Telefonnetz betrachtet, so verbessert die Reservierung von Kanälen für einen Teil der Abonnenten eine weitere Charakteristik der Qualität der Arbeit des Systems – nämlich die Zahl der Umschaltungen. (Wir sagen, daß im System keine Umschaltung eintrat, wenn unmittelbar hintereinander im Kanal zwei Forderungen ein und derselben Abonnenten bedient wurden.) Derartige Umschaltungen verursachen wesentliche Fehler und senken stark die Hörbarkeitsqualität (Tonqualität) besonders in Systemen mit Mehrfachkanälen.

Sind die Wahrscheinlichkeitscharakteristiken der Forderungsströme konstant, so ähneln die Arbeitsbedingungen der Automaten in gewissem Sinne einem Kombinationsspiel. Wählt man den Speicher der Automaten genügend groß, so kann man deshalb voraussetzen, daß die Prioritäten für die Abonnenten mit kleinen Bedienungszeiten so festgelegt werden, als seien die mittleren Bedienungszeiten im voraus bekannt. Der experimentelle Zugang zur Untersuchung des Verhaltens eines solchen Systems wird durch die offensichtlichen analytischen Schwierigkeiten gerechtfertigt.

Wir betrachten zunächst ein elementares Beispiel. Es möge ein Einkanalbedienungssystem mit zwei Abonnenten vorliegen. Die Dichten der Forderungsströme sind gleich, und zwar $\lambda_1 = \lambda_2 = 1/16$. Den Forderungen der Abonnenten entsprechen die mittleren Bedienungszeiten $\tau_1 = 12$ Min. bzw. $\tau_2 = 2$ Min. Werden die Forderungen nach dem Prinzip „first-in-first-out" behandelt, so beträgt die mittlere Wartezeit bei den angegebenen Systemparametern 50 Minuten. Bei vorrangiger Behandlung des zweiten Forderungsstroms wird die mittlere Wartezeit auf 31 Minuten gesenkt. Die Benutzung von Automaten für dieses Beispiel ergab beim Experiment auf einer EDVA ebenfalls eine mittlere Wartezeit von 31 Minuten.

Tabelle 4.2.1

Nr	N	k	λ_i	τ_i
1	2	4	$\lambda_i = 1/16\ (1 \leqq i \leqq 4)$;	$\tau_1 = \tau_2 = 2;\ \tau_3 = \tau_4 = 12$;
2	4	4	$\lambda_1 = \lambda_2 = 3/16$; $\lambda_3 = \lambda_4 = 1/16$	$\tau_1 = 2;\ \tau_2 = 12$; $\tau_3 = \tau_4 = 7$
3	4	4	$\lambda_i = 1/3\ (1 \leqq i \leqq 4)$	$\tau_1 = \tau_2 = 2;\ \tau_3 = \tau_4 = 12$;
4	4	6	$\lambda_i = 1/20\ (1 \leqq i \leqq 5)$; $\lambda_6 = 1/4$	$\tau_i = 12\ (1 \leqq i \leqq 5)$; $\tau_6 = 2$
5	4	7	$\lambda_i = 1/20\ (1 \leqq i \leqq 5)$; $\lambda_6 = \lambda_7 = 1/8$	$\tau_i = 7\ (1 \leqq i \leqq 5)$; $\tau_6 = \tau_7 = 2$
6	4	8	$\lambda_i = 1/16\ (1 \leqq i \leqq 8)$;	$\tau_i = 7\ (1 \leqq i \leqq 6)$; $\tau_7 = 2;\ \tau_8 = 12$
7	4	16	$\lambda_i = 1/16\ (1 \leqq i \leqq 4)$; $\lambda_j = 1/48\ (5 \leqq j \leqq 16)$;	$\tau_1 = \tau_2 = 2;\ \tau_3 = \tau_4 = 12$; $\tau_i = 7\ (5 \leqq i \leqq 16)$;
8	8	16	$\lambda_i = 1/16\ (1 \leqq i \leqq 16)$	$\tau_i = 2\ (1 \leqq i \leqq 8)$; $\tau_j = 12\ (9 \leqq j \leqq 16)$

Auf einer EDVA wurde eine Serie von Experimenten durchgeführt, in denen das Verhalten eines Kollektivs von Automaten bei verschiedenen Dichten der Forderungsströme und bei verschiedenen Bedienungszeiten der Forderungen untersucht wurde. Die Parameter des Systems sind in Tabelle 4.2.1 angeführt. Bei allen Experimenten wurden die Systemparameter so gewählt, daß die mittlere Wartezeit im System ohne Prioritäten gleich 50 Minuten war. Der Speicher der Automaten (die Anzahl der Zustände des Speicherautomaten) war in allen Experimenten gleich, und zwar 8. Oben haben wir davon gesprochen, daß wir eine „Einheitsgebühr" für die Bedienung auswählen, die gleich der mittleren Bedienungszeit im System ist. Um festzustellen, wie kritisch das Verhalten des Systems gegenüber der Auswahl dieses Parameters ist, wurde er in allen Experimenten gleich 4 gewählt. Wie man aus Tabelle 4.2.1 erkennt, ist er dabei in einigen Fällen größer und in einigen Fällen kleiner als die tatsächliche mittlere Bedienungszeit im System.

Tabelle 4.2.2

Nr. des Experiments	c^0	c^1	Π^1	Π^2
1	31,0	31,0	0,85	0,98
2	34,4	31,5	0,70	0,97
3	31,0	31,2	0,75	0,98
4	31,0	31,2	0,68	0,96
5	31,0	34,0	0,80	0,98
6	38,5	36,0	0,90	0,98
7	35,2	34,0	0,85	0,98
8	31,0	32,0	0,90	0,999

Die Ergebnisse der Experimente sind in Tabelle 4.2.2 angegeben. Die Nummern der Experimente stimmen in den Tabellen 4.2.2 und 4.2.1 überein. In Tabelle 4.2.2 sind für jedes Experiment angegeben:

c^0 – die berechnete mittlere Wartezeit in einem System, in dem der Abonnent mit der kürzesten mittleren Bedienungszeit ($\tau_i = 2$) Vorrang hat,

c^1 – die mittlere Wartezeit, die im Experiment bei Verwendung des Automatenmodells erhalten wurde,

Π^1 – mittlere Zahl der Umschaltungen, die im Experiment bei Verwendung des Automatenmodells erhalten wurde,

Π^2 – mittlere Zahl der Umschaltungen, die im Experiment mit einem System ohne Prioritäten erhalten wurde.

Man erkennt aus Tabelle 4.2.2, daß die im Prozeß der Arbeit des Systems von den Automaten erzeugten Prioritäten mittlere Wartezeiten ergeben, die nahe bei den mittleren Wartezeiten liegen, die man für ein System erhält, bei dem die Prioritäten auf der Grundlage von a priori Kenntnissen der Charakteristiken der Eingangsströme festgelegt werden. Das Ergebnis der Experimente 2, 6 und 7 kann Verwunderung hervorrufen, weil in diesen Experimenten das Automatenmodell kürzere mittlere Wartezeiten liefert als die Verwendung des Systems mit fixierten Prioritäten. Diese Tatsache kann man einfach erklären. Die Werte c^0 entsprechen einem Prioritätensystem, bei dem nur Abonnenten mit den „kürzesten" Forderungen Vorrang eingeräumt wird. In den Experimenten 2, 6 und 7 gibt es aber drei Gruppen von mittleren Bedienungszeiten, und im Automatenmodell wird ein komplizierteres Prioritätensystem realisiert.

In praktischen Aufgaben ist besonders der Fall interessant, daß sich die Parameter der von den Abonnenten eintreffenden Forderungsströme zeitlich verändern. In dieser Situation muß sich das Prioritätensystem auch zeitlich verändern. Methoden zur Erzeugung eines Prioritätensystems für den nichtstationären Fall wurden in der Bedienungstheorie nicht betrachtet. Es ist natürlich, auch in diesem Fall das Verhalten des Automatenmodells zu untersuchen.

Wir werden ein Modell betrachten, in dem die Abhängigkeit der Parameter der Ströme von der Zeit zufällig ist und durch eine Markowsche Kette gegeben wird. Ebenso wie im § 1.5 beschränken wir uns auf den Fall, daß der die Parameter der Ströme umschaltende MARKOWsche Prozeß zwei Zustände hat und durch eine symmetrische stochastische Matrix gegeben ist. Das System hat in den Experimenten, die wir im weiteren betrachten werden, folgende Parameter:

$N = 4$ Anzahl der Kanäle;

$k = 4$ Anzahl der Abonnenten, die Dichten aller Ströme sind gleich, und zwar 1/8;

die mittleren Bedienungszeiten können zwei Werte annehmen, nämlich 2 und 12.

In der ersten Experimentenserie hatte das System zwei Zustände ($\tau_1 = \tau_2 = 2$; $\tau_3 = \tau_4 = 12$) und ($\tau_1 = \tau_2 = 12$; $\tau_3 = \tau_4 = 2$), wobei sich zu jedem Zeitpunkt mit der Wahrscheinlichkeit δ ein Wechsel des Systemzustands ereignete. Wir bemerken, daß die Systemzustände gleichwahrscheinlich und die mittleren Bedienungszeiten während eines genügend großen Zeitintervalls für alle Abonnenten gleich sind.

Tabelle 4.2.3

δ	0,002	0,008	0,032	0,100	0,320
c^1	31,2	34,4	37,6	41,5	45,0
c^2	50,0	50,0	50,0	50,0	50,0
Π^1	0,82	0,84	0,86	0,92	0,95
Π^2	0,98	0,98	0,98	0,98	0,98

In der zweiten Experimentenserie hatte jeder Abonnent zwei Zustände $\tau_i{}^1 = 2$ und $\tau_i{}^2 = 12$, und die Umschaltungen wurden unabhängig mit einer für alle Abonnenten gleichen Wahrscheinlichkeit δ vorgenommen.

In Tabelle 4.2.3 sind die Ergebnisse der ersten Experimentenserie für verschiedene δ und $n = 4$ angeführt. C^2 ist die im Experiment erhaltene mittlere Wartezeit in einem System ohne Prioritäten.

In Tabelle 4.2.4 sind die Ergebnisse der Experimente für $\delta = 1/64$ und verschiedene Werte n der Speicherkapazität angegeben.

Tabelle 4.2.4

n	1	2	3	4	8	10	12	14
c^1	48,4	43,1	39,5	36,2	38,4	39,5	41,3	42,3
c^2	50,0	50,0	50,0	50,0	50,0	50,0	50,0	50,0

Die entsprechenden Ergebnisse der zweiten Experimentenserie sind in den Tabellen 4.2.5 und 4.2.6 angeführt.

Dabei macht sich bei unabhängiger Umschaltung der Stromparameter ein starkes Anwachsen der mittleren Wartezeit bemerkbar. Dieses Anwachsen erklärt sich durch das Vorhandensein von Spitzenperioden, d. h. von solchen Perioden, in denen alle

Abonnenten Forderungen mit der mittleren Bedienungszeit 12 abgeben. In diesen Perioden ist der Forderungsstrom größer als die Durchlaßfähigkeit des Systems, und die Warteschlange beginnt linear zu wachsen. Je kleiner die Wahrscheinlichkeit für die

Tabelle 4.2.5

δ	0,002	0,004	0,008	0,016
c^1	180,5	80,5	60,8	38,0
c^2	240,0	120,0	90,0	55,0
Π^1	0,79	0,78	0,78	0,77
Π^2	0,99	0,99	0,99	0,99

Tabelle 4.2.6

n	1	2	3	4	8	14
c^1	52,5	45,7	42,1	38,0	38,4	41,3
c^2	55,0	55,0	55,0	55,0	55,0	55,0

Umschaltung ist, desto länger sind die Spitzenperioden. Ein Fehlen der Warteschlange in Perioden minimaler Belastung kompensiert nicht das Vorhandensein der Warteschlange in Spitzenperioden.

Die Abhängigkeit der mittleren Wartezeit von der Speicherkapazität der Automaten bei $\delta = 1/64$ ist für beide Experimenteserien in Abb. 4.5 dargestellt. Die Kurve 1 entspricht dabei der Tabelle 4.2.4 und die Kurve 2 der Tabelle 4.2.6.

Die durchgeführten Experimente zeigen, daß für nichtstationäre Ströme eine optimale Speicherkapazität der Automaten existiert. Die Verwendung von Automaten mit einem optimalen Speicher oder mit einem nahe beim optimalen (von oben) liegenden Speicher gestattet es, die mittlere Wartezeit wesentlich zu verkürzen.

Die bei der Untersuchung des Verhaltens der Automaten in der oben beschriebenen

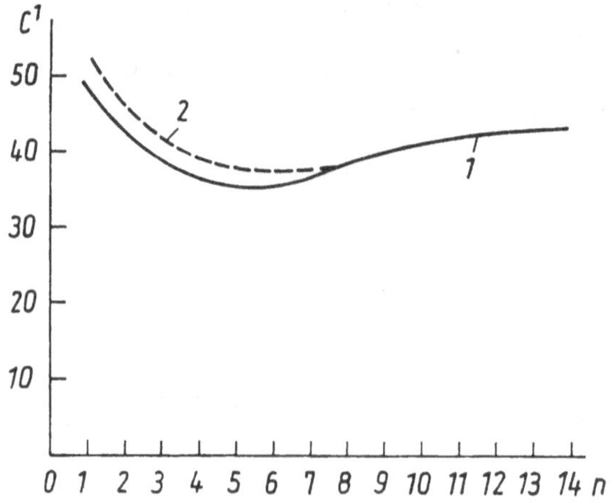

Abb. 4.5

Aufgabe erzielten Ergebnisse gestatten es, auf die Effektivität der Verwendung eines solchen Zugangs zur Steuerung komplizierter Bedienungssysteme zu hoffen.

Wir betrachten ein Bedienungssystem mit unbegrenzter Warteschlange, das sich vom oben beschriebenen System dadurch unterscheidet, daß ein und dieselbe Forderung von verschiedenen Kanälen in verschiedenen Zeiten bedient wird, d. h., die Durchlaßfähigkeit eines Kanals ist für verschiedene Forderungen unterschiedlich, und die Durchlaßfähigkeit verschiedener Kanäle ist für ein und dieselbe Forderung ebenfalls verschieden. In einem solchen System bestimmt die Aufteilung der Forderungen auf die Kanäle die Durchlaßfähigkeit des Systems. Folglich kann man versuchen, das kollektive Verhalten der Automaten zur Erzeugung von Prioritäten zu organisieren, die zu einer Vergrößerung der Durchlaßfähigkeit des Systems führen.

Wir wenden uns einer tiefgründigen Interpretation dieser Aufgabe zu. (Wir bemerken, daß gerade eine solche Aufgabe zur Konstruktion des Automatenmodells führte.) Wir betrachten einen Produktionsabschnitt, der aus einigen Arbeitsplätzen besteht, die einander vollständig ersetzen können. An jedem Arbeitsplatz werden gewisse Operationen durchgeführt, die einen kompletten Fertigungszyklus für ein Detail ausmachen (Ausführung eines Auftrages). Im weiteren werden wir unter einem Arbeiter einen „Ausführenden" verstehen, unabhängig davon, ob es sich dabei um einen einzigen Arbeiter oder eine Brigade handelt. Ein Fertigungszyklus für ein Detail besteht aus einer Folge von Operationen, d. h. aus einer Folge verschiedenartiger Arbeiten. Ein Herstellungsauftrag wird für jede Kollektion von Details durch eine Menge von Zeitnormen für die Ausführung verschiedenartiger Arbeiten charakterisiert. Solche Zeitnormen sind für verschiedene Details unterschiedlich.

Wir werden ein aus N Bedienungskanälen (Arbeitern) und k Abonnenten (Detailkollektionen) bestehendes System betrachten. Mit α_{lj} bezeichnen wir die zur Ausführung der l-ten Arbeitsart in der Detailkollektion j-ten Typs festgelegte Zeitnorm. Wir setzen voraus, daß r Arbeitsarten existieren und daß die Größen der Detailkollektionen konstant sind. Dann wird die festgelegte Zeitnorm zur Herstellung einer Detailkollektion j-ten Typs nach der Formel $\alpha_j = \sum_{l=1}^{r} \alpha_{lj}$ berechnet. Für jede Detailkollektion ist ein Herstellungspreis festgelegt. Dieser ist gleich $d_j = \sum_{l=1}^{r} \gamma_l \alpha_{lj}$, wobei γ_l der (Stunden)Tarif für die Ausführung der l-ten Arbeitsart ist.

Die Arbeiter haben auf Grund individueller Besonderheiten von Erfahrung und Qualifikation bei den unterschiedlichen Arbeitsarten eine unterschiedliche Produktivität. Die Arbeitsproduktivität des i-ten Arbeiters bei der Ausführung der l-ten Arbeitsart wird durch den Normübererfüllungskoeffizienten c_{li} charakterisiert. Mit anderen Worten: Jeder Arbeiter wird durch eine Menge von Koeffizienten $\{c_{lj}\}$ charakterisiert. Dabei ist die Herstellungszeit der j-ten Detailkollektion durch den i-ten Arbeiter gleich

$$t_{ij} = \sum_{l=1}^{r} \frac{\alpha_{lj}}{c_{li}}. \tag{4.2.1}$$

Es ist offensichtlich, daß die mittlere Arbeitsproduktivität im Produktionsabschnitt von der Aufteilung der Details auf die Arbeiter abhängt.

Eine der Aufgaben des Meisters besteht gerade darin, bei Kenntnis der individuellen Besonderheiten jeder Beschäftigungseinheit den Produktionsprozeß zu organisieren. Ein erfahrener Meister, der die Möglichkeiten der Arbeiter seines Bereichs und die

Produktionsmöglichkeiten gut kennt, bewältigt derartige Aufgaben erfolgreich. Aber selbst bei den erfahrensten Meistern sind Fehler möglich. Diese sind dadurch bedingt, daß der Meister auf Grund subjektiver Ursachen die Fähigkeiten dieses oder jenes Arbeiters über- oder unterschätzen kann, er kann bestimmte konservative Haltungen haben, die es ihm nicht rechtzeitig gestatten, die gewachsene Qualifikation bei einem Arbeiter und die gefallene bei einem anderen zu bemerken. Außerdem kann die Einzelentscheidung des Meisters zu Reibungen führen, die mit dem Auftreten von privilegierten und gekränkten Arbeitern verbunden sind. Das bezieht sich besonders auf die Fälle, bei denen infolge unvollkommener technischer Normen, Fehlen von Normen gleicher Intensität, Unzulänglichkeiten im Bezahlungssystem usw. die Begriffe „günstige“ und „ungünstige“ Arbeit existieren. (So kann zum Beispiel ein und derselbe Arbeiter, wenn er an den vom Standpunkt der Bezahlung aus „günstigsten“ Details arbeitet, am Tage 11,5 Rubel verdienen, während er bei den „ungünstigsten“ Details nur 1,5 Rubel verdient.) Bei der Ausarbeitung eines Systems der innerbetrieblichen Steuerung tauchte die Frage nach den Möglichkeiten des Ausschlusses der erwähnten Funktionen des Meisters und deren Ersatz durch das kollektive Verhalten der Arbeiter im Produktionsprozeß auf. Im unten folgenden Modell des kollektiven Verhaltens von Automaten wurde eine Beurteilung dieser Möglichkeit vorgenommen.

Sind die Parameter der Eingangsströme und Details im voraus mit annehmbarer Genauigkeit bekannt und ändern sich zeitlich nicht, so kann die Aufgabe über die Auftragsverteilung an die Beschäftigteneinheiten wie eine Aufgabe der optimalen Zuordnung gelöst werden. Aber selbst bei einem gut organisierten Planungssystem und einem exakt funktionierenden System der operativen Steuerung hat das Eintreffen der Details am Arbeitsplatz zufälligen Charakter. Deshalb kann eine feste Verteilung von Detailtypen an die Arbeiter zu Stillstandszeiten bei einigen Arbeitern führen, während bei anderen Auftragswarteschlangen vorhanden sind. Folglich sind die bei der Lösung des Zuordnungsproblems erhaltenen Daten nicht als Grundlage einer festen Verteilung zu verwenden, sondern als Prioritätensystem bei Zuweisung von Arbeitern verschiedener Art. Die hier auftretende grundlegende Schwierigkeit hängt mit dem Fehlen einer das System vollständig charakterisierenden Information und dem Vorhandensein von zufälligen und systematischen zeitlichen Veränderungen der Parameter des Systems zusammen. Ein vernünftiger Ausweg aus dieser Lage ist die Ausarbeitung eines Prioritätensystems im Produktionsprozeß auf der Basis der vorherigen Tätigkeit des Systems. Uns wird der Fall interessieren, bei dem ein Prioritätensystem durch die Wechselwirkung der Arbeiter im Produktionsprozeß erzeugt wird.

Wir wollen die Organisation eines solchen Systems betrachten. Alle im Arbeitsbereich eintreffenden Aufträge bilden eine gemeinsame Warteschlange. Jeder Arbeiter darf m geordnete Prioritätsnummern haben: $b_{1i}, b_{2i}, \ldots, b_{mi}$ $(m < k)$. Das Vorhandensein einer Prioritätsnummer bei einem Arbeiter gibt diesem das Recht, einen dieser Prioritätsnummer entsprechenden Auftrag außer der Reihe zu erhalten. Sind in der Warteschlange für den gegebenen Arbeiter keine Prioritätsaufträge vorhanden, so erhält er den in der Schlange als ersten stehenden Auftrag. Wesentlich für eine solche Verteilungsform der Aufträge ist die Tatsache, daß die Zahl der Prioritätsnummern eines Arbeiters bedeutend kleiner als die Nomenklatur der Aufträge ist. Dem Arbeiter wird das Recht eingeräumt, selbständig die Prioritätsnummern zu bilden.

Es ist natürlich anzunehmen, daß als Grundlage für die Bildung der Prioritätsnummern die „Zweckmäßigkeit“ bzw. „Unzweckmäßigkeit“ dieser oder jener Detailtypen für den gegebenen Arbeiter dient. Dabei kann es allerdings passieren, daß alle Arbeiter ein und dasselbe Detail als Prioritätsdetail auswählen und die Ausarbeitung eines Prioritätensystems zu keinem wesentlichen Nutzen führt. Es sei jedoch folgendes bemerkt: je mehr Arbeiter ein gegebenes Detail als Prioritätsdetail auswählen, desto seltener wird es zu jedem Arbeiter zur Bearbeitung gelangen und desto geringer wird seine mittlere „Zweckmäßigkeit". Als vernünftig erweist sich in dieser Situation die Auswahl eines solchen Details als Prioritätsdetail, das einen geringeren einzelnen Gewinn bringt, dafür aber häufig eintritt.

Wir betrachten ein der oben beschriebenen Situation adäquates Modell des kollektiven Verhaltens von Automaten. Man hat ein Bedienungssystem mit unbeschränkter Warteschlange, N Kanälen und k Abonnenten. Jeder Abonnent liefert an das System einen Auftragsstrom mit der Dichte λ_i. Der Auftragsstrom wird im Modell als Poissonscher Strom vorausgesetzt. Jeder Auftrag wird durch eine Gebühr d_j für seine Ausführung charakterisiert. Die Wechselwirkung der Kanäle und Abonnenten ist durch die Matrix $T = \|t_{ji}\|$ gegeben. Dabei bedeutet t_{ji} die Bedienungszeit der Aufträge des j-ten Abonnenten durch den i-ten Kanal. Es wird vorausgesetzt, daß die tatsächlichen Bedienungszeiten exponentiell verteilt sind mit dem Mittelwert t_{ji}.

Jedem Kanal ordnen wir zwei Automaten zu: A^h — den Hauptautomaten und A^r — den Reserveautomaten. Die Automaten haben k Aktionen und n Zustände pro Aktion. Die Aktionen der Automaten sind Prioritätsnummern der Kanäle ($m = 2$), wobei eine Aktion des Hauptautomaten eine Prioritätsnummer erster Dringlichkeitsstufe und eine des Reserveautomaten eine Prioritätsnummer zweiter Dringlichkeitsstufe ist. In Übereinstimmung mit der oben beschriebenen Warteordnung übernimmt ein freiwerdender Kanal einen Auftrag zur Bearbeitung, der mit der Aktionsnummer des Haupt- oder Reserveautomaten übereinstimmt. Gibt es in der Warteschlange keinen solchen Auftrag, so wird der in der Warteschlange als erster stehende Auftrag übernommen.

Jeder Kanal wird durch eine Zahl c_i charakterisiert, die den mittleren Verdienst dieses Kanals pro Zeiteinheit bedeutet und während eines bestimmten vorherigen Zeitabschnittes berechnet wurde.

Traf zur Bearbeitung ein Auftrag ein, dessen Nummer mit der Nummer des Hauptautomaten übereinstimmt, so arbeitet der Hauptautomat. In allen übrigen Fällen arbeitet der Reserveautomat.

Die Arbeit des Automaten wird durch folgende Regeln gegeben. Entspricht die Nummer des zu bearbeitenden Auftrages der Aktionsnummer des arbeitenden Automaten und ist τ_{ji} die tatsächliche Bearbeitungszeit dieses Auftrages, so wird zum Zustand des Automaten nach der Bedienung die Zahl

$$\delta_{ji} = d_j - c_i \tau_{ji} \tag{4.2.2}$$

addiert. Ist die erhaltene Summe kleiner als 1 oder größer als n, so ist der neue Zustand des Automaten entsprechend 1 oder n. Im entgegengesetzten Falle stimmt der neue Zustand mit dem Wert der erhaltenen Summe überein. Ein Aktionswechsel des Automaten geht im Zustand 1 vor sich, wobei die Nummer der neuen Aktion mit der Nummer des sich zum gegebenen Zeitpunkt in Bearbeitung befindlichen Auftrages übereinstimmt. Traf zur Bearbeitung ein Auftrag ein, der keine Prioritätsnummer hat, so wird der Reserveautomat in den Zustand 1 übergeführt. Jedesmal nach Bearbeitung eines Auftrages wird ein Vergleich der Zustände des Haupt- und Reserveautomaten vorgenommen. Ist der Zustand des Reserveautomaten größer oder gleich dem Zustand des Hauptautomaten, so wird der Reserveautomat zum Hauptautomaten und der Hauptautomat zum Reserveautomaten.

Es ist leicht zu sehen, daß der Zustand des Automaten für einen Kanal die „Zweckmäßigkeit" des Abonnenten charakterisiert, dessen Nummer mit der Aktionsnummer des Automaten übereinstimmt. Der Vergleich der Zustände der Automaten sichert die Konkurrenz der Abonnenten an den Kanälen.

Tabelle 4.2.7

				Details				
1	4	0,36	0,23					28,94
2	4	0,75	0,53	0,53	0,58			113,18
3	4	4,86	1,99	2,57	0,66			482,95
4	4	4,94	0,62	0,58	3,92	0,77		516,02
5	4	3,68	3,23	0,96				379,46
6	4	5,67	2,05	0,62	0,81	0,56		459,95
7	4	5,24	3,17	2,10	0,62			585,15
8	4	0,71	2,67	3,66	1,03			383,98
9	1	4,87	5,20	1,53				559,14
10	4	10,69	1,03	0,66	1,56	2,97	1,03	794,19
11	1	2,34	0,89	1,09				204,80
12	1	0,60	1,28					82,95
13	4	2,67	4,28					335,70
14	1	1,30	1,05					104,00
15	1	5,72	4,77	1,49				629,40
16	1	1,63	1,63	1,71	2,39			356,07
17	2	4,02	11,85	3,66	2,74	1,84		1110,30
18	2	8,56	9,20	1,07				914,50
19	4	1,28	1,50					139,30
20	4	1,28	1,50					173,40
21	1	0,45	0,39					37,40
22	2	1,03	1,11	1,33				161,70

Tabelle 4.2.8

			Arbeiter			
1	0,8	1,1	1,2	1,3	1,0	1,3
2	1,4	1,3	1,6	1,0	1,3	1,1
3	0,6	1,2	1,1	1,0	0,8	1,3

Um die Effektivität eines solchen Systems einzuschätzen, wurde eine Serie von Experimenten zur Modellierung des Verhaltens des Systems auf EDVA durchgeführt. Als Ausgangsdaten wurden die Daten von drei Bereichen konkreter Betriebe verwendet. Beim ersten Experiment waren im Bereich drei Arbeiter und 22 Detailbezeichnungen, beim zweiten fünf Arbeiter und 47 Detailbezeichnungen und beim dritten 12 Arbeiter und 50 Detailbezeichnungen. Die Ausgangsdaten über die Details und die Arbeiter sind für alle drei Experimente in den Tabellen 4.2.7 bis 4.2.12 angegeben. Für die ersten beiden Experimente sind neben dem Arbeitsaufwand für die Operationen die Anzahl der Kollektionen im Programm (zweite Spalte der Tabellen 4.2.7 und 4.2.9) und die

Herstellungskosten einer Kollektion angegeben. Im dritten Experiment ist die Anzahl der Kollektionen bezüglich aller Details gleich, und die Herstellungskosten einer Kollektion sind der Zeitnorm für diese Kollektion direkt proportional.

In Tabelle 4.2.9 sind die Zeitnormen für ein Detail angeführt.

Tabelle 4.2.9

Details									
1	4	0,056	0,042	0,068	0,238				18,68
2	1	1,017	0,194	0,290	0,440				11,18
3	2	0,113	0,123	0,259	0,123	0,119	0,097	0,096	74,35
4	1	0,055	0,071	0,048	0,041	0,030	0,121	0,100	25,58
5	1	0,319	0,082	0 064					29,90
6	1	0,022	0,011	0,080					6,00
7	1	0,096	0,045	0,029					8,00
8	3	0,123	0,272	0,271	0,115	0,349			51,98
9	1	0,187	0,141	0,183	0,187	0,090	0,106	0,040	42,48
10	1	0,103	0,093						9,02
11	1	0,030	0,166	0,040	0,050	0,132			19,82
12	1	0,290	0,149	0,226	0,362	0,136			69,20
13	1	0,265	0,408	0,298	0,239	0,217	0,440		115,20
14	1	0,226	0,427	0,537	0,278	0,116	0,427	0,010	61,63
15	1	0,176	0,103	0,327					30,80
16	2	0,239	0,515	0,320	0,372				67,48
17	4	0,103	0,040	0,040					7,00
18	1	1,220	0,160	0,160					71,04
19	1	0,099	0,053	0,020	0,070	1,390			83,50
20	1	0,115	0,096						10,46
21	4	0,152	0,040	0,040					5,66
22	4	0,059	0,020						3,79
23	3	0,127	0,215	0,170	0,127	0,251	0,850		73,90
24	3	0,202	0,265	0,265	0,351	0,121	0,121	0,141	59,52
25	3	0,141	0,149	0,257	0,224	0,112	0,097		45,60
26	3	0,184	0,153	0,252	0,224	0,112	0,097		47,80
27	3	0,176	0,173	0,235	0,136	0,252	0,240		55,70
28	2	0,134	0,195	0,204	0,140	0,096	0,360	0,258	83,90
29	2	0,144	0,080	0,228	0,128	0,228	0,128	0,464	63,50
30	4	0,030	0,030						0,33
31	4	0,113	0,056	0,048	0,198				21,20
32	4	0,105	0,040	0,048	0,070	0,089			16,27
33	4	0,099	0,035	0,080	0,107	0,212	0,066		27,93
34	4	0,056	0,070	0,072	0,108				13,91
35	4	0,043	0,080	0,115	0,048	0,139	0,064	0,080	35,42
36	4	0,025	0,075	0,171	0,040	0,080	0,048		226,00
37	4	0,026	0,068	0,062	0,032				8,92
38	2	0,166	0,096	0,320	0,179				36,00
39	1	0,032	0,016	0,048	0,164				1,32
40	4	0,051	0,066	0,100					1,01
41	1	0,123	2,024	0,369	0,341	0,649			139,40
42	2	0,224	0,240	0,256	0,160				40,32
43	2	0,320	0,195	0,323	0,252	2,300	0,179		192,00
44	2	0,156	1,312	0,208	0,288	0,094			48,90
45	1	0,156	0,053	0,384	0,080	1,990			141,00
46	1	0,291	0,498	0,096	0,179	0,323	0,413	1,433	172,80
47	1	0,100	0,058	0,194					16,40

Tabelle 4.2.10

	Arbeiter						
1	1,7	1,3	1,1	1,5	1,6	1,4	1,5
2	1,3	1,6	1,4	1,3	1,2	1,2	1,3
3	0,6	0,8	1,1	0,9	1,2	1,0	0,6
4	0,8	1,1	1,2	0,9	1,4	1,3	1,0
5	1,1	1,2	1,0	1,3	1,2	0,8	0,8

Tabelle 4.2.11

	Details												
1	60	21	19	9	8	14	26	10	26	26	29	5	11
2	53	7	23	12	17	26	27	24	33	13	11	15	15
3	72	7	16	20	20	1	28	4	27	24	19	20	12
4	44	14	12	3	9	7	29	22	19	2	37	11	20
5	13	64	13	7	10	28	30	24	8	1	8	16	12
6	22	51	13	21	8	10	31	29	21	16	13	18	20
7	13	55	32	21	2	12	32	26	19	8	17	20	14
8	13	100	13	21	4	26	33	9	21	23	9	12	15
9	17	18	57	25	15	11	34	6	17	11	18	3	16
10	27	28	51	13	28	11	35	39	37	7	34	23	35
11	9	4	40	86	10	11	36	4	7	40	30	59	41
12	17	17	1	85	44	21	37	21	9	56	14	17	56
13	28	9	20	14	70	17	38	9	3	7	25	25	32
14	18	25	9	17	52	1	39	13	12	8	20	30	11
15	2	1	90	11	61	21	40	8	3	30	33	14	34
16	25	3	28	22	26	70	41	5	15	8	12	39	20
17	24	34	8	16	16	71	42	19	52	20	51	22	17
18	36	7	7	2	18	63	43	21	47	52	34	12	30
19	12	39	29	16	26	63	44	28	17	13	5	6	23
20	2	9	3	10	15	26	45	56	13	7	32	10	65
21	17	29	14	8	18	6	46	52	6	18	63	26	11
22	20	34	5	36	31	19	47	11	48	15	5	63	2
23	26	24	12	27	41	21	48	23	32	12	42	52	17
24	34	41	21	34	39	3	49	32	9	27	8	2	25
25	21	18	35	17	28	21	50	4	20	11	26	5	16

Tabelle 4.2.12

	Arbeiter					
1	1,00	0,50	0,80	0,60	0,55	0,58
2	0,75	1,00	0,50	0,70	0,81	0,62
3	0,50	0,50	1,00	0,60	0,92	0,58
4	0,70	0,75	0,62	1,00	0,81	0,86
5	0,91	0,68	0,51	0,84	1,00	0,81
6	0,52	0,83	0,62	0,72	0,78	1,00
7	0,83	0,80	0,72	0,80	0,77	0,80
8	0,68	0,76	0,65	0,88	0,90	0,90
9	0,50	0,52	0,93	0,85	0,96	1,00
10	0,90	1,00	1,00	0,50	0,50	0,70
11	1,00	0,51	0,71	1,00	0,51	0,62
12	0,53	0,60	0,80	0,70	1,00	1,00

Betrachtet man die Tabellen 4.2.7 und 4.2.9, so kann man ziemlich leicht „zweckmäßige" und „unzweckmäßige" Details aussondern, beispielsweise durch einen Vergleich der Details 19 und 20 in Tabelle 4.2.7. Das Vorhandensein einer solch deutlichen Nichtübereinstimmung zwischen Zeitnormen und Preisfestlegung verschlechtert zweifellos die Bedingungen für das Funktionieren des Systems. Im folgenden Beispiel sind die Herstellungskosten der Detailkollektionen den festgelegten Zeitnormen direkt proportional. Die Zeitnormen sind in willkürlichen Einheiten angegeben.

In den durchgeführten Experimenten wurden folgende Größen bestimmt: s — mittlere Warteschlangenlänge, K — Auslastungskoeffizient und U — mittlere Anzahl der Umschaltungen. Der Auslastungskoeffizient K ist der Quotient der Zeit, in der der Kanal besetzt ist (der Arbeiter arbeitet) und der Gesamtzeit des Funktionierens des Systems.

Jedes Experiment bestand aus drei Teilen. Im ersten Teil wurde das Verhalten des Systems ohne Prioritäten, d. h. gemäß „first-in-first-out" untersucht. Die zu diesem Teil gehörigen Ergebnisse sind in der ersten Spalte der Ergebnistabellen angeführt. Der zweite Teil des Experiments stellt die Untersuchung des Modells des kollektiven Verhaltens zur Herausbildung von Prioritäten dar. Ihm entspricht die zweite Spalte der Ergebnistabellen. Offenbar kann man die Durchlaßfähigkeit des Systems anhand des Auslastungskoeffizienten abschätzen. Zu einer vollständigeren Abschätzung der Effektivität der Anwendung des Systems mit Prioritäten wurde jedoch im dritten Teil des Experiments die Intensität des Eingangsstroms so lange erhöht, bis der Auslastungskoeffizient für das System mit Prioritäten gleich dem Auslastungskoeffizienten für das System ohne Prioritäten wurde. Die erreichte Vergrößerung der Dichte des Eingangsstroms wird der Vergrößerung der Durchlaßfähigkeit des Systems gleichgesetzt. Die in den Tabellen angegebene Dichte λ des Eingangsstroms einer Detailkollektion ist für die Detailkollektion aller Typen gleich. Die Ergebnisse der ersten zwei Experimente sind in den Tabellen 4.2.13 und 4.2.14 angegeben.

Die Verwendung des Modells des kollektiven Verhaltens zur Herausbildung von Prioritäten ergab im ersten Fall eine Erhöhung der Durchlaßfähigkeit um ungefähr 5% und im zweiten Fall um 3%. Bei der Einführung des Prioritätensystems lenkt die deutliche Verkürzung der mittleren Warteschlangenlänge die Aufmerksamkeit auf sich.

Tabelle 4.2.13

N	3	3	3
k	22	22	22
s	52,8	14,5	52,8
K	0,88	0,82	0,88
Π	0,98	0,72	0,75
λ	0,0057	0,0057	0,006

Tabelle 4.2.14

N	5	5	5
k	47	47	47
s	61,7	27,0	62,8
K	0,87	0,84	0,87
Π	0,98	0,61	0,65
λ	0,0057	0,0057	0,0059

Die im Modell zu beobachtende Verringerung der mittleren Zahl der Umschaltungen muß in einem realen System zu einer Spezialisierung der Arbeiter führen, was seinerseits zu einer weiteren Steigerung der Arbeitsproduktivität führen muß.

Bei der Analyse der erhaltenen Ergebnisse entstehen folgende Fragen: Arbeitet das System gut oder schlecht? Was bedeuten 3%? Ist das viel oder wenig?

Um diese Fragen zu beantworten und die Qualität der Arbeit des Systems zur Herausbildung von Prioritäten einzuschätzen, wurde im folgenden Experiment noch ein Teil hinzugefügt: In diesem Teil des Experiments wurde die Arbeit des Bedienungssystems (Eingangsströme, Bedienungszeiten) auf einer EDVA modelliert und die Warteordnung

Tabelle 4.2.15

N	12	12	12	12
k	50	50	50	50
s	6,5	2,4	6,5	1,9
K	0,81	0,75	0,81	0,73
Π	0,98	0,87	0,89	0,86
λ	0,012	0,012	0,0129	0,012

(Verteilung der Aufträge an die Kanäle) im Prozeß des Funktionierens des Systems vom Maschinenpult aus durch einen Menschen festgelegt, der die Charakteristiken der Ströme und Arbeiter kennt. Im Verlaufe des Experiments konnte ein solcher „Meister" beliebige Informationen sowohl über die laufende Tätigkeit des Systems, als auch über die mittleren Werte der zu modellierenden Prozesse benutzen. Die Ergebnisse dieses Teils sind in der vierten Spalte der Tabelle 4.2.15 aufgeführt. Die ersten drei Spalten dieser Tabelle sind denen in den vorigen Tabellen 4.2.13 und 4.2.14 analog.

In diesem Beispiel sind die Verschiedenartigkeiten der Details und Arbeiter deutlicher ausgeprägt. Deshalb ergab auch das System zur Herausbildung von Prioritäten eine Vergrößerung der Durchlaßfähigkeit von 7,5%.

Ein Vergleich des Verhaltens eines Kollektivs von Automaten und eines Menschen, der a priori über eine vollständige Information verfügt (siehe zweite und vierte Spalte der Tabelle 4.2.15), zeigt, daß die vom Menschen erreichbaren Ergebnisse nicht viel besser sind als die Ergebnisse, die die Automaten erzielen, wenn sie nicht über die a priori Information verfügen.

Es ist zu erwähnen, daß die bei einer Modellierung des Systems auf einer Rechenanlage erzielten Ergebnisse statistisch zuverlässiger sind als die Ergebnisse des Experiments, an dem der Mensch teilnahm. Im Experiment mit dem „Meister" wurden 500 Stunden Arbeitszeit des Bereichs modelliert (10 Stunden Arbeitszeit des Modells), während in allen anderen Experimenten nicht weniger als 10000 Stunden Arbeitszeit des Bereichs modelliert wurden. Das erklärt sich dadurch, daß das Modell ohne Unterbrechung der Arbeit für Eingriffe des Menschen wesentlich schneller arbeitet.

Im betrachteten Modell wurde eine Reihe von Annahmen gemacht, und bei der Formalisierung des Prozesses wurde die reale Produktionsatmosphäre wesentlich idealisiert. Die erzielten Ergebnisse gestatten es jedoch anzunehmen, daß das betrachtete System der Organisation der Auftragsverteilung in einem operativen innerbetrieblichen Steuerungssystem verwendet werden kann.

Man hat natürlich zu berücksichtigen, daß sich ein realer Arbeiter bei der Auswahl von Prioritätsnummern von Einschätzungen leiten läßt, die besser motiviert sind als die der im Modell betrachteten Automaten.

Eine tiefliegende Frage in einem solchen System ist die Anzahl der Prioritätsnummern bei jedem Arbeiter. Die optimale Zahl der Prioritätsnummern hängt von den Systemparametern ab. In den betrachteten Beispielen führte eine Vergrößerung der Anzahl der Automaten (Anzahl der Prioritäten) pro Kanal zu keinen wesentlichen Änderungen der Ergebnisse. Eine Antwort auf diese Frage für eine reale Produktionssituation kann nur im Ergebnis eines Experiments erhalten werden.

§ 4.3. Kollektives Verhalten im Problem der Ressourcenzuteilung

Das Problem der Ressourcenzuteilung wird in seiner klassischen Form folgendermaßen gestellt.

Es sind Ressourcen in der Menge R vorhanden. Als Ressourcen können hier auftreten: Rohstoffe, Ausrüstungen, Energievorräte, finanzielle Mittel, Arbeitskräfte, die Zeit u. ä. Weiter sind N Verbraucher gegeben und für jeden von diesen eine Funktion $\Psi_j(r_j)$ — der Nutzen, den der j-te Verbraucher erzielt, wenn die von ihm verbrauchte Ressourcenmenge r_j ist. Die vorhandenen Ressourcen sind so an die Verbraucher zu verteilen, daß der Gesamtnutzen maximiert wird, d. h., es ist

$$\max \sum_{j=1}^{N} \Psi_j(r_j) \tag{4.3.1}$$

unter der Bedingung $\sum_{j=1}^{N} r_j \leqq R \ (r_j \geqq 0, j = 1, 2, \ldots, N)$ zu finden.

Vielfältige Deutungen dieses Problems sind gut bekannt. Weiter existieren andere Abarten des Problems, von denen wir nur zwei angeben.

Es ist

$$\min \max \Psi_j(r_j) \tag{4.3.2}$$

unter der Bedingung $\sum_{j=1}^{N} r_j \leqq R \ (r_j \geqq 0, j = 1, 2, \ldots, N)$ zu bestimmen.

Dieses Problem entsteht beispielsweise bei der Festlegung des Impuls-Pause-Verhältnisses pro Periode in einem Mehrkanalregelungssystem mit zeitlicher Kanaltrennung oder in einem Impulssystem zur Regelung von N Objekten über einen Nachrichtenkanal. Eine analoge Aufgabe kann auch für ein Telemetriesystem mit zeitlicher Kanaltrennung gestellt werden.

Im Fall eines Regelungssystems mit zeitlicher Kanaltrennung ist R die Periode des Kanalwechsels, r_j die Zeit, in der der Nachrichtenkanal für den j-ten Regelkreis arbeitet, $\Psi_j(r_j)$ — ein Abschätzung der dabei im j-ten Regelkreis auftretenden Fehler. Die Aufteilung der Objektregelzeit auf eine Periode muß eine Minimisierung des Fehlers im schlechtesten Kanal sicherstellen.

In der folgenden Variante wird gefordert,

$$\max \prod_{j=1}^{N} \Psi_j(r_j) \tag{4.3.3}$$

unter der Bedingung $\sum_{j=1}^{N} r_j \leqq R \ (r_j \geqq 0, j = 1, 2, \ldots, N)$ zu bestimmen.

Eine solche Aufgabenstellung ist mit der Aufteilung von Mitteln auf verschiedene Blöcke des Systems verbunden, die eine maximale Wahrscheinlichkeit für die richtige Lösung der dem System gestellten Aufgabe garantieren. Ist beispielsweise R die zur Lösung eines Problems auf einer EDVA zur Verfügung stehende Zeit, r_j die für die Arbeit des j-ten Programmblocks bereitgestellte Zeit (eine Vergrößerung dieser Zeit ermöglicht es, die Anzahl der Iterationen zu erhöhen oder die Aufgabe mehrmals zu lösen, wodurch die Genauigkeit und die Wahrscheinlichkeit für das Erhalten einer richtigen Lösung vergrößert wird), $\Psi_j(r_j)$ die dabei auftretende Wahrscheinlichkeit der richtigen Lösung der Aufgabe durch den j-ten Block, so ist $\prod_{j=1}^{N} \Psi_j(r_j)$ die Wahrscheinlichkeit für eine richtige Antwort bei der Realisierung des Programms.

Es ist leicht zu sehen: $\max \sum_{j=1}^{N} \ln \Psi_j(r_j)$ garantiert $\max \prod_{j=1}^{N} \Psi_j(r_j)$, und in diesem Sinne ist die Aufgabe (4.3.3) der Aufgabe (4.3.1) äquivalent.

Wie schon im § 2.4 erwähnt wurde, ist für konkave Funktionen $\Psi_j(r_j)$, d. h., wenn

$$\frac{d^2\Psi_j(r_j)}{dr_j^2} < 0 \quad (j = 1, 2, \ldots, N)$$

gilt, die Lösung von Aufgabe (4.3.1) eindeutig, und aus den Bedingungen für einen Sattelpunkt der LAGRANGE-Funktion folgt, daß die gesuchte Ressourcenzuteilung Lösung des Gleichungssystems

$$\left.\begin{aligned} &\frac{d\Psi_j(r_j)}{dr_j} - \lambda = 0 \quad (j = 1, 2, \ldots, N), \\ &\sum_{j=1}^{N} r_j - R = 0 \end{aligned}\right\} \tag{4.3.4}$$

ist.

Hierbei sind zwei Fälle möglich: 1) das System (4.3.4) hat eine Lösung, und dann ist sie wegen der Konkavität der Funktionen $\Psi_j(r_j)$ einzig oder 2) das System (4.3.4) hat keine Lösung. Letzteres bedeutet die Existenz von dominierenden und rezessiven Objekten. Ein Objekt heißt dominierend (rezessiv), wenn die Ableitung der Nutzenfunktion dieses Objekts $d\Psi_j(r_j)/dr_j$ im gesamten Änderungsbereich von r_j größer (kleiner) als die Ableitungen der Nutzenfunktionen der anderen Objekte ist. Existieren dominierende Objekte, so werden alle Ressourcen auf sie aufgeteilt. Rezessive Objekte erhalten überhaupt keine Ressourcen. Unten werden wir den Fall betrachten, daß eine Lösung innerhalb des Gebiets der zulässigen Werte der zu verteilenden Ressourcen liegt. Es wird ersichtlich werden, daß die vorgeschlagenen Organisationsformen des kollektiven Verhaltens es gestatten, eine optimale Verteilung selbst dann zu erreichen, wenn die Lösung auf dem Rand liegt.

Fallen die Funktionen $\Psi_j(r_j)$, so ist wie bei der Analyse des Kombinationsspiels in § 2.4 die Lösung der Aufgabe (4.3.2) einzig, und die gesuchte Ressourcenzuteilung wird aus der Lösung des Gleichungssystems

$$\left.\begin{aligned} &\Psi_j(r_j) - \lambda = 0 \qquad (j = 1, 2, \ldots, N), \\ &\sum_{j=1}^{N} r_j - R = 0 \end{aligned}\right\} \tag{4.3.5}$$

bestimmt.

Die Bemerkung über dominierende und rezessive Objekte bleibt auch in diesem Fall in Kraft.

Ein Vergleich von (4.3.4) und (4.3.5) liefert, daß

$$\max \sum_{j=1}^{N} \int_{0}^{r_j} \Psi_j(x)\, dx$$

$$\min \max_{j} \Psi_j(r_j)$$

sichert. Folglich lassen sich die Lösungsverfahren von Aufgabe (4.3.1) eindeutig auf die Lösung von Aufgabe (4.3.2) ausdehnen. Im weiteren Verlauf werden wir uns deshalb nur mit der Lösung von Aufgabe (4.3.1) befassen.

Die Lösung des Ressourcenzuteilungsproblems hat zwei Aspekte: einen rechnerischen Aspekt und einen Steueraspekt. Sind die Funktionen $\Psi_j(r_j)$ bekannt, so entsteht eine rein rechnerische Aufgabe der nichtlinearen Programmierung, für deren Lösung eine Reihe von Verfahren gut bekannt ist. Sind andererseits die Funktionen $\Psi_j(r_j)$ a priori nicht bekannt, sondern nur ihre laufenden Werte, wobei sich die Funktionen, wie das in der Praxis häufig ist, zeitlich verändern, so entsteht eine Aufgabe der operativen Ressourcenumverteilung im Prozeß der Arbeit des Systems, d. h. eine Steuerungsaufgabe.

Berücksichtigt man die Tatsache, daß die Gleichungen des Systems (4.3.4) partielle Ableitungen der LAGRANGE-Funktion sind, so kann man ein dezentralisiertes Verhalten im Ressourcenzuteilungsproblem organisieren, das auf dem Gradientenverfahren der Lösung dieser Aufgabe basiert.

$$\left.\begin{aligned} \frac{dr_j}{dt} &= k_1 \left(\frac{d\Psi_j(r_j)}{dr_j} - \lambda\right), \\ \frac{d\lambda}{dt} &= k_2 \left(\sum_{j=1}^{N} r_j - R\right). \end{aligned}\right\} \tag{4.3.6}$$

Ein solcher Zugang ist dem Vorgehen äquivalent, daß jeder Verbraucher seine lokale Nutzenfunktion der Form

$$s_j = \Psi_j(r_j) - \lambda r_j \tag{4.3.7}$$

maximiert. In diesem Fall hat der LAGRANGE-Multiplikator λ die Bedeutung des Ressourcenwerts, der von der zentralen Einrichtung anhand der Differenz zwischen Angebot und Nachfrage erarbeitet wird [letzte Gleichung in (4.3.4)].

Ein derart organisiertes Verhalten im Ressourcenzuteilungsproblem wurde in [138] betrachtet. Es ist jedoch unmöglich, das in dieser Arbeit vorgeschlagene Verfahren zur Organisation des Verhaltens der Verbraucher zu benutzen, da im Prozeß der Lösung der Aufgabe die Restriktionen verletzt werden können, was zwar bei der Realisierung der Rechenvorschrift zulässig, aber für die Organisation des Verhaltens völlig unannehmbar ist. Vom Standpunkt der Organisation des kollektiven Verhaltens aus ist das Projektionsgradientenverfahren geeigneter. Dabei wird das Fortschreiten in Richtung des Gradienten der zu maximierenden Funktion durch ein Fortschreiten entlang der Projektion des Gradienten auf den Rand des Gebiets der zulässigen Lösungen ersetzt. Das unten beschriebene Verfahren zur Organisierung des kollektiven Verhaltens ähnelt der Organisierung des Rechenprozesses im Projektionsgradientenverfahren.

Jeder Verbraucher möge eine Forderung über eine Ressourcenmenge erarbeiten, die er beim nächsten Schritt (zum nächsten Zeitpunkt) erhalten möchte. In Abhängigkeit von der Summe der Forderungen werden die Ressourcen folgendermaßen aufgeteilt.

Übersteigt die Summe der Forderungen nicht die vorhandene Ressourcenmenge, so werden die Forderungen vollständig befriedigt.

Ist die Summe der Forderungen größer als die vorhandene Ressourcenmenge, so werden alle Ressourcen proportional den Forderungen der Verbraucher auf diese aufgeteilt, d. h., es ist

$$r_j = \begin{cases} x_j & \text{für} \quad \sum_{j=1}^{N} x_j \leqq R, \\ \dfrac{R x_j}{\sum_{1}^{N} x_j} & \text{für} \quad \sum_{j=1}^{N} x_j > R, \end{cases} \tag{4.3.8}$$

wobei x_j die Forderung des j-ten Verbrauchers bedeutet.

Wir betrachten jetzt lokale Verhaltensregeln, die eine Maximierung des Gesamtnutzens garantieren. Wie aus dem oben Gesagten folgt, wird die gesuchte Ressourcenzuteilung durch die Lösung des Systems (4.3.4) bestimmt. Die Lösung des Systems (4.3.4) entspricht den Maxima der lokalen Nutzenfunktionen (4.3.7) bei der Bedingung, daß Angebot und Nachfrage gleich sind. Es ist dann natürlich, die Größe des Bedarfs bei jedem Schritt nach folgenden Regeln zu ändern:

$$\left.\begin{aligned} x_j(t+1) &= x_j(t) + k_1 \left[\frac{\Delta \Psi_j(r_j(t))}{\Delta r_j(t)} - \lambda(t)\right], \\ \lambda(t+1) &= \lambda(t) + k_2 \left[\sum_{j=1}^{N} x_j(t) - R\right]. \end{aligned}\right\} \tag{4.3.9}$$

Dabei wird der Ressourcenwert in der zentralen Einrichtung anhand der Differenz zwischen Angebot und Nachfrage gebildet.

Aus (4.3.9) folgt unmittelbar, daß der Gleichgewichtspunkt des Systems einer optimalen Ressourcenzuteilung entspricht. Hierbei entsteht die Frage über Stabilität und Erreichbarkeit des Gleichgewichtspunktes. Die mit der Analyse der Stabilität eines solchen Systems verbundenen Schwierigkeiten bestehen darin, daß der Gleichgewichtspunkt auf der Hyperebene $\sum_{j=1}^{N} r_j - R = 0$ liegt, auf deren verschiedenen Seiten die Ressourcen nach verschiedenen Regeln (4.3.8) verteilt werden. Das führt zur Unstetigkeit der Ableitungen auf der Hyperebene der Restriktionen.

Diese Schwierigkeit kann durch Veränderung der Regeln zur Ressourcenzuteilung an die Verbraucher überwunden werden. Übersteigt die Summe der Forderungen die vorhandene Ressourcenmenge nicht, so werden wie früher alle Forderungen vollständig befriedigt. Ist die Summe der Forderungen größer als die vorhandene Ressourcenmenge, so werden nicht alle Ressourcen aufgeteilt, sondern ein Teil ε bleibt unverteilt, d. h., es ist

$$r_j = \begin{cases} x_j & \text{für} \sum_{j=1}^{N} x_j \leqq R, \\ \dfrac{(R-\varepsilon)\, x_j}{\sum\limits_{l=1}^{N} x_j} & \text{für} \sum_{j=1}^{N} x_j > R. \end{cases} \tag{4.3.10}$$

Dabei werden wir die optimale Zuteilung nicht bei der Restriktion

$$\sum_{j=1}^{N} r_j - R = 0$$

suchen, sondern bei der Restriktion

$$\sum_{j=1}^{N} r_j - R = -\varepsilon.$$

In diesem Falle liegt der Gleichgewichtspunkt unter der Hyperebene $\sum_{j=1}^{N} r_j - R = 0$ innerhalb des Gebietes, in dem die vom Verbraucher erhaltene Ressourcenmenge mit seinem Bedarf übereinstimmt, und das Verhalten des Gleichungssystems (4.3.9) stimmt mit dem Verhalten des Differenzenschemas überein, das das Gradientenverfahren realisiert. Auf die Stabilität des Systems (4.3.9) im kleinen lassen sich dann alle Ergebnisse über die Stabilität der Gradientenverfahren im kleinen in dieser Aufgabe der nichtlinearen Programmierung ausdehnen. Die Stabilität des Systems im großen erfordert neben der Stabilität des exakten Gradientenverfahrens noch folgende Charakteristik der Trajektorien des Systems im Raum der Parameter x_j: eine beliebige Trajektorie verbleibt nach einer endlichen Anzahl von Schnitten mit der Hyperebene $\sum_{j=1}^{N} x_j - R = 0$ in dem Parametergebiet, in dem der Gleichgewichtspunkt liegt.

Wir betrachten die Stabilität des Differentialgleichungssystems, das dem Differenzengleichungssystem (4.3.9) äquivalent ist. Dabei bezeichnen wir mit $\varphi_i(x_i)$ die Funktion $\frac{d\Psi_i(x_i)}{dx_i}$. Den Parameter ε kann man als Genauigkeit der Einteilung oder als eine bestimmte Reserve auffassen, die bei der optimalen Zuteilung erhalten bleiben muß (dabei können zum Zeitpunkt des Erreichens der optimalen Verteilung alle Ressourcen einschließlich der Reserve ε verwendet werden). Wir nehmen weiter an, daß λ Werte aus dem Intervall $[\lambda_1, \lambda_2]$ annehmen kann, wobei $\lambda_1 \leqq \lambda_1^*$, $\lambda_2 \leqq \lambda_2^*$ ist und λ_1^* und λ_2^* aus a priori Abschätzungen für die Funktion $\varphi_i(r_i)$ bestimmt werden können. Wir betrachten also das System

$$\left.\begin{aligned} \dot{x}_i &= k_1 f_i(x_1, x_2, \ldots, x_{n+1}) \quad (i = 1, 2, \ldots, n), \\ \dot{x}_{n+1} &= -k_2 f_{n+1}(x_1, x_2, \ldots, x_n), \end{aligned}\right\} \tag{4.3.11}$$

$$f_{n+1}(x_1, x_2, \ldots, x_n) = \begin{cases} 0, & \text{für } x_{n+1} = \lambda_1 \text{ und } \sum\limits_{j=1}^{n} x_j - 1 + \varepsilon \geqq 0, \\ 0, & \text{für } x_{n+1} = \lambda_2 \text{ und } \sum\limits_{j=1}^{n} x_j - 1 + \varepsilon \leqq 0, \\ \sum\limits_{j=1}^{n} x_j - 1 + \varepsilon & \text{sonst.} \end{cases}$$

Dabei sind $\varepsilon, \lambda_1, \lambda_2, k_1, k_2$ gewisse Konstanten ($\varepsilon \in (0,1)$; $k_1, k_2 > 0$);

$$f_i = (x_1, x_2, \dots, x_{n+1}) = \begin{cases} 0, & \text{für } x_i = 0 \text{ und } x_{n+1} - \mu_i \leqq 0, \\ 0, & \text{für } x_i = 1 \text{ und } x_{n+1} - \mu_i \geqq 0, \\ x_{n+1} - \mu_i(x_1, x_2, \dots, x_n) & \text{sonst.} \end{cases}$$

Hierin ist

$$\mu_i(x_1, x_2, \dots, x_n) = \begin{cases} \varphi_i(x_i), & \text{für } \sum_{j=1}^{n} x_j \leqq 1, \\ \varphi_i\left(x_i \,\middle|\, \sum_{j=1}^{n} x_j\right), & \text{für } \sum_{j=1}^{n} x_j > 1. \end{cases}$$

Bezüglich der Zahlen λ_1, λ_2 und der Funktionen φ_i werden wir folgendes voraussetzen:

1) $\lambda_1 < \lambda_2$, $\varphi_1(0) = \varphi_2(0) = \cdots = \varphi_n(0)$,

2) es existiert ein solches $h > 0$, daß für alle $i = 1, 2, \dots, n$

$$\lambda_1 - \varphi_i(0) < -h, \quad \lambda_2 - \varphi_i(0) - a_i^{(2)} > h$$

gilt.

3) Es existieren solche $a_i^{(1)} > 0$, $a_i^{(2)} > 0$ $(1 \leqq i \leqq n)$, daß für beliebige $\xi \in (0, 1), \eta \in (-\xi, 1 - \xi)$ die Beziehung

$$a_i^{(1)} \leqq \frac{\varphi_i(\xi + \eta) - \varphi_i(\xi)}{\eta} \leqq a_i^{(2)}$$

gilt.

Bemerkung 1. Die Bedingung 3 ist speziell dann erfüllt, wenn die Funktionen [219] φ_i auf (0, 1) differenzierbar sind und

$$0 < \inf_{\xi \in (0,1)} \varphi_i'(\xi) = a_i^{(1)}, \quad a_i^{(2)} = \sup_{\xi \in (0,1)} \varphi_i'(\xi) < +\infty \tag{4.3.12}$$

gilt.

Bemerkung 2. Sind die Bedingungen 2 und 3 erfüllt, so gilt für jedes $\eta \in [0, 1]$ die Beziehung

$$\lambda_1 - \varphi_i(\eta) < -h, \quad \lambda_2 - \varphi_i(\eta) > h.$$

Wir führen die Bezeichnungen

$$\lambda^* = \max\{|\lambda_1|, |\lambda_2|\}, \qquad \varphi_i^* = \min_{1 \leqq i \leqq n} \left(-\varphi_i(0) - a_i^{(1)}\right),$$

$$a = \min a_j^{(1)}, \quad A_1 = \sum_{i=1}^{n} a_i^{(2)}, \qquad \Phi_1 = \sum_{j=1}^{n} \varphi_j(1), \quad \lambda = \lambda_2 \lambda_1$$

ein.

Wir wollen weiter voraussetzen, daß das System (4.3.11) nur einen Gleichgewichtspunkt $x^* = (x_1^*, x_2^*, \dots, x_{n+1}^*)$ besitzt und daß x^* innerer Punkt des Gebietes

$$G_1 = \left\{x \mid x_1 \in [0, 1], \dots, x_n \in [0, 1]; \quad x_{n+1} \in [\lambda_1, \lambda_2]; \quad \sum_{j=1}^{n} x_j \leqq 1\right\}$$

ist, d. h., es ist

$$\sum_{j=1}^{n} x_j^* = 1 - \varepsilon < 1, \quad x_{n+1}^* = \varphi_i(x_i^*) \in (\lambda_1, \lambda_2), \quad x_i^* \in (0, 1).$$

Aus der Gestalt des Systems (4.3.6) folgt, daß eine beliebige, im Gebiet

$$X_1 = \{x \mid x_1 \in [0, 1], \dots, x_n \in [0, 1]; x_{n+1} \in [\lambda_1, \lambda_2]\}$$

beginnende Trajektorie des Systems bei wachsender Zeit die Menge X_1 nicht verläßt. Außerdem überzeugt man sich leicht davon, daß eine beliebige in der Menge

$$X = X_1/[\{0, 0, \dots, 0, \lambda_2\} \cup \{1, 1, \dots, 1, \lambda_1\}]$$

beginnende Trajektorie des Systems (4.3.11) bei wachsender Zeit die Menge X nicht verläßt, und der Punkt x^* ist der einzige Gleichgewichtspunkt im Gebiet

$$G = G_1 \cap X.$$

Seien ε^*, γ solche Konstanten, daß

$$\varepsilon^* \in (0, \varepsilon), \quad \gamma \in \left(0, \frac{a\varepsilon^*(\varepsilon - \varepsilon^*)^2}{(n\lambda^* + \Phi_1)}\right) \tag{4.3.13}$$

gilt.

Unter den gemachten Voraussetzungen gilt dann folgender Satz.

Satz 10. Wurden ε^*, γ gemäß (4.3.13) ausgewählt und ist für k_1 und k_2 die Ungleichung

$$\frac{k_2}{k_1} > \max\left\{\frac{A_1\,|\lambda_1 - \varphi^*|}{\varepsilon - \varepsilon^*}, \frac{A_1 n\lambda^2}{\varepsilon h\left(\frac{a\varepsilon(\varepsilon - \varepsilon^*)^2}{n\lambda^* + \Phi_1} - \gamma\right)}\right\},$$

erfüllt, so ist die Lösung $x = x^*$ des Systems (4.3.11) asymptotisch stabil im Gebiet X.

Der Beweis stützt sich auf folgende Lemmata (deren Beweis wir weglassen).

Lemma 1. Sei $\delta > 0$ eine beliebige Zahl und $k_2 > \frac{n\lambda^2}{\varepsilon h\delta}$. Dann kann sich keine Trajektorie $x(t)$ des Systems (4.3.6), für die

$$x(t^*) \in H = \left\{x \,\middle|\, \sum_{j=1}^{n} x_j = 1\right\} \cap X$$

erfüllt ist, im Gebiet $X \setminus G$ für alle $t \in [t^*, t^* + \delta]$ befinden.

Lemma 2. Sei $\varepsilon^* > 0$ eine bestimmte Zahl aus dem Intervall $(0, \varepsilon)$

$$\frac{k_2}{k_1} > \frac{A_1\,|\lambda_1 - \varphi^*|}{\varepsilon - \varepsilon^*},$$

die Funktionen φ_i auf $(0, 1)$ differenzierbar und die Relation (4.3.12) erfüllt. Dann wird sich jede Trajektorie $x(t)$ des Systems (4.3.11), die zum Zeitpunkt t^* aus dem Gebiet $X \setminus G$ in G übergeht, für

$$t \in \Delta^* = \left[t^*, t^* + \frac{\varepsilon^*}{k_1(n\lambda^* + \Phi_1)}\right]$$

in der Schicht $G_{\varepsilon^*} = \left\{x \,\middle|\, \sum_{j=1}^{n} x_j \in [1 - \varepsilon^*, 1]\right\} \cap G$ befinden (und verläßt infolgedessen das Gebiet G nicht).

Lemma 3. Die Ableitung der Funktion

$$v(x) = \sum_{j=1}^{n} (x_j - x_j^*) + \frac{k_1}{k_2}(x_{n+1} - x_{n+1}^*)^2$$

nach der Zeit ist wegen (4.3.11) auf G nicht negativ. Dabei enthält die Menge

$$M = \left\{x \,\middle|\, \frac{dv(x)}{dt} = 0\right\}$$

keine ganzen Trajektorien des Systems (4.3.11).

Lemma 4. Bei den für k_1, k_2 gemachten Voraussetzungen kann eine beliebige Trajektorie $x(t)$ des Systems (4.3.11) die Hyperebene $\sum_{j=1}^{n} x_j = 1 - \varepsilon$ nicht mehr als $N_{x,t} = \left[\frac{v(x(0))}{\gamma} + 1\right] + 1$mal schneiden (hier bedeutet $[\alpha]$ den ganzen Teil der Zahl α).

Zum Abschluß sei bemerkt: Sind die Funktionen φ_i derart, daß $a_i^{(1)} < a_i^{(2)} < 0$ gilt, so hat für $k_1 < 0$, $k_2 < 0$ eine Behauptung Gültigkeit, die der Behauptung des Satzes analog ist.

Zur experimentellen Überprüfung der Stabilität und der Konvergenzgeschwindigkeit des Differenzenschemas (2.5.9) betrachten wir die Ergebnisse der Modellierung des Verhaltens des Systems auf einer EDVA.

Das System enthalte zehn Verbraucher mit den lokalen Nutzenfunktionen:

$$\left.\begin{aligned} \psi_1(r_1) &= 2{,}125 \ln (1 + r_1), & \psi_6(r_6) &= 2 \sin r_6, \\ \psi_2(r_2) &= 2{,}125 \ln (1 + r_2), & \psi_7(r_7) &= r_7(2{,}125 - r_7), \\ \psi_3(r_3) &= \sqrt{2r_3}, & \psi_8(r_8) &= \frac{1}{2} r_8(4{,}25 - r_8), \\ \psi_4(r_4) &= \sqrt{3r_4}, & \psi_9(r_9) &= 2{,}25\,(1 - e^{-r_9}), \\ \psi_5(r_5) &= \frac{6}{\pi} \sin \frac{\pi}{3} r_5, & \psi_{10}(r_{10}) &= 2{,}25\,(1 - e^{-2r_{10}}). \end{aligned}\right\} \tag{4.3.14}$$

In Abb. 4.6 ist die zeitliche Veränderung des Abstandes zwischen dem Punkt der laufenden Ressourcenzuteilung und dem berechneten Punkt der optimalen Zuteilung graphisch dargestellt.

Im betrachteten Beispiel ist $R = 1$. Die verschiedenen Kurven in Abb. 4.6 entsprechen den verschiedenen Werten der Koeffizienten k_1 und k_2. Wir bemerken, daß die

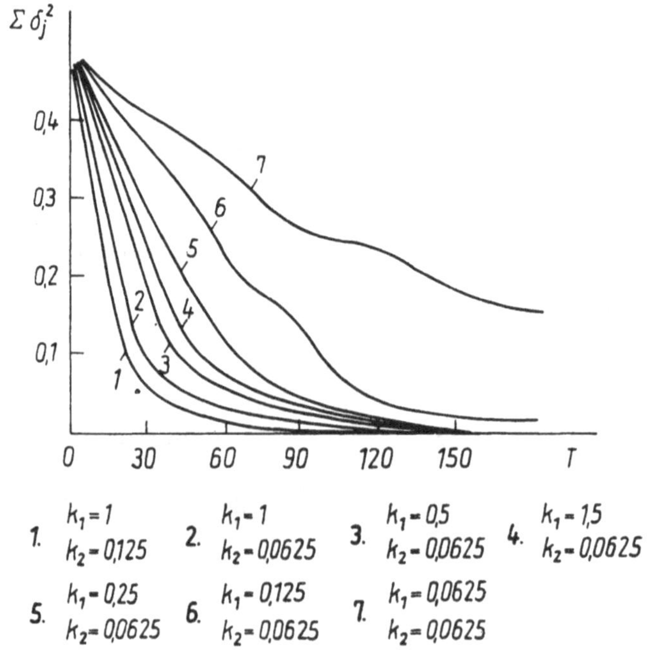

Abb. 4.6

Verbraucher die Gestalt ihrer Funktion $\psi_j(r_j)$ nicht kennen und sich nur anhand des laufenden Wertes orientieren. Aus Abb. 4.6 ist ersichtlich, daß die Ressourcenzuteilung schnell gegen die optimale Zuteilung konvergiert.

Das eben betrachtete Modell des kollektiven Verhaltens hinterläßt ein gewisses Gefühl des Unbefriedigtseins auf Grund einer Reihe von Ursachen.

Erstens, wenn die Aufgabe mit dem Gradientenverfahren gelöst werden kann und wenn die Möglichkeit besteht, die partiellen Ableitungen der zu maximierenden (minimierenden) Funktion lokal zu bestimmen, so bereitet die Organisation des kollektiven Verhaltens keine besondere Arbeit, und die Untersuchung derartiger Modelle gibt außer der Überwindung von für jede Aufgabe spezifischen Schwierigkeiten kein wesentliches Material, um bei der Untersuchung des kollektiven Verhaltens als solches weiterzukommen.

Zweitens ist die Verwendung der LAGRANGE-Multiplikatoren natürlich, da sie in der Regel eine bequeme inhaltliche Deutung beispielsweise als Preise erlauben, aber die Bestimmung der Werte der LAGRANGE-Multiplikatoren erfordert die Lösung der Aufgabe in einer zentralen Einrichtung. Bei der Untersuchung von Modellen des kollektiven Verhaltens ist der Wunsch natürlich, die Funktionen der zentralen Einrichtung maximal zu vereinfachen, indem das gesamte Gewicht der Aufgabenlösung auf das gemeinsame Verhalten der Kollektivmitglieder übertragen wird.

In komplizierten Systemen unterscheidet man häufig Informations-, Energie- und Materialströme. Dabei ist es vernünftig, sich daran zu erinnern, daß auch die Energie- und Materialströme Informationen tragen, und zwar wenigstens durch die Menge der zu übertragenden Energie oder Materialien. Auf dieser Basis wird die Humoralregulierung im Organismus verwirklicht. Zur Steuerung eines solchen Supermechanismus, wie es ein Ameisenhaufen im ganzen ist, ist die Information, die in den Strömen der gemeinsam zu verdauenden Nahrung enthalten ist, anscheinend wichtiger als ein Signalaustausch zwischen den einzelnen Ameisen. Diese Überlegungen waren das anregende Motiv dazu, bei der Organisation des kollektiven Verhaltens im Ressourcenzuteilungsproblem die Information zu verwenden, die in der Menge der bei jedem Verbraucher eintreffenden Ressourcen enthalten ist.

Wir betrachten zunächst eine inhaltliche Beschreibung des dabei entstehenden Modells des kollektiven Verhaltens, indem wir uns deutlich über die gesamte Bedingtheit der zu verwendenden Termini bewußt sind.

Um die Effektivität seines Verhaltens einschätzen zu können, muß jeder Verbraucher wissen, wieviel er „verdiente“, d. h., er muß die Differenz zwischen seiner „Produktion“ $\psi_j(r_j)$ und dem Wert der verbrauchten Ressourcen $\lambda r_j = c_j$ kennen. Aus dem Gradientenverfahren zur Lösung des Ressourcenzuteilungsproblems folgt, daß der Verbraucher den Ressourcenwert, d. h.

$$\frac{dc_j}{dr_j} = \frac{c_j}{r_j} = \lambda, \tag{4.3.15}$$

kennen muß. Letzteres führt auf den Gedanken, als Parameter der Koalitionsbildung nicht den Bedarf an der erforderlichen Menge zu verwenden, sondern eine bestimmte Geldsumme c_j (wir bemerken nochmals, daß alle bei der Beschreibung der Organisation des Verhaltens benutzten ökonomischen Termini sehr bedingt sind), für die der j-te Verbraucher Ressourcen bereitgestellt haben möchte. Alle Ressourcenanforderungen in

Geldform kommen in der zentralen Einrichtung an, wo die Ressourcen proportional den eingegangenen Geldern verteilt werden, d. h., es ist

$$r_j = \frac{Rc_j}{\sum\limits_{j=1}^{N} c_j}. \tag{4.3.16}$$

Der Werte für eine Ressourceneinheit ist dann

$$\lambda = \frac{\sum\limits_{j=1}^{N} c_j}{R}, \tag{4.3.17}$$

und er ist leicht vom Verbraucher anhand der erhaltenen Ressourcenmenge zu ermitteln, $\lambda = c_j/r_j$. Daraus wird die Organisation des Verhaltens deutlich.

Man erkennt leicht, daß die Lösung des Systems

$$\left.\begin{aligned} \frac{d\psi_j(r_j)}{dr_j} - \frac{c_j}{r_j} &= 0, \\ r_j &= \frac{Rc_j}{\sum\limits_{j=1}^{N} c_j} \end{aligned}\right\} \tag{4.3.18}$$

mit der Lösung des Systems (4.3.4) übereinstimmt, wobei $c_j = \lambda r_j$ ist. Folglich muß das auf (4.3.18) basierende Verfahren des „naiven Gradienten" einen Gleichgewichtspunkt besitzen, der mit der optimalen Ressourcenzuteilung übereinstimmt.

Um ein kollektives Verhalten zu organisieren, das eine optimale Ressourcenzuteilung garantiert, fordern wir, daß jeder Verbraucher bei jedem Schritt seine Forderung hinsichtlich der gewünschten Ressourcenmenge c_j an die zentrale Einrichtung abgibt. Die zentrale Einrichtung verteilt nun die Ressourcen proportional den eingegangenen Forderungen gemäß (4.3.17). Dabei wird die Größe der Forderung beim Verbraucher bei jedem Schritt folgendermaßen gebildet:

$$c_j(t+1) = c_j(t) + k\left[\frac{\Delta\psi_j(r_j)}{\Delta r_j} - \frac{c_j}{r_j}\right]. \tag{4.3.19}$$

Eine Stabilitätsanalyse des nichtlinearen Differenzengleichungssystems ist mit einer Reihe wesentlicher Schwierigkeiten verbunden. Deshalb wenden wir uns wieder den Ergebnissen der Modellierung des Systems auf einer EDVA zu.

In Abb. 4.7 sind die Ergebnisse der Modellierung des Verhaltens eines Verbraucherkollektivs mit dem lokalen Verhaltensalgorithmus (4.3.19) und der Ressourcenzuteilungsvorschrift (4.3.16) für das gleiche Funktionensystem $\psi_j(r_j)$ angeführt, wie im Beispiel von Abb. 4. 6. Die Kurven in Abb. 4.7 zeigen die Zeitabhängigkeit des Abstandes zwischen der laufenden Ressourcenzuteilung und der optimalen Zuteilung für verschiedene Werte k. Im zweiten Beispiel wurde das Verhalten von 10 Verbrauchern mit

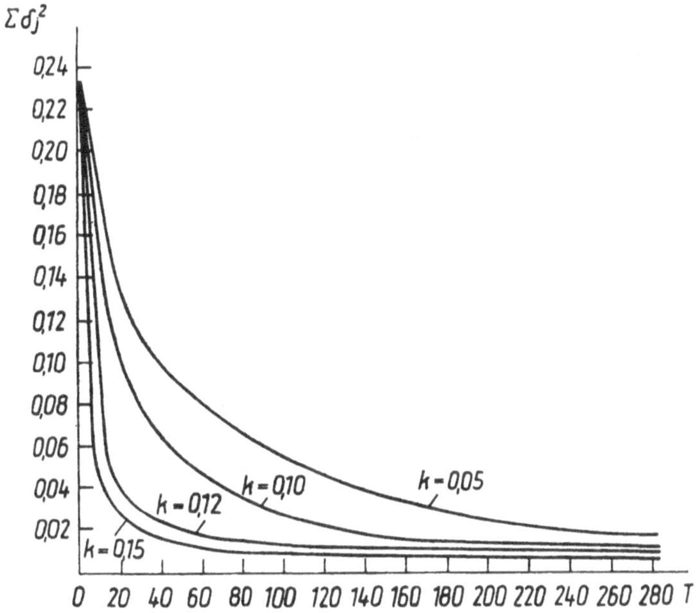

Abb. 4.7

folgenden lokalen Funktionen $\psi_j(r_j)$ modelliert:

$$\left.\begin{aligned}
&\psi_1(r_1) = 0{,}505 \ln (1 + r_1), \quad \psi_2(r_2) = r_2 - 0{,}5e^{r_2 - 0{,}03},\\
&\psi_3(r_3) = r_3 \left(1 - \frac{5}{3}\sqrt{r_3}\right),\\
&\psi_4(r_4) = 0{,}25 \left(r_4 - 0{,}8e^{-\sqrt{0{,}1 + r_4} + 0{,}4}\right),\\
&\psi_5(r_5) = \frac{100}{9} r_5^2 \left(1 - 2\sqrt{r_5}\right),\\
&\psi_6(r_6) = 0{,}5r_6 + \cos\left[\frac{\pi}{2}(r_6 - 0{,}12)\right],\\
&\psi_7(r_7) = 0{,}4\sqrt{0{,}02 + r_7} + \cos\left[\frac{\pi}{2}(r_7 - 0{,}14)\right],\\
&\psi_8(r_8) = 0{,}25 \ln (0{,}7 + 2r_8),\\
&\psi_9(r_9) = \left(3{,}7 - 4\sqrt{r_9} - 2{,}5r_9\right),\\
&\psi_{10}(r_{10}) = 0{,}9r_{10} + e^{-r_{10}^2 + 0{,}04}.
\end{aligned}\right\} \tag{4.3.20}$$

Die Ergebnisse des Experiments sind in Abb. 4.8 angeführt. In Abb. 4.9 ist die Abhängigkeit der Summe $\sum_{j=1}^{10} \psi_j(r_j)$ von der Zeit bei den gleichen Bedingungen wie in Abb. 4.8 dargestellt.

Bei der Organisation des Verhaltens war in allen Fällen der Wert des Bedarfs nach unten beschränkt und konnte nicht negativ werden. Eine analoge Bedingung wurde auch für die Lagrange-Multiplikatoren im ersten Verfahren eingeführt.

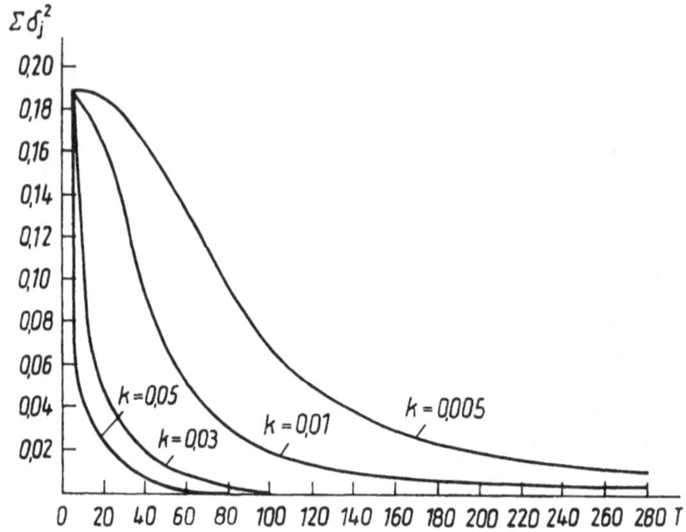

Abb. 4.8

Wodurch ist das letzte Verfahren der Ressourcenzuteilung charakterisiert? Die Verbraucher maximieren die lokale Nutzenfunktion (4.3.7), und die zentrale Einrichtung, die nur Informationen über die laufenden Forderungen und die Ressourcenbeschränkungen besitzt, organisiert die Ressourcenzuteilung nach den Forderungen derart, daß das System zu einer nach einem globalen Kriterium optimalen Zuteilung gelangt.

Wir wollen versuchen, einen ähnlichen Zugang auf eine größere Klasse von Ressourcenzuteilungsproblemen auszudehnen.

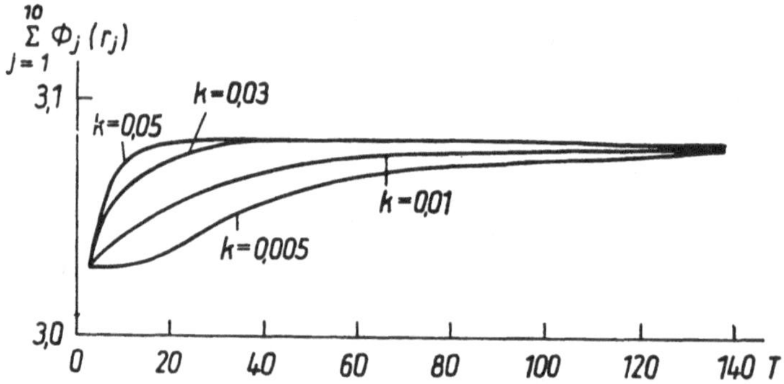

Abb. 4.9

Wir betrachten die Aufgabe der Verteilung der Ressource R an N Verbraucher, die $\max \sum_{j=1}^{N} \psi_j(r_j)$ bei der Restriktion

$$\Phi(r_1, r_2, \ldots, r_N) \leqq 0 \tag{4.3.21}$$

sichert. Im Falle von konkaven Funktionen $\psi_j(r_j)$ $\left(\frac{d^2\psi_j(r_j)}{dr_j^2} < 0\right)$ und bezüglich r_j wachsendem $\Phi(r_1, r_2, \ldots, r_N)$ $\left(\frac{\partial \Phi(r_1, r_2, \ldots, r_N)}{\partial r_j} > 0, \ j = 1, 2, \ldots, N\right)$ ist die optimale Zuteilung einzig und wird durch die Lösung des Gleichungssystems

$$\left.\begin{aligned} &\frac{d\psi_j(r_j)}{dr_j} - \lambda \frac{\partial \Phi(r_1, r_2, \ldots, r_N)}{\partial r_j} = 0, \quad j = 1, 2, \ldots, N, \\ &\Phi(r_1, r_2, \ldots, r_N) = 0 \end{aligned}\right\} \tag{4.3.22}$$

bestimmt.

Bei Erfülltsein einer Reihe von Voraussetzungen kann dieses System mit dem Gradientenverfahren gelöst werden:

$$\left.\begin{aligned} &\dot{r}_j = \frac{d\psi_j(r^j)}{dr_j} - \lambda \frac{\partial^{\Phi}(r_1, r_2, \ldots, r_N)}{\partial r_j}, \\ &\dot{\lambda} = \Phi(r_1, r_2, \ldots, r_N). \end{aligned}\right\} \tag{4.3.23}$$

Analog zum vorigen Fall schickt jeder Verbraucher an die zentrale Einrichtung bei jedem Arbeitstakt des Systems eine bestimmte „Geldsumme" c_j und erhält eine bestimmte Ressourcenmenge r_j. Der Verbraucher hat seinen Bedarf so zu wählen, damit die lokale Nutzenfunktion

$$s_j = \psi_j(r_j) - c_j \tag{4.3.24}$$

maximiert wird. Die Funktion s_j erreicht ihr Maximum in dem Punkt, der der Bedingung

$$\frac{\partial s_j}{\partial r_j} = \frac{d\psi_j(r_j)}{dr_j} - \frac{\partial r_j}{\partial r_j} = 0$$

genügt. Bei festem λ kann man $c_j = \lambda_j r_j$ setzen. Dabei ist λ_i der Ressourcenwert des j-ten Verbrauchers. Wir bemerken, daß $\frac{\partial s_j}{\partial c_j} = \frac{\partial s_j}{\partial r_j} \cdot \frac{\partial r_j}{\partial c_j}$ ist und die Bedingungen für ein Extremum von s_j bezüglich r_j und c_j übereinstimmen. Der lokale Wert $\lambda_j = \frac{c_j}{r_j}$ kann beim Verbraucher rekonstruiert werden. Damit also das System ein bedingtes Extremum erreicht, ist es notwendig, daß in der zentralen Einrichtung die Ressource so verteilt wird, daß

$$\frac{c_j}{r_j} = \lambda \frac{\partial \Phi(r_1, r_2, \ldots, r_N)}{\partial r_j}$$

gilt. Daraus folgt, daß die den Verbrauchern bereitzustellenden Ressourcenmengen in der zentralen Einrichtung durch die Lösung des Gleichungssystems

$$\left.\begin{aligned} &r_j = \frac{c_j}{\lambda} \cdot \frac{1}{\frac{\partial \Phi(r_1, r_2, \ldots, r_N)}{\partial r_j}}, \\ &\Phi(r_1, r_2, \ldots, r_N) = \Phi^*(\lambda) = 0, \end{aligned}\right\} \tag{4.3.25}$$

bestimmt werden und die Vorschriften für das lokale Verhalten in Übereinstimmung mit (4.3.23) die Gestalt

$$\Delta c_j(t) = k\left[\frac{\Delta\psi_j(r_j)}{\Delta r_j(t)} - \frac{c_j(t)}{r_j(t)}\right] \tag{4.3.26}$$

haben. Es ist leicht zu sehen, daß die Gleichgewichtspunkte von (4.3.23) und (4.3.26) bei Berücksichtigung von (4.3.25) übereinstimmen.

Es entsteht die Frage nach Bedingungen, bei denen das Differenzengleichungssystem (4.3.26) stabil ist. Diese Frage wurde von uns auf Grund von bedeutenden analytischen Schwierigkeiten nicht untersucht. Die Lösung einer Reihe von Aufgaben auf EDVA zeigt jedoch, daß bei einer vernünftigen Wahl des Koeffizienten k die Lösung des Systems (4.3.26) mit befriedigender Geschwindigkeit konvergiert. Hierbei erwähnen wir nochmals, daß die Ergebnisse der Experimente nur davon zeugen, daß es Fälle gibt, in denen das System (4.3.26) stabil ist.

Bedeutende Schwierigkeiten können bei der Realisierung der Verteilungsvorschrift (4.3.25) auftreten. Wir betrachten zwei Beispiele.

Beispiel 1. Sei $\Phi(r_1, r_2, \ldots, r_N) = \sum_{j=1}^{N} a_j x_j^{\alpha_j} - R$. Dann ist leicht zu sehen, daß

$$r_j = \left(\frac{R}{a_j}\,\frac{c_j/\alpha_j}{\sum_{i=1}^{N} c_i/\alpha_i}\right)^{\frac{1}{\alpha_j}} \tag{4.3.27}$$

ist und die Ressourcenzuteilung gemäß den Forderungen ruft in der zentralen Einrichtung überhaupt keine Schwierigkeiten hervor. Beispielsweise ist im Falle $\alpha_j = 2$ $(j = 1, 2, \ldots, N)$

$$r_j = \sqrt{\frac{Rc_j}{a_j \sum_{i=1}^{N} c_i}}.$$

Beispiel 2. Sei $\Phi(r_1, r_2, \ldots, r_N) = \sum_{j=1}^{N} a_j \ln r_j - R$. Derartige Restriktionen entstehen häufig bei der Optimierung von technologischen Prozessen, beispielsweise bei Prozessen der spanabhebenden Metallverarbeitung in Verbindung mit angenommenen empirischen Abhängigkeiten, die den Zusammenhang der Prozeßparameter in der Art $F(x_1, x_2, \ldots, x_n) = \prod_{j=1}^{n} x_j^{\alpha_j}$ beschreiben. In diesem Falle ist $\frac{\partial\Phi(r_1, r_2, \ldots, r_N)}{\partial r_j} = \frac{a_j}{r_j}$ und das System (4.3.25) verliert seinen Sinn. Der Wert des lokalen Preises λ_j ist jedoch bestimmt, und es ist $\lambda_j = \lambda \frac{a_j}{r_j}$. Eine geringfügige Änderung des Algorithmus des lokalen Verhaltens (4.3.26)

$$\Delta c_j(t) = k\left[\frac{\Delta\psi_j(r_j)}{\Delta r_j(t)} - \frac{c_j(t)}{r_j^2(t)}\right] \tag{4.3.28}$$

gestattet es, das kollektive Verhalten auch in diesem kritischen Fall zu organisieren. Dabei hat die Ressourcenzuteilungsvorschrift folgende Gestalt:

$$\left.\begin{aligned} r_j &= \frac{1}{\lambda}\cdot\frac{c_j}{a_j}, \\ \lambda &= \exp\left[\frac{\sum\limits_{j=1}^{N} a_j \ln \frac{c_j}{a_j} - R}{\sum\limits_{j=1}^{N} a_j}\right]. \end{aligned}\right\} \tag{4.3.29}$$

Zum Abschluß betrachten wir ein Zuteilungsproblem für eine mehrdimensionale Ressource.

Es gibt N Verbraucher von M Ressourcenarten. Für jeden Verbraucher A^j ($j = 1, 2, \ldots, N$) ist ein Verbrauchsvektor $\|a_{j1}, \alpha_{j2}, \ldots, \alpha_{jM}\|$ gegeben, der den Verbrauch bei jeder Ressourcenart für jede vom j-ten Verbraucher erzeugten Produkteinheit angibt. Erhielt der Verbraucher A^j verschiedene Ressourcen in den Mengen a_i ($i = 1, 2, \ldots, M$), so erzeugt er x_j Einheiten seiner Produkte. Dabei ist $x_j = \min\limits_i (a_i/\alpha_{ji})$, und alle nicht benutzten Ressourcen gehen unwiederbringlich verloren. Deshalb ist es sinnvoll, die Ressourcen an die Verbraucher nur so zu verteilen, daß der dem Verbraucher in jedem Arbeitsschritt des Systems bereitgestellte Ressourcenvektor seinem Verbrauchsvektor proportional ist (Ressourcenkomplex). Den Proportionalitätsfaktor nennen wir Verbrauchsintensität. Die vorhandenen Ressourcenmengen sind begrenzt, und wenn r_j die Verbrauchsintensität des j-ten Verbrauchers ist, so ist

$$\sum_{j=1}^{N} r^j \alpha_{ji} \leqq R_i \qquad (i = 1, 2, \ldots, M). \tag{4.3.30}$$

Wie oben setzen wir voraus, daß der j-te Verbraucher bei einem Verbrauch der Ressourcen mit der Intensität r_j einen Nutzen $\psi_j(r_j)$ erzielt und daß die Funktionen $\psi_i(r_j)$ für alle Verbraucher in ein und denselben Maßeinheiten gemessen werden. Uns wird eine solche Ressourcenzuteilung interessieren, daß $\max \sum\limits_{j=1}^{N} \psi_j(r_j)$ unter den Bedingungen (4.3.30) garantiert wird. Die Lagrange-Funktion hat für diese Aufgabe folgende Gestalt:

$$Q = \sum_{j=1}^{N} \psi_j(r_j) - \sum_{i=1}^{M} \lambda_i \left(\sum_{j=1}^{N} r_j\alpha_{ji} - R_i\right). \tag{4.3.31}$$

Wir setzen voraus, daß die Funktionen $\psi_j(r_j)$ und R_i derart sind, daß das Extremum von Q einzig ist und in ihm die gesamte vorhandene Ressourcenmenge vollständig verteilt wird. Die optimale Ressourcenzuteilung wird dann durch die Lösung des Gleichungssystems

$$\left.\begin{aligned} &\frac{d\psi_j(r_j)}{dr_j} - \sum_{i=1}^{M} \lambda_i\alpha_{ji} = 0, \\ &\sum_{j=1}^{N} r_j\alpha_{ji} - R_i = 0 \end{aligned}\right\} \tag{4.3.32}$$

bestimmt. In diesem Fall hat λ_i die Bedeutung des Werts der i-ten Ressource und $\varrho_j = \sum_{i=1}^{M} \lambda_i \alpha_{ji}$ den Wert des j-ten Ressourcenkomplexes.

Wir setzen voraus, daß sich die Verbraucher ebenso wie bei der Zuteilung einer einzigen Ressource verhalten, d. h., sie schicken bei jedem Schritt an die zentrale Einrichtung eine bestimmte „Geldsumme“ (Bedarf), die sie entsprechend der Vorschrift (4.3.26) verändern.[1]) Es entsteht die Frage über die Ressourcenzuteilungsvorschriften in der zentralen Einrichtung, die ein Erreichen der optimalen Zuteilung sicherstellen. Die zentrale Einrichtung verfügt dabei über Information über die Verbrauchsmatrix, die Restriktionen und natürlich auch über die Forderungen.

Für eine richtige Arbeit des Systems ist

$$c_j = r_j \varrho_j = r_j \sum_{i=1}^{N} \lambda_i \alpha_{ji}$$

notwendig. Daraus ergibt sich

$$r_j = \frac{c_j}{\sum_{i=1}^{M} \lambda_i \alpha_{ji}}.$$

Andererseits ist

$$\sum_{j=1}^{N} r_j \alpha_{ji} = \sum_{j=1}^{N} c_j \frac{\alpha_{ji}}{\sum_{i=1}^{M} \lambda_i \alpha_{ji}} = R_i. \tag{4.3.33}$$

Wir haben also ein System von M Gleichungen mit M Unbekannten λ_i. Indem wir es lösen, können wir bei jedem Schritt die Ressourcenwerte und die ihnen entsprechenden Werte der Ressourcenkomplexe berechnen. Dann ist

$$r_j = \frac{c_j}{\varrho_j} = \frac{c_j}{\sum_{i=1}^{M} \lambda_i \alpha_{ji}}. \tag{4.3.34}$$

§ 4.4. Kollektives Verhalten bei der Leistungsregulierung

Bei der Konstruktion und Benutzung von Radiotelefonienetzen entsteht eine Reihe von wesentlichen Schwierigkeiten, die mit dem hohen Überkreuzungsstörpegel zusammenhängen. Mit dem Anwachsen der Funkstationendichte wird es durch die technischen Charakteristiken der Funkstationen und die Frequenz-Zeit-Charakteristiken des Äthers unmöglich, Wechselwirkungen zwischen den Kanälen auszuschließen. Die Störgröße für ein arbeitendes Paar von Funkstationen ändert sich zeitlich und hängt von der Zahl der gleichzeitig betriebenen Funkstationen und von deren Leistungen ab. Wenn sich die Senderleistungen ändern können, so existiert für jede Situation im allgemeinen eine Leistungsverteilung, die eine im gewissen Sinne optimale Nachrichtenverbindung garantiert. Es ist natürlich, daß das Problem der Leistungsverteilung in

[1]) Verfügt der Verbraucher über mehrere technologische Prozesse, d. h., kann er mehrere Rezepturen verwenden, so werden wir uns einen solchen Verbraucher als eine Anzahl von Verbrauchern vorstellen, die den verschiedenen technologischen Prozessen entsprechen.

einer zentralen Einrichtung gelöst werden kann, die zu diesem Zwecke über eine vollständige Information über die Situation im Äther verfügen muß. Die Organisation einer derartigen zentralen Einrichtung ist in der Mehrzahl der praktischen Fälle absurd, um so mehr, da die Notwendigkeit von zusätzlichen Nachrichtenkanälen zur Übertragung der Steuerungssignale sowie der Informationen über die Empfangsbedingungen und die zu verwendenden Leistungen zu einem Anwachsen des Störpegels führt.

Bei unabhängiger Leistungsregelung durch jeden Sender besteht die reale Möglichkeit des Auftretens von instabilen Zuständen. In der Tat kann ein Paar von Funkstationen durch Vergrößerung der Leistung die Qualität der Nachrichtenverbindung untereinander verbessern, jedoch wird dadurch der Störpegel für andere in Betrieb stehende Funkstationen erhöht und deren natürliches Mittel im Kampf gegen den wachsenden Störpegel ist die Vergrößerung der eigenen Leistung. Die dabei entstehende Situation ähnelt einem Gespräch von mehreren Paaren Angetrunkener an einem gemeinsamen Tisch, bei dem alle schreien aber keiner etwas versteht.

Es ist natürlich, die Frage über die Ausarbeitung von lokalen Verhaltensregeln für Paare von Funkstationen zu betrachten, die normale Bedingungen für die Nachrichtenverbindung im gesamten Kollektiv garantieren.

Wir betrachten N Paare Sender—Empfänger und setzen vorübergehend die Nachrichtenverbindung als einseitig voraus. E_i sei die Leistung des mit dem i-ten Empfänger verbundenen i-ten Senders. Das Signal des i-ten Senders kann vom j-ten Empfänger ($i \neq j$) entweder als ein Signal, das keine Information enthält, oder als ein vernünftiges, aber für diesen Sender „uninteressantes“ Signal empfangen werden. Im letzten Falle wächst die störende Wirkung des Signals noch an. Es ist beispielsweise gut bekannt, daß ein mitzuhörendes fremdes Telefongespräch mehr stört als Knistern und gleichmäßiges Rauschen.

Wir bezeichnen $a_{ij} \geqq 0$ den Leistungsabschwächungskoeffizienten des Signals vom j-ten Sender zum i-ten Empfänger und mit p_i die Leistung des additiven Rauschens am Eingang des i-ten Empfängers, dann ist der Quotient Rauschen/Signal am Eingang des i-ten Empfängers gleich

$$\lambda_i = \frac{p_i + \sum\limits_{j \neq i} a_{ij} E_j}{a_{ii} E_i}, \quad i, j = 1, 2, \ldots, N. \tag{4.4.1}$$

Wir betrachten den Fall, bei dem die Koeffizienten a_{ij} nicht von den Leistungen $E_1, E_2, \ldots, E_N$ abhängen.

Wir bemerken, daß die Relation (4.4.1) auch dann gültig bleibt, wenn im System l Zwischenrelaisstationen mit fixierten Leistungsverstärkungskoeffizienten k^s ($s = 1, 2, \ldots, l$, $k^s < 1$ für passive Relaisstationen und $k^s \geqq 1$ für aktive Relaisstationen) verwendet werden.

Sei t_i^s der Leistungsanteil des j-ten Senders, der an der s-ten Relaisstation ankommt, und r_i^s der Leistungsanteil der s-ten Relaisstation am Eingang des i-ten Empfängers ($s = 1, 2, \ldots, l$). Dann sind die Verstärkungskoeffizienten k_{ij}^s bei der Übertragung eines Signals vom j-ten Sender zum i-ten Empfänger über die s-te Relaisstation, $k_{ij} = k^s t_j^s r_i^s$ für verschiedene Paare (j, i) verschieden. Das gilt beispielsweise bei der Verwendung von Richtantennen[1]) in den Relaisstationen.

[1]) Für frequenzgetrennte Kanäle sind analoge Beispiele leicht erkennbar.

Sei b_{ij}^s der Faktor, der die „störende Wirkung" einer Leistungseinheit des vom j-ten Sender über die s-te Relaisstation zum i-ten Empfänger gelangenden Signals berücksichtigt und w_s das additive Rauschen am Eingang der s-ten Relaisstation.[1]) Unter der Voraussetzung, daß keine Interferenz der Signale von Sendern und Relaisstationen auftritt, ist dann der vollständige Quotient Rauschen/Signal am Eingang des i-ten Empfängers gleich

$$\lambda_i = \frac{p_i + \sum\limits_{s=1}^{l} w_s k^s r_i^s + \sum\limits_{j \neq 1} E_j \left(a_{ij} + \sum\limits_{s=1}^{l} b_{ij}^s k_{ij}^s\right)}{E_i \left(a_{ii} + \sum\limits_{s=1}^{l} b_{ii}^s k_{ii}^s\right)}. \tag{4.4.2}$$

Für

$$\left.\begin{aligned} a'_{ij} &= a_{ij} + \sum_{s=1}^{l} b_{ij}^s k_{ij}^s, \\ p_i' &= p_i + \sum_{s=1}^{l} w_s k^s r_i^s \end{aligned}\right\} \tag{4.4.3}$$

ist (4.4.2) äquivalent (4.4.1).

Das Erste, was wir zu klären haben, ist die Frage nach dem Bereich der möglichen Werte von λ_i. Dazu schreiben wir (4.4.1) in Form eines bezüglich der E_i ($i = 1, 2, \ldots, N$) linearen Gleichungssystems

$$\left.\begin{array}{l} \lambda_1 a_{11} E_1 - a_{12} E_2 - \cdots - a_{1N} E_N = p_1, \\ - a_{21} E_1 + \lambda_2 a_{22} E_2 - \cdots - a_{2N} E_N = p_2, \\ \cdots\cdots\cdots\cdots\cdots\cdots\cdots\cdots \\ - a_{N_1} E_1 - a_{N_2} E_2 - \cdots - \lambda_N a_{NN} E_N = p_N. \end{array}\right\} \tag{4.4.4}$$

Beschränkungen für die möglichen Quotienten Rauschen/Signal folgen aus dem Satz: bei beliebigen positiven rechten Seiten hat das Gleichungssystem (4.4.4) eine positive Lösung $E_1^*, E_2^*, \ldots, E_N^*$ genau dann, wenn alle Hauptabschnittsminoren der Matrix M^N dieses Systems echt positiv sind (d. h., wenn für diese Matrix das Kriterium von Sylvester erfüllt ist).

Für reelle Matrizen mit nichtpositiven Nichtdiagonalelementen (Metzler-Matrizen) gilt: Sind die Hauptminoren der einzigen Folge der „geänderten" Hauptminoren positiv, so sind alle Hauptminoren dieser Matrix positiv. Da jeder Hauptminor m-ter Ordnung der Matrix $M^N (m < N)$ einem bestimmten, aus m Mitgliedern bestehenden Unterkollektiv des Ausgangskollektivs entspricht, so folgt aus dem oben angeführten Satz: Dafür, daß der Vektor $\lambda = (\lambda_1, \lambda_2, \ldots, \lambda_N)$ im Kollektiv von N Funkstationen erreichbar ist, d. h., dafür, daß endliche Leistungen $E_1, E_2, \ldots, E_N$ existieren, bei denen λ erreicht wird, ist es notwendig, daß für ein beliebiges aus m Mitgliedern ($m < N$) bestehendes Unterkollektiv der Vektor $(\lambda_{\alpha_1}, \lambda_{\alpha_2}, \ldots, \lambda_{\alpha_m})$ erreichbar ist, der aus denjenigen Koordinaten des Vektors λ besteht, deren Nummern α_i mit den m in das Unterkollektiv eingehenden Nummern der Funkstationen übereinstimmen.

---

[1]) Die Koeffizienten b_{ij}^s entsprechen dem Koeffizienten a_{ij} und hängen nach unseren Voraussetzungen nicht von der Übertragungsleistung ab.

Bei der Notation von (4.4.1) und entsprechend (4.4.4) haben wir wesentlich die Annahme über die Einseitigkeit der Nachrichtenverbindung ausgenutzt. Wir bemerken: Wenn bei einer zweiseitigen Nachrichtenverbindung die Hin- und Rückkanäle einen Frequenzabstand haben, so ist die Matrix für die Rückkanäle die transponierte Matrix der Hinkanäle, und die Werte der Hauptminoren ändern sich dabei nicht. Folglich sind die für die Hinkanäle erreichbaren λ auch für die Rückkanäle erreichbar.

Mit Λ^N bezeichnen wir die Menge aller erreichbaren Tupel $\lambda = (\lambda_1, \lambda_2, \ldots, \lambda_N)$, für die sämtliche Hauptminoren der Matrix $M_N(\lambda)$ positiv sind.

$$M^N(\lambda) = \left\| \begin{matrix} \lambda_1 a_{11} & -a_{12} & \cdots & -a_{1N} \\ -a_{21} & \lambda_2 a_{22} & \cdots & -a_{2N} \\ \cdot & \cdot & \cdot & \cdot \\ -a_{N1} & -a_{N2} & \cdots & \lambda_N a_{NN} \end{matrix} \right\| \tag{4.4.5}$$

Es ist leicht zu sehen, daß Λ^N nur von der Wechselwirkung der Funkstationen und nicht vom additiven Rauschen p_i $(i = 1, 2, \ldots, N)$ abhängt. Diese Behauptung folgt nicht nur aus (4.4.5), sondern auch aus (4.4.1), da eine k-fache Vergrößerung des additiven Rauschens durch eine gleichzeitige k-fache Leistungsvergrößerung aller Sender kompensiert wird.

Als Beispiel betrachten wir den Fall $N = 2$, dann ist

$$E_1 = \frac{p_1\lambda_2 a_{22} + p_{22} a_{12}}{\lambda_1\lambda_2 a_{11} a_{22} - a_{21} a_{12}}, \qquad E_2 = \frac{p_1 a_{21} + p_2 \lambda_1 a_{11}}{\lambda_1\lambda_2 a_{11} a_{22} - a_{21} a_{12}}. \tag{4.4.6}$$

Damit E_1 und E_2 positiv sind, ist

$$\lambda_1\lambda_2 > \frac{a_{21}a_{12}}{a_{11}a_{22}} \tag{4.4.7}$$

notwendig. In der (λ_1, λ_2)-Ebene ist die Menge Λ^2 ein Teil des positiven Quadranten, der von einem Hyperbelast begrenzt wird. Bei Annäherung an den Gebietsrand streben die Leistungen gegen Unendlich.

Wir betrachten das Gebiet der erreichbaren Vektoren Λ^N im Raum der Vektoren λ (λ-Raum). Das der Menge Λ^N entsprechende Gebiet ist zusammenhängend. Diese Behauptung geht aus folgenden Überlegungen hervor.

Es seien λ und λ^* zwei solche Vektoren mit positiven Komponenten, daß $\lambda^* \geqq \lambda$ ist, d. h., $\lambda_i^* \geqq \lambda_i$ $(i = 1, 2, \ldots, N)$. Man kann immer eine positive Zahl μ so groß wählen, daß alle Elemente der Matrix

$$A^* = \mu E - M^N(\lambda^*) \tag{4.4.8}$$

positiv sind. Dabei sind offenbar alle Elemente der Matrix

$$A = \mu E - M^N(\lambda)$$

ebenfalls positiv. r^* und r seien die maximalen Eigenwerte der Matrizen A^* und A. Aus den Eigenschaften positiver Matrizen und der Bedingung $\alpha_{ij}^* \leqq \alpha_{ij}$ (α_{ij} und α_{ij}^* sind die Elemente der Matrizen A und A^*) folgt $r^* \leqq r$. Andererseits ist die Positivität aller Hauptabschnittsminoren von $M^N(\lambda)$ notwendig und hinreichend dafür, daß $r < \mu$ ist. Aus $\lambda \in \Lambda^N$ folgt deshalb $r < \mu$ und $r^* < \mu$ und daraus $\lambda^* \in \Lambda^N$. Ist also ein bestimmter Vektor λ im Kollektiv der Funkstationen erreichbar, d. h. gilt $\lambda \in \Lambda^N$ so ist auch ein beliebiger Vektor $\lambda^* \geqq \lambda$ erreichbar. Aus der letzten Behauptung folgt offenbar, daß Λ^N zusammenhängend ist.

In der Praxis sind die Leistungen E_i der Funkstationen begrenzt. Folglich werden die im Kollektiv erreichbaren Werte des Quotienten Rauschen/Signal nicht nur durch die Zugehörigkeit zum Gebiet Λ^N, sondern auch durch Beschränkungen der Gestalt $E_i \leqq E_{i0}$ $(i = 1, 2, \ldots, N)$ bestimmt. Die zusätzlichen Leistungsbeschränkungen sondern in der Menge Λ^N die Menge $\Lambda^N(E_0)$ aus, die ebenfalls zusammenhängend ist. Sei wiederum $\lambda^* > \lambda$ und $\lambda \in \Lambda^N(E_0)$. Wir setzen voraus, daß sich die Vektoren λ^* und λ nur durch eine Koordinate unterscheiden, d. h., es sei

$$\lambda_1^* = \lambda_1, \ldots, \lambda_i^* = \lambda_i + x, \ldots, \lambda_N^* = \lambda_N. \tag{4.4.9}$$

Wie schon oben gezeigt wurde, folgt aus $\lambda \in \Lambda^N$ die Relation $\lambda^* \in \Lambda^N$. Folglich hat das Gleichungssystem

$$\lambda_j a_{jj} E_j^* - \sum_{k \neq j} a_{jk} E_k^* = p_j \quad (j = 1, 2, \ldots, N) \tag{4.4.10}$$

eine positive Lösung $E_1^*, E_2^*, \ldots, E_N^*$. Differenziert man (4.4.10) nach x, berücksichtigt (4.4.9) und führt die Bezeichnung $D_j = -\frac{\partial E_j}{\partial x}$ ein, so erhält man

$$\left.\begin{aligned} &\lambda_k a_{kk} D_k - \sum_{j \neq k} a_{kj} D_j = 0, \quad k \neq i, \\ &(\lambda_i + x)\, a_{ii} D_i - \sum_{j \neq k} a_{ij} D_j = a_{ii} E_i^*. \end{aligned}\right\} \tag{4.4.11}$$

Aus der Bedingung $\lambda \in \Lambda^N(E_0)$ folgt analog dem oben Gesagten, daß das System (4.4.11) bezüglich der Größen D_j eine einzige positive Lösung hat, d. h., es ist $D_j > 0$ $(j = 1, 2, \ldots, N)$. Folglich wachsen beim Übergang von λ und λ^* die benutzten Leistungen nicht. Aus den Bedingungen $\lambda \in \Lambda^N(E_0)$ und $\lambda^* \geqq \lambda$ folgt $\lambda^* \in \Lambda^N(E_0)$, und das Gebiet $\Lambda^N(E_0)$ ist zusammenhängend. Ein beliebiger, aus dem Koordinatenursprung in den positiven Hyperoktanten verlaufender Strahl schneidet den Rand von Λ^N ein- und nur einmal.

Im Fall zweier Paare von Funkstationen $(N = 2)$ erhalten wir unter Berücksichtigung von (4.4.6) Ungleichungen, die das Gebiet $\Lambda^2(E_0)$ bestimmen:

$$E_{10} \geqq \frac{p_1 \lambda_2 a_{22} + p_2 a_{12}}{\lambda_1 \lambda_2 a_{11} a_{22} - a_{12} a_{21}}, \qquad E_{20} \geqq \frac{p_1 a_{21} + p_2 \lambda_1 a_{11}}{\lambda_1 \lambda_2 a_{11} a_{22} - a_{12} a_{21}}. \tag{4.4.12}$$

Hieraus folgt, daß das Gebiet $\Lambda^2(E_0)$ von den Ästen zweier Hyperbeln

$$\left.\begin{aligned} &\lambda_2(\lambda_1 a_{11} E_{10} - p_1) \geqq \frac{a_{12}}{a_{22}} (E_{10} a_{21} + p_2), \\ &\lambda_1(\lambda_2 a_{22} E_{20} - p_2) \geqq \frac{a_{21}}{a_{11}} (E_{20} a_{12} + p_1) \end{aligned}\right\} \tag{4.4.13}$$

begrenzt wird. Ein Beispiel für ein solches Gebiet ist in Abb. 4.10 dargestellt.

Bei der Benutzung der Grenzleistungen wird die Empfangsqualität durch den Punkt A in Abb. 4.10 bestimmt. Dabei hat ein Paar der Funkstationen Vorteile in der Empfangsqualität. Wir bemerken, daß der Punkt A ein Gleichgewichtspunkt ist, da eine Vergrößerung der eigenen Leistungen der Funkstationen unmöglich ist und eine Verringerung der Leistung einer Funkstation für diese zu einer Verschlechterung der Empfangsqualität führt. Der Übergang zur Spitzenleistung, die für eine Station die Möglichkeit

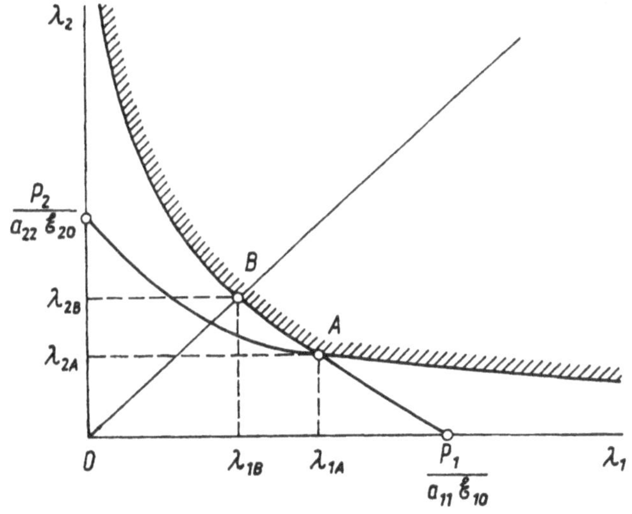

Abb. 4.10

eines guten Empfangs schafft, kann jedoch den Empfang für die andere Station unmöglich machen. Uns wird die Möglichkeit der Organisation des lokalen Verhaltens interessieren, um zwischen allen Funkstationpaaren im Kollektiv eine befriedigende Nachrichtenverbindung zu sichern (wenn das möglich ist). Aus dem angeführten einfachen Beispiel erkennt man, daß, wenn die Größe λ Kriterium für die lokale Wahl der Leistung ist, die Aufgabe keine Lösung hat. Folglich ist es für die Organisation eines zweckmäßigen Verhaltens des Kollektivs von Funkstationen notwendig, die lokalen Ziele zu verändern. Hierbei hat man mehrere Möglichkeiten.

Sei k_i eine derartige Bewertung der Größe λ_i für das i-te Funkstationenpaar, daß $k_i\lambda_i$ die Bedeutung von Verlusten hat, die das i-te Funkstationenpaar erleidet, wenn der Quotient Rauschen/Signal im Nachrichtenkanal gleich λ_i ist.[1] Dann ist die Einführung einer einheitlichen Gebühr für die Leistung zweckmäßig. Bedeutet c die Kosten für eine zu verbrauchende Leistungseinheit, so wird jedes Funkstationenpaar natürlich nach einer Minimierung der Größe $k_i\lambda_i + c_iE_i$ streben.[2])

Aus (4.4.1) erhalten wir

$$\frac{\partial \lambda_i}{\partial E_i} = -\frac{\lambda_i}{E_i}. \qquad (4.4.14)$$

---

[1]) Im allgemeinen hängt k_i in der Mehrzahl der praktischen Fälle von λ_i ab.

[2]) Oder $k_i(\lambda_i)\,\lambda_i + cE_i$.

Die Bedingung $\frac{\partial}{\partial E_i}(k_i\lambda_i + cE_i) = 0$ ist dann bei

$$\lambda_i = \frac{cE_i}{k_i}, \tag{4.4.15}$$

erfüllt, und die Verteilung der Leistungen im Gleichgewichtspunkt wird aus der Lösung des nichtlinearen Gleichungssystems

$$\left.\begin{aligned} &\frac{ca_{11}}{k_1} E_1^2 - a_{12}E_2 - \cdots - E_N = p_1, \\ &-a_{21}E_1 + \frac{ca_{22}}{k_2} E_2^2 - \cdots - E_N = p_2, \\ &\cdots\cdots\cdots\cdots\cdots\cdots\cdots \\ &-a_{N1}E_1 - a_{N2}E_2 - \cdots + \frac{ca_{NN}}{k_N} E_N^2 = p_N \end{aligned}\right\} \tag{4.4.16}$$

bestimmt.

Die verwendeten lokalen Kriterien führen auf den Gedanken, daß eine solche Organisationsform des Verhaltens seinem Wesen nach der Minimierung des gemittelten Quotienten Rauschen/Signal bei Beschränkungen über die Gesamtleistung der Funkstationen nahe ist.[1]) Dabei muß eine Veränderung des „Preises" der Leistung zu einer Änderung der Leistungsverteilung im Kollektiv führen.

Eine andere, hier auftretende Möglichkeit ist mit der Organisation „genügend guter" Bedingungen für das Funktionieren aller Kollektivmitglieder durch Erreichung von $\min\limits_{\lambda} \max\limits_{j} \lambda_j$ verbunden. Es ist leicht zu sehen, daß dies erreicht wird, wenn alle λ_i gleich sind (Punkt B in Abb. 4.10). Berücksichtigt man, daß die Nachrichtenkanäle verschiedene Wichtigkeit haben können, so kann man über das Erreichen von $\min\limits_{\lambda} \max\limits_{j} \alpha_j\lambda_j$ sprechen. Dabei sind α_j Koeffizienten, die die Wichtigkeit der verschiedenen Nachrichtenkanäle widerspiegeln. Die Aufgabe der Organisation „genügend guter" Bedingungen für die Nachrichtenverbindung kann man also in zwei Teile teilen: Herstellung einer vorgegebenen Relation Rauschen/Signal $\lambda^0 = (\lambda_1^0, \lambda_2^0, \ldots, \lambda_N^0)$ und Aufrechterhaltung der gegebenen Relation. Dabei setzen wir voraus, daß der Vektor λ^0 zum Gebiet $\Lambda^N(E_0)$ gehört. Wir wollen die Lösung des zweiten Teils der Aufgabe betrachten.

Unter der Voraussetzung, daß dem i-ten Paar Empfänger—Sender zu jedem Zeitpunkt t die „laufenden" Größen $\lambda_i(t)$ und $E_i(t)$ bekannt sind, geben wir für jedes i eine Zahl $\lambda_i^0 > 0$ vor, nämlich jenen Quotienten Rauschen/Signal, der durch das i-te Paar einzuhalten ist. Wir unterstreichen, daß dem i-ten Sender die Größen N, a_{ij}, $i, j = 1, 2, \ldots, N$, $E_j(t)$, $\lambda_j(t)$, λ_j^0, $j \neq i$ nicht bekannt sind.

Jedem Sender ordnen wir einen Automaten A^i zu, dessen Zustand zum Zeitpunkt t der Einfachheit halber mit dem Wert der Leistung $E_i(t)$ des i-ten Senders identifiziert wird, $0 \leqq E_i(t) < E_{i0}$. Jedem Zustand $E_i(t)$ des Automaten A^i entspricht ein gewisser

[1]) Man hat zu berücksichtigen, daß das Gesagte keine Lösung des Problems ist, sondern nur als möglicher Weg zur Organisation des kollektiven Verhaltens in dieser Aufgabe betrachtet werden kann.

Wert $\lambda_i(t)$, der von den Zuständen aller Automaten A^i, $i = 1, 2, \ldots, N$ abhängt und durch den Ausdruck (4.4.1) bestimmt wird.

Wir betrachten die einfachste Taktik der Zustandsänderung des Automaten A^i, die nur von den Größen $E_i(t)$, $\lambda_i(t)$, λ_i^0 bestimmt wird. Wir wählen eine diskrete Zeitskala mit der Schrittweite Δt. Der Zustand des Automaten A^i zum Zeitpunkt $t + \Delta t$ wird dann durch seinen Zustand zum Zeitpunkt t und den Wert $\lambda_i(t)$ gemäß der Formel

$$E_i(t + \Delta t) = \begin{cases} E_i(t)\left[1 + e_i \dfrac{\lambda_i(t) - \lambda_i^0}{\lambda_i^0}\right], \\ \quad \text{für } e_i \dfrac{\lambda_i^0 - \lambda_i(t)}{\lambda_i^0} < 1, \\ E_i(t) \quad \text{sonst} \end{cases} \tag{4.4.17}$$

bestimmt. Dabei ist e_i eine gewisse Konstante, auf deren Wahl wir noch zurückkommen.

Aus (4.4.17) folgt, daß die Zustandsänderung des Automaten dem Betrage nach um so größer ist, je größer die Abweichung $\left|\dfrac{\lambda_i(t) - \lambda_i^0}{\lambda_i^0}\right|$ ist.

Die Konstante e_i wählen wir proportional der Zeit Δt, d. h., es sei $e_i = \varkappa_i \Delta t$. Das bedeutet: bei fixierter Abweichung ist der Energiezuwachs um so größer, je seltener eine Regelung durchgeführt wird.

Es ist klar, daß der Taktik (4.4.17) für $\Delta t \to 0$ folgende differentielle Taktik entspricht:

$$\lambda_i^0 \frac{\partial E_i(t)}{\partial t} = \varkappa_i E_i(t)[\lambda_i(t) - \lambda_i^0], \quad i = 1, 2, \ldots, N. \tag{4.4.18}$$

Man erkennt leicht, daß $1/\varkappa_i$ die Rolle des Speichers des Automaten A^i spielt.

Im weiteren werden Bedingungen für die Existenz von stabilen Arbeitsregimen im Kollektiv der mit den Automaten A^i versehenen Funkstationen untersucht, die stetig und unabhängig die Ausgangsleistungen der Sender steuern.

Es sei erwähnt, daß wir implizit voraussetzen, daß die die Größen $E_i(t)$ und $\lambda_i(t)$ messenden Geräte genügend träge sind, so daß sich die mit der Übertragung eines vom Sender zum Empfänger Information tragenden Signals zusammenhängenden schnellen Veränderungen auf diese Größen nicht auswirken. Dieser Frage wenden wir uns etwas später zu.

Vereinigt man die Ausdrücke (4.4.4) und (4.4.18), so erhält man ein System linearer Differentialgleichungen erster Ordnung, das die zeitliche Veränderung der Leistungen in einem Kollektiv von Funkstationen beschreibt, das die Automaten A^i, $i = 1, 2, \ldots, N$ benutzt.

$$\left.\begin{aligned} &\frac{a_{11}}{\varkappa_1} \lambda_1^0 \dot{E}_1(_s) + \lambda_1^0 a_{11} E_1 - a_{12} E_2 - \cdots - a_{1N} E_N = p_1, \\ &\frac{a_{22}}{\varkappa_2} \lambda_2^0 \dot{E}_2(t) - a_{21} E_1 + \lambda_2^0 a_{22} E_2 - \cdots - a_{2N} E_N = p_2, \\ &\cdots\cdots\cdots\cdots\cdots\cdots\cdots\cdots \\ &\frac{a_{NN}}{\varkappa_N} \lambda_N^0 \dot{E}_N(t) - a_{N1} E_1 - a_{N2} E_2 - \cdots + \lambda_N^0 a_{NN} E_N = p_N. \end{aligned}\right\} \tag{4.4.19}$$

Wir definieren die Diagonalmatrix $D^N = \|d_{ij}^{(N)}\|$, $d_{ii} = \frac{a_{ii}\lambda_i^0}{x_i}$, $d_{ij} = 0$, $i \neq j$, $j = 1, 2, \ldots, N$. Dann nimmt das Gleichungssystem (4.4.19) die Gestalt

$$D^N \frac{\partial}{\partial t} E + M^N E = P \tag{4.4.20}$$

an.

Die stationäre Lösung von (4.4.20) ist stabil, wenn die triviale Lösung des homogenen Gleichungssystems stabil ist. Die allgemeine Lösung des homogenen Systems $Ce^{\alpha t}$ ist stabil, wenn $\operatorname{Re} \alpha < 0$ ist. Dabei ist α Wurzel der Gleichung

$$(\alpha D^N + M^N)\, C = 0 \tag{4.4.21}$$

und C ein beliebiger Vektor. Um α zu bestimmen, haben wir die Gleichung

$$\det |(D^N)^{-1} M^N + \alpha E| = 0, \tag{4.4.22}$$

in der E die Einheitsmatrix bedeutet.

Hieraus folgt, daß die Leistungsregelung dann und nur dann (asymptotisch) stabil ist, wenn das Spektrum der Matrix $G = (D^N)^{-1} M^N$ in der rechten Halbebene der komplexen Ebene liegt. Für die Matrix $G = \|g_{ij}^{(N)}\|$ gilt

$$\begin{gathered} g_{ii} = \varkappa_i, \quad g_{ij} = -\frac{a_{ij}}{\lambda_i^0 a_{ii}}, \\ i \neq j, \ i, \ j = 1, 2, \ldots, N, \end{gathered} \tag{4.4.23}$$

d. h., G ist wiederum eine Metzler-Matrix. Die Positivität der Elemente der Diagonalmatrix ist notwendig und hinreichend dafür, daß die mit dieser Diagonalmatrix multiplizierte stabile Matrix M^N eine stabile Matrix ergibt.

Die Leistungsregelung nach Algorithmus (4.4.18) ist also im Kollektiv der Funkstationen dann und nur dann stabil, wenn $\lambda^0 \in \Lambda^N$. Diese Behauptung ist für beliebige $\varkappa_i > 0$ richtig, so daß ein Kollektiv von nicht untereinander verbundenen Automaten A^i das Problem der Leistungsregelung — die Wahl von λ^0 — lösen kann, wenn nur $\lambda^0 \in \Lambda^N$ gilt.

Wir setzen voraus, daß die in das System (4.4.19) eingehenden Größen $E_i(t)$ von Geräten gemessen werden, die die mit dem Signaldurchgang verbundenen Schwankungen dieser Größen glätten. Wie man leicht sieht, würden im entgegengesetzten Fall die Automaten A^i der Übertragung von nützlichen Informationen vom Sender zum Empfänger hinderlich sein. Weiter wird vorausgesetzt, daß der Quotient Rauschen/Signal genau bestimmt wird. Das ist aber nur möglich bei Vorhandensein eines Filters mit genügend großer Zeitkonstante.

Obwohl sich die statistische Natur der Signale und des Rauschens wegen der erwähnten Mittlungen unmittelbar auf die Arbeit der Automaten nicht auswirkt, bleibt dennoch ein Effekt, den man nicht vernachlässigen darf. Das ist die Verzögerung.

Unten wird der Fall betrachtet, bei dem die Größe $\lambda_i(t)$ genau bekannt wird, jedoch mit einer gewissen Verzögerung $\tau_i > 0$, $i = 1, 2, \ldots, N$, die mit dem unvermeidlichen Integrieren des Quotienten Rauschen/Signal am Empfängereingang zusammenhängt.

Dann hat man die differentielle Taktik des Automaten A^i in der Form

$$\lambda_i^0 \frac{\partial E_i(t)}{\partial t} = \varkappa_i E_i(t) \, [\lambda_i(t - \tau_i) - \lambda_i^0], \quad i = 1, 2, \ldots, N, \tag{4.4.24}$$

aufzuschreiben. Der Einfachheit halber setzen wir $\tau_i = \tau$, $i = 1, 2, \ldots, N$ und ersetzen die Taktik (4.4.24) durch

$$\lambda_i^0 \frac{\partial E_i(t)}{\partial t} = \varkappa_i E_i(t - \tau) \, [\lambda_i(t - \tau) - \lambda_i^0], \quad i = 1, 2, \ldots, N. \tag{4.4.25}$$

Es ist klar, daß die Taktik (4.4.25) einen von A^i verschiedenen Automaten beschreibt. Diesem Automaten muß für die Arbeit der genaue Wert von τ bekannt sein. Physikalische Überlegungen und die Gestalt der Ausdrücke (4.4.24) und (4.4.25) führen jedoch auf den Gedanken, daß sich die Automaten (4.4.24) und (4.4.25) in der Nähe des stationären Regimes (wenn es natürlich existiert) grob gesprochen gleichartig verhalten. Eine mathematische Analyse eines Automaten mit differentieller Taktik (4.4.25) ist viel einfacher.

Vereinigen wir (4.4.25) und (4.4.1), so erhalten wir ein System linearer Differentialgleichungen mit nacheilendem Argument

$$D^N \frac{\partial}{\partial t} E(t) + M^N E(t - \tau) = P. \tag{4.4.26}$$

Die asymptotische Stabilität des stationären Regimes wird durch die Stabilität der trivialen Lösung der homogenen Gleichung

$$D^N \frac{\partial}{\partial t} E(t) + M^N E(t - \tau) = 0 \tag{4.4.27}$$

bestimmt.

Lösung von (4.4.27) ist die Exponentialfunktion $Ce^{\beta t}$, wobei zur Bestimmung von β die transzendente Gleichung

$$\det (\beta D^N + e^{-\beta\tau} M^N) = 0 \tag{4.4.28}$$

zur Verfügung steht. Die Lösung ist asymptotisch stabil, wenn für alle β, die Wurzeln der Gleichung (4.4.28) sind, die Bedingung $\operatorname{Re} \beta < 0$ erfüllt ist.

Beispiele

a) $N = 1$; dann erhalten wir

$$\beta + \varkappa e^{-\beta\tau} = 0. \tag{4.4.29}$$

Wir führen folgende Bezeichnungen ein:

$$v = \beta/\varkappa, \qquad r = \varkappa\tau, \qquad r > 0; \tag{4.4.30}$$

dann nimmt (4.4.29) die Gestalt

$$v + e^{-vr} = 0 \tag{4.4.31}$$

an. Schreiben wir v in der Form $v = x + i\omega$ und setzen Real- und Imaginärteil gleich Null, so erhalten wir das Gleichungssystem

$$\left.\begin{aligned} x + e^{-rx} \cos r\omega &= 0, \\ \omega - e^{-rx} \sin r\omega &= 0. \end{aligned}\right\} \tag{4.4.32}$$

Wir zeigen, daß für

$$r < \frac{\pi}{2} \tag{4.4.33}$$

die Wurzeln der Gleichung (4.4.21) in der linken Halbebene der komplexen Ebene liegen. Dazu zeigen wir, daß bei Erfülltsein von (4.4.33) und $x \geqq 0$ das Gleichungssystem (4.4.32) keine Lösung hat.

Wegen $x \geqq 0$ sind Lösungen der ersten Gleichung nur bei

$$\frac{\pi}{2} + 2k\pi \leqq \omega r \leqq \frac{3\pi}{2} + 2k\pi, \quad k = 0, \pm 1, \ldots \tag{4.4.34}$$

möglich. Es erweist sich, daß bei Erfülltsein von (4.4.33) die zweite Gleichung des Gleichungssystems (4.4.32) in diesem Gebiet keine Lösung hat. In der Tat hat diese Gleichung immer die Lösung $\omega = 0$.

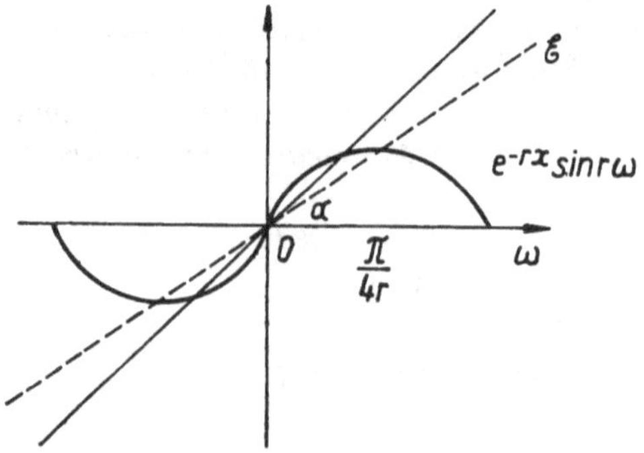

Abb. 4.11

Weiter erkennt man aus Abb. 4.11 ist der Tangens des Anstiegwinkels der Geraden ξ zur ω-Achse kleiner als Eins, so sind Lösungen nur im Intervall

$$-\frac{\pi}{2} < \omega r < \frac{\pi}{2} \tag{4.4.35}$$

möglich. Die Bedingung dafür ist die Ungleichung

$$\tan \alpha < 1 \tag{4.4.36}$$

oder

$$e^{-rx} < \frac{\pi}{2r}. \tag{4.4.37}$$

Da aber $x \geqq 0$ ist, ist infolge von (4.4.33) diese Ungleichung erfüllt. Alle Wurzeln der Gleichung (4.4.29) liegen also in der linken Halbebene.

b) $N = 2$. Setzen wir der Einfachheit halber $\varkappa_1 = \varkappa_2 = \varkappa$, so erhalten wir

$$\left(\frac{\beta}{\varkappa} + e^{-\beta\tau}\right)^2 \lambda_1{}^0\lambda_2{}^0 a_{11}a_{22} - e^{-2\beta\tau}a_{12}a_{21} = 0 \tag{4.4.38}$$

oder unter Verwendung von (4.4.30)

$$(v + e^{-v\tau})^2 = e^{-2v\tau}A. \tag{4.4.39}$$

Hierin ist A durch den Ausdruck

$$A = \frac{a_{12}a_{21}}{a_{11}a_{22}\lambda_1{}^0\lambda_2{}^0} \tag{4.4.40}$$

bestimmt. Wie man hieraus leicht sieht, gilt für A bei $(\lambda_1^0, \lambda_2^0) \in \Lambda^2$ die Ungleichung

$$0 < A < 1, \tag{4.4.41}$$

wobei die rechte Schranke der größten Wechselwirkung zwischen den Funkstationen entspricht, bei der ihre gemeinsame Arbeit noch möglich ist, und die linke der kleinsten.

Zieht man die Wurzel und setzt Real- und Imaginärteil von (4.4.39) gleich Null, so erhält man das Gleichungssystem

$$\left.\begin{aligned} x + e^{-rx}\left(1 \pm \sqrt{A}\right) \cos \omega r &= 0, \\ \omega - e^{-rx}\left(1 \pm \sqrt{A}\right) \sin \omega r &= 0. \end{aligned}\right\} \tag{4.4.42}$$

Wiederholt man die Überlegungen aus dem vorigen Beispiel, so kann man zu dem Schluß gelangen, daß es keine Lösungen dieses Gleichungssystems gibt, wenn die Ungleichung

$$\left(1 \pm \sqrt{A}\right) e^{-rx} < \frac{\pi}{2r} \tag{4.4.43}$$

erfüllt ist. Für $x \geqq 0$ hat man dann bei Berücksichtigung von (4.4.41)

$$\left(1 \pm \sqrt{A}\right) e^{-rx} \leqq \max_x \max_A \left(1 \pm \sqrt{A}\right) e^{-rx} < 2. \tag{4.4.44}$$

Fordert man für r

$$2r < \frac{\pi}{2}, \tag{4.4.45}$$

so ist (4.4.43) erfüllt, und folglich liegen bei dieser Forderung alle Wurzeln der Gleichung (4.4.39) streng in der linken Halbebene.

Aus den betrachteten Beispielen erkennt man, daß bei Vorliegen von Verzögerungen die Regelungsgeschwindigkeit der Leistung $\varkappa$ nicht zu groß zu wählen ist. Die Beschränkungen werden durch die Ausdrücke (4.4.33) und (4.4.45) gegeben. Je größer die Verzögerung ist, desto größer muß der Speicher des Automaten sein, damit bei $\lambda \in \Lambda^N$ die Stabilität erhalten bleibt.

Diese Beispiele führen auf den Gedanken, daß die mit der Verzögerung verbundenen Beschränkungen für die Regelungsgeschwindigkeit von der Gesamtzahl der Funkstationenpaare abhängen muß. Ein solches Ergebnis würde dem lokalen Zugang zum Leistungsregelungsproblem widersprechen, der in der vorliegenden Arbeit gewählt wurde. In der Tat müßte man in diesem Fall zusätzlich jedem Sender die Zahl N mitteilen.

Zum Glück ist das nicht so: es existiert für gegebenes τ eine von N unabhängige Zahl — die maximal zulässige Regelungsgeschwindigkeit, bei der die asymptotische Stabilität der Leistungsregelung erhalten bleibt.

Um den Fall einer beliebigen Anzahl von Funkstationen zu untersuchen, schreiben wir die Gleichung (4.4.28) ausführlich auf und setzen $\varkappa_1 = \varkappa_2 = \cdots = \varkappa_N = \varkappa$ (im weiteren schreiben wir λ anstelle von λ^0, da Verwechslungen ausgeschlossen sind).

$$\begin{vmatrix} \left(\frac{\beta}{\varkappa} + e^{-\beta\tau}\right) \lambda_1 a_{11} & -a_{12}e^{-\beta\tau} & \cdots & -a_{1N}e^{-\beta\tau} \\ -a_{21}e^{-\beta\tau} & \left(\frac{\beta}{\varkappa} + e^{-\beta\tau}\right) \lambda_2 a_{22} & \cdots & -a_{2N}e^{-\beta\tau} \\ \cdots & \cdots & \cdots & \cdots \\ -a_{N1}e^{-\beta\tau} & -a_{N2}e^{-\beta\tau} & \cdots & \left(\frac{\beta}{\varkappa} + e^{-\beta\tau}\right) \lambda_N a_{NN} \end{vmatrix} = 0. \tag{4.4.46}$$

Die der Determinante in (4.4.46) entsprechende Matrix ist keine METZLER-Matrix, da alle Elemente im allgemeinen komplex sind. Multiplizieren wir die i-te Zeile der Determinante (4.4.46) mit $e^{\beta\tau}a_{ii}\lambda_i$, so erhalten wir

$$\begin{vmatrix} \left(1+\frac{\beta}{\varkappa}e^{\beta\tau}\right) & -\frac{a_{12}}{\lambda_1 a_{11}} & \cdots & -\frac{a_{1N}}{\lambda_1 a_{11}} \\ -\frac{a_{21}}{\lambda_2 a_{22}} & \left(1+\frac{\beta}{\varkappa}e^{\beta\tau}\right) & \cdots & -\frac{a_{2N}}{\lambda_2 a_{22}} \\ \cdots & \cdots & \cdots & \cdots \\ -\frac{a_{N1}}{\lambda_N a_{NN}} & -\frac{a_{N2}}{\lambda_N a_{NN}} & \cdots & \left(1+\frac{\beta}{\varkappa}e^{\beta\tau}\right) \end{vmatrix} = 0. \tag{4.4.47}$$

Damit haben wir eine Gleichung für die Eigenwerte der Matrix

$$B = \begin{Vmatrix} 1 & -\frac{a_{12}}{\lambda_1 a_{11}} & \cdots & -\frac{a_{1N}}{\lambda_1 a_{11}} \\ -\frac{a_{21}}{\lambda_2 a_{22}} & 1 & \cdots & -\frac{a_{2N}}{\lambda_2 a_{22}} \\ \cdots & \cdots & \cdots & \cdots \\ -\frac{a_{N1}}{\lambda_N a_{NN}} & -\frac{a_{N2}}{\lambda_N a_{NN}} & \cdots & 1 \end{Vmatrix} \tag{4.4.48}$$

erhalten. Jeder Hauptminor dieser Matrix ist mit dem entsprechenden Hauptminoren der Matrix M^N (4.4.5) durch einen positiven Faktor verknüpft. Für $\lambda \in \Lambda^N$ ist die METZLER-Matrix B deshalb stabil. Mit jedem Eigenwert γ_i der Matrix B ist eine gewisse Anzahl von Wurzeln β_{ki} der Gleichung (4.4.46) durch die Relation

$$\gamma_i = -\frac{\beta_{k_i}}{\varkappa} e^{\tau\beta_{k_i}}, \quad i = 1, 2, \ldots, N, \quad k_i = 1, 2, \ldots, \tag{4.4.49}$$

verbunden.

Es wird folgende Behauptung bewiesen. Für

$$2\varkappa\tau < 1 \tag{4.4.50}$$

liegen die Realteile aller Wurzeln der transzendenten Gleichung (4.4.46) in der linken Halbebene, wenn $\lambda \in \Lambda^N$ gilt, und folglich ist die Leistungsregelung mit Verzögerung asymptotisch stabil.

Mit den Bezeichnungen (4.4.30) ist die Gleichung (4.4.46) der Gleichung

$$|B + ve^{vr}E| = 0 \tag{4.4.51}$$

äquivalent, und die Bedingung (4.4.50) nimmt die Gestalt

$$2r < 1 \tag{4.4.52}$$

an. Wir beweisen, daß die Wurzeln der Gleichung (4.4.51) unter der Bedingung (4.4.52) in der linken Halbebene liegen. Dazu betrachten wir die Größe

$$z = -ve^{vr} = -(x + i\omega)\, e^{r(x+i\omega)}. \tag{4.4.53}$$

Wir zeigen, daß diese Punkte so in der komplexen Ebene liegen, daß bei Erfülltsein von (4.4.52), $x \geqq 0$ und beliebigen ω keiner von ihnen mit einem Eigenwert der Matrix (4.4.48) zusammenfällt.

Die weiteren Überlegungen werden durchsichtig, wenn man den Fall rein imaginärer Wurzeln von (4.4.51) getrennt betrachtet. Dann haben wir

$$z(i\omega) = -i\omega e^{-i\omega r}, \tag{4.4.54}$$

oder

$$z(i\omega) = \omega \cos\left(\omega r - \frac{\pi}{2}\right) + i\omega \sin\left(\omega r - \frac{\pi}{2}\right), \quad \omega > 0, \tag{4.4.55}$$

$$z(i\omega) = -\,\omega \cos\left(\omega r + \frac{\pi}{2}\right) - i\omega \sin\left(\omega r + \frac{\pi}{2}\right), \quad \omega < 0. \tag{4.4.56}$$

In Abb. 4.12 ist die Kurve $z(i\omega)$ in der komplexen Ebene für einige fixierte Werte von r, $r = \frac{\pi}{4}, \frac{\pi}{6}, \frac{\pi}{8}$, dargestellt. Man erkennt, daß für ein sich von $-\infty$ bis $+\infty$ änderndes ω die Kurve sich zunächst spiralförmig um den Koordinatenursprung „aufwickelt", danach „abwickelt" und für $\omega = 0$ durch den Koordinatenursprung verläuft. Durchläuft dabei die Kurve $z(i\omega)$ einen Punkt, der in der komplexen Ebene irgendeinen Eigenwert der Matrix B darstellt, so hat die Gleichung (4.4.51) eine rein imaginäre Lösung. (Wir erinnern daran, daß für $\lambda \in \Lambda^N$ die Matrix B stabil ist und alle ihre Eigenwerte in der rechten Halbebene liegen.)

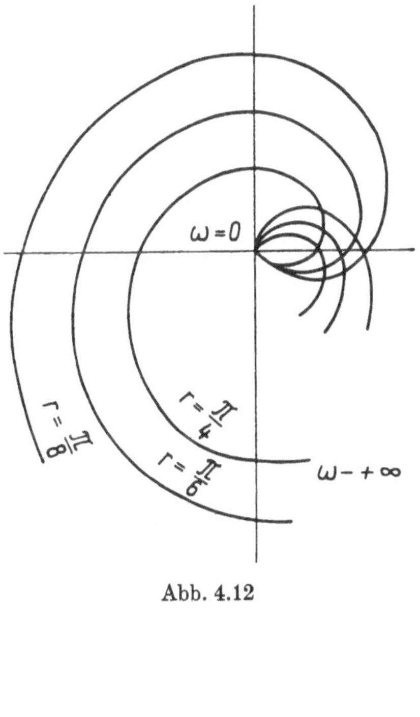

Abb. 4.12

Aus der Abbildung erkennt man noch folgendes: Liegen alle Eigenwerte in dem Gebiet, das von den zwei vom Koordinatenursprung aus ersten Viertelwindungen der Spirale gebildet wird, so sind rein imaginäre Wurzeln von (4.4.51) nicht möglich.

Da die Matrix B reell und $z(i\omega)$ spiegelsymmetrisch bezüglich der reellen Achse ist, genügt es, das Gebiet zwischen der reellen Achse und der ersten Viertelwindung der Spirale für $\omega > 0$ zu betrachten. Das ist in einem anderen Maßstab in Abb. 4.13 dargestellt.

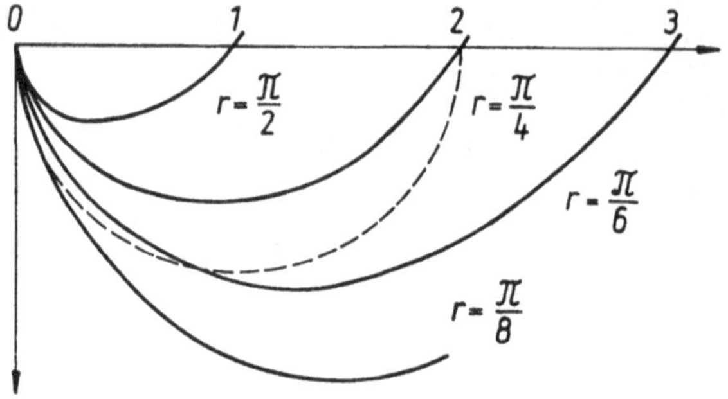

Abb. 4.13

Ist vorher bekannt, daß die Eigenwerte der METZLER-Matrix in der rechten Halbebene liegen, so erweist es sich, daß sie in einem bestimmten endlichen Gebiet dieser Halbebene lokalisiert sind.

Sei $B^N = \|b_{ij}\|$ eine solche METZLER-Matrix N-ter Ordnung, daß $b_{ii} = 1$, $b_{ij} \leqq 0$, $i \neq j$, $i, j = 1, 2, \ldots, N$ ist, und seien die Realteile $\operatorname{Re} \nu_i$ aller ihrer Eigenwerte ν_i positiv, $i = 1, 2, \ldots, N$. Dann liegen alle Eigenwerte dieser Matrix innerhalb eines Kreises mit dem Radius 1 und dem Zentrum im Punkt 1.

Wir betrachten die nichtnegative Matrix $(E - B^N)$. Nach dem Satz von PERRON-FROBENIUS für nichtnegative Matrizen hat sie einen solchen nichtnegativen Eigenwert ϱ, daß die Beträge aller Eigenwerte μ_i der Matrix $(E - B^N)$ nicht größer als ϱ sind, d. h., es gilt

$$\varrho \geqq |\mu_i|, \quad i = 1, 2, \ldots, N. \tag{4.4.57}$$

Die Eigenwerte der Matrizen $(E - B^N)$ und B^N sind durch die offensichtliche Relation

$$\mu_i = 1 - \nu_i, \quad i = 1, 2, \ldots, N \tag{4.4.58}$$

verknüpft. Wir bemerken, daß $\varrho < 1$ ist, da alle Eigenwerte der Matrix B^N nach Voraussetzung der eben ausgesprochenen Behauptung in der linken Halbebene liegen und sie sich durch die Addition von E entlang der reellen Achse um 1 bewegen. Berücksichtigen wir das, so erhalten wir aus (4.4.57) und (4.4.58),

$$1 > p \geqq |1 - \nu_i|, \quad i = 1, 2, \ldots, N, \tag{4.4.59}$$

was zu beweisen war. Daraus folgt: Die Eigenwerte einer beliebigen METZLER-Matrix H^N N-ter Ordnung, deren sämtliche Eigenwerte positive Realteile haben, liegen in einem Kreis mit dem Radius σ und dem Zentrum im Punkt σ. Dabei ist

$$\sigma = \max_i h_{ii}. \tag{4.4.60}$$

In Abb. 4.13 ist der Kreis mit dem Radius Eins, in dem alle Eigenwerte der Matrix B liegen, punktiert dargestellt. Man sieht, daß die spiralförmige Kurve $z(i\omega)$ bei beliebigem festem $r < 1/2$ diesen Kreis nicht schneidet. Folglich hat unter dieser Bedingung die Gleichung (4.4.46) keine rein imaginären Wurzeln. Da aber für $r = 0$ $(\tau = 0)$ alle Wurzeln von (4.4.46) in der linken Halbebene liegen, verlassen sie diese bei Erfülltsein der Bedingung $r < 1/2$ nicht. Das kann man streng analytisch zeigen. Wir betrachten die komplexe Größe (4.4.53) und zeigen, daß bei Erfülltsein von (4.4.52) die Punkte z außerhalb eines offenen Kreises mit dem Radius Eins und dem Zentrum im Punkte 1 liegen, d. h., es ist

$$|z - 1| \geqq 1, \tag{4.4.61}$$

und folglich ist auf Grund der bewiesenen Behauptung kein β Wurzel der Gleichung (4.4.46). Da sich der angegebene Kreis in der rechten Halbebene befindet, genügt es, den Fall $x \geqq 0$ zu betrachten. Es gilt

$$|z - 1| = \sqrt{1 + e^{rx} F(x, \omega)}, \tag{4.4.62}$$

mit
$$F(x, \omega) = \omega(-2 \sin \omega r + \omega e^{rx}) + x(2 \cos \omega r + x e^{rx}). \tag{4.4.63}$$

Da diese Funktion bezüglich ω gerade ist, genügt es, den Fall $\omega > 0$ zu betrachten.

a) $\omega = 0$. Dann ist

$$|z - 1| = \sqrt{1 + 2xe^{rx} + x^2 e^{2rx}} \geqq 1. \tag{4.4.64}$$

b) $\omega > 0$. Wir bemerken dann, daß $F(x, \omega)$ bei beliebigem fixiertem ω mit wachsendem $x \geqq 0$ monoton wächst. Für den Fall $x = 0$ haben wir

$$F(0, \omega) = \omega(-2 \sin \omega r + \omega). \tag{4.4.65}$$

Wie man leicht sieht, gilt bei Erfülltsein der Bedingung $2r < 1$ für beliebiges $\omega > 0$ die Ungleichung

$$F(0, \omega) > 0. \tag{4.4.66}$$

Aus der Monotonie von $F(x, \omega)$ folgt

$$F(x, \omega) \geqq F(0, \omega) > 0. \tag{4.4.67}$$

Folglich ist die Ungleichung (4.4.61) immer erfüllt, was zu beweisen war.

Endgültig erhalten wir: Eine Leistungsregelung, die von einem homogenen Automatenkollektiv verwirklicht wird, ist mit Sicherheit asymptotisch stabil, wenn nur der Speicher des Automaten A^i so ausgewählt ist, daß die Bedingung $1/\varkappa > 2\tau$ erfüllt ist.

Eine Vergrößerung des Kollektivs (Vergrößerung von N) führt also nicht zur Vergrößerung der „Schwierigkeiten" bei der Lösung des Leistungsregelungsproblems. Ein Vergleich von (4.4.50) mit (4.4.45) und (4.4.33) zeigt, daß es schon bei $N > 3$ für jeden Automaten A^i unwichtig ist, wieviel Mitglieder im Kollektiv sind.

Die oben erhaltenen Ergebnisse sagen aus, daß bei einem gegebenen erreichbaren Vektor $\lambda^0 \in \Lambda^N(E_0)$ eine Organisationsform des lokalen Verhaltens existiert, die eine stabile Regelung der Leistungsverteilung im Kollektiv der Funkstationen garantiert. Dabei bleibt die Frage nach der Wahl von λ^0 offen. Wird die Wahl von λ^0 in einer zentralen Einrichtung getroffen, so muß diese Informationen über die im Kollektiv herrschende Situation haben. Es ist wünschenswert, daß diese Information beschränkt ist. Aus (4.4.1) folgt, daß eine proportionale Vergrößerung aller Leistungen den Quotienten Rauschen/Signal nur durch Verringerung des Einflusses der additiven Störung p senkt. Andererseits führt eine Veränderung von λ_i^0 zu verschiedenen Änderungen von E_i bei den verschiedenen Funkstationenpaaren. Ist dabei $E_j = E_{j0}$, d. h., hat der j-te Sender seine maximale Leistung erreicht, so kann eine Vergrößerung der Leistungen der anderen Sender den Quotienten Rauschen/Signal beim j-ten Empfänger nur verschlechtern. Berücksichtigt man das Gesagte, so kann man folgende Methode der zentralen Steuerung vorschlagen, die auf das Erreichen von $\min_{\lambda} \max_{j} \lambda_j$ orientiert ist. Die zentrale Einrichtung verringert den Einstellwert λ^0 $(\lambda_j^0 = \lambda^0,\ j = 1, 2, \ldots, N)$ solange, bis ein Signal darüber erhalten wird, daß irgendein Sender seine Grenzleistung erreicht hat. Von diesem Zeitpunkt an beginnt die zentrale Einrichtung des Einstellwert λ^0 so lange zu vergrößern, bis die Zahl der Signale über den Übergang zur Grenzleistung gleich der Zahl der Signale über die Beendigung der Benutzung der Grenzleistung ist. Dabei interessiert sich die zentrale Einrichtung nicht dafür, welche der Funkstationen die Grenzleistung verwendet. Von Interesse ist nur die Tatsache, daß es eine Funkstation gibt, die die Grenzleistung benutzt. Die Informationsmenge, die dabei zur zentralen Einrichtung gelangt, ist allem Anschein nach nahe der minimalen. Eine Änderung der Werte von λ^0 braucht nicht kontinuierlich vorgenommen zu werden, sondern schrittweise und dabei verhältnismäßig selten.

§ 4.5. Ein dezentralisiertes Steuerungsverfahren zur Verbindungsherstellung in Fernmeldenetzen

Moderne Fernmeldenetze, die für die Gewährleistung eines gleichzeitigen Informationsaustausches zwischen einer großen Anzahl von Teilnehmerpaaren bestimmt sind, erfassen sehr große Territorien. Die große Anzahl der Nachrichtenzentralen und die bedeutenden Entfernungen zwischen ihnen erlauben es nicht, alle Zentralen durch Nachrichtenkanäle nach dem Prinzip „jeder mit jedem" zu verbinden. Auf Grund der natürlichen Evolution des Fernmeldenetzes sowie ökonomischer und technischer Beschränkungen wird ein Fernmeldenetz von einem solchen System von Nachrichtenkanälen gebildet, bei dem die Verbindungsaufnahme zwischen zwei Punkten in der Regel die Benutzung von Transitpunkten erfordert. So benutzt beispielsweise ein Mensch, der ein Telefongespräch aus Komarow mit einem Teilnehmer in Peredelkino[1]) führt, zwei Transitpunkte, in denen eine Vermittlung der Nachrichtenkanäle realisiert wird: Leningrad und Moskau. Wir bemerken, daß bei einer Störung im Nachrichtenkanal Leningrad—Moskau die erforderliche Verbindung beispielsweise entlang des Weges Leningrad—Kiew—Moskau hergestellt werden kann. Bei einem genügend gut entwickelten Fernmeldenetz bestehen mehrere Möglichkeiten, um eine Verbindung zwischen zwei Punkten herzustellen, und bei der Auswahl des Weges muß von einer Reihe von Forderungen ausgegangen werden. Solche Forderungen können sein: minimale Anzahl von Transitpunkten, höchste Sicherheit der Verbindungsherstellung usw. Die Qualität der Arbeit eines Fernmeldenetzes wird in der Regel durch die Wahrscheinlichkeit des

[1]) Eine solche Verbindung wird relativ häufig hergestellt, wenn man bedenkt, daß sich in beiden Orten Dienststellen des sowjetischen Schriftstellerverbandes befinden.

Nichtzustandekommens einer Verbindung abgeschätzt, und die Wege müssen im System so ausgewählt werden, daß die Wahrscheinlichkeit des Nichtzustandekommens einer Verbindung minimal ist. Wenn im oben angeführten Beispiel die Auslastung der Kanäle Leningrad—Moskau, Leningrad—Kiew und Kiew—Moskau annähernd gleich ist, so ist die Herstellung des Weges Leningrad—Kiew—Moskau der Erledigung zweier Aufträge äquivalent, und die Auswahl eines solchen Weges wird mit Sicherheit die Wahrscheinlichkeit für das Nichtzustandekommen der Verbindung im Vergleich zum Weg Leningrad—Moskau erhöhen. Andererseits kann die Auswahl eines längeren, dafür aber weniger ausgelasteten Weges zu einer Verringerung der Wahrscheinlichkeit für das Nichtzustandekommen der Verbindung führen.

Das Problem über die Wahl des Weges kann zentral gelöst werden. Dazu ist es erforderlich, in einem einheitlichen Zentrum über die gesamte Information über das Fernmeldenetz zu verfügen, was offensichtlich zu einem unzuverlässigen und unökonomischen Steuerungsysstem führt. Wir betrachten hier eine Möglichkeit zur Organisation des kollektiven Verhaltens der Fernmeldeämter, das, wie aus den Ergebnissen der Experimente ersichtlich wird, eine genügend gute Steuerung des Fernmeldenetzes erzeugt.

Wir beschreiben zunächst das Modell eines Telefonnetzes mit Fernsprechämtern. Ein solches Netz kann man in der Gestalt eines zusammenhängenden gerichteten symmetrischen Graphen darstellen, dessen Knoten und Bögen den Fernsprechämtern sowie den ein- und ausgehenden Hauptleitungen entsprechen. Jede Hauptleitung besteht aus einer Reihe von Kanälen, deren Anzahl die Durchlaßfähigkeit der Hauptleitung bestimmt. Über jeden Kanal kann zu jedem Zeitpunkt nur eine Mitteilung übertragen werden bzw. nur ein Gespräch geführt werden. Jede Hauptleitung kann sich in einem der beiden Zustände befinden: im betriebsfähigen oder im defekten. Ist die Hauptleitung defekt, so kann keiner ihrer Kanäle für die Nachrichtenübertragung benutzt werden. Umgekehrt kann jeder nichtbesetzte Kanal einer betriebsfähigen Hauptleitung zur Herstellung einer Verbindung genutzt werden. Es wird vorausgesetzt, daß ein beliebiger Kanal einer in einem Fernsprechamt ankommenden Hauptleitung mit einem beliebigen Kanal einer beliebigen von diesem Punkt ausgehenden Hauptleitung verbunden werden kann.

Eine vom Amt v_i in ein bestimmtes Amt v_j führende Hauptleitung l_{ij} wird durch die Ausfallwahrscheinlichkeit s_{ij}, die mittlere Erholungszeit τ_{bij} und das Verteilungsgesetz dieser Zeit charakterisiert. Da kein Teilnehmer eine Mitteilung abschicken oder empfangen kann, ohne ein bestimmtes Fernsprechamt, an das er angeschlossen ist, zu benutzen, und da uns die Steuerung der Informationsströme zwischen den Fernsprechämtern interessiert, können wir annehmen, daß die Fernsprechämter Quellen und Empfänger des Fernsprechverkehrs sind. Der vom Amt v_i ($i = 1, 2, \ldots, N$, wobei N die Anzahl der Ämter des Netzes ist) erzeugte Verkehr wird durch den Wahrscheinlichkeitsvektor $\{T_{ij}\}$ ($j = 1, 2, \ldots, N$, $i \neq j$) charakterisiert, wobei T_{ij} die Wahrscheinlichkeit dafür ist, daß eine Anmeldung zur Herstellung einer Verbindung vom Amt v_i zum Amt v_j eintraf. Jedes Gespräch dauert im Mittel eine bestimmte Zeit τ_p. Zwischen zwei Ämtern können im allgemeinen gleichzeitig mehrere Gespräche geführt werden.

Wird im Amt v_i eine Verbindung mit dem Amt v_j gefordert, so muß das Steuerungssystem die Auffindung eines Weges zwischen diesen Ämtern sichern, der aus betriebsfähigen Hauptleitungen besteht, von denen in jeder wenigstens ein freier Kanal ist. Die Anzahl der Transitämter bestimmt gewöhnlich die Qualität der Verbindung und ist einer der Parameter für die Optimalitätsbewertung der Steuerung. Mit der Zahl der Transitämter hängt auch ein anderes Kriterium für die Arbeit des Netzes zusammen — die Wahrscheinlichkeit für eine normale Gesprächsbeendigung, d. h. die Wahrscheinlichkeit dafür, daß das Gespräch nicht im Ergebnis einer Störung in einer der benutzten Hauptleitungen unterbrochen wird. Hauptparameter für die Qualitätsbeurteilung der Steuerung ist die Wahrscheinlichkeit für das Nichtzustandekommen einer Verbindung, das durch eine der drei Ursachen bedingt ist:

a) Infolge von Hauptleitungsschäden zerfiel das Netz in nichtzusammenhängende Teile, und die zu verbindenden Ämter befinden sich in verschiedenen Unternetzen.

b) Es fehlt ein Weg wegen ökonomischer Belegung der Kanäle mit früher eingegangenen Aufträgen; anders gesagt, die Verbindung käme zustande, hätte man die früheren Aufträge anders aufgeteilt.

c) Es existiert ein Weg, aber infolge unzureichender Kenntnisse über das Netz bzw. wegen falscher Auswertung dieser Kenntnisse kann das Steuerungssystem den Weg nicht finden.

Offensichtlich wird die erste der erwähnten Ursachen nur durch die Zuverlässigkeit des Netzes bestimmt und hängt nicht von der Art der Steuerung ab. Es ist zu erwähnen, daß, obwohl die Wahrscheinlichkeit für den Zerfall des Netzes in nichtzusammenhängende Teile auch nicht groß ist, so erlangt doch die Aufrechterhaltung einer optimalen Steuerung in jedem der entstandenen Unternetze eine große Bedeutung. Das bedingt speziell auch die Unzulänglichkeit eines zentralisierten Steuerungssystems.

Fallen die Hauptleitungen und Ämter nicht aus und haben sie eine unbeschränkte Durchlaßfähigkeit, so genügt es für die Steuerung des Netzes, ein für allemal die kürzesten Wege anzugeben, d. h., es genügt, für jedes Amt v_j das erste Transitamt $v_{k(j,i)}$ anzugeben, wenn eine Verbindung des Amtes v_j mit dem Amt v_i hergestellt werden soll. Wir betrachten die einfachste Form der Steuerung in einem solchen Falle. Dazu ordnen wir jedem Amt v_j des Netzes ein Tupel von Zahlen $h_{v_j v_i}$ zu, die wir Höhen nennen wollen. Die Höhe $h_{v_j v_i}$ ist gleich der minimalen Anzahl der Verbindungsämter (Transitämter) zwischen den Ämtern v_j und v_i. Die Werte $h_{v_j v_k}$ werden wir v_k-Relief des Netzes nennen. In jedem Amt sei die eigene Höhe und die Höhen der nächstgelegenen Nachbarn[1]) bekannt. Um dann den Durchlauf des Signals über die kürzesten Wege zu garantieren, genügt es, in jedem Punkt den Weg in das Amt zu richten, daß von den nächstgelegenen Nachbarn die minimale Höhe hat. Es sei erwähnt, daß die Höhen der nächstgelegenen Nachbarn gleich der Höhe des Amtes sein können oder sich von dieser durch ± 1 unterscheiden. Wie man leicht sieht, gibt es andere Möglichkeiten nicht. Folglich genügt es, in jedem Amt anstelle der Werte $h_{v_j v_k}$ ein Zahlentupel $\Delta_{v_j v_i}^{v_k} \in \{-1, 0, +1\}$ zu haben, wobei $\Delta_{v_j v_i}^{v_k}$ angibt, wie sich die Höhe des Amtes im Vergleich zum Amt v_k beim Übergang von v_j zu v_i ändert. Der Ersatz der Höhen durch die Zuwächse vereinfacht die Struktur des Reliefs wesentlich. Für die Auswahl der Richtung im Amt v_j kann jetzt ein beliebiges Amt v_i gewählt werden, für das $\Delta_{v_j v_i}^{v_k} < 0$ ist.

Bei den gemachten Voraussetzungen über den einwandfreien Zustand aller Hauptleitungen und deren unbegrenzte Durchlaßfähigkeit bereitet die Konstruktion des v-Reliefs keine Schwierigkeiten. Aus dem Amt v_j werde in alle Richtungen ein Signal

[1]) Als nächstgelegenen Nachbarn von v_j wollen wir ein solches Amt v_k bezeichnen, das mit v_j durch eine Hauptleitung ohne Transitämter verbunden ist.

abgeschickt, das den Wert 1 hat. Kommt das Signal in das erste Transitamt, so stellt es dort die Höhe 1 ein. Der Wert des Signals wird um 1 erhöht, wonach es in alle Richtungen geschickt wird. In jedem Amt wird eine Höhe eingestellt, die dem minimalen Wert des im Amt ankommenden Signals entspricht. Alle Signale, deren Wert größer als der minimale ist, werden im gegebenen Amt nicht weitergeschickt. Es ist leicht zu sehen, daß die angegebene Prozedur zu einer genügend schnellen Festlegung des v_j-Reliefs führt. Die Anwendung des angegebenen Verfahrens für jedes Amt erlaubt es, ein vollständiges v-Relief des Netzes zu konstruieren.

Setzt man voraus, daß die Verzögerungen bei der Signalausbreitung nur von den Fernsprechämtern bestimmt werden und alle gleich sind, so kann man leicht eine Prozedur zur Bildung des Δ-Reliefs konstruieren. Aus dem Amt v_j möge in alle Richtungen ein Standardsignal a_j geschickt werden, das mit einem Kennzeichen des Amtes v_j versehen ist. Kam das Signal a_j vom Amt v_k in das Amt v_i erstmalig an, so ist $\Delta^{v_j}_{v_i v_k} = -1$ und das Signal wird dann vom Amt v_i in alle die Richtungen geschickt, über die das Signal a_j in das Amt v_i nicht gelangte. Für diese Richtungen ist $\Delta^{v_j}_{v_i v_s} = +1$. Trifft im Amt v_i das Signal a_j vom Amt v_s zum zweiten Mal ein, so ist $\Delta^{v_j}_{v_i v_s} = 0$ (anstelle von $\Delta^{v_j}_{v_i v_s} = +1$), und das Signal a_j stellt seine Verbreitung ein. Es ist leicht zu sehen, daß in der Zeit $\tau \max_{i,j} h_{v_i v_j}$ das Δ-Relief gebildet ist. Hierbei ist τ die Verzögerung im Fernsprechamt.

Bei einem unveränderlichen Netz führt eine wiederholte Anwendung der angegebenen Algorithmen zu keinen Veränderungen weder im v-Relief noch im Δ-Relief. Wir erwähnen, daß für ein unveränderliches Netz der Begriff der Steuerung seinen Sinn verliert, da die Reliefs einmalig bei der Projektierung oder im Prozeß des Betriebes des Netzes festgestellt werden können.

Es ist natürlich, daß bei einem Ausfall einer der Hauptleitungen das im Netz vorhandene Relief nicht der tatsächlichen Lage der Dinge im Netz entspricht. Wenn die das Relief bildenden Einrichtungen ihre Arbeit fortsetzen, so verändert sich das Relief und wird der neuen Konfiguration des Netzes entsprechen. Vernachlässigt man die Möglichkeit, daß eine Hauptleitung besetzt ist, d. h., setzt man eine unbegrenzte Durchlaßfähigkeit voraus, so kann man davon sprechen, daß sich das System an die veränderte Konfiguration des Netzes anpaßt. Die Verluste an Anrufen werden dabei um so kleiner sein, je schneller die reliefbildende Einrichtung auf Veränderungen im Netz reagiert. Selbst in sehr unzuverlässigen Netzen treten Ausfälle einer Hauptleitung nicht mehr als fünf- bis sechsmal am Tage auf. Die zur Wiederherstellung der Betriebsfähigkeit erforderliche mittlere Zeit beträgt in realen Netzen ungefähr 1—2 Stunden. Die Geschwindigkeit der Reliefbildung kann ohne besondere Anstrengung bis auf 2—4 Reliefveränderungen in der Sekunde gebracht werden, was praktisch eine augenblickliche Reaktion des Reliefs auf Netzveränderungen sichert.

Wie man sieht, werden relativ seltene Störungen der Hauptleitungen leicht berücksichtigt, und bei einer genügend hohen Geschwindigkeit der Steuereinrichtung ist das Relief fast immer richtig. Die Berücksichtigung von Überlastungen der Richtungen stellt eine schwierigere Aufgabe dar, da die Frequenz des Besetzt- und Freiseins einzelner Hauptleitungen mit der Frequenz der Arbeit der Steuerungseinrichtung vergleichbar ist, und das Relief ist nicht in der Lage, der sich schnell ändernden Situation nachzukommen. Wir wollen das an einem Beispiel klarmachen. Zu jeder Sekunde seien alle Kanäle der Hauptleitung l_{51} (Abb. 4.14) mit der Wahrscheinlichkeit p_3 besetzt, und in der nächsten Sekunde wird mit der Wahrscheinlichkeit p_{frei} einer der Kanäle frei.

Die zum Zeitpunkt t unter der Voraussetzung, daß die Hauptleitung vollständig besetzt ist, erhaltene Höhe $h_{v_1 v_5}$ des Amtes v_5 erweist sich zum Zeitpunkt $t + 1$ mit der Wahrscheinlichkeit p_{frei} als falsch, und die bei Vorhandensein von freien Kanälen berechnete Höhe $h_{v_1 v_5} = 1$ ist mit der Wahrscheinlichkeit p_3 zu einem beliebigen Zeitpunkt falsch.

Sind die mittlere Zeit, in der die Haupleitung vollständig besetzt ist und die Zeit, in der wenigstens ein Kanal frei ist, von der gleichen Größenordnung und unterscheiden sie sich nicht stark von der Arbeitsperiode der Steuereinrichtung, so trägt die Höhe mit

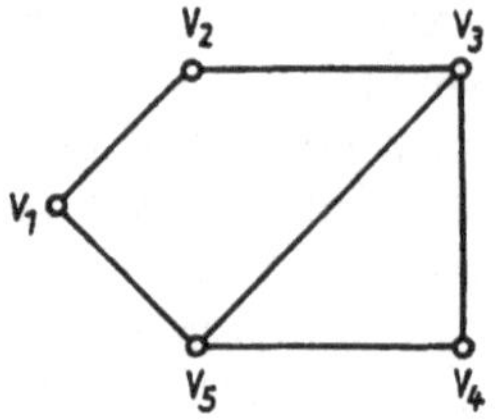

Abb. 4.14

großer Wahrscheinlichkeit eine falsche Information. Wir wollen mit Hilfe einfacher Berechnungen zeigen, daß solche Verhältnisse von Belastung und Durchlaßfähigkeit der Hauptleitung tatsächlich möglich sind.

Die Hauptleitung möge aus sechs Kanälen bestehen ($\beta = 6$). Aus dem Amt v_5 kommen stündlich im Mittel 48 Aufträge zur Herstellung einer Verbindung mit dem Amt v_1. Wir wollen voraussetzen, daß andere Aufträge im Netz nicht entstehen und werden uns für die Belastung der Hauptleitung l_{51} interessieren. Wir setzen voraus, daß ein Gespräch im Mittel 5 Minuten dauert und daß die Gesprächszeit exponential verteilt ist. Als Zeiteinheit wählen wir 0,5 Minuten, d. h., ein Gespräch kann im Verlauf von 0,5 Minuten mit der Wahrscheinlichkeit 0,1 beendet werden. Die mittlere Bedienungszeit eines Gesprächs ist $\tau = 10$. [Der Parameter (Intensität) des Stromes ist in unserem Falle $\lambda = -\dfrac{48}{120} = 0{,}4$.]

Wir setzen den Strom als einfachsten Strom voraus (stationärer, ordinärer Strom ohne Nachwirkungen) und benutzen zur Berechnung der Wahrscheinlichkeit für das vollständige Besetztsein der Hauptleitung die ERLANGschen Formeln:

$$p_3 = \frac{(\lambda\tau_p)^\beta \dfrac{1}{\beta!}}{\sum\limits_{m=0}^{\beta} \dfrac{1}{m!} (\lambda\tau_p)^m} \approx 0{,}12.$$

Die Ausfallwahrscheinlichkeit ist also ungefähr 0,12. Mit der gleichen Wahrscheinlichkeit kann die Höhe $h_{v_1 v_5}$ drei werden. Die Höhe $h_{v_1 v_5}$ möge sich verändert haben. Wir schätzen die Zeit ab, in deren Verlauf diese Höhe richtig ist. Die Wahrscheinlichkeit für das Freiwerden wenigstens eines Kanals einer vollständig besetzten Hauptleitung ist

$$p_{\text{frei}} = 1 - (0{,}9)^6 \approx 0{,}47.$$

Hieraus sieht man, daß es bei einer Arbeitsperiodizität der Steuereinrichtung von 0,5 Minuten praktisch keinen Sinn hat, die Höhe des Amtes zu ändern: im nächsten

Zeitpunkt kann die gleiche Höhe mit gleicher Wahrscheinlichkeit sowohl 1 als auch 3 sein. Außerdem gelangen an Ämter, die sich von v_5 im Abstand von einigen Transitämtern befinden, Mitteilungen über die veränderte Höhe mit um so größerer Verzögerung und werden um so weniger die reale Situation widerspiegeln, je weiter das Amt von v_5 entfernt ist.

Um die statistischen Eigenschaften des Netzes zu berücksichtigen, ist es sinnvoll, im Steuerungssystem die „Trägheit" einzuführen, um eine gewisse „mittlere" Höhe der Ämter zu berücksichtigen.

So ist im betrachteten Beispiel die mittlere Höhe gleich $H_{v_1 v_5} = 3 \cdot 0{,}12 + 1 \cdot 0{,}88 = 1{,}24$. Setzt man die Anruferströme als stationär und die Strukturveränderungen des Netzes als relativ selten voraus, so ist es natürlich, die Höhe über eine möglichst große Anzahl von Schritten zu mitteln. Bei einer Mittlung über $\varkappa$ Arbeitsschritte der Steuereinrichtung hat die Höhe die Gestalt

$$H_{v_l v_k}(t) = \frac{h_{v_l v_k}(t) + h_{v_l v_k}(t-1) + \cdots + h_{v_l v_k}(t-x+1)}{x}, \tag{4.5.1}$$

wobei $h_{v_l v_k}(t-i)$ der zum Zeitpunkt $t-i$ erhaltene augenblickliche Wert der Höhe ist. In realen Netzen sind beispielsweise wegen Belastungsumverteilungen, die durch Störungen der Hauptleitungen hervorgerufen werden, die in ein und derselben Hauptleitung ankommenden Ströme in der Regel nicht stationär. Damit das System die in der Anrufstatistik vorgehenden Veränderungen berücksichtigen kann, ist deshalb eine bestimmte optimale Trägheit, ein gewisser Kompromißwert $\varkappa$[1]) erforderlich. Die Mittlung des Höhenwertes über $\varkappa$ Schritte erfordert aber einen zusätzlichen Speicher. Für ein ökonomisches Gedächtnis ist es bequem, die Trägheit einzuführen und die Höhe nach der Formel

$$H(t) = H(t-1) \cdot (1-\alpha) + \alpha h(t) \tag{4.5.2}$$

zu berechnen. In diesem Falle hängt die Höhe zum Zeitpunkt t nur von der gemittelten Höhe zum Zeitpunkt $t-1$ und der augenblicklichen Höhe zum Zeitpunkt t ab. Der Parameter α spielt die Rolle der Trägheit und gestattet es den Höhen nicht, unter dem Einwirken der zufälligen kurzzeitigen Belastungsveränderungen „zu schwingen".

Es ist interessant, einige Erscheinungen zu erwähnen, die mit der Überlastung einzelner Richtungen gleichzeitig durch mehrere Ströme zusammenhängen.

Wir betrachten das in Abb. 4.15 dargestellte Netz. Verkehrsquellen sind die Ämter v_1 und v_2, Empfänger entsprechend $v_1{}^1$ und $v_2{}^1$. Speziell können die Nachrichten an ein Amt ($v_1{}^1 = v_2{}^1$) gerichtet werden. Wir nehmen an, daß alle in der Abbildung dargestellten Hauptleitungen unbegrenzte Durchlaßfähigkeit haben. Eine Ausnahme bildet lediglich die Hauptleitung l_{36}, deren Durchlaßfähigkeit begrenzt ist. Durch eine punktierte Linie zwischen zwei Ämtern sind die Unternetze ($v_4 v_1{}^1$) und ($v_5 v_2{}^1$) gekennzeichnet, in denen ein Weg mit unbegrenzter Durchlaßfähigkeit existiert, der die entsprechenden Ämter verbindet. Diese Unternetze seien derart, daß die kürzesten Wege vom Amt v_1 (entsprechend von v_2) zum Amt $v_1{}^1$ (entsprechend zu $v_2{}^1$) über die Hauptleitung l_{36} verlaufen und sei außerdem bei Fehlen der Hauptleitung l_{36} der kürzeste Weg $\{v_1 v_4 (v_4 v_1{}^1)\}$ (entsprechend $\{v_2 v_5 (v_5 v_2{}^1)\}$), d. h. $H_{v_1{}^1 v_6} + 1 < H_{v_1{}^1 v_4}$ und $H_{v_2{}^1 v_6} + 1 < H_{v_2{}^1 v_5}$. Ist dabei die

[1]) Genau so wie für einen Automaten mit linearer Taktik, der in einem umschaltbaren zufälligen Medium arbeitet, ein optimaler Speicher existiert.

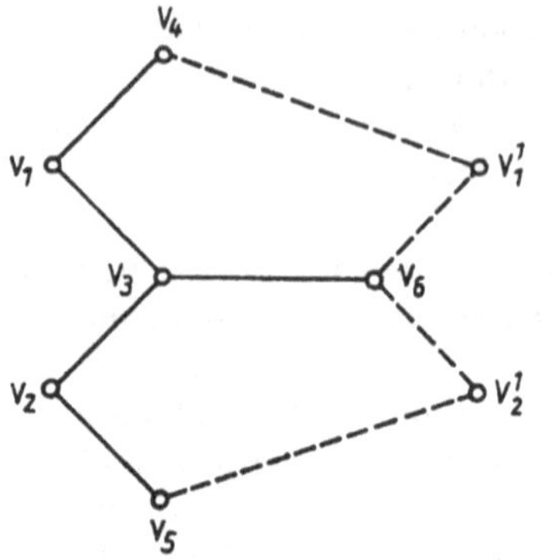

Abb. 4.15

Durchlaßfähigkeit der Hauptleitung l_{36} nicht ausreichend, um beide Ströme ohne Verlust durchzulassen, so werden die Höhen $H_{v_1{}^1 v_3}$ und $H_{v_2{}^1 v_3}$ erhöht. Da zu einigen Zeitpunkten die Hauptleitung l_{36} überlastet ist, gilt

$$H_{v_1{}^1 v_1} = H_{v_1{}^1 v_3} + 1 + \Delta, \qquad H_{v_2{}^1 v_2} = H_{v_2{}^1 v_3} + 1 + \Delta$$

mit $\Delta > 0$.
Ist beispielsweise

$$H_{v_1{}^1 v_4} - H_{v_1{}^1 v_3} > H_{v_2{}^1 v_6} - H_{v_2{}^1 v_3},$$

so wird mit wachsendem Δ der Strom des Amtes v_2 entlang des Umgehungsweges über das Amt v_5 gerichtet, sobald $H_{v_2{}^1 v_3}$ gleich $H_{v_2{}^1 v_5}$ wird. Ist der Strom aus dem Amt v_1 intensiv und bleibt Δ genügend groß, um dem Strom aus v_2 den Weg über die Hauptleitung l_{36} zu versperren, so erweist sich der kürzeste Weg demjenigen Strom überlassen, für den der Umgehungsweg größer ist.

Ist aber der Strom aus dem Amt v_1 nicht genügend intensiv, so wird sich, nachdem der Strom des Amtes v_2 entlang des Umgehungsweges gerichtet wurde, Δ verringern, und für den Strom v_2 öffnet sich wieder der Weg über die Hauptleitung l_{36}.

Es entstehen Schwankungen von Δ um ein bestimmtes mittleres Niveau, wobei sich diese Schwankungen im allgemeinen auf die Auswahl der Richtung aus dem Amt v_1 überhaupt nicht auswirken, die es aber ermöglichen, einen Teil der vom Strom v_2 nicht ausgenutzten Durchlaßfähigkeit der Hauptleitung l_{36} zu verwenden.

Analoge Überlegungen kann man auch leicht für das Δ-Relief formulieren. Wir wenden uns der Abb. 4.14 zu. Wenn wir die Wahrscheinlichkeit dafür, daß die Hauptleitungen $l_{15}, l_{12}, l_{23}, l_{53}, l_{54}$ und l_{43} besetzt sind, entsprechend mit $p_{15}, p_{12}, p_{23}, p_{53}, p_{54}$ und p_{43} bezeichnen, so erhalten wir bei der Konstruktion des Δ-Reliefs für das Amt v_1 $\Delta^{v_1}_{v_3 v_2} = +1$ mit der Wahrscheinlichkeit $(1 - p_{12})(1 - p_{23})$ und $\Delta^{v_1}_{v_3 v_2} = -1$ mit der Wahrscheinlichkeit $[1 - (1 - p_{12})(1 - p_{23})]\ (1 - p_{15})\ [(1 - p_{53}) + (1 - p_{54})(1 - p_{43})\, p_{53}]$, woraus sich leicht der Erwartungswert von $\Delta^{v_1}_{v_3 v_2}$ berechnen läßt.

Wir betrachten die Ergebnisse der Modellierung des Verhaltens eines Netzes bei der oben beschriebenen Form der dezentralisierten Steuerung. Es wurde ein Netz mit 29 Ämtern modelliert (Abb. 4.16).

Alle Hauptleitungen wurden als gleich zuverlässig mit der Störwahrscheinlichkeit von 0,3 pro Stunde und der mittleren Wiederherstellungszeit von 1,25 Stunden voraus-

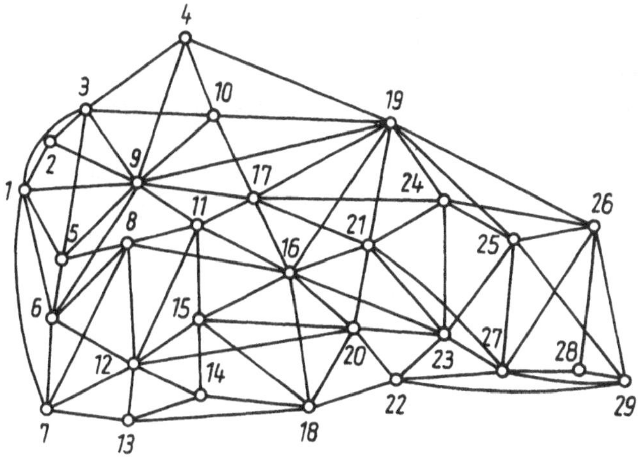

Abb. 4.16

gesetzt. Die mittlere Gesprächszeit betrug für alle Ämter 5 Minuten und war exponential verteilt. Die Ergebnisse der Experimente sind in Tabelle 4.5.1 angeführt. In dieser Tabelle bedeuten: β — die Anzahl der Kanäle in der Hauptleitung, s— die Ausfallwahrscheinlichkeit der Hauptleitung, p_{bes} — die Wahrscheinlichkeit für das Nichtzustandekommen der Verbindung, p_{normal} — die Wahrscheinlichkeit für die normale Beendigung des Gesprächs und l — die mittlere Transitlänge.

Tabelle 4.5.1

Nummer des Experiments	β	s	α	p_{bes}	p_{normal}	l	Dauer des Experiments in Stunden
1	6	0,300		0,157	0,92	3,05	24
2	6	0,000		0,060	1,00	2,56	8
3	30	0,300		0,090	0,92	2,96	24
4	12	0,300		0,093	0,92	2,99	12
5	6	0,300	1	0,060	0,92	3,05	16
6	6	0,300	1/3	0,070	0,92	3,06	16
7	6	0,300	1/6	0,070	0,92	3,06	24
8	6	0,300	1/10	0,060	0,93	3,03	16
9	6	0,300	1/15	0,100	0,92	3,09	24
10	6	0,300	1/3	0,090	0,92	3,05	

Experiment Nr. 1. $p_{\text{bes}} = 0{,}157$; $p_{\text{normal}} = 0{,}92$; $l = 3{,}05$. Das Nichtzustandekommen der Verbindungen kann sowohl durch Hauptleitungsbeschädigungen als auch durch unzureichende Durchlaßfähigkeit hervorgerufen sein. Es ist interessant abzuschätzen, welcher Anteil der nichtzustandegekommenen Verbindungen durch jede dieser Ursachen bedingt ist. Zu diesem Zweck werden zwei Experimente durchgeführt.

Im *Experiment Nr. 2* blieben die Durchlaßfähigkeit der Hauptleitungen und die Belastung unverändert, während die Ausfallwahrscheinlichkeit einer Hauptleitung 0 gesetzt wurde.

Im *Experiment Nr. 3* wurde die Durchlaßfähigkeit der Hauptleitungen auf das Fünffache erhöht ($\beta = 30$), während Zuverlässigkeit und Belastung nicht geändert wurden. Man kann annehmen, daß im Experiment Nr. 3 alle nichtzustandegekommenen Verbindungen nur durch Hauptleitungsausfälle bedingt sind. Als Bestätigung dafür kann das *Experiment Nr. 4* dienen, das unter den gleichen Bedingungen wie Experiment Nr. 3 durchgeführt wurde, allerdings bei einer kleineren Anzahl von Kanälen der Hauptleitung ($\beta = 12$). Die praktische Übereinstimmung der Ergebnisse der Experimente 3 und 4 erlaubt es zu behaupten, daß eine weitere Vergrößerung der Durchlaßfähigkeit der Hauptleitungen die Qualität der Arbeit des Netzes nicht verbessert.

Vergleicht man die Daten der Experimente mit unbegrenzter (Nr. 3) und begrenzter Durchlaßfähigkeit (Nr. 1), so kommt man zum Schluß, daß ungefähr 6,4% von 15,7% nichtzustandegekommener Verbindungen durch unzureichende Durchlaßfähigkeit bei ein und derselben Häufigkeit des Hauptleitungsausfalls von $s = 0{,}300$ bedingt sind. Gleichzeitig zeigt ein Vergleich der Ergebnisse der Experimente 1 und 2, daß dieser Mangel an Durchlaßfähigkeit auf Grund der Verringerung der Durchlaßfähigkeit des Netzes im ganzen beim Ausfall von Hauptleitungen auftritt.

Die *Experimente* mit den Nummern 5—9 wurden bei gleichen Belastungen, Durchlaßfähigkeit und Zuverlässigkeit wie im Experiment 1, jedoch bei verschiedenen Werten des Trägheitsparameters α durchgeführt. Die minimale Wahrscheinlichkeit für das Nichtzustandekommen der Verbindung ist $p_{\text{bes min}} \approx 0{,}06$.

Vergleichen wir dieses Ergebnis mit der im Experiment Nr. 2 bei $\beta = 30$ erhaltenen Wahrscheinlichkeit für das Nichtzustandekommen einer Verbindung, so sehen wir, daß für das vorliegende Beispiel keinerlei Vergrößerung der Durchlaßfähigkeit der Hauptleitungen ein ebensolches Arbeitsquantum garantieren kann, das bei Anwendung der vorgeschlagenen Form der dynamischen Steuerung erreicht wird. Die Modellierung zeigte die schwache Abhängigkeit von p_{bes} von α in weiten Grenzen.

Die Abhängigkeit kann man qualitativ folgendermaßen erklären. Bei kleinen Werten von α berücksichtigt das System Hauptleitungsausfälle schnell und gut, ist aber gleichzeitig instabil hinsichtlich zufälliger Belastungsschwingungen. Bei großen Werten von α reagiert das Steuerungssystem zu langsam auf Hauptleitungsausfälle, obwohl es die Ströme bei unveränderlicher Netzstruktur gut verteilt, weil es die Belastungsstatistik der verschiedenen Richtungen gut berücksichtigt. Man kann annehmen, daß sich bei Verringerung der Belastung der optimale Wert von α verkleinert und sich bei Verringerung der Ausfallwahrscheinlichkeit vergrößert. Die Existenz verschiedener Prozesse, wobei die Anpassung an jeden von ihnen verschieden von α abhängt, bedeutet im Prinzip die Möglichkeit des Vorhandenseins zweier Minima der Funktion $p_{\text{bes}}(\alpha)$.

Der optimale Wert des Trägheitsparameters kann nur im Ergebnis eines Experiments erhalten werden. Weil sich in einem realen Netz die Voraussetzungen im Arbeitsprozeß ändern können, kann sich ein vorher ausgearbeitetes α_{opt} nach einer gewissen Zeit nicht als bestes erweisen. Deshalb erscheint es wichtig, die Trägheit so in das System einzuführen, daß sie sich mit Veränderung der Arbeitsbedingungen des Netzes ändert.

Wir bemerken, daß die Trägheit bei der Berechnung einer bestimmten Höhe $H_{v_i v_k}$ um so kleiner sein muß, je näher das Amt v_k am Amt v_i liegt. Das wird verständlich, wenn man berücksichtigt, daß je geringer der Abstand zwischen den Ämtern ist, desto kleiner ist im allgemeinen die Anzahl der möglichen (gemäß dem Relief) Wege aus v_k nach v_i, desto schneller gelangen Mitteilungen über Veränderungen auf diesen Wegen nach v_k. Umgekehrt gelangen Mitteilungen über Netzveränderungen im Mittel langsamer in ein entfernteres Amt und spiegeln weniger die reale Situation wider. Daraus ist klar, daß in diesem Fall eine Mittelung der Höhen über eine größere Schrittanzahl durchgeführt werden muß und die Trägheit größer sein muß. Das Gesagte gestattet es, den Trägheitsparameter α als monoton wachsende Funktion der Höhe einzuführen, beispielsweise in der Form

$$\alpha(t) = \alpha^* \frac{H(t-1) + h(t)}{2}, \quad 0 < \alpha^* .$$

Die Ergebnisse der Experimente 1—9 wurden unter der Voraussetzung erzielt, daß es in jeder Hauptleitung einen speziellen zusätzlichen Kanal gibt, der zur Übertragung der Steuerinformation dient. Das bedeutet, daß benachbarte Ämter nur bei Ausfall der sie verbindenden Hauptleitung keine Steuerinformationen austauschen konnten. Die im Experiment Nr. 10 erhaltenen Daten, das unter den gleichen Voraussetzungen wie Experiment Nr. 6 durchgeführt wurde, aber ohne speziellen Kanal, zeigen seine Bedeutung in der betrachteten Situation.

Experiment Nr. 10: $p_{\text{bes}} = 0{,}09$; $p_{\text{normal}} = 0{,}92$; $l = 3{,}05$. Die Ergebnisse des Experiments zeigen, daß es bei der Projektierung eines Netzes, in dem große Überlastungen erwartet werden, zweckmäßig ist, einen speziellen Kanal zur Übertragung der Steuerinformation bereitzustellen. In Netzen, in denen die Hauptschwierigkeit für die Steuerung in den häufigen Strukturveränderungen liegt und in denen wesentliche Überlastungen nicht erwartet werden, hat das Fehlen eines speziellen Kanals geringe Auswirkungen auf die Qualität der Arbeit. Eine wichtige Charakteristik für die Qualität der Arbeit des Systems ist die Veränderung der Zahl der nichtzustandekommenden Verbindungen in Abhängigkeit vom Abstand zwischen den Ämtern. Aus Tabelle 4.5.2 sieht man, daß eine Vergrößerung des Abstandes der Ämter voneinander um 1 im nicht gesteuerten Netz zum Anwachsen der Wahrscheinlichkeit für das Nichtzustandekommen einer Verbindung ungefähr um 6% führt, während für ein dynamisch gesteuertes System diese Größe ungefähr 3% beträgt.

Tabelle 4.5.2

Anzahl der Transitämter	ungesteuertes Netz, % des Nichtzustandekommens von Verbindungen	gesteuertes Netz, % des Nichtzustandekommens von Verbindungen
1	8,1	3,0
2	14,8	5,5
3	18,7	8,4
4	25,6	11.2

KAPITEL V

Verhalten von Systemen kooperierender Automaten

§ 5.1. Synchronisierung in Automatenketten

In diesem und im folgenden Paragraphen wollen wir das Verhalten von Automaten untersuchen, die rein logische Aufgaben lösen. Derartige Modelle wurden in die Arbeit deshalb aufgenommen, weil am Beispiel dieser Modelle die Möglichkeit der Koalition mit einer begrenzten Anzahl von Nachbarn gut illustriert wird.

Wir betrachten das Problem der Synchronisierung einer Automatenkette von J. Myhill. Die Formulierung dieses Problems wurde erstmalig von E. Moore [134] veröffentlicht. Das Problem von J. Myhill, das im Zusammenhang mit der Notwendigkeit des gleichzeitigen Einschaltens aller Teile einer sich selbst reproduzierenden Maschine gestellt wurde, kann folgendermaßen formuliert werden.

Es gibt eine Kette von Schützen, von denen jeder Informationen nur mit seinen unmittelbaren Nachbarn austauschen kann. Die Kette besteht aus einer endlichen Anzahl von Schützen, und die beiden an den Enden der Kette stehenden Schützen haben nur einen Nachbarn. Einer der am Ende stehenden Schützen erhält einen Befehl, wonach sich die Schützen absprechen und gleichzeitig einen Schuß abfeuern müssen. Nachdem er die Information von seinen Nachbarn erhalten hat, antwortet jeder Schütze mit einer konstanten festen Verzögerung, die für alle Schützen gleich ist. Es entsteht folgende Frage: Existiert ein lokaler Algorithmus für das Verhalten eines einzelnen Schützen (der für alle Schützen, möglicherweise mit Ausnahme der am Rand stehenden, gleich ist), dessen Kompliziertheit und das dafür verwendete Speichervolumen nicht von der Zahl der Schützen abhängt und dessen Anwendung es den Schützen gestattet, gleichzeitig den Schuß abzufeuern?

Formal kann die Frage so gestellt werden: Existiert ein solcher endlicher Automat A, daß sich eine aus N Automaten A bestehende Kette nach Abgabe des Startsignals an einen Randautomaten zum Zeitpunkt $t = 0$ zum Zeitpunkt T synchronisieren läßt, wobei jeder Automat nur mit seinen unmittelbaren Nachbarn verbunden ist und die Kompliziertheit des Automaten nicht von N abhängt?

Unter Synchronisierung wollen wir hier die Existenz eines solchen Zeitpunktes T verstehen, in dem sich alle Automaten in einem definierten Zustand, dem Synchronzustand, befinden, wobei sich im Zeitintervall $(0, T)$ kein Automat auch nur einmal in diesem Zustand befand.

Wie E. Moore [134] mitteilt, wurde von J. McCarthy und M. Minsky eine positive Antwort auf diese Frage gegeben, und im Jahre 1962 veröffentlichte E. Goto die Lösung des Synchronisierungsproblems in minimaler Zeit $T = 2N - 2$ [129]. Der von E. Goto vorgeschlagene Automat hat mehrere tausend Zustände. Im Jahre 1965 veröffentlichte W. I. Lewenstein eine glänzende Lösung dieses Problems für minimale Synchronisierungszeit, wobei die Anzahl der inneren Zustände des Automaten 9 war [69]. Im Jahre 1966 veröffentlichte A. Waksman eine ähnliche Lösung [145], bei der die Anzahl der inneren Zustände des Automaten 16 war.

Wir wollen die von W. I. Lewenstein vorgeschlagene Lösung betrachten. Die Kette besteht aus Moore-Automaten, und die inneren Zustände der Automaten sind ihre Ausgabesignale, d. h., die sich in der Kette ausbreitenden Signale stimmen mit den inneren Zuständen der Automaten überein. Die Konstruktion des Signalsystems basiert auf der Idee der Streckenhalbierung. Im Ergebnis der Streckenhalbierung geht der Automat (oder zwei Automaten im Falle einer geraden Anzahl von Automaten im Kettenabschnitt), der sich in der Streckenmitte befindet, in den dem Synchronzustand vorangehenden Bereitschaftszustand über. Der Automat geht in den Synchronzustand

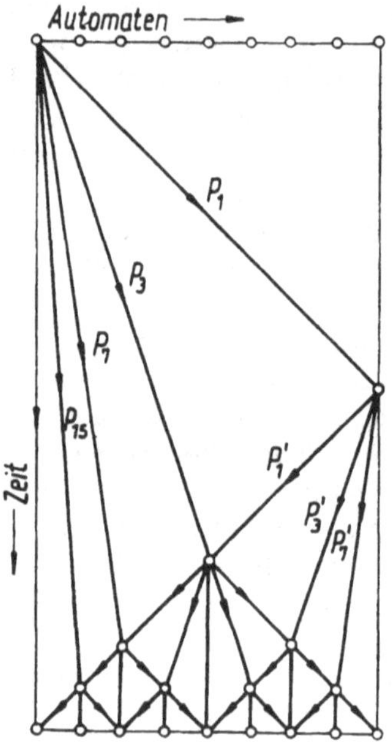

Abb. 5.1

über, wenn er sich selbst und seine zwei Nachbarn im Bereitschaftszustand befinden (eine Ausnahme stellen die Fälle dar, die auf Grund der unterschiedlichen Situationen für Strecken mit gerader und ungerader Automatenanzahl entstehen).

Wenden wir uns Abb. 5.1. zu. Die erste Halbierung der Automatenkette wird, wie folgt, vorgenommen. Das Startsignal überführt den Randautomaten der Kette in den Bereitschaftszustand und von ihm beginnen sich zwei Signale P_1 und P_3 in der Kette auszubreiten. Das erste Signal breitet sich in der Kette mit der Geschwindigkeit 1 aus und das zweite Signal mit der Geschwindigkeit 1/3 (das Signal breitet sich in der Kette mit der Geschwindigkeit $1/k$ aus, wenn es bis zum Übergang zum benachbarten Automaten k Zeiteinheiten im vorigen verbleibt). Das Signal P_1 gelangt bis an das Ende der Kette, überführt den dortigen Randautomaten in den Bereitschaftszustand und bewegt sich mit derselben Geschwindigkeit zurück. Die Begegnung des reflektierten Signals P_1' mit dem Signal P_3 findet in der Kettenmitte statt und der entsprechende Automat (oder zwei Automaten im Falle einer geraden Anzahl von Automaten in der Kette) geht in den Bereitschaftszustand über. Breitet sich das reflektierte Signal P_1' weiter in der Kette mit der Geschwindigkeit 1 aus und gibt der erste Automat zum Anfangszeitpunkt das sich mit der Geschwindigkeit 1/7 ausbreitende Signal P_7 ab, so treffen sich diese Signale im Abstand 1/4 vom Kettenanfang. Wenn weiter jeder sich im Bereitschaftszustand befindende Automat eine Folge von Signalen abgibt, die sich mit der Geschwindigkeit $1/(2^{k+1} - 1)$ ausbreiten, und wenn ferner in den Begegnungspunkten der Signale die Automaten in den Bereitschaftszustand übergehen, so wird in der Kette, wie aus Abb. 5.1. ersichtlich, eine sukzessive Halbierung der entstehenden Strecken vorgenommen.

Die Hauptschwierigkeit, die W. I. Lewenstein hervorragend überwand, bestand darin, die Abgabe einer Folge von Signalen, die sich mit den Geschwindigkeiten $1/(2^{k+1} - 1)$ ausbreiten, durch einen Automaten mit fester endlicher Anzahl von Zuständen zu organisieren. Für die weitere Darlegung erweist es sich uns als zweckmäßig, den Automaten von W. I. Lewenstein ein wenig zu verändern und die Zahl seiner Zustände auf 8 zu verringern. (Eine andere Konstruktion eines Automaten mit 8 Zuständen wurde von R. Balzer vorgeschlagen [123].)

In Abb. 5.2., die analog den Tabellen 1 und 2 der Arbeit von Lewenstein [69] aufgebaut ist, ist ein Beispiel für die Synchronisierung einer Kette aus 22 solcher Automaten angegeben. Die Vorschriften für die Zustandsüberführung des Automaten sind in Tabelle 5.1.1. angegeben.

In Tabelle 5.5.1. ist jede Überführungsvorschrift folgendermaßen aufgeschrieben: in der oberen Zeile steht der laufende Zustand des Automaten und die Zustände seiner zwei Nachbarn; in der unteren Zeile steht der Zustand des Automaten zum nächsten Zeitpunkt.

Die Zustände $\vec{S}$ und $\overleftarrow{S}$ wollen wir entgegengesetzt nennen. Die restlichen Zustände sind sich selbst entgegengesetzt. Sind φ und φ^* entgegengesetzte Zustände, so ist

$$F(\varphi_{j-1}, \varphi_j, \varphi_{j+1}) = F^*(\varphi_{j+1}^*, \varphi_j^*, \varphi_{j-1}^*). \tag{5.1.1}$$

Deshalb ist in Tabelle 5.1.1 die Überführungsfunktion nur für die Hälfte der Automatenzustandstupel angegeben. Die Werte der Überführungsfunktion für die restlichen Tupel können aus der Relation (5.1.1) erhalten werden.

Wir betrachten nun eine Variante des Problems von J. Myhill für den Fall, daß das Startsignal an einen beliebigen Automaten der Kette gegeben wird. (Diese Aufgabe wurde gleichzeitig mit uns in [135] gestellt und mit einem analogen Algorithmus gelöst. Der in [135] konstruierte Automat hat jedoch mehr innere Zustände.)

In Abb. 5.3 ist das Gesamtbild der Signalausbreitung im Falle der Abgabe des Startsignals an einem beliebigen Automaten der Kette dargestellt. Nach Abgabe des Startsignals vom Anfangsautomaten H beginnen sich mit der Geschwindigkeit 1 die Signale P_1 und P_1' fortzusetzen. Dabei geht der Anfangsautomat nur in dem Fall in den Bereitschaftszustand über, wenn er Randautomat ist. Gelangen die Signale P_1 und P_1' an den Rand der Kette, so überführen sie die Randautomaten in den Bereitschaftszustand und erzeugen reflektierte Signale, die sich mit derselben Geschwindigkeit fortsetzen. Wie oben gesagt wurde, sendet ein in den Bereitschaftszustand übergegangener Automat eine Folge von Signalen aus, die sich mit den Geschwindigkeiten $1/(2^{k+1} - 1)$ ausbreiten. Würde das Startsignal an den Automaten O gegeben, der sich am nächstgelegenen Ende (bezogen auf den Anfangsautomaten) der Kette befindet, so wiederholt sich das Bild der Signalausbreitung aus Abb. 5.1 mit dem Anfang im Punkte O'. Dabei träfe sich das mit der Geschwindigkeit 1/3 aus dem Punkt O' ausgehende Signal P_3' mit dem reflektierten Signal P_1''' im Punkte A_1 (Mitte der Kette). Es ist leicht zu

6256

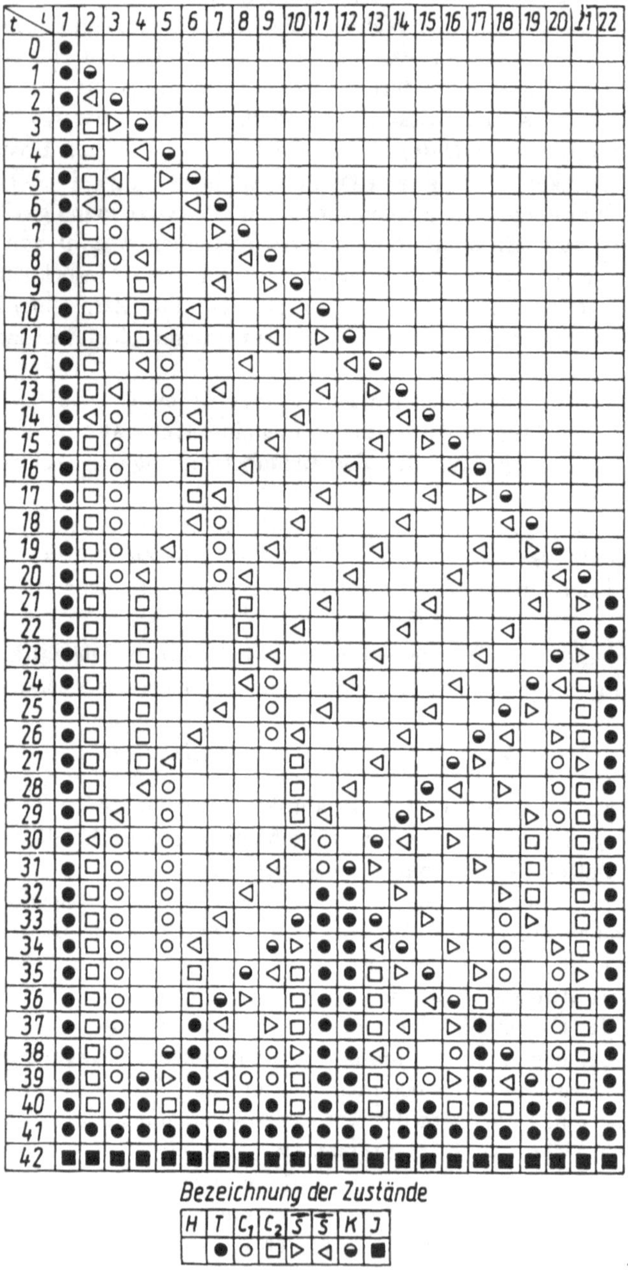

Abb. 5.2

sehen, daß sich die Ausbreitungslinie des Signals P_3' mit der Ausbreitungslinie des reflektierten Signals P_1'' im Punkt A schneidet, der der Lage des Anfangsautomaten entspricht. Um die erste Halbierung der Kette zu realisieren, ist es folglich notwendig, im Punkt A die Ausbreitungsgeschwindigkeit des reflektierten Signals P_1'' von 1 auf 1/3 zu verändern.

Tabelle 5.1.1

Lfd. Nr.	Regel			Bedingung
1	x	H H	y	$x \in \{H, \overleftarrow{S}, C_1\}$; $y \in \{\overrightarrow{S}, C_1\}$ oder $x \in \{H, C_2\}$; $y \in \{H, C_2\}$
2	x	$\overrightarrow{S}$ H	y	$x \in \{H, K, \overleftarrow{S}, C_1\}$; $y = H$ oder $x \in \{H, C_2\}$; $y \in \{K, \overrightarrow{S}\}$
3	$\overrightarrow{S}$	C_1 H	y	$y \in \{H, C_2\}$
4	x	H K	y	$x \in \{K, T\}$; $y \in \{H, \overrightarrow{S}, C_1, C_2\}$
5	x	$\overrightarrow{S}$ K	T	$x \in \{H, C_2\}$
6	$\overrightarrow{S}$	H $\overleftrightarrow{S}$	y	$y \in \{H, C_1, C_2\}$
7	x	K $\overleftrightarrow{S}$	y	$x = \overleftrightarrow{S}$; $y \in \{H, C_2\}$ oder $x \in \{H, C_1\}$; $y \in \{\overleftarrow{S}, T\}$
8	x	$\overrightarrow{S}$ $\overrightarrow{S}$	y	$x \in \{\overrightarrow{S}, T\}$; $y = H$ oder $x = \overleftarrow{S}$; $y = \overrightarrow{S}$
9	x	$\overleftrightarrow{S}$ $\overleftarrow{S}$	$\overrightarrow{S}$	$x \in \{\overrightarrow{S}, T\}$
10	x	C_2 $\overleftarrow{S}$	$\overleftarrow{S}$	$x \in \{H, T\}$
11	H	$\overrightarrow{S}$ C_1	C_2	
12	H	C_1 C_1	y	$y \in \{H, \overrightarrow{S}, C_2\}$
13	x	$\overrightarrow{S}$ C_2	y	$x \in \{K, \overleftarrow{S}, C_1\}$; $y = T$ oder $x = H$; $y = C_1$
14	x	C_2 C_2	y	$x \in \{H, \overleftarrow{S}, C_1\}$; $y = T$ oder $x = H$; $y = H$
15	T	x T	T	$x \in \{H, \overrightarrow{S}, C_2\}$
16	K	x T	y	$x = C_1$; $y \in \{H, \overrightarrow{S}, C_2\}$ oder $x = H$; $y = K$ oder $x = C_2$; $y \in \{H, T\}$
17	x	K T	y	$x \in \{\overrightarrow{S}, T\}$; $y = C_2$ oder $x = \overleftrightarrow{S}$; $y = C_1$
18	$\overrightarrow{S}$	$\overrightarrow{S}$ T	y	$y \in \{C_1, C_2\}$

Tab. 5.1.1. (Fortsetzung)

Lfd. Nr.	Regel			Bedingung
19	x	T	y	$x \in \{H, \vec{S}, \overleftarrow{S}, T\}$; $y \in \{H, \overleftarrow{S}\}$ oder $x = C_2$;
		T		$y \in \{\vec{S}, C_2, T\}$ oder $x = \overleftarrow{S}$; $y = \vec{S}$ oder $x = K$; $y \in \{K, \vec{S}, T\}$
20	T	T	T	
		J		
21	J	J	J	
		H		

Die Ausbreitungslinie des mit der Geschwindigkeit $1/(2^{k+1} - 1)$ aus dem Punkt O' kommenden Signals und die Ausbreitungslinie des mit der Geschwindigkeit $1/(2^k - 1)$ aus dem Punkte O_1 kommenden Signals schneiden sich auf der Geraden AC, die die Linie der Geschwindigkeitsumschaltung bildet.

Um eine richtige Halbierungsreihenfolge zu verwirklichen, ist es erforderlich, daß jedes mit der Geschwindigkeit $1/(2^k - 1)$ vom Punkt O_1 kommende Signal seine Geschwindigkeit auf $1/(2^{k+1} - 1)$ bei Schneiden der Geschwindigkeitsumschaltungslinie ändert.

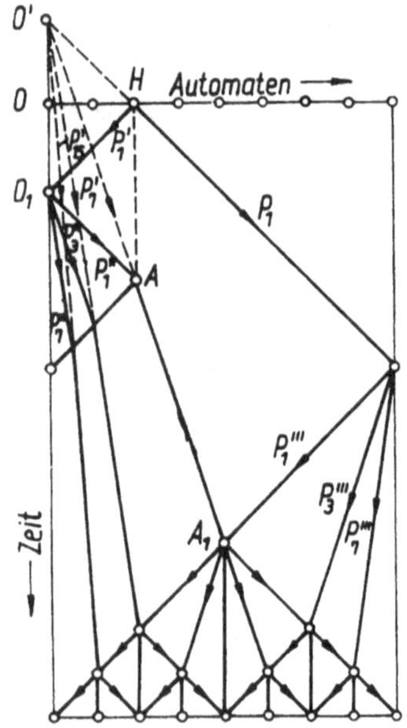

Abb. 5.3

Der Anstieg der Geschwindigkeitsumschaltungslinie entspricht der Signalausbreitungsgeschwindigkeit 1. Im übrigen wiederholt das Bild der Signalausbreitung in Abb. 5.3 das Bild der Signalausbreitung in Abb. 5.1.

Die Notwendigkeit, das Umschalten der Geschwindigkeiten zu organisieren, zog die Einführung zweier zusätzlicher innerer Zustände des Automaten und eine teilweise Veränderung der Überführungsvorschriften nach sich. In Abb. 5.4 ist ein Beispiel der Synchronisierung einer Kette von 26 Automaten angeführt, bei dem das Startsignal an den 9. Automaten der Kette gegeben wurde.

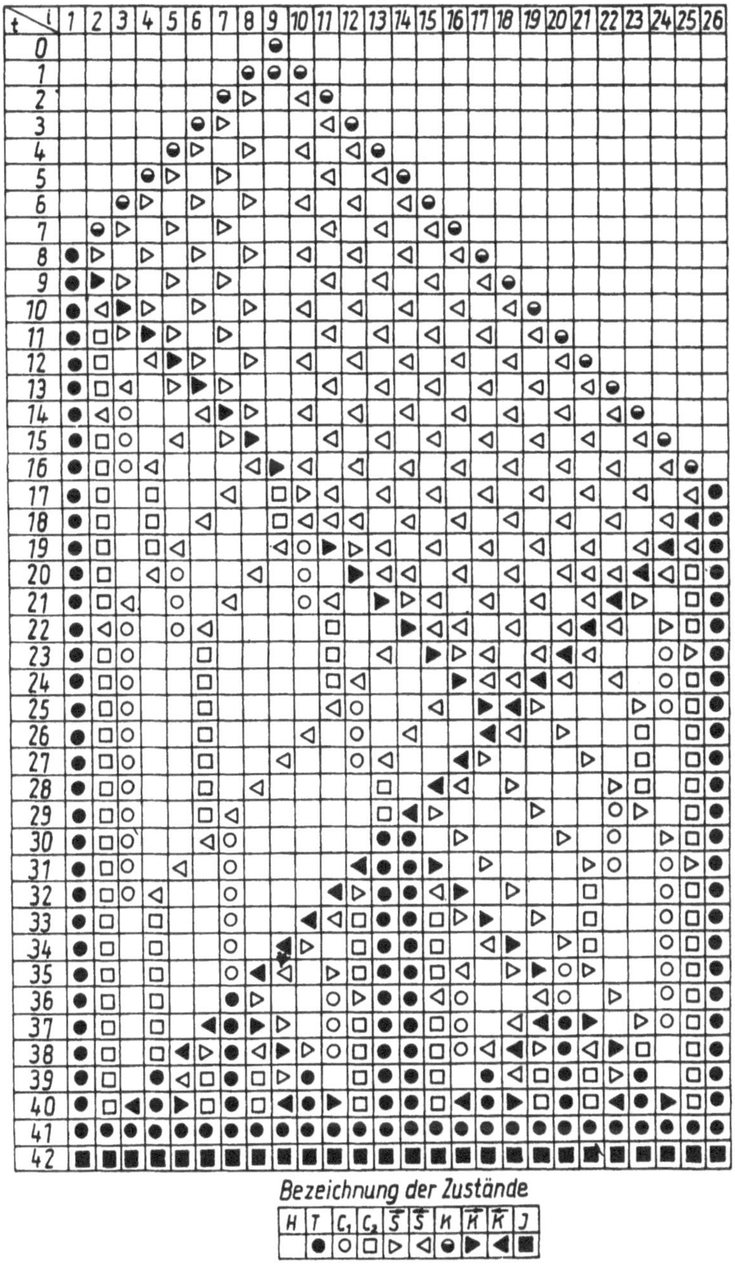

Abb. 5.4

Die Vorschriften für die Zustandsüberführung des Automaten mit zehn Zuständen sind in Tabelle 5.1.2 angeführt. In dieser Tabelle werden $\vec{S}$ und $\overleftarrow{S}$ sowie $\vec{K}$ und $\overleftarrow{K}$ als entgegengesetzte Zustände angenommen.

Durch einen Vergleich der Abbildungen 5.1 und 5.3 erkennt man, daß im Schema von

Tabelle 5.1.2

Lfd. Nr.	Regel			Bedingung
1	x	H H	y	$x = H; y \in \{H, \vec{S}, C_1, C_2\}$ oder $x \in \{\overleftarrow{K}, C_1\}; y = \vec{S}$ oder $x = C_1; y = C_1$ oder $x = C_2; y = C_2$ oder $x = \vec{S}; y = \overleftarrow{S}$
2	x	$\vec{K}$ H	y	$x = H; y \in \{\vec{S}, \overleftarrow{S}\}$ oder $x \in \{C_1, C_2\}; y = \vec{S}$
3	x	$\vec{S}$ H	y	$x \in \{K, \overleftarrow{K}, C_1\}; y = H$ oder $x = C_2; y = \vec{K}$ oder $x = H; y \in \{H, K\}$
4	K	K H	K	
5	x	C_1 H	$\overleftarrow{S}$	$x \in \{H, C_2\}$
6	H	x K	y	$x = K; y = H$ oder $x = H; y = K$
7	x	H $\vec{K}$	y	$x \in \{\vec{K}, T\}; y \in \{H, \vec{S}, C_1, C_2\}$
8	$\vec{K}$	$\overleftarrow{K}$ $\vec{K}$	x	$x \in \{H, C_1C_2\}$
9	x	$\vec{S}$ $\vec{K}$	y	$x \in \{\vec{K}, T\}$ $y \in \{H, \overleftarrow{K}, \vec{S}, \overleftarrow{S}\}$
10	x	$\overleftarrow{S}$ $\vec{K}$	y	$x \in \{\vec{K}, \overleftarrow{S}\}; y = \overleftarrow{S}$ oder $x = T; y = H$
11	T	K $\vec{K}$	K	
12	x	H T	y	$x = \vec{K}; y \in \{\vec{K}, \overleftarrow{K}\}$ oder $x = K; y = K$
13	x	$\vec{K}$ T	y	$x \in \{T, \vec{S}\}; y = C_2$ oder $x = \overleftarrow{S}; y = C_1$
14	x	T T	Y	$x = \overleftarrow{K}; y = \vec{K}$ oder $x = K; y = K$ oder $x = T; y \in \{H, \vec{K}, \vec{S}, C_2\}$ oder $x \in \{H, \vec{S}\}; y \in \{H, \overleftarrow{S}\}$ oder $x = \vec{S}; y \in \{H, \vec{S}, \overleftarrow{S}\}$ oder $x = C_2;$ $y = C_2$
15	x	y	z	$x = \vec{K}; y = \vec{S}; z \in \{C_1, C_2\}$ oder $y = T; y \in \{K, \vec{S}, \overleftarrow{S}, C_2\}; z = T$
16	$\vec{K}$	x T	y	$x = C_1; y \in \{H, \vec{S}, C_2\}$ oder $x = C_2; y \in \{H, T\}$

Tabelle 5.1.2. (Fortsetzung)

Lfd. Nr.	Regel			Bedingung
17	x	H $\vec{S}$	y	$x \in \{\overleftarrow{K}, \vec{S}\}$; $y \in \{H, C_1, C_2\}$ oder $x = \vec{S}$ $y = \vec{S}$
18	H	K $\vec{S}$	x	$x \in \{K, \vec{S}\}$
19	x	$\overleftarrow{K}$ $\vec{S}$	y	$x \in \{H, \vec{K}, \overleftarrow{S}, C_1\}$; $y \in \{T, \overleftarrow{S}\}$
20	$\overleftarrow{S}$	$\vec{K}$ $\vec{S}$	x	$x \in \{H, \overleftarrow{K}, \vec{S}, C_2\}$
21	x	$\vec{S}$ $\vec{S}$	$\overleftarrow{S}$	$x \in \{H, K\}$
22	x	$\overleftarrow{S}$ S	y	$x \in \{\vec{K}, \overleftarrow{S}\}$; $y \in \{H, K\}$ oder $x = \vec{S}$; $y \in \{C_1, C_2\}$
23	$\vec{S}$	C_2 $\vec{S}$	y	$y \in \{H, T\}$
24	$\overleftarrow{S}$	$\vec{K}$ C_1	$\overleftarrow{S}$	
25	x	$\vec{S}$ C_1	C_2	$x \in \{H, \vec{S}\}$
26	x	C_1 C_1	y	$x = H$; $y \in \{H, \vec{S}, C_2\}$ oder $x = \overleftarrow{K}$; $y = \vec{S}$
27	x	$\vec{S}$ C_2	C_1	$x \in \{H, \vec{S}\}$
28	x	C_2 C_2	y	$x = H$; $y \in \{H, \vec{K}, \vec{S}, T\}$ oder $x = T$; $y \in \{C_1, \vec{S}\}$
29	x	$\vec{K}$ C_2	$\overleftarrow{S}$	$x \in \{T, \vec{S}\}$
30	x	$\vec{S}$ C_2	T	$x \in \{\overleftarrow{K}, C_1\}$
31	T	T J	T	
32	J	J H	J	

Abb. 5.3 die Synchronisierung genau um die Zeit schneller verwirklicht wird, die das Signal braucht, um mit der Geschwindigkeit 1 vom Punkt O zum Punkt H zu gelangen, d. h., bei Abgabe des Startsignals an einen beliebigen Automaten der Kette ist die Synchronisierungszeit $T = 2N - 2 - a_{\min}$, wobei $a_{\min}$ den Abstand des Anfangsautomaten bis zum nächsten Ende der Kette bedeutet.

Wir gehen nun zur Betrachtung der Frage über die Möglichkeit der Lösung des Synchronisierungsproblems für ein beliebiges Netz von kooperierenden Automaten mit zweiseitigen trägheitsfreien Verbindungen zwischen den Automaten über. Unter beliebigen Netzen werden endliche Netze verstanden, in denen keinerlei Beschränkungen über die Verbindungsarten der Automaten untereinander und die Anzahl der Nachbarn jedes einzelnen Automaten gemacht werden. Jedes solches Netz kann als gerichteter Graph interpretiert werden, dessen Knoten den Automaten des Netzes und dessen Bögen den Verbindungen zwischen den Automaten entsprechen. Da nur Netze mit zweiseitigen Verbindungen betrachtet werden, ist es zu Zwecken einer einfachen Darstellung der Netze bequem, ungerichtete Graphen zu verwenden, in denen benachbarte Ecken nur durch eine Kante verbunden sind. Enthalten solche Netze keine isolierten Automaten oder isolierte Gruppen von Automaten, so ist leicht zu sehen, daß die ihnen entsprechenden Graphen zusammenhängend sind, d. h., für ein beliebiges Paar von Knoten des Graphen gibt es einen Weg (Marschroute), der diese Knoten verbindet. Einem gewissen Netz sei der ungerichtete Graph G zugeordnet. Die Zahl der an eine Ecke a des Graphen G angrenzenden Kanten $\varrho(a)$ heißt Valenz oder Grad des Graphen in der Ecke a. Offenbar ist $\varrho(a)$ gleich der Anzahl der Automaten, die mit dem der Ecke a entsprechenden Automaten unmittelbar verbunden sind und charakterisiert die Kompliziertheit des Automaten in dieser Ecke.

Es möge eine beliebige Menge endlicher zusammenhängender ungerichteter Graphen gegeben sein, und jedem Graphen sei ein Netz kooperierender Automaten mit zweiseitigen trägheitsfreien (verzögerungslosen) Verbindungen zwischen den Automaten zugeordnet. An die Automaten werden folgende Forderungen gestellt:

1. Jeder Automat antwortet nach Erhalt von Information von seinen Nachbarn diesen mit einer festen Verzögerung, die gleich einem Takt ist;

2. Automaten, die die gleiche Anzahl von Nachbarn haben, sind gleich und ihre Kompliziertheit hängt nicht von der Anzahl der Automaten im Netz und der Kompliziertheit anderer Automaten ab.

Das Problem heißt dann: Existieren immer solche den obigen Forderungen genügende Automaten, so daß nach Abgabe des Startsignals zum Zeitpunkt $t = 0$ an einen beliebig ausgewählten Automaten eines gewissen Netzes alle Automaten dieses Netzes zum Zeitpunkt T synchronisiert sind?

Die Hauptschwierigkeit des Problems besteht darin, daß die Konstruktionen der Automaten, die eine gleiche Anzahl von Nachbarn ϱ haben, fixiert wird, während die Zahl der Automaten im Netz und die Arten ihrer Verbindung miteinander keinerlei Beschränkungen unterliegen, außer der Forderung nach zweiseitiger Verbindung und Abbildbarkeit des Netzes auf einen zusammenhängenden Graphen. Folglich muß jeder Automat des Netzes bei Erhalt von Information von seinen Nachbarn daraus die zur Lösung des Synchronisierungsproblems erforderlichen Mitteilungen über den Aufbau des gesamten Netzes entnehmen.

Wir betrachten zunächst Netze, denen beliebige zusammenhängende ungerichtete Graphen ohne Zyklen entsprechen. Solche Graphen heißen Bäume. Einem gewissen Netz aus N Automaten möge ein Baum entsprechen. Wir stellen uns jeden Automaten $U_i (1 \leqq i \leqq N)$ aus ϱ_i isolierten Unterautomaten A bestehend vor, wobei A ein Automat mit acht inneren Zuständen ist, der zur Lösung des Synchronisierungsproblems bestimmt ist, und ϱ_i die Anzahl der Nachbarn des Automaten U_i bedeutet. Die Struktur des Automaten U_i ist für $\varrho_i = 5$ in Abb. 5.5 dargestellt. In dieser Abbildung sind mit geschweiften Klammern die Verbindungen des Automaten U_i mit den Unterautomaten der benachbarten Automaten dargestellt. Besteht das Netz aus solchen Automaten, so ist leicht zu sehen, daß die Unterautomaten aller Automaten eine Kette bilden, die zu einem Ring geschlossen ist. Der dieser Kette entsprechende Graph stellt einen elementaren Zyklus dar. In Abb. 5.6b ist zur Illustration der Art der Verbindung der Unterautomaten ein Beispiel für die Bildung eines elementaren Zyklus nach dem in Abb.

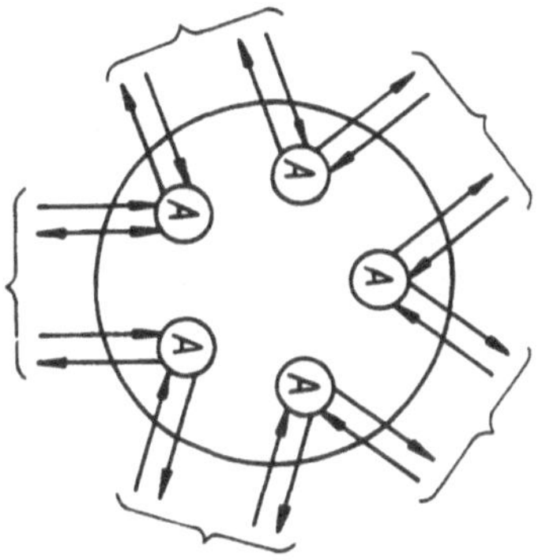

Abb. 5.5

5.6a dargestellten Baum eines Netzes dargestellt. Der von den Unterautomaten A der Automaten des Netzes gebildete Ring enthält $2(N - 1)$ Unterautomaten. Das folgt unmittelbar aus den Behauptungen:

1. im elementaren Zyklus ist die Anzahl der Ecken gleich der Anzahl der Kanten;
2. ein Baum mit N Ecken enthält $(N - 1)$ Kanten;
3. ein elementarer Zyklus, der aus einem Baum auf die oben angeführte Art konstruiert wurde, enthält doppelt so viele Kanten wie der Baum (siehe Abb. 5.6).

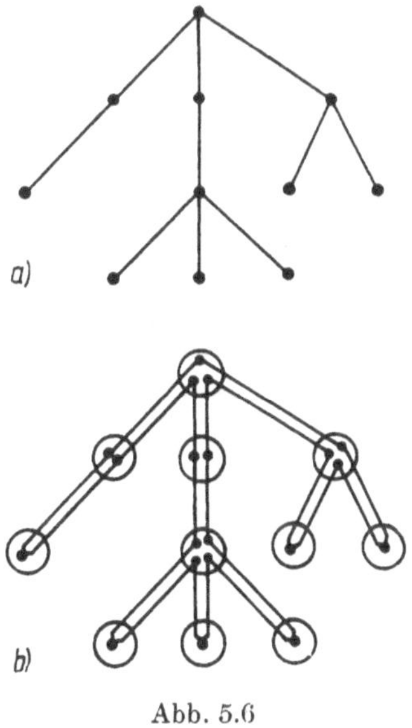

Abb. 5.6

Wir erinnern daran, daß eine aus M Automaten A (die acht innere Zustände haben) bestehende Kette ohne Verzögerungen bei den Verbindungen zwischen den Automaten das Synchronisierungsproblem in der Synchronisierungszeit $T = 2M - 2$ löst, wenn das Startsignal an einen Randautomaten der Kette gegeben wird. Schließt man eine solche Kette zu einem Ring, so läßt sich leicht zeigen, daß bei einer bestimmten Ergänzung der Überführungsvorschriften des Automaten A der aus M Automaten bestehende Ring das Synchronisierungsproblem in der Zeit $T = M$ ebenfalls löst, wobei diese Zeit nicht von der Wahl des Anfangsautomaten abhängt. Daraus folgt, daß es die oben vorgeschlagene Konstruktion der Automaten der Netze, deren Graphen beliebige Bäume sind, erlaubt, die Synchronisierung solcher Netze in der Synchronisierungszeit $T = 2(N - 1)$ vorzunehmen, wobei N die Anzahl der Automaten im Netz ist. Das Startsignal kann an einen beliebigen Unterautomaten eines beliebigen Automaten des Netzes gegeben werden.

Wir betrachten nun Netze, deren Graphen Zyklen enthalten. Aus der Graphentheorie ist bekannt, daß in einem beliebigen zusammenhängenden ungerichteten Graphen immer maximale Bäume ausgesondert werden können (die alle Ecken des Graphen überdecken). Dabei ist die Zahl der Kanten, die aus einem endlichen zusammenhängenden Graphen entfernt werden müssen, um einen maximalen Baum zu erhalten, gleich seinem zyklischen Rang. Die Aussonderung eines maximalen Baumes aus dem Graphen des Netzes kann mit Hilfe des bekannten einfachen Algorithmus (s. z. B. [79]) durchgeführt werden, der in folgendem besteht: Wir wählen im Graphen eine Ecke a_0 aus und setzen $V = a_0 \cup A_1 \cup A_2 \cup \ldots$, wobei V die Menge der Ecken des Graphen ist und A_i die Untermenge von V aller der Ecken a_j, die von a_0 den Abstand $d(a_0, a_j) = i$ haben. Für jede Ecke $a_j \in A_i$ behalten wir von allen Kanten, die diese Ecke mit den Ecken der Untermenge A_{i-1} verbinden, nur eine beliebige Kante bei, während die restlichen entfernt werden. Weiter entfernen wir alle Kanten, die Ecken aus ein und derselben Untermenge verbinden. Offensichtlich ist der so entstehende (Teil-) Graph zusammenhängend und hat keine Zyklen.

Technisch kann dieser Algorithmus mit Hilfe von Automaten realisiert werden, die wie folgt konstruiert sind: Jeder Automat U_i $(1 \leqq i \leqq N)$ des aus N Automaten bestehenden Netzes möge aus ϱ_i Unterautomaten A mit acht inneren Zuständen, ϱ_i Verzweigungsautomaten K, die für alle Automaten gleich sind (je ein Unterautomat K für jede Richtung der Verbindungen des Automaten U_i mit den Nachbarautomaten), und einer Kombinationsschaltung bestehen, über die der Informationsaustausch zwischen den Unterautomaten K vor sich geht. Allen Unterautomaten K des Automaten U_i ordnen wir auf willkürliche Weise die Zahlen von 1 bis ϱ_i zu. Die Konstruktion eines Automaten U_i ist für $\varrho_i = 4$ in Abb. 5.7 dargestellt. Der Verzweigungsautomat K hat drei innere Zustände: S_0, S_1 und S_2. Der Zustand S_0 ist der Anfangszustand. Die Zustände S_0 und S_2 wollen wir Schaltzustände und den Zustand S_1 Signalzustand nennen. Befindet sich der Unterautomat K_j $(1 \leqq j \leqq \varrho_i)$ des Automaten U_i in den Zuständen S_0 und S_1, so verbindet er die ihm entsprechenden Unterautomaten A des Automaten U_i mit den Unterautomaten A des Nachbarautomaten. Beim Übergang des Unterautomaten K_j des Automaten U_i in den Zustand S_2 werden diese Verbindungen in der dem Unterautomaten K_j entsprechenden Richtung unterbrochen. Die Verbindungstypen, die durch die Unterautomaten K realisiert werden, sind in Abb. 5.7 punktiert dargestellt. Die in dieser Abbildung dargestellten Verbindungen entsprechen dem Falle, daß sich die Unterautomaten K_2 und K_4 im Zustand S_0 oder S_1 und die Unterautomaten K_1

und K_3 im Zustand S_2 befinden. Aus Abb. 5.7 sieht man, daß ein sich im Zustand S_2 befindlicher Unterautomat K_j eine Parallelverbindung der ihm entsprechenden Unterautomaten A des Automaten U_i realisiert. (Offenbar kann man parallel verbundene Automaten A vom Standpunkt ihrer Funktion aus als einen Unterautomaten A betrachten, wenn sie vor Arbeitsbeginn in den gleichen Zustand gebracht wurden.)

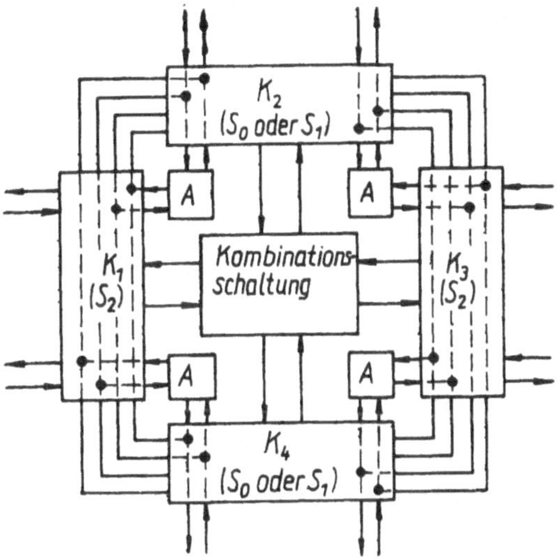

Abb. 5.7

Wir definieren die Überführungsfunktion des Unterautomaten K. Der Unterautomat K_j des Automaten U_i

1. geht aus dem Zustand S_0

a) in den Zustand S_1 über, wenn er von seinem Nachbarautomaten das Signal S_0 und wenigstens einer der anderen Unterautomaten K des Automaten U_i von seinem Nachbarautomaten das Signal S_1 erhält,

b) in den Zustand S_2 über, wenn er von seinem Nachbarautomaten das Signal S_1 und wenigstens einer der anderen Unterautomaten K, dessen Nummer größer als j ist, von seinem Nachbarautomaten das Signal S_1 erhält, oder wenn er von seinem Nachbarautomaten das Signal S_2 erhält und behält

c) in den restlichen Fällen den Zustand S_0 bei;

2. geht aus dem Zustand S_1

a) in den Zustand S_2 über, wenn er von seinem Nachbarautomaten das Signal S_1 erhält und

b) in den Zustand S_0 in den restlichen Fällen

3. behält den Zustand S_2 bei.

Das Startsignal möge alle Unterautomaten K des Anfangsautomaten in den Zustand S_1 überführen. Von diesem Zeitpunkt an beginnt sich im Netz nach allen Richtungen der Signalzustand S_1 der Unterautomaten K auszubreiten, indem er sich mit jedem Takt vom Anfangsautomaten entfernt. Hinter der Ausbreitungsfront der Signale S_1

(und manchmal auch an der Front gehen die Unterautomaten K in die Schaltzustände S_0 oder S_2 über. Dabei entsteht infolge der Trennung der Kanten an Stellen, in denen sich Signale S_1 treffen, im Graphen des Netzes der maximale Baum mit der Wurzel in der dem Anfangsautomaten entsprechenden Ecke. Manchmal können die Unterautomaten K in den Schaltzustand S_2 mit einer Verzögerung von zwei Takten hinsichtlich der Ausbreitungsfront des Signals S_1 übergehen (siehe Überführungsvorschrift 1b). Deshalb kann der Synchronisierungsprozeß der Unterautomaten A zwei Takte nach Überführung aller Unterautomaten K des Anfangsautomaten in den Signalzustand S_1 durch das Startsignal beginnen. Dazu ist es erforderlich, einen der Unterautomaten A des Anfangsautomaten in den Startzustand zu überführen. Wir wollen annehmen, daß das Netz zu dem Zeitpunkt synchronisiert ist, zu dem die Unterautomaten A aller Automaten des Netzes in den Synchronzustand übergehen. Es ist leicht zu sehen, daß ein beliebiges Netz aus N Automaten bei Abgabe des Startsignals an einen beliebigen Automaten in der Zeit $T = 2(N - 1) + 2 = 2N$ synchronisiert ist. Jeder Automat U_i des Netzes hat $(3 \times 8)^{e_i}$ innere Zustände. Diese Überlegungen zeigen, daß das Synchronisierungsproblem für beliebige Netze kooperierender Automaten mit zweiseitigen Verbindungen auf ein Synchronisierungsproblem für einen zweiseitigen Ring zurückgeführt werden kann und folglich eine Lösung hat. Die vorgeschlagene Konstruktion von Automaten erhebt keinen Anspruch auf Optimalität in bezug auf Kompliziertheit der Automaten und Synchronisierungszeit. Der Vorzug dieser Konstruktion besteht jedoch darin, daß sich alle Automaten auf regelmäßige Art aus zwei Typen von Unterautomaten, nämlich A und K, aufbauen.

Wir wollen noch ein weiteres Synchronisierungsproblem betrachten. Es liege eine Kette von Objekten (Geräten) vor, die verschiedene Startzeiten (Latenzzeiten) haben, d. h., das j-te Objekt beginnt nach Ablauf des Zeitintervalls τ_j nach Erhalt des Startsignals zu arbeiten. Die Zeit wird als diskret vorausgesetzt, und die τ_j sind ganzzahlig. Es entsteht die Frage nach der Existenz von Automaten, die folgenden Forderungen genügen:

1. jedem Objekt wird ein Automat zugeordnet;
2. die Automaten bilden eine Kette, in der jeder Automat nur mit seinen beiden Nachbarn verbunden ist (eine Ausnahme bilden die Randautomaten, von denen jeder nur mit einem Nachbarn verbunden ist);
3. die Kompliziertheit jedes Automaten hängt nur von der Startzeit seines Objekts und nicht von der Länge der Kette und den Startzeiten der restlichen Automaten ab;
4. nach Abgabe des Startsignals zum Zeitpunkt $t = 0$ an einen willkürlichen Automaten sollen die Objekte zum Zeitpunkt T gleichzeitig mit der Arbeit beginnen.

Hinsichtlich der unten vorgeschlagenen Lösung dieses Problems können wir weder etwas darüber sagen, wie nahe die Anzahl der Automatenzustände an der minimalen liegt, noch darüber, wie nahe die Synchronisierungszeit T an der minimal möglichen liegt. Die vorgeschlagene Lösung ist jedoch von Interesse, weil selbst die Tatsache einer positiven Antwort auf die gestellte Frage lange Zeit zweifelhaft war.

Damit die Automatenkette das gestellte Problem löst, ist es notwendig, daß der j-te Automat das Startsignal an das j-te Objekt τ_j Takte vor dem Synchronisierungszeitpunkt der Objekte abgibt.

Wir wollen annehmen, daß es eine Automatenkette gibt, die das gewöhnliche Synchronisierungsproblem löst und die gleichzeitig mit der Kette der Objekte in den Synchronzustand übergeht. Die Zeiteinheit für Automaten und Objekte wird dabei als gleich vorausgesetzt. Einen Takt vor Übergang in den Synchronzustand und nur zu diesem Zeitpunkt befinden sich beliebige drei hintereinanderliegende Automaten im Bereitschaftszustand. Die Zustände der Automaten hängen zum betrachteten Zeitpunkt von ihren Zuständen und von den Zuständen ihres rechten und linken Nachbarn im unmittelbar vorhergehenden Zeitpunkt ab, d. h. von den Zuständen von fünf hintereinanderliegenden Automaten im unmittelbar vorhergehenden Zeitpunkt. Im allgemeinen werden die Zustände beliebiger $2k + 1$ hintereinanderliegenden Automaten zum Zeitpunkt t von den Zuständen von $2k + 3$ hintereinanderliegenden Automaten zum Zeitpunkt $t - 1$ bestimmt. Folglich wird der Zustand eines beliebigen Automaten zum Zeitpunkt t durch seinen Zustand und die Zustände von τ_j seiner rechten und linken Nachbarn zum Zeitpunkt $t - \tau_j$ bestimmt. Wenn man also die Zustände einer Kette von $2\tau_j + 1$ Automaten beobachtet, so kann man den Zeitpunkt bestimmen, der um τ_j Takte vor dem Synchronisierungszeitpunkt liegt.

Wir betrachten eine Kette von $2\sum_{j=1}^{N} \tau_j + N$ Automaten, die das gewöhnliche Synchronisierungsproblem für eine Automatenkette löst und zerlegen sie in Ketten mit einer Länge von $2\tau_j + 1$ Automaten. Jede solche Kette wollen wir als gesonderten Automaten unter der Voraussetzung betrachten, daß die Bedingungen für die Arbeit der einzelnen Ausgangsautomaten in der Kette erhalten bleiben. Die Ausgangsautomaten wollen wir Unterautomaten und eine Kette aus $2\tau_j + 1$ Automaten wollen wir Automat nennen. Dabei dienen als Eingabe für jeden Automaten die Zustände der zu ihm am nächsten gelegenen Randunterautomaten seiner Nachbarn.

Die Vereinigung von $2\tau_j + 1$ Unterautomaten zu einem Automaten gestattet es, gleichzeitig die Zustände aller $2\tau_j + 1$ Unterautomaten zu beobachten. Aus dem oben Gesagten wird offensichtlich, daß man den um τ_j Takte vor dem Synchronisierungszeitpunkt der gesamten Kette von $2\sum_{j=1}^{N} \tau_j + N$ Unterautomaten, die das Synchronisierungsproblem für die gesamte Kette lösen, liegenden Zeitpunkt bestimmen kann, wenn man die Zustände des von $2\tau_j + 1$ Unterautomaten gebildeten Automaten beobachtet. Die Ermittlung der Zustände des Automaten, die genau τ_j Takte vor dem Synchronisierungszeitpunkt der gesamten Kette entstehen, kann durch ein logisches Schema verwirklicht werden, dessen Eingänge die Zustände der Unterautomaten jedes Automaten sind.

Es existiert also eine Lösung des Synchronisierungsproblems eines Systems von Objekten mit verschiedenen Startzeiten durch eine Automatenkette, die auf folgendes hinausläuft. Als Automat, der dem j-ten Objekt zugeordnet wird, wird eine Kette aus $2\tau_j + 1$ Unterautomaten genommen, die das Synchronisierungsproblem der gesamten Automatenkette lösen. Das Startsignal für das Objekt wird von einem logischen Schema erzeugt, dessen Eingänge die Zustände der Unterautomaten des gegebenen Automaten sind.

Wir bemerken dabei, daß der Automat auch nach Abgabe des Startsignals an das Objekt seine Arbeit fortsetzt und alle Unterautomaten gleichzeitig mit dem Arbeitsbeginn der Objekte in den Synchronzustand übergehen. Die vorgeschlagene Konstruktion genügt den Forderungen des Problems.

Wir wollen voraussetzen, daß das an den i-ten Automaten gegebene Startsignal an seinen mittleren Unterautomaten gelangt. Dann ist die Zeit, die von der Abgabe des

Startsignals bis zum Arbeitsbeginn aller Objekte vergeht, gleich

$$T = 4\sum_{j=1}^{N} \tau_j + 2N - 2 - \tau_i - \min\left\{\left[2\sum_{j=1}^{i-1} \tau_j + (i-1)\right]; \left[2\sum_{j=i+1}^{N} \tau_j + (N-i-1)\right]\right\}. \tag{5.1.2}$$

Sind alle $\tau_j = 0$, so gilt für alle $1 \leqq i \leqq N$ $T = 2N - 2 - a_{\min}$.

Es entsteht die Frage über die Existenz einer einfachen Beschreibung des logischen Schemas, das das Startsignal für das Objekt erzeugt. Wir betrachten die Bedingungen, denen die um τ_j Takte dem Synchronisierungszeitpunkt vorangehenden Zustände der Automaten genügen.

1. In dem dem Synchronisierungszeitpunkt um τ_j Takte vorangehenden Zeitpunkt befindet sich in der Kette der Unterautomaten mit der Länge $2\tau_j + 1$ wenigstens ein Automat im Bereitschaftszustand (im Zustand T; s. Abb. 5.4).

Bei der k-ten Teilung der Unterautomatenkette, die $[(N-1)/2^k]$ Takte vor dem Synchronisierungszeitpunkt stattfindet, ist der Abstand zwischen zwei nichtnebeneinanderliegenden Unterautomaten im Zustand T gleich $[(N-1)/2^k]$. Wir wählen ein solches k, daß

$$[(N-1)/2^k] \leqq \tau_j < [(N-1)/2^{k-1}] \tag{5.1.3}$$

ist. Sei $N - 1 = \alpha 2^k + \beta$ mit $\beta < 2^k$. Dann ist $[(N-1)/2^k] = \alpha$,

$$[(N-1)/2^{k-1}] = 2\alpha + [\beta/2^{k-1}],$$

und

$$[(N-1)/2^{k-1}] \leqq 2\alpha + 1,$$

d. h., es gilt

$$[(N-1)/2^{k-1}] \leqq 2[(N-1)/2^k] + 1. \tag{5.1.4}$$

Aus (5.1.3) und (5.1.4) folgt

$$2\tau_j + 1 \geqq [(N-1)/2^{k-1}]. \tag{5.1.5}$$

Aus (5.1.5) folgt, daß $[(N-1)/2^{k-1}] > \tau_j$ Takte vor dem Synchronisierungszeitpunkt auf einem Intervall der Länge $2\tau_j + 1$ wenigstens ein Unterautomat in den Zustand T übergeht. Dann kann man aus einer Unterautomatenkette der Länge $2\tau_j + 1$ immer eine Kette der Länge $\tau_j + 1$ aussondern, in der sich zu einem Zeitpunkt von mehr als τ_j Takten vor dem Synchronisierungszeitpunkt wenigstens einer der Randunterautomaten im Zustand T befindet. Befinden sich zwei nebeneinanderliegende Unterautomaten im Zustand T, so wird in den Ketten der Länge $\tau_j + 1$ nur einer von ihnen aufgenommen. Im weiteren werden wir nur solche Ketten betrachten.

2. Befinden sich beide Randunterautomaten im Bereitschaftszustand T und gibt es zwischen ihnen keine sich in den Zuständen $\vec{K}$, $\overleftarrow{K}$, T befindende Unterautomaten, so verbleiben bis zum Synchronisierungszeitpunkt τ_j Takte.

Befindet sich der linke (rechte) Randunterautomat im Bereitschaftszustand T und der andere Unterautomat im Zustand $\vec{K}(\overleftarrow{K})$ und gibt es zwischen ihnen keine Unterautomaten, die sich in den Zuständen $\vec{K}$, $\overleftarrow{K}$, T befinden, so verbleiben bis zum Synchronisierungszeitpunkt τ_j Takte.

Diese Behauptungen folgen unmittelbar aus Abb. 5.4.

3. Genügt die Unterautomatenkette der Länge $\tau_j + 1$ nicht der Bedingung 2 und befindet sich der linke (rechte) Unterautomat im Zustand T, so gibt es in ihr einen sich im Zustand $\vec{K}$ $(\overleftarrow{K})$ befindlichen Unterautomat und einen sich im Zustand C_1 oder C_2 befindlichen Unterautomat, der zwischen dem im Zustand $\vec{K}$ $(\overleftarrow{K})$ befindlichen und dem rechten (linken) Randunterautomaten liegt.

Um dies zu beweisen, wenden wir uns Abb. 5.8 zu. Der am linken Kettenende liegende Automat im Zustand T sende das Signal $\vec{K}$ aus, das sich mit der Geschwindigkeit 1 nach rechts bewegt. Da $\tau_j > [(N-1)/2^k]$ ist, begegnet dem Signal $\vec{K}$ auf seinem Wege innerhalb der Kette das ihm entgegenkommende Signal C_1 oder C_2, und am Ort des Zu-

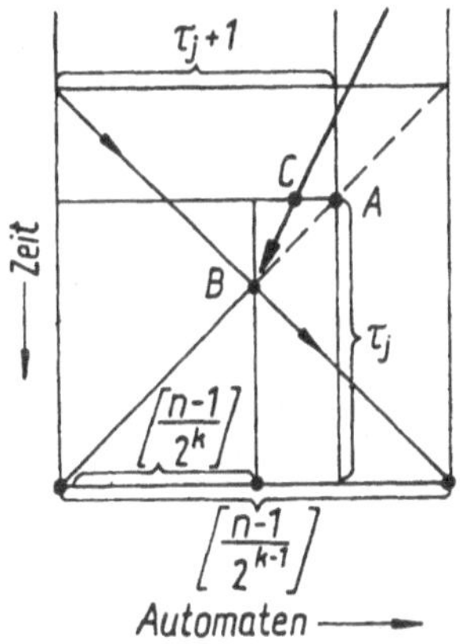

Abb. 5.8

sammentreffens geht der Unterautomat in den Zustand T über. Dieses Signal (C_1 oder C_2) liegt zum Zeitpunkt, der um τ_j Takte vom Synchronisierungszeitpunkt entfernt ist, innerhalb der Kette mit der Länge $\tau_j + 1$, weil es sich mit einer Geschwindigkeit bewegt, die kleiner als 1 ist. Folglich muß es sich links von einem mit der Geschwindigkeit 1 aus dem Punkt A zum Begegnungspunkt gehenden fiktiven Signals befinden. Die Zahl der Unterautomaten, um die sich das Signal C_1 (C_2) bis zu seiner Begegnung mit $\vec{K}$ bewegt, ist gleich der Anzahl der Signale $\vec{S}$, die in der Richtung zum Signal $C_1(C_2)$ gehen und sich zwischen dem Signal $C_1(C_2)$ und dem zu diesem gehenden Signal $\vec{K}$ befinden. Der Abstand vom Begegnungspunkt B bis zum linken Randunterautomaten ist also

$$\delta = d(C, T) - n_S .$$

Dabei ist $d(C, T)$ der Abstand zwischen dem Unterautomaten im Zustand C_1 oder C_2 und dem linken sich im Zustand T befindenden Randunterautomaten; n_S — die Anzahl der im Zustand $\vec{S}$ befindlichen Unterautomaten.

Die Zeit bis zur Synchronisierung setzt sich aus δ und der Zeit zusammen, die erforderlich ist, damit das Signal $\vec{K}$ den Begegnungspunkt erreicht, d. h., es ist

$$\delta + \left(\delta - d\left(T, \vec{K}\right)\right) = 2\delta - d\left(T, \vec{K}\right) \doteq 2d(C, T) - 2n_S - d\left(T, \vec{K}\right),$$

wobei $d\left(T, \vec{K}\right)$ den Abstand zwischen dem Unterautomaten im Zustand T und dem Unterautomaten im Zustand $\vec{K}$ bedeutet.

Die Bedingung für die Abgabe des Startsignals an das Objekt kann so geschrieben werden:

$$\tau_j = 2d(C, T) - 2n_S - d\left(T, \vec{K}\right).$$

Wir betrachten nun noch eine Variante des Problems der Synchronisierung einer Automatenkette. Zwischen den Automaten mögen Verzögerungen so auftreten, daß sich ein Signal von einem Automaten zum anderen in der Zeit τ ausbreitet. Uns interessiert eine solche Lösung, bei der die Kompliziertheit jedes Automaten nicht von der Anzahl der Automaten in der Kette und nicht von der Größe der Verzögerung abhängt. Dabei wird vorausgesetzt, daß die Verzögerungen zwischen allen Automaten gleich sind.

Die als Grundlage für das Lösungsverfahren dieses Problems dienende Idee besteht in folgendem. Jeder Automat besteht aus zwei Unterautomaten (Abb. 5.9). Die Unterautomaten C erzeugen synchron und synphas Signale mit einem Zeitintervall von $\tau + 1$ zwischen ihnen, während die Automaten A das gewöhnliche Synchronisierungsproblem

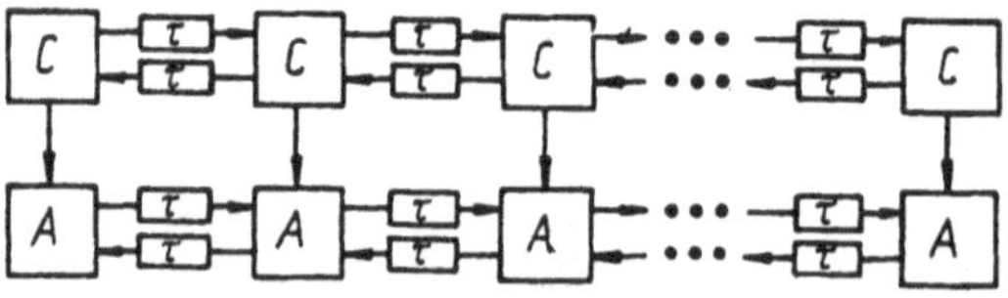

Abb. 5.9

für eine Automatenkette lösen, wobei die Ausgabesignale der Automaten C als Taktsignale für die Automaten A dienen. Folglich besteht die erste zu lösende Aufgabe darin, eine synphase periodische Arbeit der Automaten C zu organisieren.

Um das Problem der Organisierung einer synphasen periodischen Arbeit für eine Automatenkette zu lösen, genügt es, dieses Problem für zwei über eine Verzögerungslinie miteinander verbundene Automaten zu lösen.

Das Startsignal möge an den Automaten C_1 gegeben worden sein, der an drei aufeinanderfolgenden Zeitpunkten an den Automaten C_2 die drei Signale a, b und c sendet. Der Automat C_2 sendet die Signale zurück, und zwar das Signal a mit einer Verzögerung von einem Takt, das Signal b mit einer Verzögerung von zwei Takten und das Signal c mit einer Verzögerung von drei Takten. Nachdem der Automat C_1 die Signale zurückerhielt, sendet er sie mit denselben Verzögerungen an den Automaten C_2. Dieser Prozeß wird solange fortgesetzt, bis die Signale a und c an einem der Automaten gleichzeitig ankommen. Zu diesem Zeitpunkt kommt am anderen Automaten das Signal b an. Von diesem Zeitpunkt an arbeiten die Automaten synphas mit der Periode $\tau + 1$. Das Beispiel einer Phaseneinstellung zweier Automaten über eine Verzögerungslinie ist für $\tau = 5$ in Abb. 5.10 angeführt. Die weitere Organisierung der Arbeit des Systems ist offensichtlich. Der die Phaseneinstellung realisierende Automat hat 12 innere Zustände und die Überführungsvorschriften für ihn sind in Tabelle 5.1.3 angegeben.

Die betrachteten Beispiele und besonders das Synchronisierungsproblem für eine Automatenkette sind dadurch charakteristisch, daß die zu einer Kette verbundenen Automaten lokale Aufgaben lösen können, die sie allein prinzipiell nicht lösen können. In der Tat kann ein Automat mit acht inneren Zuständen eine Verzögerung eines bei ihm eintreffenden Signals höchstens um acht Takte vornehmen, d. h. entlang einer Kette

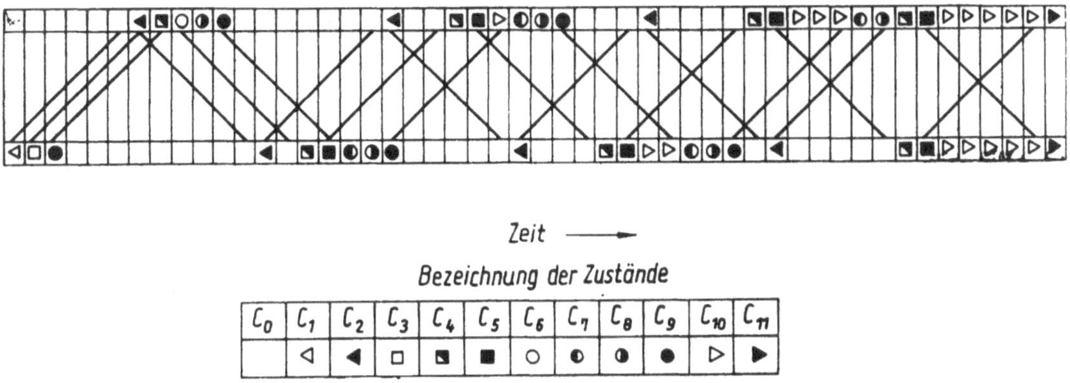

Abb. 5.10

aus derartigen Automaten kann sich ein Signal mit einer minimalen Geschwindigkeit von 1/8 ausbreiten. Andererseits haben wir oben gesehen, daß die Kooperation der Automaten die Ausbreitung von Signalen in der Kette mit den Geschwindigkeiten $1/(2^k - 1)$ ermöglicht. Diese Tatsache erklärt sich dadurch, daß eine aus N Automaten bestehende Kette 8^N Zustände besitzt. Die Berücksichtigung der Gesamtzahl der Zustände der Kette ist bei der Betrachtung der Frage nach der Existenz einer Lösung von Problemen solcher Art notwendig.

Tabelle 5.1.3

	C_0	C_1	C_2	C_3	C_4	C_5	C_6	C_7	C_8	C_9	C_{10}	C_{11}
C_0	C_0	C_2	C_2	—	C_0	C_4	C_4	—	—	—	C_0	C_{11}
C_1	C_3	—	—	—	—	—	—	—	—	—	—	—
C_2	C_0	—	—	C_4	C_0	—	—	—	—	—	—	—
C_3	C_9	—	C_4	—	—	—	—	—	—	—	—	—
C_4	C_5	—	—	—	C_5	—	—	C_5	C_5	C_6	C_5	—
C_5	C_{10}	—	—	—	C_{10}	C_{11}	—	C_{10}	C_{10}	C_7	C_{10}	—
C_6	C_8	—	—	—	—	—	—	—	—	—	—	—
C_7	C_8	—	—	—	—	—	—	—	—	—	—	—
C_8	C_9	—	C_4	—	—	—	—	—	—	—	—	—
C_9	C_0	—	—	—	—	—	—	—	—	—	—	—
C_{10}	C_{10}	—	—	—	C_{10}	C_{11}	—	C_{10}	C_{10}	C_7	C_{10}	—
C_{11}	C_0	—	—	—	—	—	—	—	—	—	—	C_{11}

Zum Abschluß dieses Paragraphen betrachten wir ein Problem, das wir nicht lösen konnten und das möglicherweise keine Lösung hàt. Dieses Problem liegt allem Anschein nach an der Grenze der Möglichkeiten von Automatenketten, wovon eine Abschätzung der notwendigen Zahl von Zuständen in der Kette zeugt. Das Problem lautet:

Gibt es einen Automaten, der folgenden Forderungen genügt:

1. die Automaten bilden eine Kette, in der jeder Automat mit seinen zwei nächsten Nachbarn verbunden ist (mit Ausnahme der Randautomaten, die nur einen Nachbarn haben),

2. die Kompliziertheit des Automaten hängt nicht von der Länge der Kette ab,

3. jeder Automat der Kette hat eine äußere Ausgabe, wobei an der Ausgabe des j-ten Automaten jeweils nach j Takten das Signal 1 erscheint?

Wir wollen die notwendige Anzahl der Zustände einer solchen Kette abschätzen. Wie man leicht sieht, wiederholen sich im stationären Regime die Zustände der Kette periodisch, wobei die Periode $\lambda(N)$ gleich dem kleinsten gemeinschaftlichen Vielfachen der Zahlen von 1 bis N ist. Ist also n die Anzahl der Zustände des Automaten, so ist also für die Existenz einer Lösung $\lambda(N) < n^N$ notwendig. Das kleinste gemeinschaftliche Vielfache der Zahlen von 1 bis N ist gleich dem Produkt der maximalen Potenzen der im Intervall von 1 bis N liegenden Primzahlen a_j, für die $a_j^{k_j} \leqq N$ gilt. Es ist also

$$\lambda(N) = \prod_{j=1}^{\pi(N)} a_j^{[\log_{a_j} N]} < N^{\pi(N)}, \tag{5.1.6}$$

wobei $\pi(N)$ die Anzahl der im Intervall von 1 bis N liegenden Primzahlen bedeutet. Bekanntlich [37] ist

$$\pi(N) < \frac{2N \ln 2}{\ln N} \tag{5.1.7}$$

und folglich gilt

$$\lambda(N) < 4^N. \tag{5.1.8}$$

Bei einer Zahl von Automatenzuständen, die größer als vier ist, ermöglicht es also die Gesamtzahl der Zustände, das Problem zu lösen. Allerdings führten Versuche, einen das Problem lösenden Automaten zu konstruieren, auf Schwierigkeiten, die wir nicht überwinden konnten. Es ist möglich, daß eine Lösung dieses Problems nicht existiert, da auf Intervallen der Primzahlhäufung die erforderliche Zahl von Zuständen eine Wachstumsgeschwindigkeit hat, die nahe an der Fakultät liegt, und diese wächst schneller als die Exponentialfunktion.

Ungeachtet der offensichtlichen Beschränkungen folgt aus den in diesem Paragraphen angeführten Beispielen, daß die Kooperation in Automatenketten sehr vielfältige Möglichkeiten hat, deren Illustration auch im folgenden Paragraphen fortgesetzt wird.

§ 5.2. Berechnung der Funktionswerte logischer Funktionen durch Ketten kooperierender Automaten

Im Zusammenhang mit neuen Richtungen in der Technologie der Herstellung von elektronischen Schaltungen ist das Interesse an der Konstruktion von homogenen Strukturen von diskreten Rechen- und Steuereinrichtungen beträchtlich gewachsen. Die für homogene Strukturen gestellten Probleme sind auch für Modelle des kollektiven Verhaltens von Interesse. In diesem Paragraphen betrachten wir zwei Beispiele für die Berechnung von Funktionswerten logischer Funktionen durch Systeme kooperierender Automaten.

Wir wollen wie oben als das Problem lösenden Mechanismus eine Kette von N gleichen Automaten betrachten, von denen jeder (mit Ausnahme der Randautomaten) nur mit seinen beiden unmittelbaren Nachbarn verbunden ist. Die Kette ist zur Berechnung der Funktionswerte einer logischen Funktion von N Variablen bestimmt. An den j-ten

Automaten der Kette wird der Wert der j-ten Variablen gegeben. Nach Abgabe des Startsignals an einen Randautomaten der Kette zum Zeitpunkt $t = 0$ muß an dessen Ausgabe zum Zeitpunkt T ein Signal erscheinen, das dem zu berechnenden Funktionswert der Funktion entspricht. Wesentlich ist, daß die Kompliziertheit des einzelnen Automaten von der Länge der Kette unabhängig ist. Wir wollen eine solche Kette linear-homogenes Schema und die entsprechende (von der Zahl der Variablen N abhängende) einparametrige Klasse von logischen Funktionen Klasse linear-homogener Funktionen nennen. Es ist klar, daß derartige Klassen nicht alle logischen Funktionen erfassen. Im weiteren werden wir die zu einer Klasse linear-homogener Funktionen gehörenden Funktionen als *linear-homogene* Funktionen bezeichnen. (Die linear-homogenen Schemata unterscheiden sich ein wenig von den iterativen Schemata [57].) Offenbar wächst die Kompliziertheit der Realisierung von linear-homogenen Schemata linear mit dem Wachsen der Zahl der Variablen. Wir bemerken dabei, daß mit wachsendem N auch die Zeit für die Lösung des Problems wächst.

Da die Kompliziertheit eines einzelnen Automaten nicht von N abhängt, ist es natürlich vorauszusetzen, daß für linear-homogene Funktionen eine solche Definitionsform existiert, die ebenfalls nicht von der Anzahl der Variablen abhängt. So begnügen wir uns beispielsweise bei der Definition der Funktion „Summe modulo zwei" mit der Angabe, daß der Funktionswert jedesmal dann Eins ist, wenn die Anzahl der Variablen, die den Wert l haben, ungerade ist.

Entsprechend begnügen wir uns bei der Definition der Mehrheitsfunktion damit zu sagen, daß sie den Wert 1 hat, wenn die Zahl der Variablen, die den Wert 1 haben, größer ist als die Zahl der Variablen, die den Wert Null haben. Die Reihe dieser Beispiele kann fortgesetzt werden, jedoch wollten wir hier nur darauf aufmerksam machen, daß das Studium der Klasse der linear-homogenen Funktionen von Interesse ist.

Wir betrachten ein linear-homogenes Schema (Kette von Automaten), das das Abstimmungsproblem löst. Dazu definieren wir eine k-deutige Abstimmungsfunktion. Wir wollen sagen, daß der Wert i $(1 \leqq i \leqq k)$ j Stimmen hat, wenn j Variable den Wert i annehmen. Der Funktionswert der Abstimmungsfunktion stimmt mit dem Wert der Variablen i überein, der die größte Anzahl Stimmen hat. Haben zwei oder mehrere Werte gleiche Stimmenzahl, so wird der Vorzug dem größeren Wert eingeräumt. Es ist leicht zu sehen, daß für $k = 2$ die Abstimmungsfunktion mit der Mehrheitsfunktion übereinstimmt.

Wir wollen den allgemeinen Algorithmus der Kooperation der Automaten in der Kette beschreiben. Da die Kompliziertheit eines einzelnen Automaten nicht von der Anzahl der Automaten in der Kette (von der Zahl der Variablen N) abhängt, haben wir nicht die Möglichkeit, durch unmittelbares Abzählen die Zahl der Variablen zu ermitteln, die gleiche Werte haben (die Stimmenzahl des i-ten Wertes der Variablen). Wenn wir andererseits aus den gleichen Werten der Variablen kompakte Verkettungen (Stimmkoalitionen) bilden, so kann man die Zeiten vergleichen, in denen die Signale die Stimmkoalitionen bildenden Automatenketten durchlaufen.

Die Arbeit einer Kette möge aus drei Phasen bestehen.

Erste Phase — Eingabe der Variablenwerte in die Automaten (Lesephase), zweite Phase — Bildung der Stimmkoalitionen (Umverteilungsphase), dritte Phase — paarweiser Vergleich der Größe der Stimmkoalitionen (Vergleichsphase).

Wir wollen ein derart organisiertes System betrachten. Zum Anfangszeitpunkt mögen sich alle Automaten im Anfangszustand H befinden. Außerdem habe die Menge der inneren Zustände des Automaten die Untermenge $E_1 = \{E_{1i}\}$ $(1 \leqq i \leqq k)$. Startsignal kann ein beliebiges Signal der Menge E_1 sein. Der Anfangsautomat sei der linke Randautomat. Die Überführung aus dem Anfangszustand H in Zustände der Untermenge E_1 definieren wir dann wie folgt: Befinden sich der Automat A^j und sein rechter Nachbar im Zustand H und der linke Nachbar in einem Zustand der Untermenge E_1, so geht der Automat A^j in den Zustand E_{1i} über. i ist dabei der Wert der Variablen x_j. Es wird also die Eingabe der Variablenwerte in die Kette vorgenommen. Weiter haben bis zur Beendigung der Lösung des Problems die Zustände der Eingänge, an denen die Variablen eingehen, keinen Einfluß auf das Verhalten der Automaten. Danach wird die Lesephase beendet.

Wir betrachten jetzt den Prozeß der Anordnung der Automatenzustände, die den Variablenwerten entsprechen. Um von rechts nach links nach fallenden Variablen-

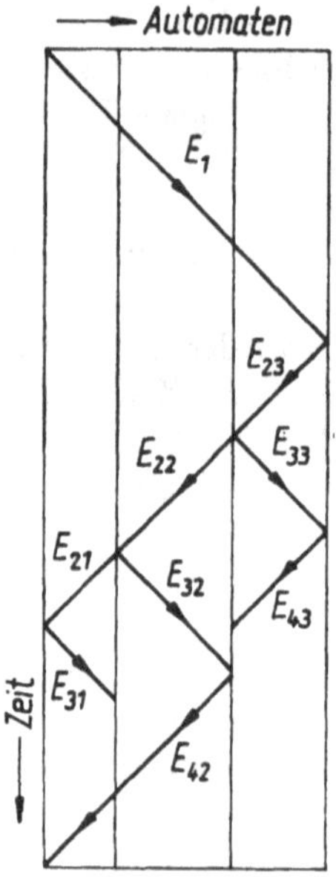

Abb. 5.11

werten angeordnete Stimmkoalitionen zu bilden, ist es notwendig, einen Tausch der inneren Zustände zwischen benachbarten Automaten jedesmal dann vorzunehmen, wenn der innere Zustand des rechten Automaten kleiner als der innere Zustand des linken Automaten ist.

Die Arbeit der Automatenkette wird in Abb. 5.11 und in Tabelle 5.2.1 illustriert. Wir wollen sagen, daß ein Automat das Signal E_1 erhält, wenn sich sein Nachbar in einem Zustand der Untermenge E_1 befindet. Die Front des Signals E_1 breitet sich in der Automatenkette mit der Geschwindigkeit 1 aus und hinter ihr geht die Einordnung der Zustände vor sich.

Es ist leicht zu erkennen, daß beim Einordnungsprozeß durch paarweisen Tausch der Zustände keine logischen Widersprüche auftreten können, bei denen der Automat die inneren Zustände gleichzeitig mit beiden Nachbarn zu tauschen hat. Der an der Front des Signals E_1 entstandene maximale Zustand bewegt sich hinter der Front des Signals mit der Frontgeschwindigkeit dieses Signals, d. h. mit der Geschwindigkeit 1, fort,

Tabelle 5.2.1

Nr.	1	2	3	4	5	6	7	8	9	10	11	12
x_j	2	3	1	2	3	2	3	1	2	3	2	1
t	Automatenzustände											
1	2_1											
2	2_1	3_1										
3	2_1	3_1	1_1									
4	2_1	1_1	3_1	2_1								
5	1_1	2_1	2_1	3_1	3_1							
6	1_1	2_1	2_1	3_1	3_1	2_1						
7	1_1	2_1	2_1	3_1	2_1	3_1	3_1					
8	1_1	2_1	2_1	2_1	3_1	3_1	3_1	1_1				
9	1_1	2_1	2_1	2_1	3_1	3_1	1_1	3_1	2_1			
10	1_1	2_1	2_1	2_1	3_1	1_1	3_1	2_1	3_1	3_1		
11	1_1	2_1	2_1	2_1	1_1	3_1	2_1	3_1	3_1	3_1	2_1	
12	1_1	2_1	2_1	1_1	2_1	2_1	3_1	3_1	3_1	2_1	3_1	1_1
13	1_1	2_1	1_1	2_1	2_1	2_1	3_1	3_1	2_1	3_1	1_1	3_1
14	1_1	1_1	2_1	2_1	2_1	2_1	3_1	2_1	3_1	1_1	3_1	3_2
15	1_1	1_1	2_1	2_1	2_1	2_1	2_1	3_1	1_1	3_1	3_2	3_2
16	1_1	1_1	2_1	2_1	2_1	2_1	2_1	1_1	3_1	3_2	3_2	3_2
17	1_1	1_1	2_1	2_1	2_1	2_1	1_1	2_1	3_2	3_2	3_2	3_2
18	1_1	1_1	2_1	2_1	2_1	1_1	2_1	2_2	3_3	3_2	3_2	3_2
19	1_1	1_1	2_1	2_1	1_1	2_1	2_2	2_2	3_3	3_3	3_2	3_2
20	1_1	1_1	2_1	1_1	2_1	2_2	2_2	2_2	3_3	3_3	3_3	3_2
21	1_1	1_1	1_1	2_1	2_2	2_2	2_2	2_2	3_3	3_3	3_3	3_3
22	1_1	1_1	1_1	2_2	2_2	2_2	2_2	2_2	3_3	3_3	3_3	3_4
23	1_1	1_1	1_2	2_3	2_2	2_2	2_2	2_2	3_3	3_3	3_4	
24	1_1	1_2	1_2	2_3	2_3	2_2	2_2	2_2	3_3	3_4		
25	1_2	1_2	1_2	2_3	2_3	2_3	2_2	2_2	3_4			
26	1_3	1_2	1_2	2_3	2_3	2_3	2_3	2_2				
27	1_3	1_3	1_2	2_3	2_3	2_3	2_3	2_3				
28	1_3	1_3	1_3	2_3	2_3	2_3	2_3	2_4				
29	1_3	1_3	1_3	2_3	2_3	2_3	2_4					
30	1_3	1_3	1_3	2_3	2_3	2_4						
31	1_3	1_3	1_3	2_3	2_4							
32	1_3	1_3	1_3	2_4								
33	1_3	1_3	2_4									
34	1_3	2_4										
35	2_4											

während der an der Front des Signals E_1 entstandene minimale Zustand sich in entgegengesetzter Richtung mit der Geschwindigkeit 1 (ein Automat pro Takt) fortbewegt. Wenn das Signal E_1 bei Erreichen des Kettenendes ein Reflexionsignal erzeugt, so wird sich dieses Signal in der Automatenkette mit geordneten inneren Zuständen bewegen und kann infolgedessen für den Vergleich der Zahlen der Automaten in den Stimmkoalitionen benutzt werden.

Das Signal E_1 erzeugt am Rand der Automatenkette das Reflexionssignal E_2, an dessen Front der Übergang der Automaten aus den Zuständen der Untermenge E_1 in Zustände der Untermenge $E_2 = \{E_{2i}\}$ stattfindet. Die Zustände der Untermengen E_1 und E_2 sind eineindeutig einander zugeordnet.

Die zum Vergleich der Stimmkoalitionen verwendete Idee wird in Abb. 5.11 deutlich. Das Signal E_2 erzeugt jedesmal beim Passieren der Grenze von Stimmkoalitionen ein Signal E_3, das sich in entgegengesetzter Richtung fortbewegt. An der Front des Signals E_3 findet ein Übergang der Automaten aus den Zuständen der Untermenge E_2 in Zustände der Untermenge $E_3 = \{E_{3i}\}$ statt. Die Zustände der Untermengen E_2 und E_3 sind eineindeutig einander zugeordnet. Das Signal E_3 breitet sich nur in den Grenzen einer Stimmkoalition aus. Am Kettenrand erzeugt das Signal E_3 ein Reflexionsignal E_4, das die Untermenge der Zustände $E = \{E_{4i}\}$ bildet.

Das Signal E_{4i} breitet sich in der Kette so lange ohne Änderung des Index i aus, bis es an einen Automaten gelangt, der sich in einem zur Untermenge E_2 gehörenden Zustand befindet. In diesem Falle beendet das Signal E_{4i} seine Ausbreitung. Der Automat befindet sich in einem zur Untermenge E_4 gehörenden Zustand einen Takt, wonach er in den Anfangszustand zurückkehrt. Das Signal E_3 erzeugt das Reflexionssignal E_4 jedesmal dann, wenn es einem Automaten begegnet, der sich im Anfangszustand befindet.

Aus dem Gesagten, der Abb. 5.11 und der Tabelle 5.2.1 wird die Prozedur des Vergleichs der Größen der Stimmkoalitionen deutlich. Ausgabesignal am Randautomaten der Kette ist das Signal E_{4i}, dessen Index i der Funktionswert der Abstimmungsfunktion ist. Die Vorschriften für die Zustandsüberführung des Automaten sind in Tabelle 5.2.2 angegeben.

Tabelle 5.2.2

Nummer	Vorschrift			Bedingung
1	x	H H	y	$x \notin \{E_{1j}\}, y \in \{K$[1]$, H\}$
2	x	H E_{1j}	y	$x \in \{E_{1j}\}, y \in \{K, H\}$
3	E_{1a}	E_{1b} E_{1b^*}	E_{1c}	$b^* = \max\{\delta(c-b)\max(b, a), (b-a)\min(b, c)\}$, $\delta(x) = \begin{cases} 1 & \text{für } x \geqq 0, \\ 0 & \text{für } x < 0 \end{cases}$
4	E_{1a}	E_{1b} E_{1b^*}	y	$y \in \{K, H\}$; $b^* = \max(a, b)$
5	K	E_{1b} E_{1b^*}	E_{1c}	$b^* = \min(b, c)$
6	x	E_{1j} E_{2j}	y	$x \in \{K, E_{1i}, E_{1j}\}, y \in \{K, E_{2j}, E_{2l}\}, i < j < l$
7	x	E_{2j} E_{2j}	y	$x \in \{E_{1j}, E_{2j}\}, y \in \{K, H, E_{2j}, E_{3l}, E_{4l}\}, j < l$
8	x	E_{2j} E_{3j}	y	$x \in \{K, E_{1j}, E_{1i}, \}, y \in \{K, H, E_{2j}, E_{3l}, E_{4l}\}, i < j < l$
9	x	E_{3j} E_{3j}	y	$x \in \{K, E_{2i}, E_{3i}, E_{3j}\}, y \in \{E_{2j}, E_{3j}, E_{3l}\}, i < j < l$
10	x	E_{3j} E_{4j}	y	$x \in \{K, E_{2i}, E_{3i}, E_{3j}\}, y \in \{K, H, E_{4j}\}, i < j$
11	x	E_{3j} E_{4l}	E_{4l}	$x \in \{K, E_{2i}, E_{3i}, E_{3j}\}, i < j < l$
12	x	E_{4e} H	y	$x \in \{K, E_{2i}, E_{3i}, E_{3j}\}, y \in \{K, H\}$

[1]) Signal K —Signal des Kettenrandes

Der sich ergebende Automat hat $(4k + 1)$ innere Zustände. Die Zeit zwischen Abgabe des Startsignals und Erhalt des Funktionswertes liegt in den Grenzen

$$4N \geqq T \geqq 2N + 2 \left] \frac{N}{k} \right[. \tag{5.2.1}$$

Der exakte Wert von T setzt sich zusammen aus der doppelten Zeit für den Durchlauf des Signals durch die gesamte Kette und zusätzlich durch die Stimmkoalition maximaler Länge.

Im Fall $k = 2$, d. h. im Falle der Realisierung der Mehrheitsfunktion durch ein linear-homogenes Schema, kann die Zahl der inneren Zustände des Automaten durch Veränderung des Algorithmus der Kooperation der Automaten verringert werden. Da die Variable nur zwei Werte annimmt, kann eine unmittelbare Subtraktion der Zahl der Einsen von der Zahl der Nullen (oder umgekehrt) durch Überführung zweier nebeneinander stehender Automaten in einen neutralen Zustand vorgenommen werden, wenn sich einer der Automaten in dem der Eins entsprechenden Zustand und der andere

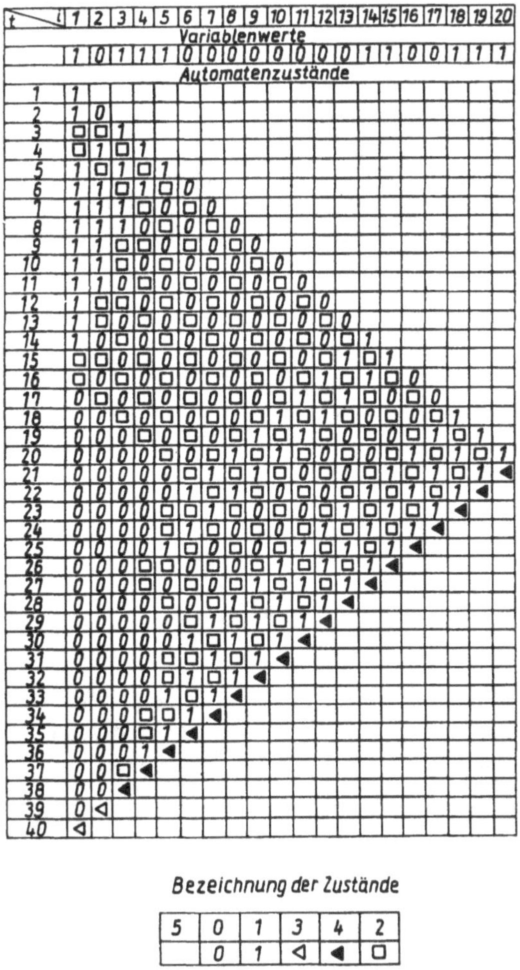

Abb. 5.12

sich in dem der Null entsprechenden Zustand befindet. Der Algorithmus der Kooperation in diesem Falle wird durch Abb. 5.12 erklärt.

Die Arbeit des Systems besteht aus drei Phasen: der Lesephase, die der Lesephase für den vorigen Automaten analog ist; der Phase der Einordnung und Neutralisierung, in der eine gegenseitige Neutralisierung der Paare von Nullen und Einsen sowie eine Bewegung der neutralen Zustände an das Ende der Kette und der informativen Zustände an den Anfang der Kette stattfindet; der Übergabephase, in der das vom Kettenende reflektierte Signal an den Ausgang der Kette eine Information über das Vorhandensein von nichtneutralisierten Nullen oder Einsen in der Kette übergibt.

In diesem Fall hat der Automat 6 innere Zustände, und die Zeit für die Realisierung des Algorithmus beträgt $2N$. Die Vorschriften für die Zustandsüberführung des Automaten für den Fall $k = 2$ sind in Tabelle 5.2.3 angegeben.

Tabelle 5.2.3

Nummer	Vorschrift			Bedingung
1	x	0 0	z	$x \in \{0, 6\}$[1], $z \in \{0, 2, 5\}$
2	x	2 0	0	$x \in \{0, 1, 2, 6\}$
3	x	5 t	z	$x \in \{0, 1\}$, $z \in \{5, 6\}$ $t = \begin{cases} 0, & \text{Eingangsvariable gleich 0,} \\ 1, & \text{Eingangsvariable gleich 1} \end{cases}$
4	x	y 1	z	$x \in \{1, 6\}$, $y = 1$, $z \in \{1, 2, 5\}$ oder $x \in \{0, 1, 2, 6\}$, $y = 2$, $z = 1$
5	x	0 2	z	$x \in \{0, 6\}$, $z = 1$ oder $x \in \{1, 2\}$, $z \in \{2, 5\}$
6	x	y 2	z	$x \in \{1, 6\}$, $y = 1$, $z = 0$ oder $x \in \{0, 2\}$, $y = 1$, $z \in \{2, 5\}$ oder $x \in \{0, 1, 6\}$, $y = 2$, $z = 2$
7	x	0 3	z	$x \in \{0, 6\}$, $z \in \{3, 6\}$ oder $x = 2$, $z \in \{3, 6\}$ oder $x = 6$, $z = 4$
8	x	y 4	z	$x \in \{0, 1, 2, 6\}$, $y \in \{1, 2\}$, $z \in \{4, 6\}$ oder $x = 1$, $y = 0$, $z \in \{3, 6\}$
9	x	y 5	z	$x \in \{2, 3, 4, 5, 6\}$, $y \in \{3, 4, 5\}$, $z \in \{5, 6\}$ oder $x \in \{0,1\}$, $y \in \{3, 4\}$, $z \in \{5, 6\}$

[1]) Signal 6 — Signal des Kettenrandes

Wir betrachten nun die Möglichkeit der Realisierung einer beliebigen symmetrischen Funktion von N Variablen durch ein linear-homogenes Schema.

Eine symmetrische Funktion ist durch das Tupel ihrer Arbeitszahlen gegeben. Wir werden Automaten benutzen, von denen jeder zwei äußere Eingaben hat (Verbindungseingaben mit Nachbarautomaten werden nicht berücksichtigt). Eine äußere Eingabe des j-ten Automaten entspricht der Variablen x_j ($1 \leqq 1\, j \leqq N$) während die zweite Eingabe der Arbeitszahl r_j ($0 \leqq j \leqq N$) entspricht. Da die Anzahl der Arbeitszahlen einer beliebigen symmetrischen Funktion $N + 1$ ist, genügt es, eine Kette von $N + 1$ Automaten zu haben, um an das Schema alle Arbeitszahlen und Variablen zu übergeben. Die Arbeit des Schemas kann man folgendermaßen organisieren. Nach Abgabe des Startsignals an den Randautomaten A^0 beginnt sich in der Kette das Signal E_1 (Zustände 0_1 und 1_1) auszubreiten, das die Variablenwerte in die Automaten einliest. Hinter der Front des Signals E_1 findet eine Einordnung der Variablenwerte statt, d. h. alle Einsen sammeln sich am Kettenanfang und alle Nullen am Kettenende. Das Signal E_1 wird vom Kettenrand reflektiert und bewegt sich zurück (Zustand X). An der Grenze von Nullen und Einsen wird das Ausgabesignal gebildet, das mit dem Wert der Arbeitszahl am Grenzautomaten übereinstimmt (Zustände 0_2 und 1_2).

Benutzt man einen solchen Algorithmus, so hat jeder Automat sechs innere Zustände. Die Überführungsvorschriften für den Automaten sind in Tabelle 5.2.4 angegeben. In Tabelle 5.2.5 ist das Beispiel der Realisierung einer symmetrischen Funktion von 12 Variablen mit den Arbeitszahlen 0, 0, 0, 0, 1, 0, 0, 1, 0, 0, 1, 1 für ein Tupel der Variablenwerte angeführt. In dieser Tabelle ist der Anfangszustand (H) nicht bezeichnet. Anstelle dieses Zustandes erscheint ein freier Platz.

Tabelle 5.2.4

Nummer	Vorschrift			Bedingung
1	x	y H	z	$x \in \{H, 0_2, 1_2, X, K\}$[1], $y = H$, $z \in \{H, K\}$ oder $x \in \{1_1, K\}$, $y \in \{0_2, 1_2\}$, $z \in \{H, K\}$ oder $z \in \{0_1, 1_1\}$, $y = X$, $z \in \{H, K\}$
2	x	y 0_1	z	$x \in \{0_1, 1_1\}$, $y = 0_1$, $z \in \{H, 0_1\}$ oder $x = 0_1$, $y = 1_1$, $z \in \{H, 0_1\}$
3	x	y 1_1	z	$x \in \{0_1, 1_1\}$, $y = 0_1$, $z = 1_1$ oder $x \in \{1_1, K\}$, $y = 1_1$, $z \in \{H, 0_1, 1_1\}$
4	x	1_1 0_2	0_2	$x \in \{1_1, K\}$
5	x	1_1 1_2	1_2	$x \in \{1_1, K\}$
6	x	y X	z	$x \in \{0_1, 1_1\}$, $y = 0_1$, $z \in \{X, K\}$ oder $x = 0_1$, $y = 1_1$, $z \in \{X, K\}$
7	x	H t_i	z	$x \in \{0_1, 1_1\}$, $z \in \{H, K\}$ $t_i = \begin{cases} 0_1, & \text{für } x = 0, \\ 1_1, & \text{für } x = 1. \end{cases}$
8	x	1_1 p_i	z	$x \in \{1_1, K\}$, $z \in \{K, X\}$ $p_i = \begin{cases} 0_2, & \text{für } r_i = 0, \\ 1_2, & \text{für } r_i = 1. \end{cases}$

[1]) Signal K — Signal des Kettenrandes

Eine invariante Funktion erhält man aus der entsprechenden symmetrischen Funktion durch Invertieren bestimmter Variabler. Damit also das beschriebene Schema eine beliebige invariante Funktion realisiert, ist es notwendig, für jeden Automaten noch eine äußere Eingabe c_j und ein die Funktion $y_j = x_j \otimes c_j$ realisierendes Schema hinzuzufügen. Dabei wird y_j Arbeitsvariable für den Automaten A^j.

Wir betrachten die Klasse von logischen Funktionen, die als invariante Funktionen von N Variablen dargestellt werden können und bei denen die Arbeitszahlen ihrerseits

Tabelle 5.2.5

x_j	1	0	0	1	0	1	1	1	1	1	1	0	1
r_j	0	0	0	0	1	0	0	1	0	0	1	1	0
t	Automatenzustände												
1	1_1												
2	1_1	0_1											
3	1_1	0_1	0_1										
4	1_1	0_1	0_1	1_1									
5	1_1	0_1	1_1	0_1	0_1								
6	1_1	1_1	0_1	0_1	0_1	1_1							
7	1_1	1_1	0_1	0_1	1_1	0_1	1_1						
8	1_1	1_1	0_1	1_1	0_1	1_1	0_1	1_1					
9	1_1	1_1	1_1	0_1	1_1	0_1	1_1	0_1	1_1				
10	1_1	1_1	1_1	1_1	0_1	1_1	0_1	1_1	0_1	1_1			
11	1_1	1_1	1_1	1_1	1_1	0_1	1_1	0_1	1_1	0_1	1_1		
12	1_1	1_1	1_1	1_1	1_1	1_1	0_1	1_1	0_1	1_1	0_1	0_1	
13	1_1	1_1	1_1	1_1	1_1	1_1	1_1	0_1	1_1	0_1	0_1	0_1	1_1
14	1_1	1_1	1_1	1_1	1_1	1_1	1_1	1_1	0_1	0_1	0_1	1_1	X
15	1_1	1_1	1_1	1_1	1_1	1_1	1_1	1_1	0_1	0_1	1_1	X	
16	1_1	1_1	1_1	1_1	1_1	1_1	1_1	1_1	0_1	1_1	X		
17	1_1	1_1	1_1	1_1	1_1	1_1	1_1	1_1	1_1	X			
18	1_1	1_1	1_1	1_1	1_1	1_1	1_1	1_1	0_2				
19	1_1	1_1	1_1	1_1	1_1	1_1	1_1	0_2					
20	1_1	1_1	1_1	1_1	1_1	1_1	0_2						
21	1_1	1_1	1_1	1_1	1_1	0_2							
22	1_1	1_1	1_1	1_1	0_2								
23	1_1	1_1	1_1	0_2									
24	1_1	1_1	0_2										
25	1_1	0_2											
26	0_2												

invariante Funktionen derselben Variablen sind. Solche Funktionen wollen wir Funktionen mit wiederholter Invarianz nennen.

Wie man leicht sieht, kann man ein Schema, das eine beliebige Funktion von N Variablen mit wiederholter Invarianz realisiert, aus N linear-homogenen Schemata konstruieren, die invariante Funktionen von N Variablen realisieren (Abb. 5.13).

Eine das Schema in Abb. 5.13 kennzeichnende Besonderheit ist die Notwendigkeit der Synchronisierung der einzelnen linear-homogenen Schemata. In unserem Fall kann eine solche Synchronisierung automatisch vorgenommen werden. Das reflektierte Signal des horizontalen Kettchens ist das Startsignal für die vertikalen Ketten. Das Ausgabesignal des Schemas wird dabei von den Signalen gebildet, die von den Enden der vertikalen Ketten reflektiert wurden. Dazu ist es notwendig, zwei innere Zustände des Automaten hinzuzufügen.

Ein Schema, das alle Funktionen mit wiederholter Invarianz realisiert, besitzt genügend große funktionelle Möglichkeiten. Erlaubt man beispielsweise, daß die Variablen an die Eingaben der Arbeitszahlen der vertikalen Ketten gegeben werden können, so realisiert ein Schema aus 26 Automaten (s. Abb. 5.13) eine beliebige Funktion von fünf Variablen.

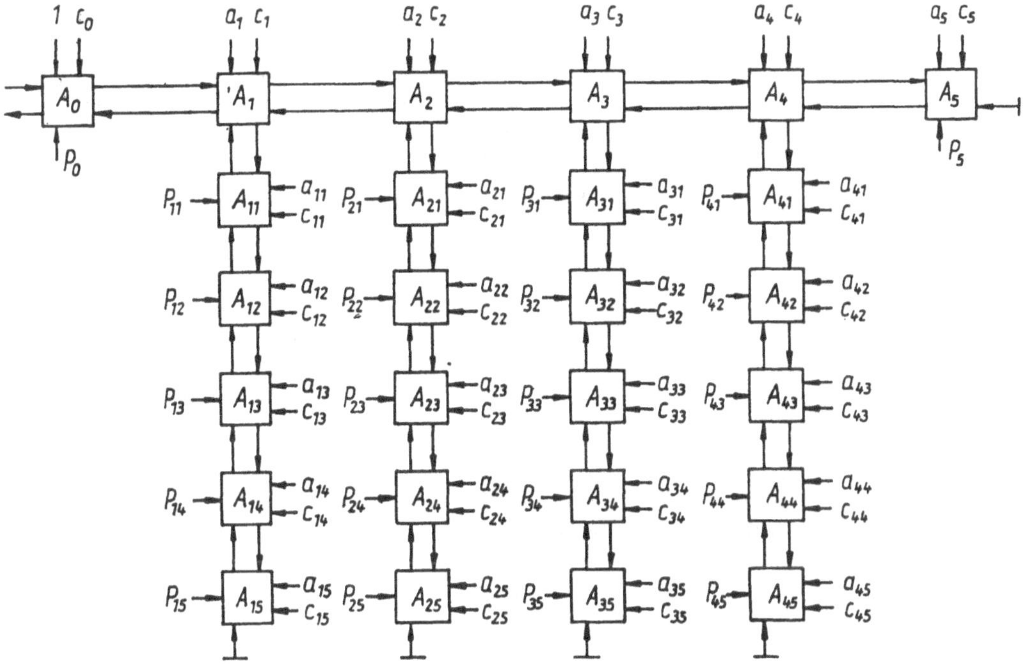

Abb. 5.13

Das Auffinden der Aufteilung der Variablen und Konstanten an die Eingaben des Schemas zerfällt in unabhängige Konstruktionen für jede Arbeitszahl. Jede Arbeitszahl r_j legt die j-te Schicht des N-dimensionalen Kubus fest (alle Ecken, deren HAMMING-Abstand von der Nullecke gleich j ist). Die invariante Funktion, die als Arbeitszahl r_j gegeben wird, zerlegt die Ecken der j-ten Schicht $R_N{}^j$ in zwei Untermengen, die den Konstituenten 0 und 1 der zu realisierenden Funktion entsprechen. Die nullte Schicht $R_N{}^0$ enthält nur die Ecke $(0, 0, \ldots, 0)$ des Hyperkubus und erfordert keine Zerlegung. Dasselbe gilt auch für $R_N{}^N$. Die erste Schicht $R_N{}^1$ enthält N Ecken. Nimmt die Funktion in k Ecken dieser Schicht den Wert 1 an, so werden bei Abgabe des Signals an die erste vertikale Kette die Variablen invertiert, die an allen Konstituenten Eins gleich 0 sind, während die Arbeitszahlen dieser Ketten gleich 0 sind, außer $r_{k+1} = 1$. Folglich sind alle 2^N Zerlegungen dieser Schicht zulässig. Analog sind auch alle Zerlegungen der Schicht $R_N{}^{N-1}$ zulässig. Für die restlichen Schichten verringert sich mit wachsendem N der Anteil der zulässigen Zerlegungen.

In Tab. 5.2.6 sind alle Zerlegungen für $R_5{}^2$ angeführt, was auch die Realisierbarkeit aller Funktionen von fünf Variablen durch das Schema von Abb. 5.13 beweist. (Die Zerlegung von $R_5{}^3$ erhält man aus der Zerlegung von $R_5{}^2$ durch Invertierung aller

Tabelle 5.2.6

Nummer	Vertreter	Werte der Variableneingänge $a_{21}a_{22}a_{23}a_{24}a_{25}$	Werte der Arbeitszahleneingänge $p_{21}p_{22}p_{23}p_{24}p_{25}$
1	3	$x_1\ x_2\ 0\ 0\ 0$	$0\ 1\ 0\ 0\ 0$
2	3, 5	$x_1\ x_2\ x_3\ 0\ 0$	$0\ x_1\ 0\ 0\ 0$
3	3, 12	$\overline{x}_1\ x_2\ 0\ 0\ x_5$	$\overline{x}_5\ 0\ 0\ 0\ 0$
4	3, 5, 9	$\overline{x}_1\ 1\ 0\ 0\ x_5$	$1\ 0\ 0\ 0\ 0$
5	3, 5, 10	$x_1\ x_2\ x_3\ \overline{x}_4\ 0$	$x_2\ 0\ x_1\ 0\ 0$
6	3, 5, 6	$x_1\ x_2\ x_3\ 0\ 0$	$0\ 1\ 0\ 0\ 0$
7	3, 5, 24	$\overline{x}_1\ x_2\ x_3\ 0\ 0$	$1\ 0\ 0\ 0\ 0$
8	3, 5, 9, 17	$x_1\ 0\ 0\ 0\ 0$	$1\ 0\ 0\ 0\ 0$
9	3, 5, 6, 9	$x_1\ x_2\ x_3\ \overline{x}_4\ 0$	$x_1\ 0\ 1\ 0\ 0$
10	3, 5, 9, 18	$\overline{x}_1\ x_2\ x_3\ x_4\ 0$	$1\ x_2\ 0\ 0\ 0$
11	3, 5, 10, 12	$0\ \overline{x}_2\ \overline{x}_3\ 0\ x_5$	$1\ 0\ 0\ 0\ 0$
12	3, 5, 10, 20	$x_1\ x_2\ \overline{x}_3\ x_4\ 1$	$1\ x_1\ 0\ x_2\ 0$
13	3, 5, 6, 24	$x_1\ x_2\ x_3\ 1\ 0$	$1\ 0\ 1\ 0\ 0$
14	3, 5, 6, 9, 17	$x_1\ x_2\ x_3\ 0\ 0$	$x_1\ 1\ 0\ 0\ 0$
15	3, 5, 6, 9, 10	$\overline{x}_1\ \overline{x}_2\ 1\ 0\ x_5$	$1\ 1\ 0\ 0\ 0$
16	3, 5, 6, 9, 18	$x_1\ x_2\ x_3\ \overline{x}_4\ 0$	$x_1\ x_2\ 1\ 0\ 0$
17	3, 5, 6, 9, 24	$\overline{x}_1\ x_2\ x_3\ 1\ 0$	$x_4\ 1\ 0\ 1\ 0$
18	3, 5, 10, 12, 17	$\overline{x}_1\ x_2\ x_3\ 0\ x_5$	$1\ \overline{x}_5\ 0\ 0\ 0$
19	3, 5, 10, 20, 24	$x_1\ x_2\ x_3\ \overline{x}_4\ 1$	$1\ x_2\ x_3\ x_1\ 0$

Variablen.) In der Tabelle sind die Realisierungen der Zerlegungen für die Vertreter der Äquivalenzklassen der Zerlegungen der Schicht $R_5{}^2$ angegeben. Zu einer Äquivalenzklasse von Zerlegungen gehören die Zerlegungen, die man auseinander durch Variablenpermutation und Invertierung der Funktion in den Grenzen der vorliegenden Schicht erhalten kann. Die Invertierung der Funktion in der Schicht wird durch gleichzeitige Invertierung aller Arbeitszahlen der vertikalen Kette der vorliegenden Schicht erreicht.

Zum Abschluß dieses Paragraphen befassen wir uns mit der Frage nach der Äquivalenz von Ringen aus Automaten mit einseitigen Verbindungen und Ketten von Automaten mit zweiseitigen Verbindungen. Dazu geben wir vorbereitend eine Reihe von Definitionen und Bezeichnungen an.

In Abb. 5.14 ist eine aus N gleichen Exemplaren des Moore-Automaten A bestehende homogene autonome zweiseitige Kette [137] $[A^0, A^1, \ldots, A^{N-1}]$ dargestellt.

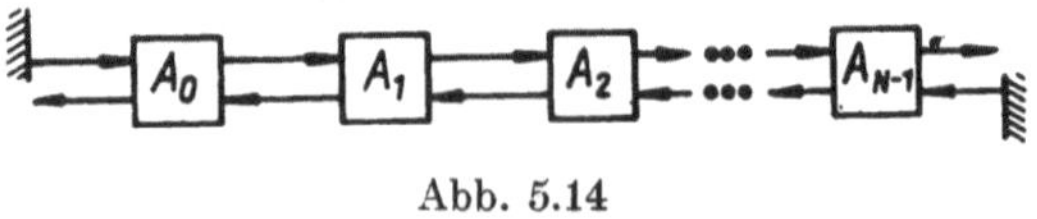

Abb. 5.14

An die Eingaben jedes Automaten A^j dieser Kette gelangen die Signale von den Ausgaben seiner zwei unmittelbaren Nachbarn A^{j-1} und A^{j+1}. Die Randautomaten A^0 und A^{N-1} haben jeder einen Nachbarn. Das Alphabet der inneren Zustände des Automaten $A\{\alpha\} = \{\alpha^1, \alpha^2, \ldots, \alpha^k\}$ ist gleichzeitig Eingabe- und Ausgabealphabet. An die freien Eingaben der Randautomaten A^0 und A^{N-1} werden konstante Randsignale gegeben, die ebenfalls Werte aus demselben Alphabet $\{\alpha\}$ sind. Der Zustand des j-ten

Automaten zum Zeitpunkt $t + 1$ wird durch die Relation

$$\alpha_j(t + 1) = f_1[\alpha_{j-1}(t), \alpha_j(t), \alpha_{j+1}(t)], \qquad 0 \leqq j \leqq N - 1 \tag{5.2.2}$$

bestimmt, wobei α_{-1} und α_N konstante Randsignale bedeuten.

In Abb. 5.15 ist ein homogener autonomer zweiseitiger Ring $[B^0, B^1, \ldots, B^{N-1}]$ aus N Exemplaren eines MOORE-Automaten B dargestellt. Ein solcher Ring unterscheidet sich von einer zweiseitigen Kette dadurch, daß die Ausgabe des Automaten B^{N-1} an die Eingabe des Automaten B^0 (anstelle des Randsignals α_{-1} in der zweiseitigen Kette) und

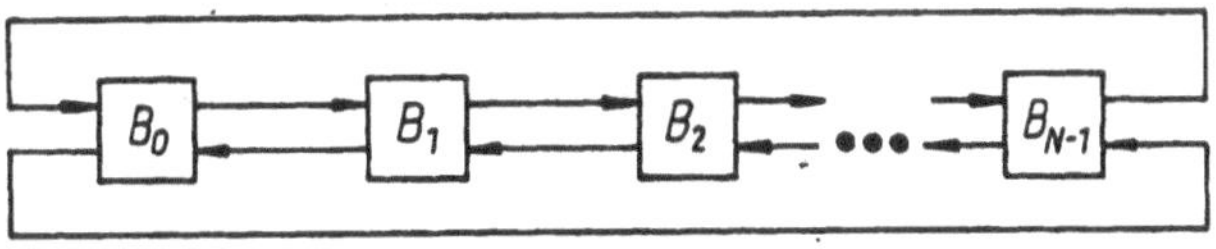

Abb. 5.15

die Ausgabe von B^0 an die Eingabe von B^{N-1} (anstelle α_N in der Kette) gelegt ist. Das Alphabet der inneren Zustände des Automaten B $\{\beta\} = \{\beta^1, \beta^2, \ldots, \beta^l\}$ ist gleichzeitig Eingabe und Ausgabealphabet. Der Zustand β_j des j-ten Automaten des zweiseitigen Ringes wird durch die Relation

$$\beta_j(t + 1) = f_2[\beta_{(j-1)_{\bmod N}}(t), \beta_j(t), \beta_{(j+1)_{\bmod N}}(t)], \qquad 0 \leqq j \leqq N - 1 \tag{5.2.3}$$

bestimmt.

In Abb. 5.16 ist ein homogener autonomer einseitiger Ring $[D^0, D^1, \ldots, D^{N-1}]$ aus N Exemplaren des Automaten D dargestellt. An die Eingabe jedes Automaten D_j

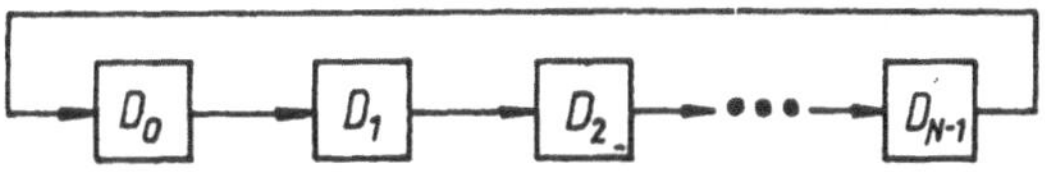

Abb. 5.16

wird die Ausgabe nur eines Nachbarn $D_{(j-1)_{\bmod N}}$ gelegt. Das Alphabet der inneren Zustände des Automaten D $\{\delta\} = \{\delta^1, \delta^2, \ldots, \delta^m\}$ ist gleichzeitig Eingabe- und Ausgabealphabet. Das Verhalten des j-ten Automaten des einseitigen Ringes wird durch die Relation

$$\delta_j(t + 1) = f_3[\delta_{(j-1)_{\bmod N}}(\cdot), \delta_j(t)], \qquad 0 \leqq j \leqq N - 1 \tag{5.2.4}$$

beschrieben.

Wir wollen zunächst die Modellierung des Verhaltens der zweiseitigen Kette durch den zweiseitigen Ring betrachten.

Wir sagen, daß der homogene autonome zweiseitige Ring das Verhalten der homogenen autonomen zweiseitigen Kette modelliert, wenn man aus dem Zustand β_j des Automaten B^j des Ringes zu einem beliebigen Zeitpunkt t $(t = 0, 1, \ldots)$ den Zustand α_j des Automaten A^j der Kette zum selben Zeitpunkt bestimmen kann, d. h., wenn $\alpha_j(t) = \varphi[\beta_j(t)]$ ist.

Das Verhalten der Automaten der zweiseitigen Kette und des zweiseitigen Ringes wird durch die gleichen Relationen (5.2.2) und (5.2.3) beschrieben. Jedoch hängt die Arbeit der zweiseitigen Kette von den Randsignalen ab, die im Ring fehlen. Damit der zweiseitige Ring das Verhalten der zweiseitigen Kette modelliert, ist es deshalb notwendig, in den Ring Information über die Randsignale einzugeben. Das kann folgendermaßen verwirklicht werden. Der zweiseitigen Kette $[A^0, A^1, \ldots, A^{N-1}]$ ordnen wir den zweiseitigen Ring $[B^0, B^1, \ldots, B^{N-1}]$ so zu, daß für $0 \leqq j \leqq N-1$ der Automat A^j dem Automaten B^j entspricht. Wir stellen den Automaten B aus zwei Unterautomaten A und G zusammen, wobei $\{\beta\} = \{\alpha\} \times \{\gamma\}$ und $\{\gamma\} = \{0,1\}$ ist. Wir geben folgende Vorschriften für das Funktionieren der Unterautomaten an:

$$\gamma_j = \begin{cases} 0 & \text{für} \quad j \neq 0, \\ 1 & \text{für} \quad j = 0, \end{cases} \tag{5.2.5}$$

d. h., für die Automaten B^0 ist zu allen Zeitpunkten $\gamma_0 = 1$ und für die restlichen Automaten des Ringes ist $\gamma_j = 0$, $j \neq 0$;

$$\alpha_j(t+1) = \begin{cases} f_1[\alpha_{(j-1)_{\bmod N}}(t), \alpha_j(t), \alpha_{(j+1)_{\bmod N}}(t)], & \text{für} \quad \gamma_j = \gamma_{(j+1)_{\bmod N}} = 0; \\ f_1[\alpha_{-1}, \alpha_j(t), \alpha_{(j+1)_{\bmod N}}(t)], & \text{für} \quad \gamma_{(j-1)_{\bmod N}} = \gamma_{(j+1)_{\bmod N}} = 0,\ \gamma_j = 1; \\ f_1[\alpha_{(j-1)_{\bmod N}}(t), \alpha_j(t), \alpha_N], & \text{für} \quad \gamma_{(j-1)_{\bmod N}} = \gamma_j = 0,\ \gamma_{(j+1)_{\bmod N}} = 1. \end{cases} \tag{5.2.6}$$

Aus (5.2.5) und (5.2.6) folgt, daß eine solche Funktion φ existiert, für die $\alpha_j(t) = \varphi[\beta_j(t)]$ gilt, wobei $\varphi\{\beta\}$ auf $\{\alpha\}$ projiziert.

Im Alphabet $\{\gamma\}$ entspricht das Symbol 1 dem Paar der konstanten Randsignale (α_{-1}, α_N). Damit der zweiseitige Ring das Verhalten der zweiseitigen Kette bei der Wahl eines beliebigen Paares von Symbolen aus $\{\alpha\}$ als Randsignale modelliert, ist es notwendig, für jedes neue Paar von Randsignalen wenigstens ein zusätzliches Symbol in $\{\gamma\}$ einzuführen.

Satz 5.1. Für jeden homogenen autonomen zweiseitigen Ring $[B^0, B^1, \ldots, B^{N-1}]$ existiert ein homogener autonomer einseitiger Ring $[D^0, D^1, \ldots, D^{N-1}]$ der das Verhalten des zweiseitigen Ringes in dem Sinne modelliert, daß für $0 \leqq j \leqq N-1$

$$\beta_j(t) = F[\delta_{(j+t)_{\bmod N}}(2t)]$$

gilt, wobei $\beta_j(t)$ durch den Ausdruck (5.2.3) und $\delta_i(2t)$ durch den Ausdruck (5.2.4) bestimmt ist und F eine gewisse Funktion ist.

Beweis. Wir konstruieren den Automaten D aus zwei Unterautomaten U und V (Abb. 5.17). Dann ist $\{\delta\} = \{u\} \times \{v\}$. Wir setzen $\{u\} = \{\beta\}$ und $\{v\} = \{u\} \cup v^*$; $\{u\}$ ist gleichzeitig Eingabe- und Ausgabealphabet des Automaten D. Die Zustände der Unterautomaten U_j und V_j des Automaten D^j zum Zeitpunkt t wollen wir mit $u_j(t)$ und $v_j(t)$

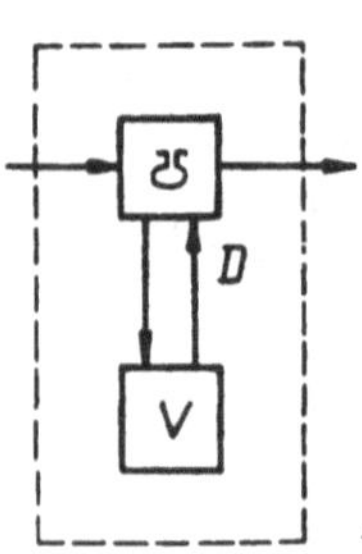

Abb. 5.17 (Statt Ʊ lies U)

bezeichnen. Wie man aus Abb. 5.17 erkennt, gilt dann

$$\delta_j(t+1) = f_3'[u_{(j-1)_{\mathrm{mod}\,N}}(t), \delta_j(t)]. \tag{5.2.7}$$

Offensichtlich ist dieser Ausdruck ein Spezialfall des Ausdrucks (5.2.4). Wir geben folgende Vorschriften für das Funktionieren der Unterautomaten an.

$$v_j(t+1) = \begin{cases} u_j(t), & \text{für} \quad v_j(t) = v^*, \\ v^*, & \text{für} \quad v_j(t) \neq v^*; \end{cases} \tag{5.2.8}$$

$$u_j(t+1) = \begin{cases} u_{(j-1)_{\mathrm{mod}\,N}}(t), & \text{für} \quad v_j(t) = v^*, \\ f_2[u_{(j-1)_{\mathrm{mod}\,N}}(t), u_j(t), v_j(t)], & \text{für} \quad v_j(t) \neq v^*. \end{cases} \tag{5.2.9}$$

Ist dann $v_j(t = 0) = v^*$ $(0 \leqq j \leqq N - 1)$, so gilt:

1. Während der ungeraden Takte werden die Zustände des Unterautomaten U_j des j-ten Automaten des einseitigen Ringes an die Unterautomaten V_j und $U_{(j+1)_{\mathrm{mod}\,N}}$ übergeben, d. h., es ist

$$\left.\begin{aligned} v_j(2t+1) &= u_j(2t), \\ u_{(j+1)_{\mathrm{mod}\,N}}(2t+1) &= u_j(2t); \end{aligned}\right\} \tag{5.2.10}$$

2. Während der geraden Takte sind die Überführungen der Unterautomaten des j-ten Automaten wie folgt festgelegt:

$$\left.\begin{aligned} v_j(2t+2) &= v^*, \\ u_j(2t+2) &= f_2[u_{(j-1)_{\mathrm{mod}\,N}}(2t+1), u_j(2t+1), v_j(2t+1)]. \end{aligned}\right\} \tag{5.2.11}$$

Auf Grund von (5.2.10) und (5.2.11) gilt

$$u_j(2t+2) = f_2[u_{(j-2)_{\mathrm{mod}\,N}}(2t),\ u_{(j-1)_{\mathrm{mod}\,N}}(2t),\ u_j(2t)]. \tag{5.2.12}$$

Wir setzen für $t = 0$

$$u_j(0) = \beta_j(0), \qquad 0 \leqq j \leqq N - 1. \tag{5.2.13}$$

Durch Induktion über t $(t = 0, 1, \ldots)$ zeigen wir

$$\beta_j(t) = u_{(j+t)_{\mathrm{mod}\,N}}(2t), \qquad 0 \leqq j \leqq N - 1. \tag{5.2.14}$$

In der Tat, für $t = 0$ folgt (5.2.14) aus (5.2.13). Sei (5.2.14) für $t = k$ richtig, dann ist nach (5.2.3)

$$\beta_j(k+1) = f_2[\beta_{(j-1)_{\mathrm{mod}\,N}}(k), \beta_j(k), \beta_{(j+1)_{\mathrm{mod}\,N}}(k)],$$

und nach (5.2.14) und (5.2.12)

$$\begin{aligned} f_2[\beta_{(j-1)_{\mathrm{mod}\,N}}(k), \beta_j(k), \beta_{(j+1)_{\mathrm{mod}\,N}}(k)] &= f_2[u_{(j+k-1)_{\mathrm{mod}\,N}}(2k), u_{(j+k)_{\mathrm{mod}\,N}}(2k), u_{(j+k+1)_{\mathrm{mod}\,N}}(2k)] \\ &= u_{(j+k+1)_{\mathrm{mod}\,N}}(2k+2). \end{aligned}$$

Folglich gilt

$$\beta_j(k+1) = u_{(j+k+1)_{\mathrm{mod}\,N}}(2k+2).$$

Da $\{u\}$ die Projektion von $\{\delta\} = \{u\} \times \{v\}$ auf $\{u\}$ ist, ist $u = F(\delta)$, wobei F die Projektionsfunktion bedeutet. Folglich gilt

$$\beta_j(t) = F[\delta_{(j+t)_{\mathrm{mod}\,N}}(2t)], \qquad 0 \leqq j \leqq N-1,$$

was zu beweisen war.

Folgerung. Für jede homogene autonome zweiseitige Kette $[A^0, A^1, \ldots, A^{N-1}]$ existiert ein homogener autonomer einseitiger Ring $[D^0, D^1, \ldots, D^{N-1}]$, der das Verhalten der Kette in dem Sinne modelliert, daß

$$\alpha_j(t) = \Psi[\delta_{(j+t)_{\mathrm{mod}\,N}}(2t)], \qquad 0 \leqq j \leqq N-1$$

gilt, wobei Ψ eine gewisse Funktion ist.

ANMERKUNGEN

Zu Kapitel I

§ 1.1. Die wesentlichen Problemstellungen und die erhaltenen Ergebnisse stammen von M. L. Zetlin [101, 102, 105]. Der Unterschied liegt nur in der Darstellung des Automaten als Komposition zweier Automaten. Die verwendete Definition der Zweckmäßigkeit stammt von A. A. Miljutin [76].

§ 1.2. Die im Paragraphen beschriebenen Konstruktionen wurden für
den Automaten $L_{n,k}$ von M. L. Zetlin [101, 102]
den Automaten $D_{n,k}$ von W. I. Krinski [61, 62]
den Automaten $R_{n,k}$ von H. Robbins [137]
den Automaten $K_{n,k}$ von W. J. Krylow [65]
den ε-Automaten von M. L. Zetlin und S. L. Ginsburg [108]
vorgeschlagen.

Die Analyse der Eigenschaften „tiefer" Automaten stammt von W. A. Wolkonski [38]. Die Untersuchung des Spektrums der Matrix eines das Verhalten eines Automaten in einem zufälligen Medium beschreibenden Markowschen Prozesses wurde von G. N. Zerzwadse durchgeführt [112].

§ 1.3. Das Verhalten kontinuierlicher Automaten in zufälligen Medien wurde vom Autor gemeinsam mit A. M. Gerscht [27] durchgeführt, mit Ausnahme der Automaten mit Asymmetrie der Geschwindigkeiten. Die Abschätzung der Geschwindigkeit der Lernfähigkeit des Automaten $H_{2c/k}$ stammt von A. M. Gerscht.

§ 1.4. Stochastische Automaten mit veränderlicher Struktur wurden vom Autor gemeinsam mit I. P. Woronzowa vorgeschlagen und untersucht [23—25]. Die Beschränkungen für die Größen α und β für den Automaten Q_k erhielt I. P. Woronzowa [39, 40].

§ 1.5. Das Modell des umschaltbaren zufälligen Mediums wurde von M. L. Zetlin vorgeschlagen [102, 105]. Von ihm stammt auch die Analyse des Automaten $L_{rn,r}$. Die Analyse des Verhaltens der ε-Automaten wurde von M. L. Zetlin und S. L. Ginsburg durchgeführt [108]. Das Verhalten von kontinuierlichen Automaten in umschaltbaren Medien untersuchte der Autor gemeinsam mit A. M. Gerscht [27] und das Verhalten von stochastischen Automaten mit veränderlicher Struktur gemeinsam mit I. P. Woronzowa [23, 25]. Die Untersuchung der asymptotischen Eigenschaften des Verhaltens von Automaten in asymmetrischen zufälligen Medien wurde von G. N. Zerzwadse begonnen [113], jedoch erhielt G. N. Zerzwadse Näherungslösungen, die auf der Trägheitshypothese unter der Bedingung $\delta \to 0$ und $\delta \to 1/2$ basierten (siehe § 2.3).

Zu Kapitel II

§ 2.1. Den Inhalt dieses Paragraphen bildet eine Darlegung der Artikel von I. M. Gelfand, I. I. Pjatezki-Schapiro und M. L. Zetlin [42].

§ 2.2. Die Ergebnisse über Spiele endlicher Automaten stammen von M. L. Zetlin [103, 105], W. I. Krinski und W. A. Ponomarjow [62, 64]. Spiele stochastischer Automaten mit veränderlicher Struktur wurden vom Autor gemeinsam mit I. P. Woronzowa untersucht [24].

§ 2.3. Die wesentlichen Definitionen, die mit symmetrischen Spielen zusammenhängen, stammen von I. M. Gelfand, I. I. Pjatezki-Schapiro und M. L. Zetlin [42]. Die im Kleindruck dargelegten Ergebnisse stammen von W. A. Wolkonski [38].

§ 2.4. Das Beispiel des Kombinationsspiels stammt von M. L. Zetlin und S. L. Ginsburg [109].

§ 2.5. Das G-Spiel wurde von W. A. Borowikow und W. I. Brysgalow untersucht [7]. W. A. Wolkonski [38] untersuchte es unter der Voraussetzung, daß zu jedem Zeitpunkt nur ein Automat bestraft wird; B. G. Pittel [81] unter der Voraussetzung, daß zu jedem Zeitpunkt die Werte der

Eingabesignale für alle Automaten gleich sind und daß (zur Beibehaltung der Ergodizität) die Automaten beim Aktionswechsel die neue Aktion zufällig auswählen; W. A. Borowikow [6] unter der Voraussetzung, daß bei genügend großen N, n und $N/n = 0$ (1) die Lösung des G-Spiels folgendes asymptotisches Verhalten zeigt:

$$\Phi(\varkappa_n, \ldots, \varkappa_{-n}) = \Phi(\lambda_k, \varkappa_n, \ldots, \varkappa_{-n}) = \frac{\beta_k \lambda_k^{n(\varkappa_n + \varkappa_{-n} + \cdots + \varkappa_1 + \varkappa_{-1})}}{\varkappa_n \ldots \varkappa_{-n}!},$$

wobei $\Phi(\varkappa_n, \ldots, \varkappa_{-n})$ die Wahrscheinlichkeit dafür ist, daß sich $\varkappa_j$ Automaten $\sum_{j=-n}^{n} \varkappa_j = N$, $\sum_{1}^{n} \varkappa_j = k$, im Zustand j befinden, während die Koeffizienten β_k zu bestimmen sind. Dabei hat die von B. G. Pittel erhaltene Finalverteilung die Form (2.5.12) und die von W. A. Borowikow erhaltene hat die Form

$$F\left(\frac{k}{N}\right) = \alpha C_N^k \frac{\lambda_n\left(\frac{k}{N}\right) - 1}{p\left(\frac{k}{N}\right) - q\left(\frac{k}{N}\right)} W(k, n, N)$$

mit

$$W(k, n, N) = \left[1 + \frac{\lambda\left(\frac{k}{N}\right) + p\left(\frac{k}{N}\right) - p\left(\frac{k}{N}\right)\lambda\left(\frac{k}{N}\right) - 1}{\lambda^n\left(\frac{k}{N}\right) - \lambda\left(\frac{k}{N}\right) + p\left(\frac{k}{N}\right)\lambda\left(\frac{k}{N}\right) - p\left(\frac{k}{N}\right)}\right].$$

Benutzt man die stationäre Wahrscheinlichkeit für den Aktionswechsel, so kann man diese Verteilung leicht auf die Form

$$\sigma(j) = \alpha C_N^j \frac{1}{\gamma(j)} \frac{1}{[1 - \gamma(j)]^{N-1}}$$

bringen. Es ist leicht zu sehen, daß diese Verteilung und (2.5.10) asymptotisch nahe beieinander liegen.

Eine asymptotische Analyse der Verteilung (2.5.12) wurde von B. G. Pittel durchgeführt [81]. Die mit dem Spiel kontinuierlicher Automaten zusammenhängenden Ergebnisse stammen von A. M. Gerscht [44].

§ 2.6. Die Ergebnisse dieses Paragraphen außer dem G-Spiel auf dem Kreis stammen von M. L. Zetlin [105].

Zu Kapitel III

§ 3.1. Die Abschätzung der Eigenwerte wurde nach derselben Methodik wie in der Arbeit von G. N. Zerzwadse [112] durchgeführt.

§ 3.2. Auf die Möglichkeit, die zufällige paarweise Koalition zur Konvergenzbeschleunigung zu benutzen, machte den Autor L. I. Rosonoer aufmerksam.

Zu Kapitel IV

§ 4.1. Das Modell des Verhaltens von Automaten in einem periodischen zufälligen Medium wurde vom Autor gemeinsam mit M. L. Zetlin und M. W. Meleschina betrachtet [34]. Die Möglichkeit der technischen Realisierung eines Synchronisators wurde in einer Diplomarbeit von der Studentin des Leningrader Elektrotechnischen Instituts N. M. Krawtschenko im Jahre 1969 betrachtet. Dabei erwies es sich ein bißchen bequemer, die Wahrscheinlichkeit der Strafe für Automaten der zweiten Ebene nicht als mittlere Strafe der Automaten der ersten Ebene in einer Arbeitsperiode des Konstrukteurs zu bestimmen, sondern nach der Formel

$$p(t) = \frac{1}{T_{\max}} [p(t) (T_{\max} - 1) + S(t)].$$

Das Modell der Zweiebenenorganisation in einem Bedienungssystem (Problem über die Verteilung von Ressourcen) stammt von M. L. Zetlin und S. L. Ginsburg [46], von ihnen kommen auch die angeführten Beispiele.

§ 4.2. Das Modell des kollektiven Verhaltens von Automaten im Problem der Herausbildung eines Perioditätensystems wurde vom Autor gemeinsam mit M. W. Meleschina und M. L. Zetlin [35] und die Aufgabe über die Arbeitsaufteilung gemeinsam mit M. W. Meleschina und A. I. Semenow [143] untersucht.

§ 4.3. Das Problem über die Ressourcenverteilung unter Verwendung der Lagrange-Multiplikatoren wurde vom Autor gemeinsam mit M. W. Meleschina und W. T. Perekrest untersucht. Die Stabilitätsanalyse des Differentialgleichungssystems (4.3.9) wurde von W. T. Perekrest durchgeführt.

§ 4.4. Der Inhalt dieser Paragraphen stimmt bis auf wenige Ergänzungen mit den Artikeln von W. L. Stefanjuk und M. L. Zetlin [91] und von W. L. Stefanjuk [90] überein.

§ 4.5. Die Ergebnisse dieses Paragraphen stammen von A. W. Butrimenko, M. L. Zetlin, S. L. Ginsburg und W. G. Lasarew [9, 11, 12, 106].

Zu Kapitel V

§ 5.1. Die Ergebnisse dieses Paragraphen erhielt der Autor gemeinsam mit W. B. Marachowski und W. A. Pestschanski [28, 29]. Eine Lösung des Problems über die Synchronisierung eines beliebigen Graphen wurde von W. I. Lewenstein [70] angegeben, und zwar im Zusammenhang mit einer Aufgabenstellung, die von der hier dargelegten verschieden ist.

§ 5.2. Die Ergebnisse dieses Paragraphen erhielt der Autor gemeinsam mit W. B. Marachowski und W. A. Pestschanski [30, 31].

LITERATURVERZEICHNIS

[1] Aiserman, M. A.: Логика. Автоматы. Алгоритмы. — Физматгиз, 1963.

[2] Bellman, R., Dreyfus, S. Прикладные задачи динамического программирования. — „Наука", 1965.

[3] Burks, A.: Предисловие к русскому изданию книги Дж. фон Неймана „Теория самовоспроизводящихся автоматов". — „Мир", 1970.

[4] Anonym: Бесконечные антогонистические игры. — Физматгиз, 1963.

[5] Blackwell, D., Girshick, M.: Теория игр и статистических решений. ИЛ, 1958.

[6] Borowikow, W. A.: Приближенное решение игры Гура. — Проблемы кибернетики, вып. 20, 1968.

[7] Borowikow, W. A., Brysgalow, W. I.: Простейшая симметрическая игра многих одинаковых автоматов. — Автоматика и телемеханика, XXXVI, № 4, 1965.

[8] Brysgalow, W. I., Pjatezki-Schapiro, I. I., Schik, M. L.: О двухуровневой модели взаимодействующих автоматов. — ДАН СССР, **160**, № 5, 1965.

[9] Butrimenko, A. W.: О поиске оптимальных путей по изменяющемуся графу. — Изв. АН СССР, Техническая кибернетика, № 6, 1964.

[10] Butrimenko, A. W.: Об играх автоматов, обладающих различной активностью. — Проблемы передачи информации 3, вып. 4, 1967.

[11] Butrimenko, A. W., Lasarew, W. G.: Система поиска оптимальных путей передачи сообщений. — Проблемы передачи информации **1**, вып. 1, 1965.

[12] Butrimenko, A. W., Lasarew, W. G.: Игры автоматов и управление сетями связи. — Труды III Всесоюзного совещания по автоматическому управлению (технической кибернетики), 1965, Самонастраивающиеся системы. „Наука", 1967.

[13] Bush, R., Mosteller, F.: Стохастические модели обучаемости. — ИЛ, 1962.

[14] Waisbord, E. M.: Об игре двух автоматов с различной глубиной памяти. — Автоматика и телемеханика, № 3, 1968.

[15] Waisbord, E. M.: Об игре многих автоматов с различной глубиной памяти. — Автоматика и телемеханика, № 12, 1968.

[16] Walach, W. J.: О поведении автомата с избирательной тактикой в стационарных случайных средах. — Кибернетика, № 4, 1968.

[17] Warschawski, W. I.: Об одном примере организации взаимодействия в коллективе автоматов. — XXIII. Всесоюзная научная сессия, посвященная 50-летию Советской власти и Дню радио, Тезисы, Секция бионики, НТОРЭ им. А. С. Попова, 1967.

[18] Warschawski, W. I.: Синхронизация в коллективе автоматов при случайном парном взаимодействии. — Всесоюзная конференция по теории автоматов и искусственному мышлению, аннотации докладов, Ташкент, Изд-во ВЦ АН СССР, 1968.

[19] Warschawski, W. I.: Взаимодействие в коллективах автоматов. — IV. Всесоюзное совещание по автоматическому управлению, Тбилиси, 1968, тезисы, книга 1.

[20] Warschawski, W. I.: Синхронизация коллектива автоматов при случайном парном взаимодействии. — Автоматика и телемеханика, № 2, 1969.

[21] Warschawski, W. I.: Коллективное поведение автоматов. — Экономика и математические методы, № 2, 1970.

[22] Warschawski, W. I.: Случайное парное взаимодействие в коллективах автоматов. — Труды семинара по проблеме расширения возможностей автоматов, 1970.

[23] Warschawski, W. I., Woronzowa, I. P.: О поведении стохастических автоматов с переменной структурой. — Автоматика и телемеханика, XXIV, № 3, 1963.

[24] Warschawski, W. I., Woronzowa, I. P.: Использование стохастических автоматов с переменной структурой для решения некоторых задач поведения. — Сб. „Самообучающиеся автоматические системы", „Наука", 1966.

[25] Warschawski, W. I., Woronzowa, I. P.: Стохастические автоматы с переменной структурой. — Сб. „Теория конечных и вероятностных автоматов", „Наука", 1965.

[26] Warschawski, W. I., Woronzowa, I. P., Zetlin, M. L.: Обучение стохастических автоматов. — Сб. „Биологические аспекты кибернетики", Изд-во АН СССР, 1962.

[27] Warschawski, W. I., Gerscht, A. M.: Поведение непрерывных автоматов в случайных средах. — Проблемы передачи информации **2**, вып. 3, 1966.

[28] Warschawski, W. I., Marachowski, W. B., Pestschanski, W. A.: Некоторые варианты задачи о синхронизации цепи автоматов. — Проблемы передачи информации **4**, вып. 3, 1968.

[29] Warschawski, W. I., Marachowski, W. B., Pestschanski, W. A.: О задаче голосования в цепи автоматов. — Изв. АН СССР, Техническая кибернетика, № 4, 1968.

[30] Warschawski, W. I., Marachowski, W. B., Pestschanski, W. A.: Реализация инвариантных функций линейными однородными схемами. — Изв. АН СССР, Техническая кибернетика, № 4, 1969.

[31] Warschawski, W. I., Marachowski, W. B., Pestschanski, W. A.: О моделировании поведения однородных автономных двухсторонних цепей и колец из автоматов Мура односторонними кольцами. — Проблемы передачи информации **6**, вып. 4, 1970.

[32] Warschawski, W. I., Marachowski, W. B., Pestschanski, W. A., Rosenbljum, L. J.: Однородные структуры. Анализ. Синтез. Поведение. — „Энергия", 1972.

[33] Warschawski, W. I., Meleschina, M. W., Perekrest, W. T.: Организация коллективного поведения в задаче о распределении ресурсов. — Автоматика и телемеханика, № 6, 1969.

[34] Warschawski, W. I., Meleschina, M. W., Zetlin, M. L.: Поведение автоматов в периодических случайных средах и задача синхронизации при наличии помех. — Проблемы передачи информации **1**, вып. 1, 1965.

[35] Warschawski, W. I., Meleschina, M. W., Zetlin, M. L.: Организация дисциплины ожидания в системах массового обслуживания с использованием модели коллективного поведения автоматов. — Проблемы передачи информации **4**, вып. 1, 1968.

[36] Wassiljew, N. B., Pjatezki-Schapiro, I. I.: О времени приспособления автомата к внешней среде. — Автоматика и телемеханика, № 7, 1967.

[37] Winogradow, I. M.: Основы теории чисел. „Наука", 1965.

[38] Wolkonski, W. A.: Асимптотические свойства поведения простейших автоматов в игре. — Проблемы передачи информации **1**, вып. 2, 1965.

[39] Woronzowa, I. P.: Алгоритмы изменения переходных вероятностей стохастических автоматов. — Проблемы передачи информации **1**, вып. 3, 1965.

[40] Woronzowa, I. P.: Поведение стохастических автоматов с переменной структурой в случайных средах. — Диссертация на соискание ученой степени кандидата физико-математических наук, 1966.

[41] Gelfand, I. M., Gurfinkel, W. S., Zetlin, M. L.: О тактиках управления сложными системами в связи с физиологией. — Сб. „Биологические аспекты кибернетики", Изд-во АН СССР, 1962.

[42] Gelfand, I. M., Pjatezki-Schapiro, I. I., Zetlin, M. L.: О некоторых классах игр и игр автоматов. — ДАН СССР **152**, № 4, 1963.

[43] Gelfand, I. M., Zetlin, M. L.: О некоторых способах управления сложными системами. — Успехи математических наук **17**, вып. 1, 1962.

[44] Gerscht, A. M.: Об играх непрерывных автоматов. — Проблемы передачи информации **3**, вып. 1, 1967.

[45] Gerscht, A. M., Stefanjuk, W. L.: Автомат для решения эмпирической задачи в марковски переключаемой среде. — Автоматика и телемеханика, № 11, 1968.

[46] Ginsburg, S. L., Zetlin, M. L.: О некоторых примерах моделирования коллективного поведения автоматов. — Проблемы передачи информации **1**, № 2, 1965.

[47] Gitis, E. I.: Преобразователи информации для электронных цифровых вычислительных устройств. — ГЭИ, 1961.

[48] Gluschkow, W. M.: Синтез цифровых автоматов. — Физматгиз, 1962.

[49] GRADSTEIN, I. S., RYSCHIK, I. M.: Таблицы интегралов, сумм, рядов и произведений. — Физматгиз, 1963.
[50] GRIGORENKO, W. P., NEIMARK, J. I., RAPOPORT, A. N.: Оптимизация коллективом независимых автоматов и игры автоматов. — Изв. высших учебных заведений, Радиофизика **11**, № 7, 1968.
[51] DANTZIG, G.: Линейное программирование, его обобщения и применения. — „Прогресс", 1966.
[52] DYNKIN, E. B.: Марковские процессы и связанные с ними задачи анализа. — Успехи математических наук **15**, вып. 2, 1960.
[53] JEWREINOW, E. W., KOSAREW, J. G.: Однородные универсальные вычислительные системы высокой производительности. — „Наука", 1966.
[54] KARLIN, S.: Математические методы в теории игр, программирование и экономика. — ИЛ, 1964.
[55] KOBRINSKI, I. E., TRACHTENBROT, B. A.: Введение в теорию конечных автоматов. — Физматгиз, 1962.
[56] KOLMOGOROW, A. N.: Об аналитических методах в теории вероятностей. — Успехи математических наук, **56**, вып. 5, 1938.
[57] CALDWELL, S.: Логический синтез релейных устройств. — ИЛ, 1962.
[58] KORBUT, A. A., FINKELSTEIN, J. J.: Дискретное программирование. — „Наука", 1969.
[59] KAUFMANN, A., CRUON, R.: Массовое обслуживание. Теория и приложения. — „Сов. радио", 1965.
[60] KRASSOWSKI, N. N.: Некоторые задачи теории устойчивости и движения. — Физматгиз, 1959.
[61] KRINSKI, W. I.: Асимптотически оптимальный автомат с экспоненциальной скоростью сходимости. — Биофизика **9**, в. 4, 1964.
[62] KRINSKI, W. I.: Об одной конструкции последовательности автоматов и ее поведение в играх. — ДАН СССР **156**, № 6, 1964.
[63] KRINSKI, W. I.: Асимптотическое поведение автоматов. — Диссертация на соискание ученой степени кандидата физико-математических наук, 1965.
[64] KRINSKI, W. I., PONOMAREW, W. A.: Об играх вслепую. — Биофизика 9, в. 3, 1964.
[65] KRYLOW, W. J.: Об одном стохастическом автомате, асимптотически-оптимальном в случайной среде. — Автоматика и телемеханика, XXIV, № 9, 1963.
[66] KRYLOW, W. J., ZETLIN, M. L.: Об играх автоматов. — Автоматика и телемеханика XXIV, № 7, 1963.
[67] LASAREW, W. G., PIIL, E. I.: Синтез асинхронных автоматов. — „Наука", 1964.
[68] LA SALLE, J., LEFSCHETZ, S.: Исследование устойчивости прямым методом Ляпунова. — „Мир", 1964.
[69] LEWENSTEIN, W. I.: Об одном методе решения задачи синхронизации цепи автоматов за минимальное время. — Проблемы передачи информации **1**, вып. 4, 1965.
[70] LEWENSTEIN W. I.: О синхронизации двухсторонних сетей автоматов. — Проблемы передачи информации **4**, в. 4, 1968.
[71] LUCE, D., RAIFFA, H.: Игры и решения. — ИЛ, 1961.
[72] MCKINSEY, J.: Введение в теорию игр. — Физматгиз, 1960.
[73] MARACHOWSKI, W. B.: Поведение систем взаимодействующих автоматов. — Диссертация на соискание ученой степени кандидата технических наук, 1969.
[74] MELESCHINA, M. W.: Автоматная модель организации взаимодействия между клиентами в системе массового обслуживания с ожиданием. — Автоматика и телемеханика, № 5, 1969.
[75] MELESCHINA, M. W.: Применение моделей коллективного поведения в задачах управления. — Диссертация на соискание ученой степени кандидата технических наук, 1969.
[76] MILJUTIN, A. A.: Об автоматах с оптимальным целесообразным поведением в стационарной среде. — Автоматика и телемеханика, XXVI, № 1, 1965.
[77] NEUMANN, J. VON: Теория самовоспроизводящихся автоматов. — „Мир", 1970.
[78] NEMYZKI, W. W., STEPANOW, W. W.: Качественная теория дифференциальных уравнений. — Гостехиздат, 1947.
[79] ORE, O.: Теория графов. — „Наука", 1968.

[80] Pittel, B. G.: Одна простейшая вероятностная модель коллективного поведения. — Проблемы передачи информации **3**, вып. 3, 1967.

[81] Pittel, B. G.: Об асимптотических свойствах одного варианта игры Гура. — Проблемы передачи информации **4**, вып. 3, 1968.

[82] Ponomarew, W. A.: Об одной конструкции конечного автомата, асимптотически оптимального в стационарной среде. — Биофизика **9**, вып. 1, 1964.

[83] Pospelow, D. A.: Игры и автоматы. — „Энергия", 1966.

[84] Prangischwili, I. W., u. a.: Микроэлектроника и однородные структуры для построения логических и вычислительных устройств. — „Наука", 1967.

[85] Robinson, J.: Итеративный метод решения игр. — Сб. „Матричные игры", Физматгиз, 1961.

[86] Romanowski, I. W.: Дискретные цепи Маркова. — Гостехиздат, 1949.

[87] Saaty, T. L.: Элементы теории массового обслуживания и ее приложения. — „Сов. радио", 1965.

[88] Sragowitsch, W. G., Flerow, J. A.: Построение класса оптимальных автоматов. — ДАН СССР, 159, № 6, 1964.

[89] Stefanjuk, W. L.: Пример задачи на коллективное поведение двух автоматов. — Автоматика и телемеханика **XXIV**, № 6, 1963.

[90] Stefanjuk, W. L.: Поведение коллектива автоматов в задаче о регулировании мощности. — Проблемы кибернетики, вып. 20, 1968.

[91] Stefanjuk, W. L., Zetlin, M. L.: О регулировании мощности в коллективе радиостанций. — Проблемы передачи информации **3**, вып. 4, 1967.

[92] Stratanowitsch, R. L.: Избранные вопросы теории флуктуаций в радиотехнике. — „Сов. радио", 1961.

[93] Ulam, S.: Некоторые автоматные проблемы, связанные с процессом роста фигур. — Сб. „Математические проблемы в биологии", „Мир", 1966.

[94] Anonym: Управление и измерение на расстоянии. — Сб. переводов с английского, ИЛ, 1959.

[95] Feller, W.: Параболические дифференциальные уравнения и соответствующие им полугруппы преобразований. — Математика **1**, вып. 4, 1957.

[96] Feller, W.: Одномерные диффузионные процессы. — Математика **2**, вып. 2, 1958.

[97] Flerow, J. A.: Многоуровневые динамические игры автоматов. — Тезисы докладов на Всесоюзном симпозиуме по вероятностным автоматам, Казань, 1969.

[98] Flerow, J. A.: Об играх стохастических автоматов. — Сб. „Исследования по теории самонастраивающихся систем", ВЦ АН СССР, 1967.

[99] Hadley, G.: „Нелинейное динамическое программирование". — „Мир", 1967.

[100] Chintschin, M. L.: Работы по математической теории массового обслуживания. — Физматгиз, 1963.

[101] Zetlin, M. L.: Некоторые задачи о поведении конечных автоматов. — ДАН СССР **139**, № 4, 1961.

[102] Zetlin, M. L.: О поведении конечных автоматов в случайных средах. — Автоматика и телемеханика **XXII**, № 10, 1961.

[103] Zetlin, M. L.: Замечание об игре конечного автомата с партнером, использующим смешанную стратегию. — ДАН СССР **149**, № 1, 1963.

[104] Zetlin, M. L.: Конечные автоматы и моделирование простейших форм поведения. — Успехи математических наук **18**, № 4, 1963.

[105] Zetlin, M. L.: Исследования по теории автоматов и моделированию биологических систем. — „Наука", 1969.

[106] Zetlin, M. L., Butrimenko, A. W., Ginsburg, S. L.: Об одном алгоритме управления сетью связи. — Проблемы кибернетики, вып. 20, 1968.

[107] Zetlin, M. L., Warschawski, W. I.: Коллективы автоматов и модели поведения. — Сб. „Самонастраивающиеся системы. Распознавание образов. Релейные устройства и конечные автоматы." — „Наука", 1967.

[108] Zetlin, M. L., Ginsburg, S. L.: Об одной конструкции стохастических автоматов. — Проблемы кибернетики, вып. 20, 1968.

[109] Zetlin, M. L., Ginsburg, S. L., Krylow, W. J.: Об одном примере игры многих одинаковых автоматов. — Автоматика и телемеханика **XXV**, № 5, 1964.

[110] Zetlin, M. L., Krylow, W. J.: Примеры игр автоматов. — ДАН СССР **149**, № 2, 1963.
[111] Zetlin, M. L., Krylow, W. J.: Игры автоматов. — Сб. „Теория конечных и вероятностных автоматов", „Наука", 1965.
[112] Zerzwadse, G. N.: Об асимптотических свойствах оптимальных автоматов в стационарной случайной среде. — Автоматика и телемеханика, № 8, 1968.
[113] Zerzwadse, G. N.: О поведении асимптотически-оптимальных автоматов в переключаемых случайных средах. — Автоматика и телемеханика, № 8, 1971.
[114] Zerzwadse, G. N.: О времени установления стационарного распределения в переключаемой случайной среде. — Автоматика и телемеханика (в печати).
[115] Anonym: Цифровые методы в космической связи. — Под ред. С. Голомба, „Связь", 1969.
[116] Zypkin, J. S.: Адаптация и обучение в автоматических системах. — „Наука", 1968.
[117] Chandrasekhar, S.: Стохастические проблемы в физике и астрономии". — ИЛ, 1947.
[118] Tschenzow, W. M.: Некоторые вопросы построения стохастических управляющих устройств. — Диссертация на соискание ученой степени кандидата технических наук, 1967.
[119] Tschenzow, W. M.: Об одном методе синтеза автономного стохастического автомата. — „Кибернетика", № 3, 1968.
[120] Arrow, K., Hurwicz, L., Uzawa, H.: Исследования по линейному и нелинейному программированию. — ИЛ, 1962.
[121] Jaglom, A. M.: Введение в теорию стационарных случайных функций. — Успехи математических наук **7**, № 5, 1952.
[122] Jakubaitis, E. A.: Асинхронные логические автоматы. — „Зинатне", 1966.
[123] Balzer, R.: An 8 — State Minimal Time Solution to the Firing Squad Synchronization Problem. — „Information and Control" **10**, № 1, 1967.
[124] Brandt, R. N., Johnson, S. M., Karlin, S.: On Sequential Design for Maximising the Sum of *n* Observation. — Ann. of Math. Statistics **27**, № 4, 1956.
[125] Brown, G. W.: Iterative Solution of Games by Fictitious Play, Activity Analysis of Production and Allocation. — Cowles Commission for Research in Economics, Monograph., Wiley, N.—Y., 1951.
[126] Eccles, J. C., Eccles, R. M., Lundberg, A.: Electrophysiological Investigations on Renshaw Cells. — J. Physiol. **159**, № 3, 1961.
[127] Fu, K. S., McLaren, R. W.: An Application of Stochastic Automata to the Synthesis of Learning Systems. — Purdue University School of El. Eng., TR-EE65-17.
[128] Fu, K. S., McMurty, G. J.: A Study of Stochastic Automata as Models of Adaptive and Learning Controllers. — Purdue University School of El. Eng., TR-EE65-8.
[129] Goto, E.: A Minimum Time Solution of the Firing Squad Problem. — Dittoed Course Notes for Applied Mathematics **298**, Harvard University, 1962.
[130] Hennie, F. G.: Iterative Arrays of Logical Circuits. — MIT Press, Cambridge, Mass. and Wiley, N.—Y., 1961.
[131] McLaren, R. W.: A Stochastic Automaton Model for the Synthesis of Learning Systems. — IEEE Trans. Syst. Sci. and Cybernet. **2**, № 2, 1966.
[132] McMurty, G. J., Fu, K. S.: A Variable Structure Automaton Used as a Multimodal Searching Technique. — IEEE Trans. on Automatic Contr. **11**, № 3, 1966.
[133] Miller, C. E., Tucker, A. W., Zemlin, R. A.: Integer Programming Formulation of Travel ing Salesman Problem. — J. of ASM 7, № 4, 1960.
[134] Moore, E. E.: The Firing Squad Synchronization Problem. — Sequential Machines, Reading Mass. Palo Alto — London, Addison — Wesley Publ. Co., 1964.
[135] Moore, F. R., Langdon, G. G.: A Generalized Firing Squad Problem. — Information and Control **12**, № 3, 1968.
[136] Nash, J. E.: Equilibrium Points in n — Person Games. — Proc. Nat. Acad. Sci. of USA **36**, 1950.
[137] Robbins, H.: A Sequential Decision Problem with a Finite Memory. — Proc. of Nat. Acad. of Science of USA **42**, № 12, 1956.
[138] Samuelson, P. A., Market Mechanisms and Maximization. — RAND Corp.
[139] Tsetlin, M. L., Varshavsky, V. I.: Automata and Models of Collective Behaviour. — III Congress of IEAC, paper 350, London, 1966.

[140] Varshavsky, V. I.: Collective Behaviour and Control Problems. — Machine Intelligence III, Edinburgh University Press, 1968.

[141] Varshavsky, V. I.: The Organisation of Interaction in Collectives of Automata. — Machine Intelligence, Edinburgh University Press, 1969.

[142] Varshavsky, V. I., Marahovsky, V. B., Peschansky, V. A.: Synchronization of Interacting Automata. — Math. Systems Theory 4, № 3, 143, 1970.

[143] Varshavsky, V. I., Meleshina, M. V., Semenov, A. I.: Organizing collective Behaviour in the Job Distribution Problem. — Automatica 7, Pergamon Press, 1971.

[144] Varshavsky, V. I., Vorontsova, I. P.: Stochastic Automata with Variable Structure. — Translated Proceedings Symp. Relay Systems and Finite Automata, tape MT—63—257, article 38, Burr. Corp. USA, 1964.

[145] Waksman, A.: An Optimal Solution of the Firing Squad Synchronization Problem. — Information and Control 9, № 1, 1966.

[146] Feller, W.: Введение в теорию вероятностей. — ИЛ., 1952.

[147] Linnik, J. W.: Предельные теоремы для сумм независимых величин с учетом больших отклонений. — Теория вероятностей и ее применения 6, № 2, 1961, 7, № 2, 1962.

SACHWORTVERZEICHNIS

FSC
www.fsc.org
MIX
Papier | Fördert gute Waldnutzung
FSC® C083411

Kolibri 360 GmbH
Ferdinand-Jühlke-Straße 7
99095 Erfurt, Deutschland
produktsicherheit@kolibri360.de